Leitfaden Eisenbahnbauwerke

Leitfaden Eisenbahnbauwerke

Entwurf, Regelwerke, Praxisbeispiele

Ernst & Sohn
A Wiley Brand

Autor
Dipl.-Ing. Moritz Erdmenger
Emch+Berger Projekt GmbH
An der Börse 3
30159 Hannover

Titelfoto:
Eisenbahnüberführung Oldersumer Maar
Entwurfs- und Ausführungsplanung
(Objektplanung Ingenieurbauwerke, Objektplanung Verkehrsanlage und Tragwerksplanung): Emch+Berger, Hannover
Fotograf: Martin Zurke, Emch+Berger, Hannover

Covergestaltung: Petra Franke/Ernst & Sohn GmbH unter Nutzung eines Entwurfs von Sophie Bleifuß, Berlin.

Satz: Newgen KnowledgeWorks (P) Ltd., Chennai, India

Bibliografische Information der Deutschen Nationalbibliothek
Die Deutsche Nationalbibliothek verzeichnet diese Publikation in der Deutschen Nationalbibliografie; detaillierte bibliografische Daten sind im Internet über http://dnb.d-nb.de abrufbar.

Print ISBN: 978-3-433-03492-7
ePDF ISBN: 978-3-433-61273-6
ePub ISBN: 978-3-433-61274-3
oBook ISBN: 978-3-433-61275-0

Hersteller gemäß EU-Produktsicherheitsverordnung: Ernst & Sohn GmbH, Rotherstr. 21, 10245 Berlin, Germany, e-mail: Product_Safety@wiley.com.

Vorwort

„Sicherlich ist es so, doch wo steht's geschrieben?" Solch eine Frage ist Ihnen, werte Leserinnen und Leser, bei der Vorschriftenrecherche vielleicht auch schon einmal durch den Sinn gegangen. Vor einigen Jahren habe ich angefangen, interessante Fundstellen in DB-Richtlinien und anderen Vorschriften zu notieren. Später habe ich diese Notizen ausformuliert und meinen Kolleginnen und Kollegen zur Verfügung gestellt. Es folgten firmeninterne Schulungen zu Lärmschutzwänden und Nachtragsmanagement, und so entstand allmählich der *Leitfaden Eisenbahnbauwerke*.

Dieses Buch befasst sich mit den eisenbahnspezifischen Besonderheiten, welche bei der Planung von konstruktiven Ingenieurbauwerken für die Deutsche Bahn bzw. für Eisenbahninfrastrukturunternehmen zu beachten sind. Zielgruppe dieser Veröffentlichung sind Planer für Eisenbahnbauwerke, Konstrukteure, Projektingenieure und Projektleiter, Budgetverantwortliche, Projektsteuerer, Prüfbüros, Universitäten, Technische Hochschulen und Fachhochschulen, Interessenverbände etc.

Im *Leitfaden Eisenbahnbauwerke* wird die Struktur der DB InfraGO AG und ihrer Tochterunternehmen erläutert. Die wichtigsten Vorschriften, ihre Hierarchie und ihr Ineinandergreifen werden vorgestellt.

Anhand der Honorarordnung für Architekten und Ingenieure (HOAI) werden die Leistungsphasen 1 bis 4 mit ihren wesentlichen Planungsbestandteilen erläutert. Auch die DB-spezifischen Planungsbestandteile von Vorplanungs- und Entwurfsheften werden beschrieben, z. B. Kostenpläne aus dem iTWO-DB und verschiedene Möglichkeiten für eine Sperrpausenplanung.

Die erforderlichen Planungsgrundlagen werden aufgelistet und ausführlich erläutert. Dabei wird auch beschrieben, wie und wo ein DB-externes Planungsbüro auf pragmatische Weise an die zahlreichen erforderlichen Informationen gelangen kann.

Für die Objektplanung von Ingenieurbauwerken bzw. für die Konstruktion der Bauwerke wird eine Vielzahl planerischer Details und Zusammenhänge mit präzisen Verweisen auf die entsprechenden Abschnitte in Gesetzen, Rechtsverordnungen, DB-Richtlinien und anderen einschlägigen Vorschriften erläutert. Damit wird dem Problem begegnet, dass relevante Vorgaben oft in mehreren verschiedenen DB-Richtlinien und anderen Vorschriften zu finden sind. Für diejenigen planerischen Fragestellungen, welche sich in Ingenieurbüros tagtäglich ergeben, werden konkrete Lösungsmöglichkeiten präsentiert, welche sowohl regelwerkskonform als auch baupraktisch umsetzbar sind. Diese Lösungsmöglichkeiten werden anhand zahlreicher Planausschnitte sowie Fotos von Baustellen und fertiggestellten Bauwerken illustriert. Auch Widersprüche zwischen verschiedenen Vorschriften und Unterschiede zu Straßenbauwerken werden aufgezeigt. Die betrachteten Eisenbahnbauwerke umfassen unter anderem Eisenbahnüberführungen und Kreuzungsbauwerke, Hilfsbrücken, Personenunterführungen, Durchlässe, Stützwände, Signalausleger, Anprallschutzbauwerke und Bahnsteigdächer in diversen Bauweisen.

In Hinblick auf die Tragwerksplanung bzw. die Entwurfsstatik werden unter anderem die bewährten Bauweisen mit ihren Vor- und Nachteilen vorgestellt. Auch die eisenbahnspezifischen Lastannahmen, Beiwerte und Nachweise werden erläutert.

Ein eigenes Kapitel mit vielen Fotos ist der Bauausführung von Lärmschutzwänden gewidmet.

Tangierende Fachthemen wie z. B. Trassierung und Oberbau, technische Streckenausrüstung und Umweltplanung werden ebenfalls beleuchtet. Auch die Bezeichnungen, Abkürzungen und Aufgaben zahlreicher DB-interner Planungsbeteiligter werden erläutert.

Des Weiteren enthält dieser *Leitfaden Eisenbahnbauwerke* eine Abschnitt zum aktuellen Thema Building Information Modeling (BIM). Dabei werden die Erwartungen der DB sowie zahlreiche Abkürzungen aus dem BIM auf der Höhe der Zeit erläutert.

In einem Exkurs wird die Erstellung der Bestandsdokumentation für IZ-Plan im Anschluss an die Bauausführung beschrieben.

Der Abschnitt zum Thema Nachtragsmanagement enthält konkrete Erläuterungen zu den DB-spezifischen Üblichkeiten im Claim-Management. Diese reichen von Hinweisen zur Vertragsprüfung und zum Erkennen von Mehraufwand über Mehrkostenanzeigen und DB-spezifische Formulare bis zur Bestellung durch den DB-Einkauf. Dieser Abschnitt soll Planungsbüros dabei unterstützen, berechtigte Nachforderungen gegenüber der DB InfraGO AG durchzusetzen.

Ich persönlich betrachte es als sinnstiftende, aber anspruchsvolle Aufgabe, Eisenbahnbauwerke als ressourcenschonende Infrastruktur zu planen und dabei wirtschaftlich erfolgreich zu agieren. Der *Leitfaden Eisenbahnbauwerke* soll zu einer effizienten Projektbearbeitung, einer hohen Kundenzufriedenheit und betriebswirtschaftlichen Vorteilen in Ingenieurbüros beitragen.

Im gesamten Buch wird für Bezeichnungen der Projektbeteiligten die maskuline Form verwendet, z. B. „Projektleiter“. Dies soll einer guten Lesbarkeit dienen und meint immer alle Geschlechter (w/m/d). Die Sprachform hat ausschließlich redaktionelle Gründe und beinhaltet keine Wertung.

Mein Dank gilt dem gesamten Team von Emch+Berger, insbesondere Herrn Dipl.-Ing. Ulf Schwanemann, sowie allen anderen Kolleginnen und Kollegen, die Fachwissen an mich weitergegeben und damit zur Entstehung dieses Leitfadens beigetragen haben.

Hannover, Juni 2026
Moritz Erdmenger

Inhalt

Über den Autor

Dipl.-Ing. Moritz Erdmenger studierte Bauingenieurwesen mit Schwerpunkt Konstruktiver Ingenieurbau an der Leibniz Universität Hannover und der University of Bristol, UK.

Seinen Berufsweg begann er in der Bauwirtschaft als Bauleiter für Lärmschutzwände an Schienenwegen der Deutschen Bahn und an Autobahnen in Frankreich. Es folgten Tätigkeiten als CAD-Konstrukteur, Tragwerksplaner und Projektleiter in mehreren renommierten Ingenieurbüros.

Seit 2017 ist Moritz Erdmenger Gesellschafter der Emch+Berger Projekt GmbH Hannover und verantwortet dort die Planung von Eisenbahnbauwerken. Er leitet und bearbeitet Projekte in allen bewährten Bauweisen und in allen Leistungsphasen nach HOAI. Darüber hinaus ist er im Auftrag der DB InfraGO AG als Bauvorlageberechtigter nach Verwaltungsvorschrift Bau tätig. Zu seinen privaten Leidenschaften zählen seine Familie und die Klaviermusik.

1 Vorschriften

Bei der Planung für die Deutsche Bahn sind zahlreiche Vorschriften zu beachten. Dieses Kapitel gibt einen Überblick über die wichtigsten Vorschriften.

In Deutschland gibt es über 25 000 Eisenbahnbrücken. Diese teilen sich auf die in Tab. 1.1 aufgeführten Bauweisen auf.

Bauarten und Altersstruktur der vorhandenen Eisenbahnbrücken in Deutschland sind in Abb. 1.1 zusammengestellt.

Gemäß Allgemeinem Eisenbahngesetz (AEG), § 4 (3), gilt für diese Bauwerke:

Eisenbahnen sind zudem verpflichtet, die Eisenbahninfrastruktur sicher zu bauen und in betriebssicherem Zustand zu halten.

Gemäß Ril 809.1000 A.8.1 gilt:

Die Anforderungen des technischen Regelwerks gelten als erfüllt, wenn sie den europäischen und nationalen Gesetzen und Rechtsverordnungen sowie den anerkannten Regeln der Technik und den Verwaltungsvorschriften der Behörden entsprechen.

Tab. 1.1 Bauweisen für Eisenbahnbrücken in Deutschland nach Faktenblatt Eisenbahnbrücken, DB AG, 2019.

Bauweise	Anzahl
Gewölbebrücke	6077
Rahmenbrücke	4711
Stahlbetonbrücke	1910
Stahlbrücke	4312
Walzträger im Beton	5709
Sonstige (z. B. Fachwerk, Durchlass)	2991

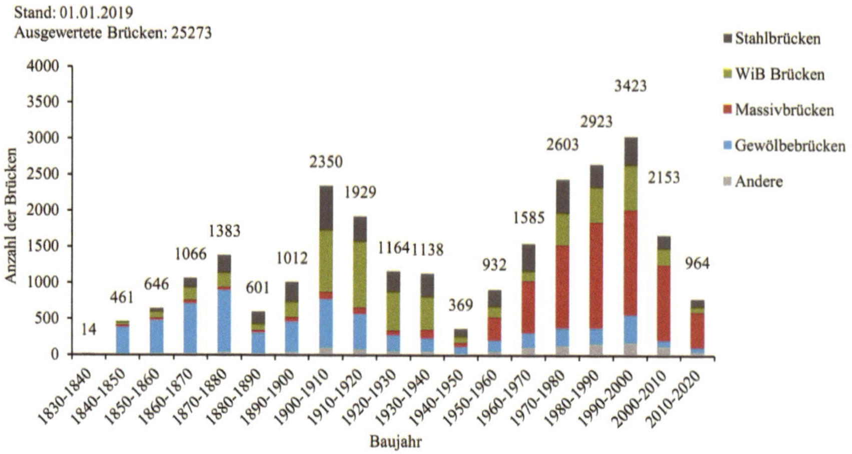

Abb. 1.1 Bauarten und Altersstruktur der Eisenbahnbrücken in Deutschland (Quelle: EBA).

1.1 Anerkannte Regeln der Technik

Gemäß Ril 809.1000 A.9.1 gilt:

> *Unter den „Anerkannten Regeln der Technik“ sind alle auf Erkenntnissen und Erfahrungen beruhenden Regeln der Technik zu verstehen, deren Befolgung notwendig ist, um Gefahren auszuschließen, und die in den betreffenden Fachkreisen allgemein bekannt und als richtig anerkannt sind.*

Dies gilt sowohl für den Entwurf als auch für die Ausführung von technischen Anlagen. Um als anerkannt zu gelten, müssen diese Regeln folgende Voraussetzungen erfüllen:

- wissenschaftlich-theoretisch als richtig angesehen,
- in der Praxis den Fachleuten bekannt,
- aufgrund praktischer Erfahrung bewährt.

Es gibt kein Regelwerk, in welchem alle anerkannten Regeln der Technik zusammengefasst sind. Beschrieben sind die anerkannten Regeln der Technik z. B. in folgenden Werken:

- DIN-Normen,
- DB-Richtlinien,
- DGUV-Unfallverhütungsvorschriften, etc.

1.2 Rechtspyramide

Die Hierarchie der Vorschriften ist in Abb. 1.2 dargestellt. Ganz oben steht das europäische Recht. Darunter folgen die Nationalen Gesetze und Verordnungen. Ganz unten stehen die Richtlinien der DB (Ril).

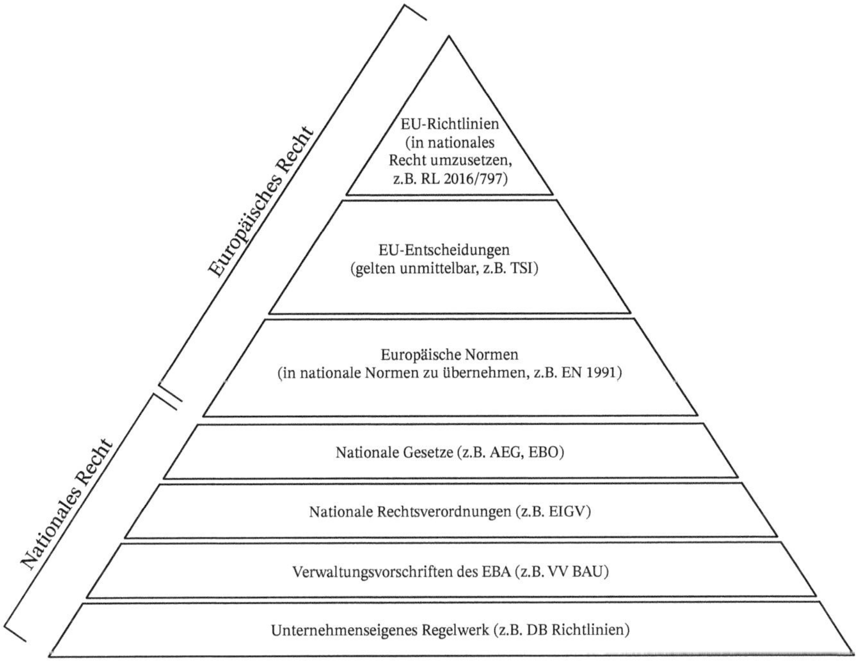

Abb. 1.2 Rechtspyramide (Quelle: Emch+Berger).

1.3 Richtlinien (Ril) der Deutschen Bahn

Die wichtigsten Richtlinien (Ril) der DB InfraGO AG für den konstruktiven Ingenieurbau sind:

- Rahmenrichtlinie RRil 208 Beschaffung (regelt Einkauf, Abnahme etc.)
- Ril 215 Projektkosten planen
- Ril 413 Infrastruktur gestalten (allgemeine Regelungen)
- Ril 451 Risikomanagement (für CSM-RA)
- Ril 800 Entwurf von Bahnanlagen
- Ril 804 Eisenbahnbrücken (mit allen untergeordneten Ril)
- Ril 805 Tragsicherheit bestehender Eisenbahnbrücken (für Nachrechnungen)
- Ril 808 Kostenermittlungsbuch (KEB) bzw. Kostenkennwertekatalog (KKK)
- Ril 809 Infrastrukturmaßnahmen realisieren (regelt Planungsabläufe)
- Ril 813 Personenbahnhöfe
- Ril 820 Grundlagen des Oberbaus
- Ril 836 Erdbauwerke (für Hinterfüllungen, Stützwände, Verbauten, etc.)
- Ril 853 Eisenbahntunnel
- Ril 886 Bestand in Plänen dokumentieren (für Bestandspläne)

1.4 Weitere Vorschriften

Außerdem sind unter anderem folgende Dokumente und Vorschriften relevant bzw. hilfreich:

- Allgemeines Eisenbahngesetz (AEG)
- Eisenbahnbau- und Betriebsordnung (EBO)
- Eisenbahn-Inbetriebnahmegenehmigungsverordnung (EIGV)
- Richtlinien des Eisenbahnbundesamts (EBA-Ril)
- Verwaltungsvorschrift Bau (VV Bau)
- Normen des Deutschen Instituts für Normung (DIN)
- Eurocodes (ECs)
- Technische Spezifikationen für Interoperabilität (TSI) (europäische Regelungen)
- Technische Mitteilungen (TMs) der DB InfraGO AG
- EiTB, Eisenbahnspezifische technische Baubestimmungen (gibt es im Internet)
- Ebs-Zeichnungen der DB Netz AG (die sind oft uralt und schwer verfügbar)
- Zusätzliche Technische Vertragsbedingungen und Richtlinien für Ingenieurbauten (ZTV-ING) der Bundesanstalt für Straßenbau (BASt)
- Richtzeichnungen für Ingenieurbauten (RiZ-ING) der Bundesanstalt für Straßenbau (BASt). Diese gelten auch für Eisenbahnbauwerke, falls es keine entsprechende Richtzeichnung der DB gibt, z. B. für Böschungstreppen
- Empfehlungen des Arbeitskreises Baugruben (EA Baugruben/EAB)
- Empfehlungen des Arbeitskreises Pfähle (EA Pfähle)
- Empfehlungen des Arbeitsausschusses Ufereinfassungen (EAU)
- Honorarordnung für Architekten und Ingenieure (HOAI)
- AHO-Hefte
- Hersteller- und produktbezogene Zulassungen (Z-. . .) des Deutschen Instituts für Bautechnik (DIBt)
- Europäische Technische Zulassung (ETA-. . .) (European Technical Assessment, Europäische Technische Bewertung)
- Unfallverhütungsvorschriften (UVVen), das sind von der Vertreterversammlung der Berufsgenossenschaft (z. B. BG Bau) erlassene Regeln für die Unfallverhütung in der Praxis
- DGUV-Vorschriften, das sind verbindliche autonome Rechtsnormen, die von den Unfallversicherungsträgern (z. B. Deutsche Gesetzliche Unfallversicherung) gemäß § 15 SGB VII erlassen werden
- Verordnung über Sicherheit und Gesundheitsschutz auf Baustellen (Baustellenverordnung)
- TL/TP-ING, technische Lieferbedingungen und Technische Prüfvorschriften für Ingenieurbauten, Bundesministerium für Digitales und Verkehr
- RI-ERH-ING und RI-ERH-KOR, Richtlinien für die Erhaltung von Ingenieurbauten und Richtlinien für die Erhaltung des Korrosionsschutzes von Stahlbauten, Bundesministerium für Verkehr

1.5 Die Richtlinie Ril 809

Die Ril 809 „Infrastrukturmaßnahmen realisieren" regelt Planungsabläufe bei der DB. Im Gegensatz zur alten Ril 809 ist die aktuelle Ausgabe eher unkonkret formuliert. Diese Ril verweist auf zahlreiche DB-interne Prozessanweisungen, welche externe Planer nicht kennen und nicht selbst durchführen. Trotzdem lohnt sich bei projektbezogenen Fragestellungen oder Meinungsverschiedenheiten ein Blick in die Ril 809, insbesondere Ril 809.0201 „Grundlagenermittlung, Vor-, Entwurfs-, Genehmigungs- und Ausführungsplanung".

2

Leistungsphase 1: Grundlagenermittlung

2.1 Kurzbeschreibung der Grundlagenermittlung

Die Grundlagenermittlung umfasst im Wesentlichen:

- Klärung der Aufgabenstellung
- Ermittlung der Planungsrandbedingungen
- Zusammenstellung der Planungsgrundlagen

Durch die Grundlagenermittlung soll sichergestellt werden, dass alle für die weitere Bearbeitung erforderlichen Angaben und Dokumente vorliegen und dass keine Randbedingungen übersehen werden.

2.2 Grundlagenermittlung nach HOAI

Planungsleistungen für die DB werden in der Regel nach HOAI vergeben, allerdings ist für jedes Projekt der Ingenieurvertrag zu prüfen. Für die Grundlagenermittlung führt die HOAI die folgenden Grundleistungen und besonderen Leistungen auf:

HOAI 2013, Anlage 12 (zu §43 Absatz 4, §48 Absatz 5)
12.1 Leistungsbild Ingenieurbauwerke
Grundleistungen (Lph 1 Grundlagenermittlung)

a. Klären der Aufgabenstellung auf Grund der Vorgaben oder der Bedarfsplanung des AG
b. Ermitteln der Planungsrandbedingungen sowie Beraten zum gesamten Leistungsbedarf
c. Formulieren von Entscheidungshilfen für die Auswahl anderer an der Planung fachlich Beteiligter
d. bei Objekten nach § 41 Nummer 6 und 7, die eine Tragwerksplanung erfordern: Klären der Aufgabenstellung auch auf dem Gebiet der Tragwerksplanung

e. Ortsbesichtigung
f. Zusammenfassen, Erläutern und Dokumentieren der Ergebnisse

Besondere Leistungen (Lph 1 Grundlagenermittlung)
- Auswahl und Besichtigung ähnlicher Objekte

Wenn der Bauherr die Ausführung von besonderen Leistungen fordert, dann muss der Planer den Ingenieurvertrag prüfen. Sind die besonderen Leistungen dort vereinbart, so muss er sie ausführen. Sind sie im Ingenieurvertrag nicht vereinbart, so hat der Planer einen Anspruch auf gesonderte Vergütung, kann also ggf. einen Nachtrag aufstellen.

3

Leistungsphase 2: Vorplanung

3.1 Kurzbeschreibung der Vorplanung

Die Vorplanung umfasst im Wesentlichen:

- Entwicklung von Lösungsvarianten
- Bauwerkspläne
- Kostenschätzung
- Grobe Ermittlung des Sperrpausenbedarfs
- Variantenbewertung und Lösungsvorschlags
- Erläuterungsbericht
- Zusammenstellung des Vorplanungshefts

Bei der Vorplanung werden verschiedene bautechnische, herstelltechnische und bahnbetriebliche Lösungsmöglichkeiten untersucht, z. B.:

- Bautechnik:
  - Stahlbeton-Rahmenbauwerk
  - WIB-Überbau
  - Dickblechüberbau
- Herstelltechnik:
  - Herstellung in Endlage
  - Herstellung neben dem Gleis und Querverschub
- Bahnbetrieb:
  - Einsatz von Hilfsbrücken
  - Gleisweise Herstellung mit Gleiswechselbetrieb
  - Vollsperrung

Die einzelnen Varianten werden mit ihren Vor- und Nachteilen bewertet. Dazu kann eine Bewertungsmatrix erstellt werden. In Abstimmung mit der DB-Projektleitung wird eine Variante als Lösung vorgeschlagen. Diese wird in der Lph 3 Entwurfsplanung weiter ausgearbeitet.

3.2 Vorplanung nach HOAI

Planungsleistungen für die DB werden in der Regel nach HOAI vergeben, allerdings ist für jedes Projekt der Ingenieurvertrag zu prüfen. Für die Vorplanung führt die HOAI die folgenden Grundleistungen und besonderen Leistungen auf:

HOAI 2013, Anlage 12 (zu §43 Absatz 4, §48 Absatz 5)
12.1 Leistungsbild Ingenieurbauwerke
Grundleistungen (Lph 2 Vorplanung)

a. Analysieren der Grundlagen
b. Abstimmen der Zielvorstellungen auf die öffentlich-rechtlichen Randbedingungen sowie Planungen Dritter
c. Untersuchen von Lösungsmöglichkeiten mit ihren Einflüssen auf bauliche und konstruktive Gestaltung, Zweckmäßigkeit, Wirtschaftlichkeit unter Beachtung der Umweltverträglichkeit
d. Beschaffen und Auswerten amtlicher Karten
e. Erarbeiten eines Planungskonzepts einschließlich Untersuchung der alternativen Lösungsmöglichkeiten nach gleichen Anforderungen mit zeichnerischer Darstellung und Bewertung unter Einarbeitung der Beiträge anderer an der Planung fachlich Beteiligter
f. Klären und Erläutern der wesentlichen fachspezifischen Zusammenhänge, Vorgänge und Bedingungen
g. Vorabstimmen mit Behörden und anderen an der Planung fachlich Beteiligten über die Genehmigungsfähigkeit, gegebenenfalls Mitwirken bei Verhandlungen über die Bezuschussung und Kostenbeteiligung
h. Mitwirken beim Erläutern des Planungskonzepts gegenüber Dritten an bis zu zwei Terminen
i. Überarbeiten des Planungskonzepts nach Bedenken und Anregungen
j. Kostenschätzung, Vergleich mit den finanziellen Rahmenbedingungen
k. Zusammenfassen, Erläutern und Dokumentieren der Ergebnisse

Besondere Leistungen (Lph 2 Vorplanung)

- Erstellen von Leitungsbestandsplänen
- Vertiefte Untersuchungen zum Nachweis von Nachhaltigkeitsaspekten
- Anfertigen von Nutzen-Kosten-Untersuchungen
- Wirtschaftlichkeitsprüfung
- Beschaffen von Auszügen aus Grundbuch, Kataster und anderen amtl. Unterlagen

Wenn der Bauherr die Ausführung von besonderen Leistungen fordert, dann muss der Planer den Ingenieurvertrag prüfen. Sind die besonderen Leistungen dort vereinbart, so muss er sie ausführen. Sind sie im Ingenieurvertrag nicht vereinbart, so hat der Planer einen Anspruch auf gesonderte Vergütung, kann also ggf. einen Nachtrag aufstellen.

4

Leistungsphase 3: Entwurfsplanung

4.1 Kurzbeschreibung der Entwurfsplanung

Die Entwurfsplanung umfasst im Wesentlichen:

- Konstruktion des Bauwerks, Entwurfspläne
- statische Vorbemessung, Entwurfsstatik
- Planung von Baustelleneinrichtungsflächen und Zufahrten
- Bauphasen- bzw. Bauablaufplanung
- Ermittlung des Sperrpausenbedarfs
- Kostenberechnung
- Erläuterungsbericht
- Zusammenstellung des Entwurfshefts

Bei der Entwurfsplanung wird die in Leistungsphase 2 ausgewählte Variante weiter ausgearbeitet. Im Idealfall kann die Entwurfsplanung dann in der Ausführungsplanung linear durchgearbeitet werden, ohne dass Änderungen an der Konstruktion oder der Bauablaufplanung erforderlich sind.

4.2 Entwurfsplanung nach HOAI

Planungsleistungen für die DB werden in der Regel nach HOAI vergeben, allerdings ist für jedes Projekt der Ingenieurvertrag zu prüfen. Für die Vorplanung führt die HOAI die folgenden Grundleistungen und besonderen Leistungen auf:

HOAI 2013, Anlage 12 (zu §43 Absatz 4, §48 Absatz 5)
12.1 Leistungsbild Ingenieurbauwerke
Grundleistungen (Lph 3 Entwurfsplanung)

a. Erarbeiten des Entwurfs auf Grundlage der Vorplanung durch zeichnerische Darstellung im erforderlichen Umfang und Detaillierungsgrad unter Berücksichtigung aller fachspezifischen Anforderungen, Bereitstellen der

Arbeitsergebnisse als Grundlage für die anderen an der Planung fachlich Beteiligten sowie Integration und Koordination der Fachplanungen

b. Erläuterungsbericht unter Verwendung der Beiträge anderer an der Planung fachlich Beteiligter
c. Fachspezifische Berechnungen ausgenommen Berechnungen aus anderen Leistungsbildern
d. Ermitteln und Begründen der zuwendungsfähigen Kosten, Mitwirken beim Aufstellen des Finanzierungsplans sowie Vorbereiten der Anträge auf Finanzierung
e. Mitwirken beim Erläutern des vorläufigen Entwurfs gegenüber Dritten an bis zu drei Terminen, Überarbeiten des vorläufigen Entwurfs auf Grund von Bedenken und Anregungen
f. Vorabstimmen der Genehmigungsfähigkeit mit Behörden und anderen an der Planung fachlich Beteiligten
g. Kostenberechnung einschließlich zugehöriger Mengenermittlung, Vergleich der Kostenberechnung mit der Kostenschätzung
h. Ermitteln der wesentlichen Bauphasen unter Berücksichtigung der Verkehrslenkung und der Aufrechterhaltung des Betriebes während der Bauzeit
i. Bauzeiten- und Kostenplan
j. Zusammenfassen, Erläutern und Dokumentieren der Ergebnisse

Besondere Leistungen (Lph 3 Entwurfsplanung)

- Fortschreiben von Nutzen-Kosten-Untersuchungen
- Mitwirken bei Verwaltungsvereinbarungen
- Nachweis der zwingenden Gründe des überwiegenden öffentlichen Interesses der Notwendigkeit der Maßnahme (zum Beispiel Gebiets- und Artenschutz [. . .])
- Fiktivkostenberechnungen (Kostenteilung)

Zu Grundleistungen und besonderen Leistungen in der Tragwerksplanung siehe HOAI, Anlage 14.

5

Leistungsphase 4: Genehmigungsplanung

Die Leistungsphase 4 Genehmigungsplanung zählt nicht zur eigentlichen Entwurfsplanung. Außerdem sind hier die Leistungsbilder wie folgt zu unterscheiden.

5.1 Leistungsphase 4 in der Objektplanung Ingenieurbauwerke

Gemäß HOAI gilt für die Objektplanung Ingenieurbauwerke:

HOAI 2013, Anlage 12 (zu §43 Absatz 4, §48 Absatz 5)
Grundleistungen im Leistungsbild Ingenieurbauwerke, besondere Leistungen
12.1 Leistungsbild Ingenieurbauwerke
Grundleistungen (Lph 4 Genehmigungsplanung):

a. Erarbeiten und Zusammenstellen der Unterlagen für die erforderlichen öffentlich-rechtlichen Verfahren oder Genehmigungsverfahren einschließlich der Anträge auf Ausnahmen und Befreiungen, Aufstellen des Bauwerksverzeichnisses unter Verwendung der Beiträge anderer an der Planung fachlich Beteiligter
b. Erstellen des Grunderwerbsplanes und des Grunderwerbsverzeichnisses unter Verwendung der Beiträge anderer an der Planung fachlich Beteiligter
c. Vervollständigen und Anpassen der Planungsunterlagen, Beschreibungen und Berechnungen unter Verwendung der Beiträge anderer an der Planung fachlich Beteiligter
d. Abstimmen mit Behörden
e. Mitwirken in Genehmigungsverfahren einschließlich der Teilnahme an bis zu vier Erläuterungs-, Erörterungsterminen
f. Mitwirken beim Abfassen von Stellungnahmen zu Bedenken und Anregungen in bis zu zehn Kategorien

Besondere Leistungen (Lph 4 Genehmigungsplanung):

- Mitwirken bei der Beschaffung der Zustimmung von Betroffenen

In der Objektplanung Ingenieurbauwerke stellt der Planer in Leistungsphase 4 Genehmigungsplanung die Antragsunterlagen für ein planungsrechtliches Zulassungsverfahren nach § 18 Allgemeines Eisenbahngesetz (AEG) zusammen. Die DB InfraGO AG ist der Antragsteller und reicht die Antragsunterlagen beim Eisenbahnbundesamt (EBA) ein. Das EBA erteilt nach entsprechender Prüfung das Planrecht. Dafür gibt es folgende Möglichkeiten:

Planfeststellungsverfahren

Hoher Aufwand, Öffentlichkeitsbeteiligung, größtmögliche Sicherheit, Bearbeitungszeit beim EBA ca. 2 Jahre.

Plangenehmigungsverfahren

Bearbeitungszeit beim EBA ca. 1 Jahr. Eine Plangenehmigung kann erteilt werden, wenn bestimmte Randbedingungen erfüllt sind, beispielsweise:

- wenn die Rechte anderer nicht oder nur unwesentlich beeinträchtigt werden oder die Betroffenen sich mit der Inanspruchnahme ihres Eigentums oder eines anderen Rechts schriftlich einverstanden erklärt haben,
- wenn mit den Trägern öffentlicher Belange (TÖB), deren Aufgabenbereich berührt wird, Einverständnis hergestellt worden ist.

Entfall von Planfeststellung und Plangenehmigung (Verzicht)

Bearbeitungszeit beim EBA ca. 1 Jahr. Ein Verzicht auf das Plangenehmigungsverfahren ist in Fällen von unwesentlicher Bedeutung möglich, beispielsweise:

- wenn andere öffentliche Belange nicht berührt sind oder die erforderlichen behördlichen Entscheidungen vorliegen und die dem Plan nicht entgegenstehen,
- wenn die Rechte anderer nicht beeinflusst werden oder mit den vom Bau betroffenen entsprechende Vereinbarungen getroffen worden sind.

Für Projekte des Geschäftsbereichs Personenbahnhöfe gibt es ein Excel-Tool zur Feststellung der planrechtlichen Genehmigungsrelevanz. Das umfangreiche Dokument wird in der Regel von der Projektleitung mit Unterstützung durch das TBQ (Technische Bau- und Qualitätsbeauftragte) und den Planer ausgefüllt. Abbildung 5.1 stellt einen Ausschnitt aus dem Tool dar.

Zur Erstellung der Antragsunterlagen gibt es einen ausführlichen und hilfreichen Leitfaden, Musterunterlagen und bearbeitbare Blanko-Vorlagen auf der EBA-Internetseite.

In den EBA-Antragsunterlagen, also der Genehmigungsplanung, geht es vor allem um die Betroffenheiten Dritter, z. B.:

- Grundstückseigentümer
- Anwohner

Mustermetropole - Neubau Bahnsteigdächer

Projektnummer: G.011304171

Projektleiter/in Planung: Mustermensch

Antrag auf Planrechtsverfahren nach §18 AEG erforderlich? ja — ja, resultierend aus: 5.2

	Geplante Maßnahmen		Projektbestandteil? IMMER "x" setzen ja	nein	Mindestbedingung für weitere Prüfung der Antragsfreiheit gemäß §18 AEG	Bewertung gemäß EBA Regelliste/ Planfeststellungsrichtlinie	Bewertung nach anderen Kriterien	Bemerkungen
1.	**Sind Maßnahmen betreffs Bahnsteige Projektbestandteil?***	Nr. Regelliste						
1.0	Bahnsteigneubau (neue Lage/Standort)	-		x				
1.1	Erneuerung oder Änderung der Bahnsteigoberflächenbefestigung	1.2 (S)		x				
1.2	Bahnsteigerneuerung ohne Grundrissveränderung mit Ersatz wassergebundener Decke durch Asphalt oder Pflaster	1.2 (S)		x				
1.3	Bahnsteigerneuerung an gleicher Stelle mit oder ohne Bstg.-Erhöhung / Bstg.-Absenkung im Bestand bei gleicher L/B (ohne Grundrissänderung)	1.7 (EZ)		x				
1.4.1	Bahnsteigerneuerung/-erhöhung an gleicher Stelle im Bestand mit verkürzter Bahnsteig-Länge </=5m	1.9 (S)		x				

Abb. 5.1 Excel-Tool zur Feststellung der planrechtlichen Genehmigungsrelevanz (Quelle: DB).

- Kreuzungsbeteiligte
- Leitungsbetreiber (z. B. Versorgungsleitungen)
- Umwelt

Aus diesen Gründen sind die folgenden Dokumente wesentliche Bestandteile der EBA-Antragsunterlagen:

- Umweltplanung
- Gutachten über baubedingte Schallemissionen und Erschütterungen (Baulärmgutachten)
- Grunderwerbsplan
- Grunderwerbsverzeichnis
- Bauwerksverzeichnis

Im Grunderwerbsplan und Grunderwerbsverzeichnis wird auch eine eventuelle bauzeitliche Flächeninanspruchnahme dargestellt, z. B. für Baustraßen und Baustelleneinrichtungsflächen.

Eine statische Berechnung ist nicht Bestandteil der EBA-Antragsunterlagen.

Die Antragstellung erfolgt digital über das EBA-Portal. Auch das Antragsformular wird online vom Antragsteller ausgefüllt. Projektbezogen ist mit dem EBA zu klären, ob das EBA zusätzlich auch Papierausfertigungen benötigt.

Für die Eingangsprüfung steht dem EBA eine festgelegte Frist zur Verfügung. Bei einer Einreichung der Antragsunterlagen bzw. Genehmigungsplanung im Dezember ist im Voraus mit dem EBA zu klären, ob genug Zeit für die Eingangsprüfung zur Verfügung steht, oder ob die Antragsunterlagen evtl. erst im Januar des Folgejahres eingereicht werden sollen.

Wegen der langen Bearbeitungszeiträume beim EBA wird manchmal zuerst die Leistungsphase 4 Genehmigungsplanung bearbeitet und beim EBA eingereicht. Danach, also während der Bearbeitung der Antragsunterlagen durch das EBA, wird dann die Leistungsphase 3 Entwurfsplanung bearbeitet.

5.2 Leistungsphase 4 in der Tragwerksplanung

Die Leistungsphase 4 in der Tragwerksplanung zählt zur Ausführungsplanung und umfasst im Wesentlichen das Erstellen der prüffähigen Ausführungsstatik, welche dem Prüfsachverständigen zur bautechnischen Prüfung bzw. „zur Genehmigung“ vorgelegt wird.

Grundleistungen und besondere Leistungen für die Tragwerksplanung, Leistungsphase 4 Genehmigungsplanung, sind der HOAI zu entnehmen.

6

Planungsgrundlagen

Im Folgenden werden die erforderlichen Planungsgrundlagen erläutert. Es ist sinnvoll, zum Beginn der Leistungsphase 1 Grundlagenermittlung eine Liste mit allen erforderlichen Planungsgrundlagen zu erstellen. Hier können auch die Verantwortlichkeiten festgelegt und die vorliegenden Unterlagen abgehakt werden.

6.1 Kurztitel des Projektes

Der Kurztitel des Projekts, beispielsweise „Erneuerung Kreuzungsbauwerk Schwerte", wird von der DB übernommen bzw. mit der DB-Projektleitung abgesprochen.

Die Bezeichnung „Erneuerung" ist ein Synonym für „Ersatzneubau".

6.2 Bau-km

Der Bau-km einer Brücke, also die Stationierung der km-Achse im Kreuzungspunkt, ist z. B. im IVL-Plan (IVL – Ingenieurvermessung Lage) oder im Bauwerksbuch zu finden. Der Planer muss prüfen, ob Widersprüche vorliegen, und diese ggf. aufklären.

6.3 Bauwerksnummer

Die Regelung der Bauwerksnummer erfolgt in Ril 804.8001A03 „Inspektion von Ingenieurbauwerken, Definitionen und Abkürzungen". Sie ist 19-stellig und besteht aus:

- DB-Streckennummer, 4-stellig,
- Kreuzungskilometer, 6-stellig und
- Anlagenklasse nach Ril 201.1101A04, für die Bauwerksnummer 6-stellig.

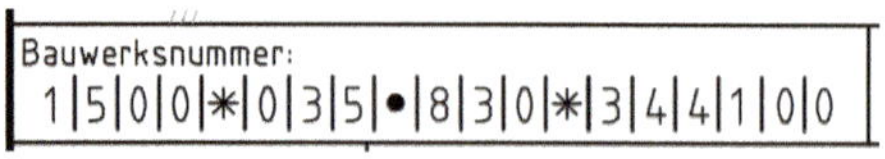

Abb. 6.1 Bauwerksnummer mit Anlagenklasse (Quelle: Emch+Berger).

Bauwerksnummer																		
1	2	3	4	5	6	7	8	9	10	11	12	13	14	15	16	17	18	19
1	7	6	0	*	0	4	1	•	5	2	0	*	1	6	1	2		

Abb. 6.2 Bauwerksnummer mit Bauwerkskennziffer (Quelle: DB).

Die Bauwerksnummer wird auf den vom Planer zu erstellenden Plänen im Schriftfeld angegeben, siehe Abb. 6.1.

Statt der Anlagenklasse wird manchmal auch die 4-stellige Bauwerkskennziffer gemäß Ril 804.0101A04 verwendet, wie in Abb. 6.2 (1612 = EÜ über Bundesstraße).

Die Bauwerksnummer z. B. im IVL-Plan oder im Bauwerksbuch zu finden. Bei Neubauten wird die Bauwerksnummer erst nach der Fertigstellung vergeben.

6.4 Streckennummer und Gleisbezeichnungen

Die Streckennummer und die Gleisbezeichnungen sind z. B. im IVL-Plan oder im Bauwerksbuch zu finden. Wenn ein Bauwerk mehrere Strecken überführt, ist mit der DB abzustimmen, welches die führende Strecke ist.

Welche Gleise zu welcher Streckennummer gehören und welcher Bahnsteig welche Nummer trägt, geht aus dem Infrastrukturregister der DB InfraGO AG hervor. Ein Beispiel ist in Abb. 6.3 dargestellt.

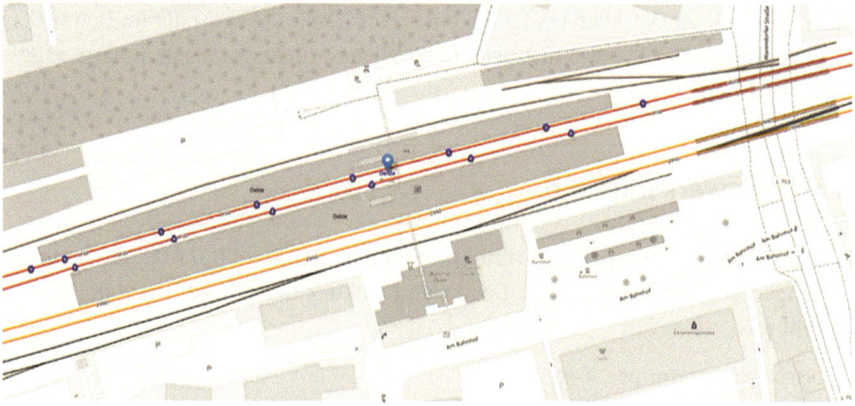

Abb. 6.3 Auszug aus dem Infrastrukturregister; grau – keine Streckennummer (Quelle: DB).

Wenn die Gleise keine Nummern tragen, dann sollten sie als „Richtungsgleis“ und „Gegenrichtungsgleis“ bezeichnet werden, wobei das Richtungsgleis in aufsteigender Kilometrierungsrichtung rechts liegt.

6.5 DB-Projektnummer und Kategorie

Eine DB-Projektnummer lautet z. B. G.016125872. Dieses Projekt gehört dann zur Kategorie G-Projekte. Die Projektnummer findet sich z. B. im Projektauftrag (Erläuterungsbericht), den die DB liefert, oder im Dateinamen des Projektanforderungskatalogs.

Außer G-Nummern gibt es auch T-Nummern, z. B. T.016084586. Zwischen G-Projekten und T-Projekten bestehen kaufmännische Detailunterschiede in SAP, welche nur für die DB relevant sind. G-Projekte können tiefer aufgegliedert werden als T-Projekte. Der Regionalbereich West führt Großprojekte als G-Projekte, aber Einzelmaßnahmen als T-Projekte.

LfD-Projekte sind Leistungen für Dritte, z. B. LfD 127101306.

Bei fremdfinanzierten Projekten, bei denen der DB keine Kosten entstehen, wird in der Regel keine DB-Projektnummer vergeben.

6.6 Projektbeteiligtenliste

Die Projektbeteiligtenliste ist eine (Excel-) Liste, in der alle Projektbeteiligten mit Ansprechpartner, Aufgabenbereich und Kontaktdaten aufgeführt sind, z. B.:

- DB InfraGO AG (Projektleiter, Teamleiter, Baubetriebskoordinator, Anlagenverantwortliche ALVs etc.)
- DB E&C
- Beteiligte Straßenbaulastträger
- Baugrundgutachter
- Planer
- betroffene private Eigentümer

Der Bauherr muss dem Planer die Kontaktdaten der DB-Beteiligten und der von ihm beauftragten Planer (z. B. Baugrundgutachter, Umweltplaner etc.) übergeben. Der Planer erstellt anschließend die Projektbeteiligtenliste und ergänzt die Liste kontinuierlich. Die DB stellt dazu keine Vorlagen zur Verfügung.

Die Projektbeteiligtenliste ist für Planer sehr wertvoll, um die richtigen Ansprechpartner kontaktieren zu können. Außerdem muss in Lph 4 Genehmigungsplanung eine Projektbeteiligtenliste bzw. TÖB-Liste an das Eisenbahnbundesamt (EBA) übergeben werden.

6.7 Lastmodelle LM 71, SW/0, SW/2

Vorgaben zu den anzusetzenden Lastmodellen können in der Betrieblichen Aufgabenstellung (BAst) oder in der Projektbeschreibung zu finden sein. In Abstimmung zwischen Tragwerksplaner, DB-Projektleitung und Fachverantwortlichem für Brückenbelastbarkeit ist in der Grundlagenermittlung festzulegen, welche Lastmodelle für die Vertikallasten aus Eisenbahnverkehr anzusetzen sind. Das können sein:

- Lastmodell 71 (LM 71), Regelverkehr
- Lastmodell SW/0, für Durchlaufträgerbrücken
- Lastmodell SW/2, Schwerverkehr

Die Definition der Lastmodelle sowie weitere Angaben sind in Eurocode 1, Abschnitte 6.3.2 und 6.3.3 zu finden.

Das Lastmodell SW/0 gilt nur für Durchlaufträger, sodass bei Einfeldsystemen in der Regel auf dieses Lastmodell verzichtet werden kann.

Wenn das Lastmodell LM 71 mit einem Lastklassenbeiwert α von 1,21 angesetzt wird, dann kann gemäß Ril 804.2101 Einwirkungen, Abschnitt 4 (1), Tabelle 3, auf das Lastmodell SW/2 verzichtet werden.

Die Regelungen der Eisenbahnbau- und Betriebsordnung (EBO), § 8 Abschnitt (3) sind zu berücksichtigen.

Zum Lastmodell SW/2 gelten folgende Regelungen gemäß DIN EN 1991-2 NA, NDP zu 6.3.2 (3)P Anmerkung:

DIN EN 1991-2 NA, NDP zu 6.3.2 (3)P Anmerkung

Für Brückenbauwerke auf Strecken der Eisenbahn des Bundes für Betriebszüge mit 25-t-Radsatzlasten ist ein Beiwert $\alpha = 1{,}21$ zu verwenden. Das Lastmodell SW/2 braucht nicht zusätzlich angesetzt zu werden.

Für geotechnische Bauwerke (Erdbauwerke, Stützbauwerke und Durchlässe mit einer lichten Weite von < 2,0 m) darf auch bei klassifizierten Lastmodellen mit $\alpha = 1{,}0$ gerechnet werden. Einflüsse von Baumaschinen müssen ggf. Gesondert berücksichtigt werden.

Für die statische Berechnung ist ein Beiwert $\alpha \geq 1{,}0$ anzusetzen. Der Beiwert a kann nach den Grundsätzen des § 8 EBO gewählt werden. Für artreinen S-Bahn-Verkehr kann $\alpha = 0{,}8$ angesetzt werden.

Für Bauzustände sind alle unter 6.3.2 (3) aufgezählten Einwirkungen mit $\alpha = 1{,}0$ zu multiplizieren, wenn Schwerverkehr während der Bauphase ausgeschlossen ist.

6.8 Lastklassenbeiwert α

Der Lastklassenbeiwert α ist für die Statik relevant, weil verschiedene Eisenbahnlasten mit α multipliziert werden, z. B. das Lastmodell 71. Der Lastklassenbeiwert beträgt 0,8 oder 1,0 oder 1,1 oder 1,21 oder 1,33. In der Regel legt der oder die Fachverantwortliche für Brückenbelastbarkeit (FvBel) den Lastklassenbeiwert in der betrieblichen Aufgabenstellung oder der Grundlagenermittlung fest.

Gemäß Eurocode 1, Teil 2, NDP zu 6.3.2 (3)P Anmerkung, gilt:

- Bei Neubauten ist in der Regel ein Lastklassenbeiwert $\alpha = 1{,}21$ anzusetzen. Damit wird auch berücksichtigt, dass Züge in der Zukunft vielleicht schwerer sind als heutzutage.
- Für reinen S-Bahnverkehr kann $\alpha = 0{,}8$ angesetzt werden.
- Für geotechnische Bauwerke (Erdbauwerke, Stützbauwerke und Durchlässe mit einer lichten Weite < 2,0 m) darf mit $\alpha = 1{,}0$ gerechnet werden.

Diese Angaben decken sich mit § 8 der Eisenbahn-Bau- und Betriebsordnung (EBO).

Für Stahlbeton-Rahmenbauwerke ist gemäß Ril 804.9040A01, Tabellen 7 und 8, ein Lastklassenbeiwert von $\alpha = 1{,}21$ zu verwenden.

Weitere detaillierte Angaben zum Lastklassenbeiwert sind der Ril 804.2101 Einwirkungen, Abschnitt 4 (1), Tabelle 3 zu entnehmen.

Im Zuge der Entwurfsplanung sollte mit dem FvBel ausdrücklich abgestimmt werden, ob der gewählte Lastklassenbeiwert aktuell und für die vorgesehene Bauweise geeignet ist.

Bei der Nachrechnung von Bestandsbauwerken nach Ril 805 gilt:

Ril 805, Abschnitt 2 (5)

(5) Auf eine Klassifizierung des Lastmodells 71 gemäß Ril 804.2101, Abschnitt 4 wird bei Bestandsbrücken verzichtet. Der Lastklassenbeiwert α entspricht sinngemäß dem maßgebenden Belastbarkeitswert β_{71}.

Hinweis: Sollte eine Nachrechnung mit einem klassifizierten Lastmodell im Ausnahmefall erforderlich sein, ist dieses gemäß den Regelungen der DIN EN 1991-2, Abschnitt 6.3.2 zu berücksichtigen.

Zum Lastklassenbeiwert α gelten folgende Regelungen gemäß DIN EN 1991-2 NA, NDP zu 6.3.2 (3)P Anmerkung:

DIN EN 1991-2 NA, NDP zu 6.3.2 (3)P Anmerkung

Für Brückenbauwerke auf Strecken der Eisenbahn des Bundes für Betriebszüge mit 25-t-Radsatzlasten ist ein Beiwert $\alpha = 1{,}21$ zu verwenden. Das Lastmodell SW/2 braucht nicht zusätzlich angesetzt zu werden.

Für geotechnische Bauwerke (Erdbauwerke, Stützbauwerke und Durchlässe mit einer lichten Weite von < 2,0 m) darf auch bei klassifizierten Lastmodellen mit $\alpha = 1{,}0$ gerechnet werden. Einflüsse von Baumaschinen müssen ggf. gesondert berücksichtigt werden.

Für die statische Berechnung ist ein Beiwert $\alpha \geq 1{,}0$ anzusetzen. Der Beiwert a kann nach den Grundsätzen des § 8 EBO gewählt werden. Für artreinen S-Bahn-Verkehr kann $\alpha = 0{,}8$ angesetzt werden.

Für Bauzustände sind alle unter 6.3.2 (3) aufgezählten Einwirkungen mit $\alpha = 1{,}0$ zu multiplizieren, wenn Schwerverkehr während der Bauphase ausgeschlossen ist.

6.9 Streckenklasse

Die Streckenklasse ist eine in der EN 15528 definierte Klassifizierung von Eisenbahnstrecken. Sie legt die maximal zulässige Radsatzlast (RSL) und die zulässige Last je Längeneinheit einer Strecke fest.

Die vorhandene Streckenklasse ist festzustellen. Eine Angabe dazu findet sich in der betrieblichen Aufgabenstellung (BAst), der verkehrlichen Aufgabenstellung (VAst) oder im DB-Infrastrukturregister.

Standard für Neu- und Ausbaustrecken ist die Streckenklasse D4 mit einer Radsatzlast von 22,5 t, für Ingenieurbauwerke die Streckenklasse E4 mit einer Radsatzlast von 25,0 t.

6.10 Transeuropäisches Netz: TEN-Klassifizierung

TEN ist die Abkürzung für Transeuropäisches Netz. Es ist zu klären, ob die betroffene Strecke ein Teil des TEN-Netzes ist oder nicht. Das kann man z. B. aus dem DB-Infrastrukturregister ablesen.

Im TEN-Netz sind die TSIen zu berücksichtigen. In Ausnahmefällen sind die TSIen jedoch auch an Strecken zu berücksichtigen, welche nicht zum TEN-Netz gehören. Dies ist mit der DB-Projektleitung abzustimmen.

6.11 Projektanforderungskatalog

In alten Projekten gibt es noch einen Projektanforderungskatalog. Dieser wurde inzwischen durch die Betriebliche Aufgabenstellung ersetzt (siehe Abschnitt 6.12).

Der Projektanforderungskatalog nach Ril 413.0401V01 wurde früher von der DB erstellt und enthielt diverse technische Anforderungen an das neue Bauwerk, unter anderem den Lastklassenbeiwert.

6.12 Betriebliche Aufgabenstellung (BAst), verkehrliche Aufgabenstellung (VAst)

Mit der DB-Projektleitung ist zu klären, ob eine betriebliche Aufgabenstellung (BAst) oder eine verkehrliche Aufgabenstellung (VAst) vorliegen. Wenn ja, dann müssen sie von der DB-Projektleitung bereitgestellt werden. In der BAst werden betriebliche

Auswirkungen durch die Baumaßnahme bzw. geplante betriebliche Änderungen beschrieben. Bei Ersatzneubauten wird häufig auf eine BAst verzichtet. Gemäß Ril 809.0201, Abschnitt 2 (1) gilt:

> *Das Ergebnis der Grundlagenermittlung ist die vom betrieblichen Infrastrukturplaner erstellte und mit allen Beteiligten abgestimmte betriebliche Aufgabenstellung (BAst).*

6.13 Ortsbesichtigung

Eine Ortsbesichtigung findet mit der DB und anderen Projektbeteiligten statt. Der Bauherr lädt ein, erstellt mit der entsprechenden Vorlaufzeit einen Sicherungsplan und bestellt das Sicherungspersonal (Sicherungsposten SiPo bzw. Sicherungsaufsichtskraft Sakra). Planer müssen Sicherheitsschuhe und orangefarbene Warnwesten tragen. Außerdem sind hilfreich:

- ausgedruckte IVL-Pläne
- ausgedruckte Bestandspläne des Bauwerks
- Zollstock/Maßband/Laserdistanzmessgerät
- Stift und Papier oder Tablet

Bei der Ortsbesichtigung muss der Planer die Bestandspläne für das Bauwerk mit der Örtlichkeit abgleichen. Außerdem sollen möglichst alle Rahmenbedingungen geprüft und fotografiert werden, z. B.:

- Bestandsbauwerk
  - Überbauten
  - Unterbauten
  - ggf. Lärmschutzwände
- Gleis, z. B.
  - Schwellen und Schwellenart
  - Walzzeichen (eingewalzte Schienenbezeichnung)
  - Schienenstöße mit Laschen oder Isolierstöße
- Oberleitungsanlagen (OLA), z. B.
  - Hektometertafeln
  - kleine Mastschilder mit Angabe der Mastnummer
  - abgehende Kettenwerke
  - Isolatoren
  - Streckentrenner
  - Querfelder
  - Erdungsanschlüsse
- Anlagen der Leit- und Sicherungstechnik (LST), z. B.
  - Signale
  - Indusis

  - Gleisschaltmittel/Anschlussverteiler („gelbe Töpfe“)
  - Vorsignalbaken mit schwarz-weißer Schraffur
- TK- oder 50 Hz-Anlagen
- Kabelkanäle
- Schachtdeckel
- Kabel und Leitungen oder Kabelsteine
- Drahtzugleitungen (Drahtzüge)
- Gleisfeldbeleuchtung
- Lärmschutzwände
- Zäune und Tore
- unten liegende Straße bzw. unten liegendes Gewässer
- relevante Bäume
- Bahndamm und Böschungen
- benachbarte Bahnübergänge
- mögliche Eingleisstellen für Zweiwegebagger
- Zuwegungen mit möglichen Höhen- oder Gewichtsbeschränkungen
- mögliche BE-Flächen
- schützenswerte Einrichtungen, z. B. Kindergärten, Schulen, Seniorenheime
- Betroffenheiten, z. B. private Anwohner oder benachbarte Firmen
- alle weiteren Zwangspunkte

Vor Ort können auch Absprachen mit den Anlagenverantwortlichen oder weiteren Fachplanern erfolgen, z. B. Vermesser (welcher Bereich muss aufgemessen werden?), Bodengutachter (welche Untersuchungen sind erforderlich?) und Bahnbetrieb (welche bahnbetrieblichen Randbedingungen gelten?).

Es gibt von der DB zwei Musterdokumente, nämlich „Bestätigung Ortsbegehung“ und „Nachweis Ortsbegehungen“. Wenn die DB-Projektleitung diese Dokumente einfordert, dann muss der Planer sie ausfüllen und übergeben.

6.14 Fotodokumentation

Die Ergebnisse der Ortsbesichtigung können in MS-Word zu einer Fotodokumentation zusammengestellt werden. Die DB stellt dazu keine besonderen Anforderungen. Zu jedem Foto sind eine kurze und aussagekräftige Beschriftung sowie ggf. Hinweispfeile zu ergänzen. Auch Zuwegungen und mögliche BE-Flächen müssen enthalten sein. Abbildung 6.4 zeigt einen Ausschnitt aus einer Fotodokumentation.

Das Erstellen einer Fotodokumentation ist eine besondere Leistung nach AHO-Heft Nr. 7 „Besondere Leistungen bei der Planung von Ingenieurbauwerken“. Projektbezogen ist zu entscheiden, ob der Planer eine Fotodokumentation auch ohne Anzeige von Mehrkosten erstellen möchte. Dies hat den Vorteil, dass er schon frühzeitig und mit begrenztem Aufwand ein Dokument erstellt und an den Bauherrn übergibt. Damit beweist der Planer seine Motivation und schaffen eine Grundlage für die Abschlagsrechnung.

Erneuerung KrBw DB NETZE Emch+ Berger

Standpunkt:	KrBw
Blick in Richtung:	Osten
Beschreibung:	Widerlager Ost, tangierende Bohrpfahlwände, Verankerung, drei abgebrannte Anker (oben), drei zusätzliche Anker (Mitte und unten) und Anlagen für das Monitoring.

Standpunkt:	KrBw
Blick in Richtung:	Osten
Beschreibung:	Untersicht Hilfsbrücke mit Widerlager Ost. Verankerung. Kabel für Monitoring.

Abb. 6.4 Fotodokumentation (Quelle: Emch+Berger).

6.15 Schriftfeld

Das Schriftfeld (Stempelfeld/Planspiegel) ist in Ril 804.0101A04 geregelt. Hier sind auch viele nützliche Erläuterungen enthalten. Für die Lageskizze wird der IVL-Plan benötigt. Der Planer erstellt das projektbezogene Schriftfeld und schickt es zur Abstimmung an den Bauherrn. Abbildung 6.5 zeigt ein Beispiel.

Hinweis: In der Vorlage nach Ril 804.0101A04 ist ein Tippfehler enthalten. Im Feld Nr. 15 steht nicht „Auftragnehmer", sondern „Aufragnehmer" ohne „t". Bei der Erstellung des projektbezogenen Stempelfelds ist dieser Tippfehler zu korrigieren.

Projekte der DB InfraGO AG, Geschäftsbereich Personenbahnhöfe, haben ein Schriftfeld nach Ril 813.0104, welches sich im Layout von dem oben beschriebenen unterscheidet, siehe Abb. 6.6.

6.16 Kabellagepläne der DB InfraGO AG

Die DB InfraGO AG stellt Leitungspläne bzw. Bestandspläne für die Gewerke der technischen Streckenausrüstung zur Verfügung, nämlich:

- Oberleitungsanlagen (OLA)
- Leit- und Sicherungstechnik (LST)
- Telekommunikation (TK)
- Elektrische Energieanlagen (EEA 50 Hz)

Es ist zu klären, ob eine Tiefenentwässerung vorhanden ist und ob dafür Bestandspläne vorliegen. Ggf. sind Pläne für Lärmschutzwände vorhanden.

Leitungsauskünfte werden auch Spartenauskünfte genannt.

6.17 Leitungserkundung vor Ort

Nach Abstimmung mit der DB-Projektleitung, den ALV (Anlagenverantwortlichen) und den Leitungsplanern sollte ein Ortstermin stattfinden, um die Leitungsbestandspläne mit der Örtlichkeit abzugleichen. Zur Vorbereitung sind eventuell Suchschachtungen erforderlich.

Vor Ort kann überprüft werden, ob die eingezeichneten Kabel auffindbar sind, auf welcher Gleisseite sie liegen, in welchem Zustand sie sind (Kabel können 70 Jahre alt sein), ob sie stramm oder locker liegen etc.

Das Identifizieren von Kabeln ist nicht leicht, weil Kabel oft nicht beschriftet sind und weil Kabel, welche nicht mehr in Betrieb sind, häufig im Baugrund verbleiben (denn der Ausbau würde Kosten erzeugen). Aber wo ein Wille ist, da ist auch ein Weg: Die Ummantelung von in Betrieb befindlichen Kabel kann aufgeschnitten werden, um die Kabel zu identifizieren, siehe Abb. 6.7.

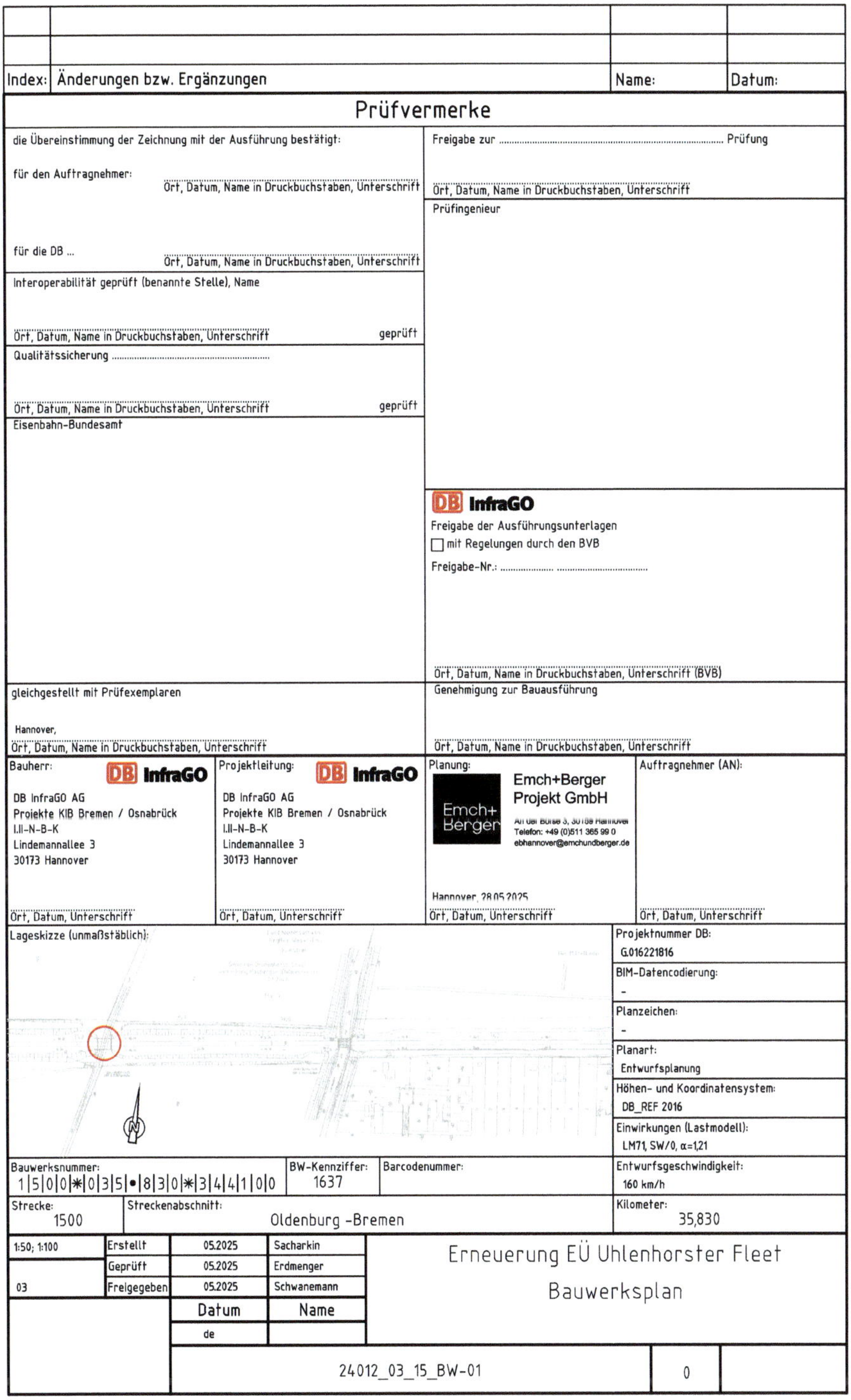

Index:	Änderungen bzw. Ergänzungen	Name:	Datum:

Prüfvermerke

die Übereinstimmung der Zeichnung mit der Ausführung bestätigt:

für den Auftragnehmer: Ort, Datum, Name in Druckbuchstaben, Unterschrift

für die DB ... Ort, Datum, Name in Druckbuchstaben, Unterschrift

Interoperabilität geprüft (benannte Stelle), Name

Ort, Datum, Name in Druckbuchstaben, Unterschrift — geprüft

Qualitätssicherung ....

Ort, Datum, Name in Druckbuchstaben, Unterschrift — geprüft

Eisenbahn-Bundesamt

Freigabe zur .... Prüfung

Ort, Datum, Name in Druckbuchstaben, Unterschrift

Prüfingenieur

DB InfraGO

Freigabe der Ausführungsunterlagen

☐ mit Regelungen durch den BVB

Freigabe-Nr.: ....

Ort, Datum, Name in Druckbuchstaben, Unterschrift (BVB)

gleichgestellt mit Prüfexemplaren

Hannover,

Ort, Datum, Name in Druckbuchstaben, Unterschrift

Genehmigung zur Bauausführung

Ort, Datum, Name in Druckbuchstaben, Unterschrift

Bauherr: DB InfraGO	Projektleitung: DB InfraGO	Planung:	Auftragnehmer (AN):
DB InfraGO AG Projekte KIB Bremen / Osnabrück I.II-N-B-K Lindemannallee 3 30173 Hannover	DB InfraGO AG Projekte KIB Bremen / Osnabrück I.II-N-B-K Lindemannallee 3 30173 Hannover	Emch+Berger Projekt GmbH An der Börse 3, 30159 Hannover Telefon: +49 (0)511 365 99 0 ebhannover@emchundberger.de Hannover, 28.05.2025	
Ort, Datum, Unterschrift	Ort, Datum, Unterschrift	Ort, Datum, Unterschrift	Ort, Datum, Unterschrift

Lageskizze (unmaßstäblich):

Projektnummer DB:	G.016221816
BIM-Datencodierung:	-
Planzeichen:	-
Planart:	Entwurfsplanung
Höhen- und Koordinatensystem:	DB_REF 2016
Einwirkungen (Lastmodell):	LM71, SW/0, α=1,21

Bauwerksnummer:	BW-Kennziffer:	Barcodenummer:	Entwurfsgeschwindigkeit:
1|5|0|0|*|0|3|5|•|8|3|0|*|3|4|4|1|0|0	1637		160 km/h

Strecke:	Streckenabschnitt:	Kilometer:
1500	Oldenburg -Bremen	35,830

1:50; 1:100	Erstellt	05.2025	Sacharkin
	Geprüft	05.2025	Erdmenger
03	Freigegeben	05.2025	Schwanemann
		Datum	Name
		de	

Erneuerung EÜ Uhlenhorster Fleet

Bauwerksplan

24012_03_15_BW-01 | 0

Abb. 6.5 Schriftfeld nach Ril 804.0101A04 (Quelle: Emch+Berger).

Bauherr	Bauherrenvertretung / Projektleitung	
DB InfraGO AG Regionalbereich Nord BM Schleswig-Holstein	DB InfraGO AG Regionalbereich Nord BM Schleswig-Holstein	DB InfraGO

Bautechnischer Prüfer gemäß VV BAU bzw. Planprüfer gemäß VV BAU STE	Eisenbahn-Bundesamt (EBA)

Projekt

Bf Itzehoe
Erneuerung Bahnsteigdächer

Projekt-Nr. G.011304171

Übersicht

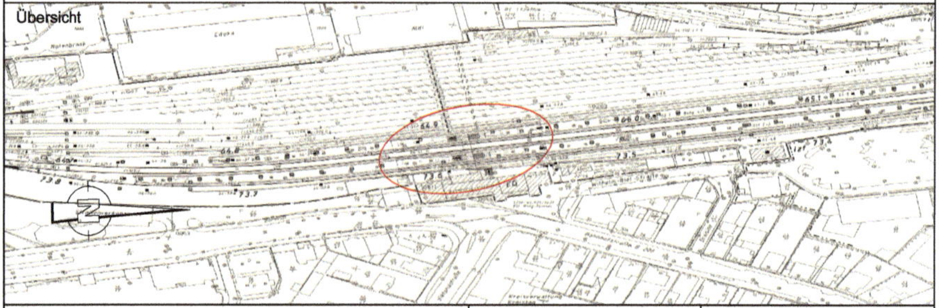

Planungsphase	Ausführungsplanung	Strecke Elsmhorn-Westerland	Maßstab Wie angezeigt
Planbezeichnung/ Planinhalt	Provisorium-Fundament	Strecken-Nr. 1210 & 1221	Bahnhofs-Nr. 3016
Planart/ SAP PM-Equipmentnr.	Schal- und Bewehrungsplan	Stations-km 64,9 & 73,6	Koordinatensystem VA-System
Plannummer	A10_360_5_PSB_B--_001_-		Höhensystem VA-System

Planersteller	Bauvorlageberechtigter (BVB) gemäß VV BAU / VV BAU-STE:
Anschrift: Emch+Berger GmbH, An der Börse 3, 30159 Hannover, Telefon: +49 (0)511 365 99 0, www.emchundberger.de	Freigabe der Ausführungsunterlagen gemäß Freigabeschreiben
Schwanemann — Name (Druckschrift) / Datum / Unterschrift	Erdmenger — Name (Druckschrift) / Datum / Unterschrift
Projektverantwortlicher als Vertreter der Eisenbahnen des Bundes (EdB) — DB InfraGO	Planersteller (Gleichstellung) Plan gleichgestellt mit der Freigabe-Nr. ______ des Bauvorlageberechtigten vom ______
Name (Druckschrift) / Datum / Unterschrift	Name (Druckschrift) / Datum / Unterschrift

Die Übereinstimmung mit der Bauausführung wird bestätigt

Auftragnehmer Bau	Bauüberwacher Bahn (BÜB) gemäß VV BAU/VV BAU-STE
Name (Druckschrift) / Datum / Unterschrift	Name (Druckschrift) / Datum / Unterschrift

Die Übernahme der handrevidierten Eintragungen in die CAD-Grundlage wird bestätigt

Auftragnehmer Bau

Name (Druckschrift) / Datum / Unterschrift

Bearbeitung CAD

	Datum	Name (Druckschrift)
gez.	09.2025	Reinelt
gepr.	09.2025	Lauenstein-W.

Abb. 6.6 Schriftfeld nach Ril 813.0104 (Quelle: Emch+Berger).

Abb. 6.7 Kabel auf Bauwerk, Ummantelung aufgeschnitten, Messer, Säge; oben: LST-Signalkabel; Mitte: LST-Kabel; unten: TK-Kabel FB 28" mit 28 Paaren; alle Kabel in Betrieb (Quelle: Emch+Berger).

Ein Termin zur Identifikation der Kabel erzeugt Aufwand und Kosten und lohnt sich daher nur, wenn die ALV (Anlagenverantwortlichen) mit vor Ort sind und die Bereitschaft haben, sich festzulegen.

Kabel sind in der Regel in einer Tiefe von bis zu 1,25 m verlegt. Es gibt Ausnahmen, wenn z. B. die Strecke umtrassiert wurde oder ein Randweg nachträglich hergestellt wurde.

Suchschachtungen bzw. Suchschlitze können in der Regel bis zu einer Tiefe von 1,25 m ungeböscht hergestellt werden, also mit senkrechten Wänden. Siehe dazu auch Abschnitt 8.20 Baugruben.

Im Bereich der LST-Anlagen gibt es Ril 892.9122A01 Kabelmerkblatt.

6.18 Leitungsbestandspläne Dritter

Bei der DB-Projektleitung ist anzufragen, ob vielleicht schon Leitungsbestandspläne Dritter vorliegen. In jedem Fall muss der Planer bei der Grundlagenermittlung die aktuellen Leitungsbestandspläne von allen beteiligten Dritten anfordern, wie z. B.:

- Frischwasserleitungen, Regenwasser-, Schmutzwasser- oder Mischwasserkanäle
- Stromkabel: Niederspannung, Mittelspannung, Hochspannung
- Gasleitungen
- Telekommunikationsleitungen: Kupferkabel, Lichtwellenleiter u. ä.
- Fernwärmeleitungen

Das Einholen von Leitungsauskünften ist mühevoll und kostet Zeit, ist aber ein sehr wichtiger Schritt. Dazu können folgende Hilfsmittel eingesetzt werden.

6.19 ALIZ-Abfrage/BIL-Abfrage (Leitungsauskünfte)

Früher waren ALIZ und BIL getrennte Portale, inzwischen wurden diese zusammengelegt. Die Adresse lautet: www.aliz.de.

Über eine ALIZ-/BIL-Anfrage werden alle potenziell vom Bauvorhaben betroffenen Betreiber unterirdischer und oberirdischer Versorgungsleitungen über die Baumaßnahme informiert. Die Leitungsbetreiber stellen dem Planer dann Pläne und ggf. Kabelmerkblätter/Schutzanweisungen zur Verfügung und benennen Ansprechpartner. Zusätzlich erhält man auf einem ALIZ-Ausdruck die Kontaktdaten der Versorger, deren Leitungen von der Baumaßnahme betroffen sein könnten.

Die Telekom reagiert in der Regel nicht auf die ALIZ-Abfrage. Daher müssen diese Leitungen über die Telekom-Trassenauskunft abgefragt werden: https://trassenauskunftkabel.telekom.de.

Falls Kabel Deutschland und Versatel nicht auf die ALIZ-Abfrage reagieren, kann der Planer sich bei diesen zwei Leitungsbetreibern ggf. einloggen und Trassenauskünfte herunterladen.

6.20 Vorhandene Freileitungen

Freileitungen („Hochspannungsleitungen") können 110 kV-Bahnstromleitungen der DB Energie sein oder 110/220/380 kV-Leitungen anderer Betreiber.

Wenn im Bereich der Baustelle oder der Zuwegungen Freileitungen vorhanden sind, dann muss der Planer den Betreiber und einen Ansprechpartner ermitteln und möglichst einen Bestandsplan anfordern. Bei der Ermittlung des Betreibers hilft die folgende Internetseite. Wenn man dort auf eine Freileitung klickt, werden der Betreiber und weitere Daten angezeigt: https://openinframap.org.

Wenn Baustraßen unter einer Freileitung oder Arbeiten in der Nähe einer Freileitung geplant sind, dann muss der Planer mit dem Betreiber entsprechende Abstimmungen treffen. Es dürfen z. B. keine Minderabstände zu den Leiterseilen entstehen, auch bei Transporthöhen bis 4,20 m und dem Aufschütten einer z. B. 40 cm hohen Baustraße. Ggf. müssen Profiltore vor und hinter der Freileitung aufgestellt werden, um Unfälle zu verhindern.

6.21 Benachbarte Bahnhöfe und Bahnübergänge

In Zusammenarbeit mit der DB-Projektleitung ist festzustellen, welche Bahnhöfe bzw. Haltepunkte und welche Bahnübergänge (BÜs) in der Nähe des Bauwerks liegen, und zwar jeweils in auf- und absteigender Kilometrierungsrichtung.

Bahnübergänge sind für die Baustellenlogistik relevant und können auch als Eingleisstellen für Zweiwegefahrzeuge genutzt werden.

6.22 IVL-Pläne

Die Abkürzung IVL steht für Ingenieurvermessung Lage. IVL-Pläne sind Lagepläne der DB im Maßstab 1 : 1000, welche z. B. die Gleise, die Eisenbahnbauwerke, die Bahngrenze, vorhandene Böschungen und die Bebauung im Bereich der Bahnstrecke darstellen, siehe Abb. 6.8.

IVL-Pläne sind in Ril 885.1101 Produkte beschreiben, IVL-Plan, geregelt. Die Symbole, welche auf IVL-Plänen dargestellt sind, werden in Ril 885.1101A02 Legende des IVL-Plans erläutert. Hier kann man also nachschauen, wenn die Darstellung auf den IVL-Plänen zunächst nicht nachvollziehbar ist.

Auf jedem IVL-Plan ist ein Kilometer Strecke dargestellt. Die Benennung der Pläne erfolgt nach Streckennummer und dann mit zwei fortlaufenden Buchstaben, z. B. 2550AA, 2550AB, 2550AC, 1780BL, 1780BM.

Die Pläne sind für die Darstellung der Umgebung sehr wertvoll, aber ungenau. Die Darstellung auf den IVL-Plänen kann veraltet sein (z. B. Bebauung). Die DB stellt IVL-Pläne als PDFs und evtl. als TIFs und DWGs zur Verfügung. Für Planungsbüros sind die DWGs in der Regel am wertvollsten, weil diese bearbeitbar sind.

Der Planer benötigt die IVL-Pläne z. B. zur Vorbereitung des Ortstermins, für die Lageskizze im Stempelfeld und für den Lageplan im Maßstab 1 : 1000. Der Planer muss die IVL-Pläne auf Übereinstimmung mit dem Flimas-Auszug bzw. dem DBImm Maps-Auszug prüfen (bahnspezifische Geoinformationssysteme). Eventuelle Widersprüche (z. B. Bahngrenze) sind von der DB-Projektleitung zu klären.

IVL-Pläne als PDFs, TIFs und DWGs können vom Planer online über das Informationsportal Infrastrukturdaten (IPID) bestellt werden.

6.23 IVMG-Pläne

Die IVMG-Pläne (Instandhaltungs- und Vermessungsplan für Gleise; = Trassenpläne, = Gleisvermarkungspläne) enthalten alle Angaben zur Gleislage (SO-Höhe, Überhöhung, Krümmung etc.). Jeder IVMG-Plan beschreibt einen Kilometer Strecke, siehe Abb. 6.9.

Der Planer kann anhand der IVMG-Pläne z. B. prüfen, auf welcher NN-Höhe die SO liegt, ob eine Überhöhung vorhanden ist, ob zwei Gleise einer Strecke im Bauwerksbereich gleich trassiert sind etc. Abkürzungen auf IVMG-Plänen:

u	Überhöhung
UA	Übergangsbogen Anfang
UE	Übergangsbogen Ende
lu	Länge des Übergangsbogens
BA	Bogenanfang
BE	Bogenende

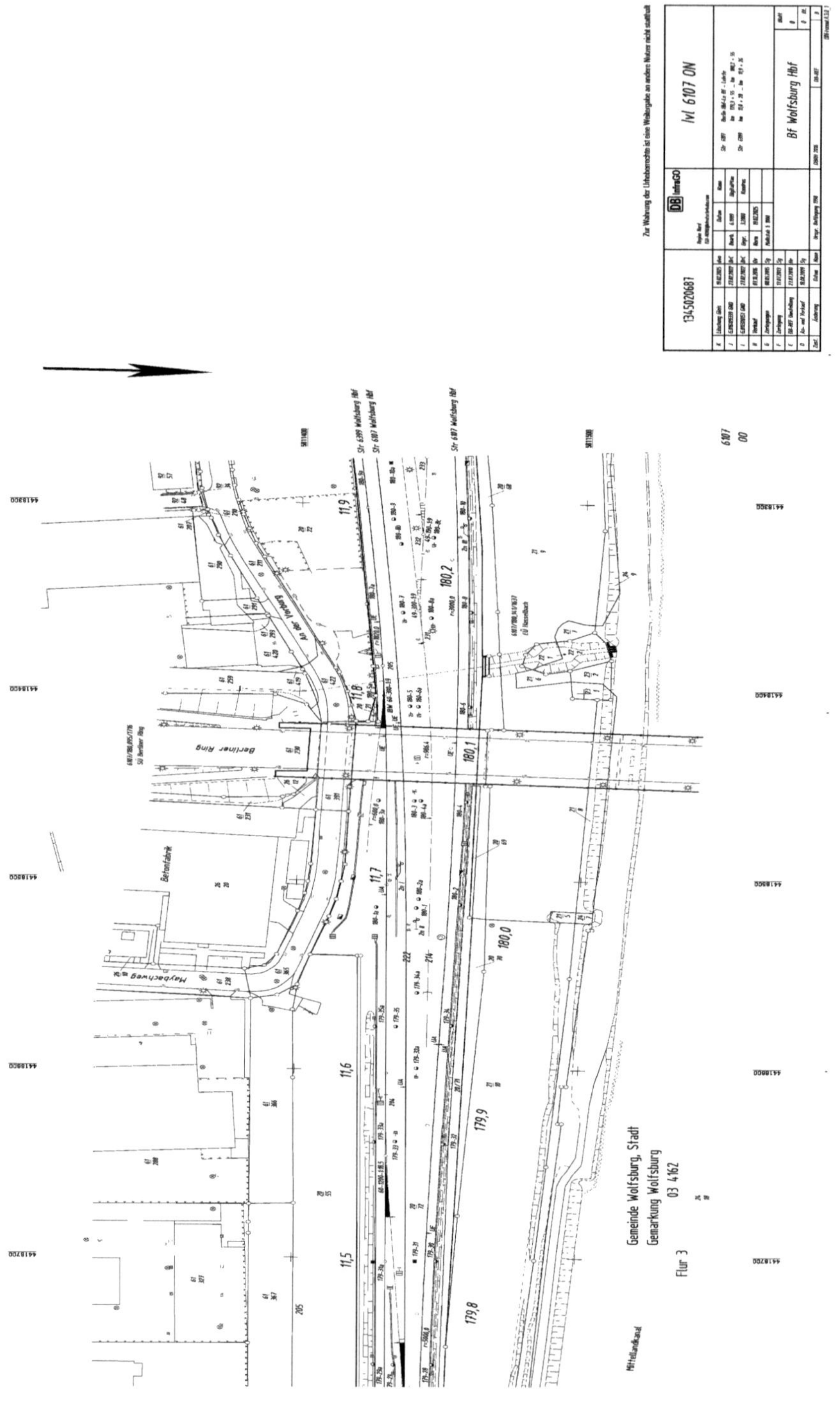

Abb. 6.8 Ausschnitt aus IVL-Plan (Quelle: DB).

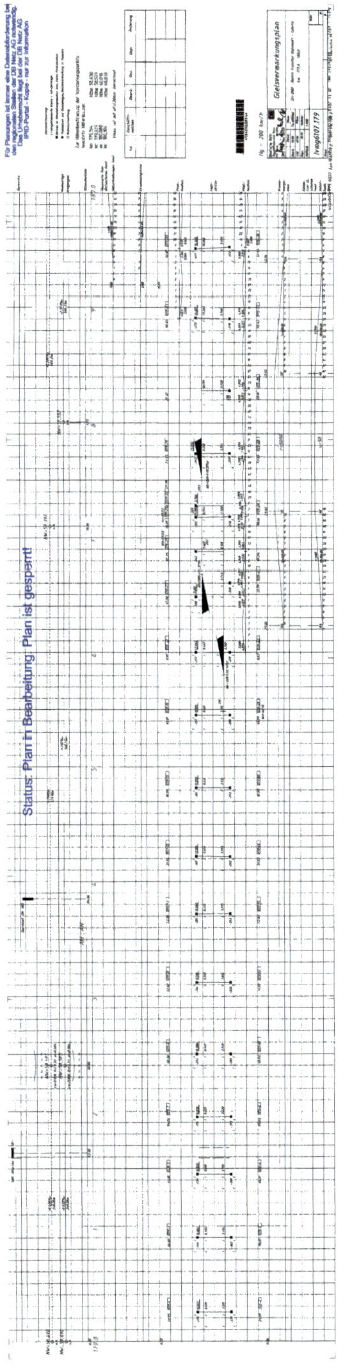

Abb. 6.9 IVMG-Plan (Quelle: DB).

RA	Rampe Anfang (zwischen überhöhtem und nicht überhöhtem Bereich)
RE	Rampe Ende (zwischen überhöhtem und nicht überhöhtem Bereich)
lr	Länge der Rampe (zwischen überhöhtem und nicht überhöhtem Bereich)
NW	Neigungswechsel, Gradientenschnittpunkt
ra	Radius der Ausrundung bei Neigungswechseln
ta	Tangentenlänge der Ausrundung
lr	Länge des ausgerundeten Bereichs je rechts und links des Neigungswechsels (Gesamtlänge der Ausrundung = 2 · lr)
a	maximaler Stich der Ausrundung im Gradientenschnittpunkt, auch Pfeilhöhe genannt
N	Höhe über NN

Der Trassierungsplaner muss die IVMG-Pläne mit den digitalen Trassendaten abgleichen. Eventuelle Widersprüche sind von der DB-Projektleitung zu klären. Dabei ist zu klären, ob die IVMG-Pläne in demselben Höhensystem vorliegen wie die digitalen Trassendaten.

IVMG-Pläne können vom Planer online über das Informationsportal Infrastrukturdaten (IPID) bestellt werden.

6.24 Lichtraumdaten

Lichtraumdaten werden von einem Messfahrzeug erzeugt und von der DB als PDFs übergeben. Hier kann man z. B. Einragungen in das Lichtraumprofil erkennen, beispielsweise durch Bahnsteige, Bahnsteigdächer, Signale usw. Abbildung 6.10 zeigt ein Beispiel, in welchem die Einragung einer Bahnsteigkante in das Lichtraumprofil zu erkennen ist.

6.25 Lagesystem und Höhensystem

Bei der Grundlagenermittlung muss der Bauherr festlegen, in welchem Lage- und Höhensystem geplant werden soll. Dazu muss auch geprüft werden, in welchen Lage- und Höhensystemen die Bestandsunterlagen vorliegen. Die DB-Ingenieurvermessung bzw. der projektbezogen beauftragte Vermesser muss dabei fachlich beraten und unterstützen. Es gibt verschiedene Höhensysteme, z. B.:

- DHHN 92 (Deutsches Haupt-Höhennetz von 1992) und NHN (Normalhöhennull). Beide Bezeichnungen sind für das Deutsche Haupthöhennetz 1992 zulässig und beziehen sich auf den Pegel in Amsterdam.
  Somit muss nichts umgerechnet werden, es ist nur eine andere Schreib- bzw. Ausdrucksweise.

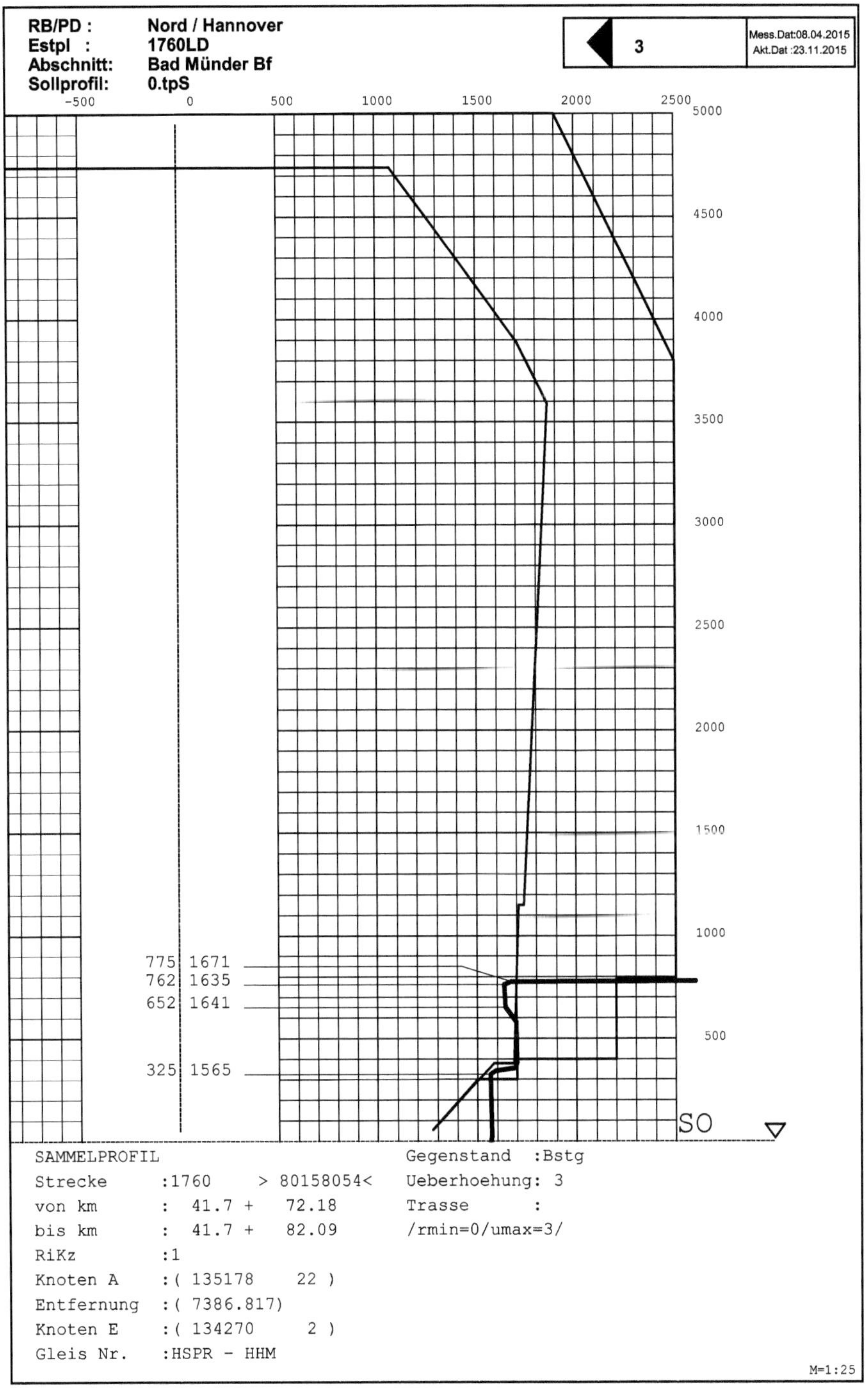

Abb. 6.10 Lichtraumdaten (Quelle: DB).

- DHHN 2016
- DB_REF (bahnspezifisches Höhensystem)
- VA (für den Geschäftsbereich Personenbahnhöfe)

Es gibt verschiedene Lagesysteme, z. B.:

- DB_REF (bahnspezifisches Lagesystem)
- VA (für Verkehrsstationen)
- Gauß-Krüger
- UTM (Universal Transverse Mercator)

Das bahnspezifische Lage- und Höhensystem DB_REF 2016 basiert auf dem Gauß-Krüger-Koordinatensystem, in welchem die gekrümmte Erdoberfläche auf eine ebene Fläche übertragen wird. Die Erdoberfläche wird dabei in 3° breite Meridianstreifen eingeteilt. Vom Mittelmeridian erstreckt sich jeder Streifen jeweils um 1,5° nach Osten und nach Westen. Der Nullmeridian liegt in Greenwich bei London. Die Zählung der Meridianstreifen beginnt am Meridianstreifen von Greenwich, welcher die Kennziffer 0 trägt. Die Zählung erfolgt nach Osten. So erhält der Mittelmeridian bei 3° die Kennziffer 1, der Mittelmeridian bei 6° die Kennziffer 2 usw. Dies ist in Abb. 6.11 veranschaulicht.

Der Ursprung des Koordinatensystems ist (auf der Nordhalbkugel) der Schnittpunkt von Mittelmeridian und Äquator. Der Westen Deutschlands liegt auf dem 2. Streifen, der äußerste Osten auf dem 5. Streifen. Der Rechtswert einer Koordinate im DB_REF beginnt je nach Meridianstreifen mit einer 2, 3 usw. Danach folgt eine 500.000, damit keine negativen Koordinaten entstehen. Hier eine tabellarische Übersicht:

Meridianstreifen	**Mittelmeridian**	**Rechtswerte (DB_REF)**	**Lage**
2. Streifen	6°	2.5xx.xxx	Westdeutschland
3. Streifen	9°	3.5xx.xxx	Deutschland
4. Streifen	12°	4.5xx.xxx	Deutschland
5. Streifen	15°	5.5xx.xxx	Ostdeutschland

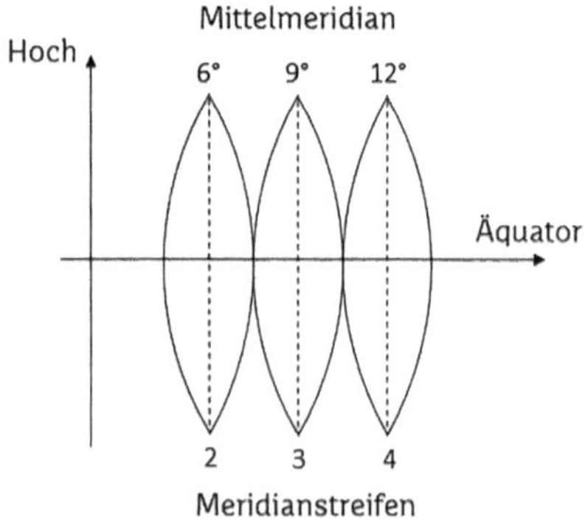

Abb. 6.11 Meridianstreifen (Quelle: www.saarland.de).

Die Genauigkeit der Gauß-Krüger-Abbildung bzw. des Lagesystems DB_REF ist am Mittelmeridian am größten. Mit zunehmender Entfernung zum Rand des Streifens nimmt die Genauigkeit ab.

Das DB-spezifische Lagesystem VA wurde für die Planung von Verkehrsanlagen entwickelt. Jede Verkehrsstation hat dabei ein eigenes lokales Koordinatensystem mit einer eigenen Kennnummer, nämlich der Bahnhofsnummer. In diesem Lagesystem wurde der Schnittpunkt von Mittelmeridian und Äquator in die jeweilige Verkehrsstation gelegt, um die Abweichungen durch die Erdkrümmung zu minimieren. Allerdings ist bei einer Planung im VA-System in der Regel eine Umrechnung der Trassierung von DB_REF in das VA-System erforderlich. Beim Neubau einer Verkehrsstation existiert in der Regel noch kein VA-System.

Eine Umrechnung zwischen Lage- und Höhensystemen ist nichttrivial und risikobehaftet. Folgende Fehler können entstehen:

- Skalierung
- Verschiebung
- Verdrehung
- Verzerrung (an einem Ende passt es, am anderen Ende nicht)

Umrechnungsfehler können im Dezimeterbereich liegen. Eine Absteckung für die DB erfolgt jedoch in einer Genauigkeit von Zehntelmillimetern.

Aus diesen Gründen darf nur ein Vermesser eine Umrechnung bzw. Transformation von einem Lage- oder Höhensystem in das andere vornehmen. Auch wenn vorhandene Software wie z. B. ProVI eine Funktion zur Koordinatentransformation bietet, sollte der Planer diese nur dann nutzen, wenn er die damit verbundenen Risiken einschätzen und tragen kann.

In der Geodäsie werden in der Regel linkshändige kartesische Koordinatensysteme benutzt. Im Vergleich zu rechtshändigen kartesischen Koordinatensystemen der Mathematik sind die x- und y-Achsen vertauscht: die x-Achse (Abszisse) zeigt in Karten und Plänen also meist nach oben, die y-Achse (Ordinate) nach rechts, die z-Achse (Applikate) nach oben.

Bei Landeskoordinaten zeigt die x-Achse nach Norden und die y-Achse nach Osten.

6.26 DB_REF-Punkte und Gleisvermarkungspunkte

Das DB-Festpunktfeld ist in Ril 883 Gleis- und Bauvermessung geregelt, siehe Abb. 6.12.

Die DB_REF-Punkte sind Festpunkte des Lage- und Höhensystems DB_REF, welches zwischen 2002 und 2026 von der DB erstellt wurde. Diese Festpunkte liegen jeweils ca. 1 km auseinander. Jeder DB_REF-Punkt wird von der Bahn als einzelnes PDF übergeben.

Die Gleisvermarkungspunkte (GVP), auch Festpunktfeld genannt, sind die Festpunkte für Gleisvermessungen mit Lage- und Höhenangabe. In der Regel sind die

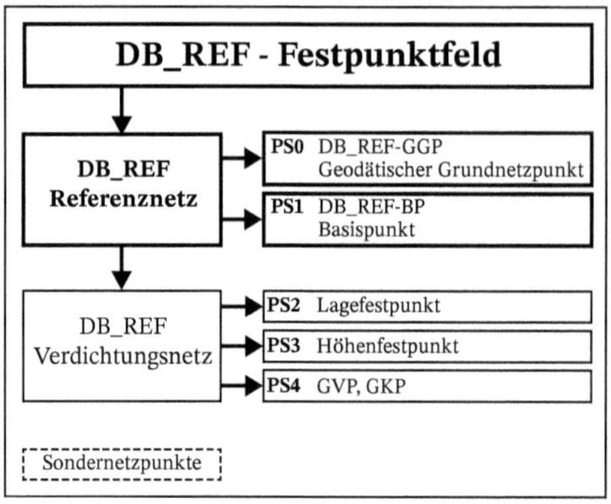

Abb. 6.12 DB_REF-Festpunktfeld gemäß Ril 883.2000, Abschnitt 2 (4)

GVP als Mastbolzen an Oberleitungsmasten markiert. Die DB übergibt die GVP als Koordinatenliste. Sinnvoll ist eine CSV-, TXT- oder DAT-Datei, die vom Vermesser automatisch eingelesen werden kann. Es ist zu klären, in welchem Lage- und Höhenssystem die GVP liegen.

Die Festpunkte sind an den Vermesser weiterzugeben und von diesem zu prüfen.

Ohne Gleisvermarkungspunkte ist keine Vermessung möglich. Ohne DB_REF-Punkte ist keine Vermessung im Lage- und Höhensystem DB_REF möglich.

6.27 Digitale Trassendaten

Die Trassendaten (Gleisachsen) müssen digital übergeben werden. Das kann als DGW/DXF geschehen, besser aber in einem Format, welches mit Programmen zur Achsberechnung bearbeitet werden kann (z. B. *.TRA und *.GRA-Dateien für Trasse und Gradiente oder Datenbank als *.MDB).

Der Trassierungsplaner muss die Daten einlesen, mit den IVMG-Plänen vergleichen und eine Plausibilitätsprüfung durchführen. Je nach EDV-Programm kann es bei den Achsberechnungen zu Abweichungen im mm-Bereich kommen.

Es ist zu klären, in welchem Lage- und Höhensystem die Achsdaten liegen (in der Regel im DB-REF-System, bei Nebenstrecken evtl. noch Gauß-Krüger).

Trassendaten können vom Planer online über das Informationsportal Infrastrukturdaten (IPID) bestellt werden, siehe Abschnitt 20.39.

6.28 Zugpausen oder vorhandene Sperrpausen

Bei der DB-Projektleitung ist abzufragen, ob im Fahrplan eventuell Zugpausen vorhanden sind, oder ob aus anderen Projekten eventuell Sperrpausen vorhanden sind. Meistens sind Zugpausen nachts oder an Wochenenden nachts vorhanden.

Zugpausen sind wertvoll, um Arbeiten im Gleis auch ohne Sperrpausen auszuführen, z. B. Stopfarbeiten, Herstellen von bauzeitlichen Gleisüberfahrten, Gründungen für OLA-Maste oder LSW herstellen usw.

Wenn sich ein Projekt über mehrere Jahre erstreckt, dann ist die Aktualität der Angaben rechtzeitig zu überprüfen.

6.29 Auszug aus dem Verzeichnis der zulässigen Geschwindigkeiten (VzG)

Aus dem Verzeichnis der zulässigen Geschwindigkeiten (VzG) für eine DB-Strecke geht hervor, welche Höchstgeschwindigkeit im betroffenen Streckenabschnitt gefahren wird (HG VzG). Damit kann überprüft werden, ob die vorgegebene Entwurfsgeschwindigkeit plausibel ist. Dabei ist jedoch zu klären, ob eine Erhöhung der Streckengeschwindigkeit geplant ist.

Externe Planer haben keinen Zugriff auf das VzG und bitten die DB-Projektleitung in der Grundlagenermittlung, einen aktuellen Auszug aus dem VzG zu übergeben. Ein VzG-Auszug kann auch in der Betrieblichen Aufgabenstellung (BAst) enthalten sein. Abbildung 6.13 enthält ein Beispiel für einen VzG-Auszug.

6.30 Stellwerk

Es ist zu klären, welches Stellwerk für den Streckenabschnitt zuständig ist und ob dies ein elektronisches Stellwerk (ESTW) ist oder nicht.

Bei einem elektronischen Stellwerk sind Änderungen an der Leit- und Sicherungstechnik oder z. B. Bauweichen nur unter sehr hohen Kosten programmierbar. In solchen Fällen müssen Hersteller, wie z. B. Siemens oder Pintsch, in die Planung eingebunden werden.

Das Stellwerk wird vom Fahrdienstleiter (FDL) bedient.

In Abb. 6.14 ist im Vordergrund ein altes Stellwerksgebäude und im Hintergrund das neue elektronische Stellwerk (ESTW) zu sehen.

6.31 Gleiswechselbetrieb (GWB)

Es ist zu klären, ob Gleiswechselbetrieb (GWB) im betroffenen Streckenabschnitt eingerichtet ist. Das ist von den vorhandenen Überleitstellen und der LST abhängig. Wenn GWB bereits eingerichtet ist, dann vereinfachen sich ggf. die bahnbetrieblichen Lösungsvarianten (z. B. gleisweise Herstellung).

1	2R	3a	3b	4	5
	220				
		Sbk 469	246,6		
		LZB-Brkw	246,9		
247,3					
	210				
		Esig	248,0		
248,1					
	200				
		Schwarzenbek	249,2		
		Asig	249,4	+0,0-2,1	
		¥	250,0		
		Sbk 471	251,0		
		Sbk 473	253,4		
		Sbk 475	255,7		
		LZB-Brkw	256,7		
		Sbk 477	257,4		
		Sbk 977	259,2		
		Friedrichsruh Hp	259,6	+0,0-1,7	
		Bksig	260,5	+0,9-3,0	Überg zu Str 1285 a
			261,0		⊢ Zs 3 (3) /Zs 3v
					von km 261,0 bis km 261,3
		Bft Aumühle Abzw	261,0		
		¥	261,1		
		Sbk 479	262,4		
		Sbk 481	265,2		
266,3					
	190				
		Sbk 483	266,8		
		LZB-Brkw	267,3		
		Esig Hmb-Bergedorf	268,9		
269,6					
	160				
		Bergedorf Pbf	270,1		
		Zsig	270,2		
		Zsig	271,2		
		Bft Bergedf Gbf	271,8		
		Asig	272,3	+0,0-1,1	
		¥	272,4		
		LZB-Ende	273,1		
		Bksig	273,3	+0,7-3,4	Überg zu Str 1280 b
		Abzw Allermöhe	273,7		
		¥	273,7		
		Sbk 487	274,9		
		Sbk 489	276,5		
		Bksig	278,0	+2,2-0,1	

Seite 2 von 16 Nicht für Dritte gültig ab: 15.12.2024 Strecke 6100
VzG Jahresfahrplan 2025 aR

Abb. 6.13 VzG-Auszug (Quelle: DB).

6.32 Bestandspläne Bauwerk

Die Bauwerksbestandspläne werden von der DB-Projektleitung angefordert und von der DB-Abteilung IZ-Plan (Informationszentrum Plan) zur Verfügung gestellt. Die Pläne können in unterschiedlicher Form vorliegen, z. B. Papier, Mikrofiche/Mikrofilm, PDF, DWG/DXF, TIF (Bilddateien), PLT (Plotdateien). Bestandspläne liegen nicht für jedes Bauwerk vor.

Abb. 6.14 Altes Stellwerksgebäude, im Hintergrund ESTW (Quelle: Emch+Berger).

Bei der Ortsbesichtigung sollte der Planer die Bestandspläne für das Bauwerk mit der Örtlichkeit abgleichen, soweit das möglich ist.

6.33 Bauwerksbuch

Die DB liefert das Bauwerksbuch üblicherweise als PDF. Ein Bauwerksbuch liegt jedoch nicht für jedes Bauwerk vor.

In dem Bauwerksbuch sind oft wertvolle Angaben, wie z. B. ein Bestandsplan, eine textliche Angabe zur Gründung und das Eigengewicht von Überbauten enthalten. Zur Veranschaulichung zeigt Abb. 6.15 das Deckblatt eines Bauwerksbuchs.

6.34 Bauwerksbefund/Prüfbericht

Der Bauwerksbefund (= Brückenbefund = Begutachtung) ist der Prüfbericht aus der Bauwerksprüfung nach DIN 1076. Wenn ein Ersatzneubau geplant wird, ist das in der Regel eine Konsequenz aus dem Brückenbefund. Zum Prüfbericht gehört eine Fotodokumentation. Zur Veranschaulichung zeigt Abb. 6.16 das Deckblatt eines Bauwerksbefunds.

6.35 Stammdaten des Gesamtbauwerks

Die Stammdaten des Gesamtbauwerks sind bei der DB InfraGO AG im SAP hinterlegt und werden vom DB-Projektleiter als PDF übergeben, siehe Abb. 6.17.

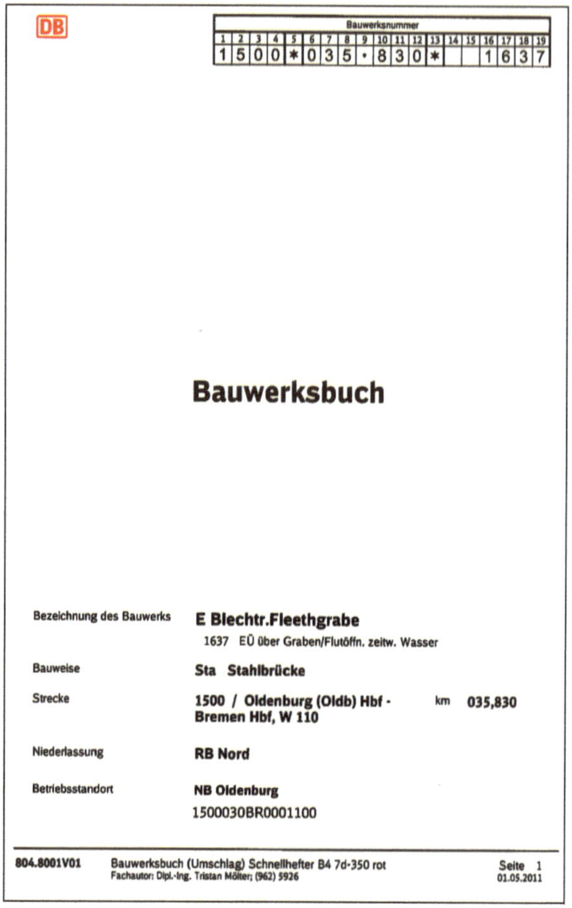

Abb. 6.15 Deckblatt eines Bauwerksbuchs (Quelle: DB).

6.36 Gewichtsermittlung Überbau (für Stahl-Überbauten)

Das Eigengewicht von Stahl-Überbauten ist in der Regel im Bauwerksbuch angegeben, siehe Abb. 6.18.

Wenn diese Angabe nicht vorliegt, dann muss nach Übergabe der Bestandspläne und nach der Ortsbesichtigung eine überschlägige Gewichtsermittlung für die Stahl-Überbauten erstellt werden. Dabei sind Zuschläge für vorhandenen Korrosionsschutz und Verbindungsmittel einzurechnen.

Die Tonnage ist für die Aushub- und Sperrpausenplanung in Lph 3, für die auszuschreibende Menge in Lph 6 und für die Geräteplanung und Kalkulation der Baufirma relevant.

DB NETZE

Auftragsnummer: 124177658 RB Nord

BEGUTACHTUNG

1760034BR0000700 1760+041,520+1612 |E B442 bei Bad Münder

Grunddaten Technischer Platz	
Standortwerk	16HH Prod.-Durchf.Hannover
Standort	Prod.-Durchf.Hannover NB Hameln
Geschäftsbereich	16N RB Nord
Verantwortlicher Arbeitsplatz	K41 16HH Kor;Burak;933-1206
IH-Planungswerk	16HH Prod.-Durchf.Hannover

Fachbeauftragte/r: Stefan Neuber Seite 1 von 17

Druckdatum: 13.05.2020

Abb. 6.16 Deckblatt eines Bauwerksbefunds (Quelle: DB).

6.37 Flimas-Auszug/DBImm Maps-Auszug

Das Flächen-Informations- und Managementsystem (Flimas) oder das System DBImm Maps erzeugt einen Plan, aus dem hauptsächlich die Bahngrenze und die Eigentumsverhältnisse der Grundstücke hervorgehen, siehe Abb. 6.19.

Der Flimas- bzw. DBImm Maps-Auszug muss auf Übereinstimmung mit den IVL-Plänen geprüft werden. Eventuelle Widersprüche (z. B. Bahngrenze) sind von der DB-Projektleitung zu klären.

Die Bahngrenze muss im Bauwerksplan und BE-Plan dargestellt werden. Sie ist wichtig z. B. für Grunderwerb und bauzeitliche Flächeninanspruchnahme und die damit verbundenen Kosten.

Stammdaten Gesamtbauwerk

Seite: G 1
Druckdatum: 24.04.1998

Gesamtbauwerk - Stammdaten Bemerkung

	Strecke	Kilometer	KRaA	Kurztext	EV SKZ
Bauwerksnr:	2330*	4.160*	1715	S DB AG Stv F	NFS

Kenndaten:

Streckennummer:	2330	Rheinhausen - Kleve
Bauwerkskilometer:	4.160	
Kontenrahmen:	1715	SÜ andere Straße/Weg mit KFZ über Bahn
Streckenkennzeichen:	NFS	Nebenfernstrecke (NFS)
Bemerkung:		

RM-INST Daten: Equipmentnummer: 90118812 Anlagennummer: 16023949 Standort: Kz 2 Dst: 15106

Inspektionsdaten: Kennung Brktr: Geräte:

Regelung:	Z	Überwachung	S	Standardausrüstung
Turnus:	6	sechsjährig (Standard)	?	nicht geklärt
Startjahr:	1981		D	Ultraschallgeräte

Verwaltungsdaten:

EBA:	K-	Köln
Bundesland:	05	Nordrhein-Westfalen

Abb. 6.17 Auszug aus einem Stammdatenblatt (Quelle: DB).

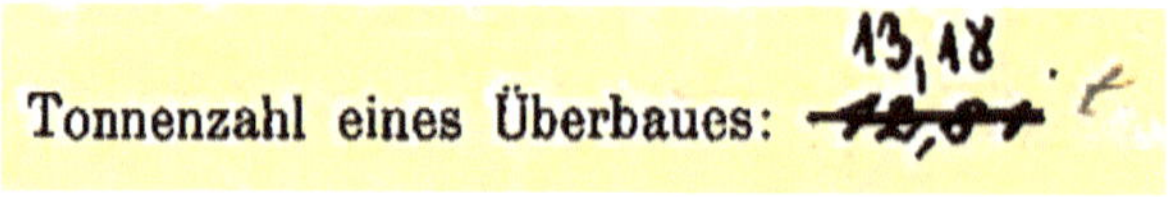

Abb. 6.18 Gewichtsangabe des Überbaus im Bauwerksbuch (Quelle: DB).

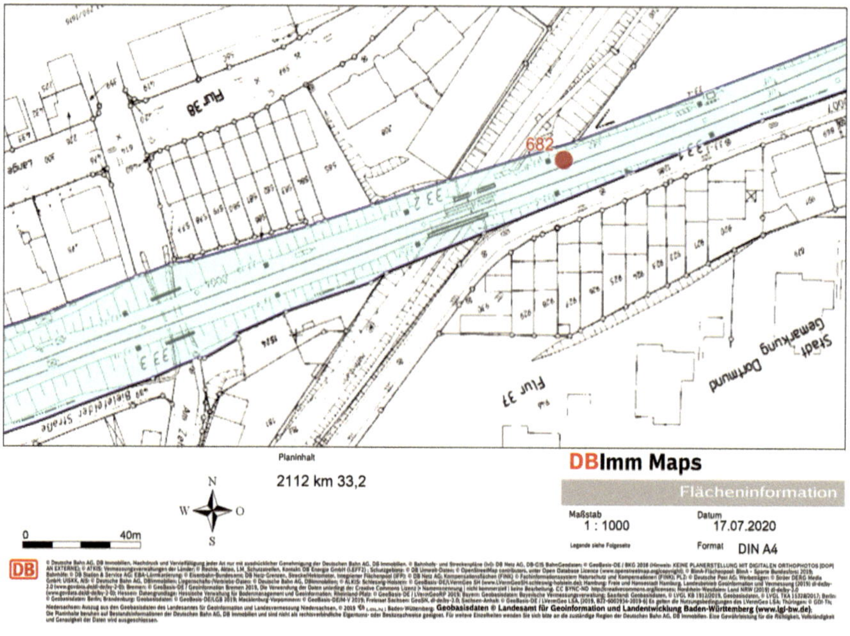

Abb. 6.19 Flimas-Auszug bzw. DBImm Maps-Auszug (Quelle: DB).

```
Deutsche Bahn AG Hamburg                                    16.04.20    Seite  1
CR.R 04-N Hac                                               Basa 930-2562


R e c h t n a c h w e i s :  (L I N A)                             03 2046 00011
--------------------------                                         =============
( 22.12.1998 10:27:08 )                                            (Ident.-Nr.)


Eingetragen in ..: 03 2046 11     HASBERGEN (DELMENHORST)

Vertrag-Stelle ..: UEBNNL Hannover Regionales IH-Managemen    GB: N
Rechtsgrundlage .: Vereinbarung                           KVDB-Nr:
vom .............: 12.06.1975 / 12.06.1975
Geschäftszeichen : Lwf T 7  Lw
```

Abb. 6.20 Liegenschaftsnachweis (Quelle: DB).

6.38 Liegenschaftsnachweise (LINA)

Der Liegenschaftsnachweis (LINA) ist eine Textdatei, aus der die Eigentumsverhältnisse und Berechtigungen des betroffenen Bereichs hervorgehen. Den LINA fordert der Planer bei der DB-Projektleitung an. Abbildung 6.20 stellt einen Ausschnitt aus einem Liegenschaftsnachweis dar.

6.39 Streckendaten-Ausdruck (STREDA.X-Ausdruck)

Das System STREDA.X wurde durch das Infrastrukturregister ersetzt (siehe siehe Abschnitt 6.40).

Das Streckendaten-System STREDA.X war eine Online-Datenbank, aus der ein Plan mit Streckeninformationen erzeugt wird, z. B. Eigentumsverhältnisse und Schutzgebiete. Den STREDA.X-Ausdruck hat der Planer früher bei der DB-Projektleitung angefordert oder online ausgedruckt. Die entsprechenden Links funktionieren jedoch nicht mehr.

6.40 Auszug aus dem Infrastrukturregister

Das DB-Infrastrukturregister ist unter dieser Internetadresse frei verfügbar unter https://geovdbn.deutschebahn.com/isr

Hier können diverse Streckendaten abgelesen werden, z. B. TEN-Klassifizierung, Streckenklasse, Streckengeschwindigkeit, Gefälle etc., siehe Abb. 6.21.

6.41 Bilder aus dem Videoinformations- und Dokumentationssystem (DB VIS)

Das System DB VIS ist das Videoinformations- und Dokumentationssystem der DB. Dazu haben Schienenprüfzüge die DB-Strecken befahren und Fotos bzw. Videos der Strecke erstellt. Diese Bilder sind eine wertvolle Ergänzung zur Ortsbesichtigung, weil sie die Strecke von einem erhöhten Standort aus zeigen, siehe Abb. 6.22.

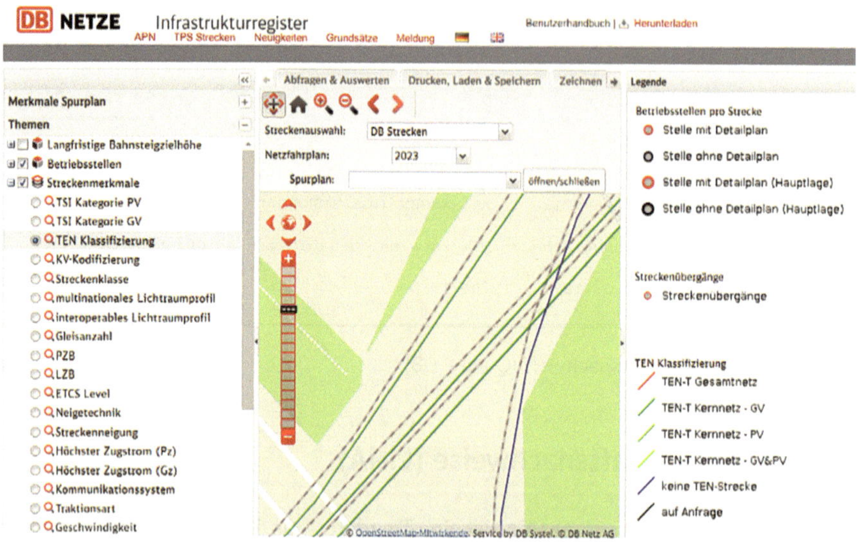

Abb. 6.21 Auszug aus dem Infrastrukturregister (Quelle: DB).

Abb. 6.22 Foto aus dem DB VIS (Quelle: DB).

6.42 Katasterdaten

Die Katasterdaten sind wichtig, um Grundstücksgrenzen in Plänen darzustellen und Eigentümer zu ermitteln. Dies ist z. B. für die Planung von Zufahrten und BE-Flächen und die Darstellung des Geländes wichtig.

Gemäß HOAI ist das Beschaffen von Auszügen aus dem Grundbuch, Kataster und von anderen amtlichen Unterlagen eine besondere Leistung, für welche dem Planer also eine gesonderte Vergütung zusteht. Der Planer muss also prüfen:

- Werden die aktuellen Katasterdaten benötigt?
- Liegen der DB-Projektleitung bereits aktuelle Katasterdaten vor?
- Ist das Beschaffen im Vertrag als besondere Leistung vereinbart?
- Müssen Mehrkosten angezeigt werden?

Katasterdaten für Niedersachsen können aus dem Portal ASL (Auskunftssystem Liegenschaftskataster) heruntergeladen werden: https://maps.lgln.niedersachsen.de/katasterkarten-online/mapbender/application/katasterkarten-online

In Bremen hilft das Landesamt Geoinformation Bremen: https://geoportal.bremen.de/geoportal

In Nordrhein-Westfalen hilft das Geoportal NRW, welches allerdings schwer zu bedienen ist, so dass ggf. die Hilfe eines Vermessers benötigt wird: https://www.geoportal.nrw

Für andere Bundesländer müssen Quellen recherchiert werden oder die DB-Projektleitung bzw. das DB-Immobilienmanagement um Unterstützung gebeten werden.

XML-Dateien aus dem amtlichen Liegenschaftskatasterinformationssystem (ALKIS-Daten) sind zwar in der Planung von Straßenverkehrsanlagen verbreitet, für Projekte der DB InfraGO AG jedoch in der Regel nicht erforderlich.

Ein unbebautes Grundstück wird in der Regel als „Liegenschaft" bezeichnet, ein bebautes Grundstück als „Anwesen".

6.43 Georeferenzierte Luftbilder/Orthofotos

Bei der DB-Projektleitung ist anzufragen, ob evtl. georeferenzierte Luftbilder bzw. Orthofotos existieren. Diese können später z. B. im BE-Plan eingeblendet werden, um die Örtlichkeit zu veranschaulichen. Abbildung 6.23 enthält ein Beispiel für ein Orthofoto.

6.44 Bodenverwertungs- und Entsorgungskonzept (BoVEK)

Das Bodenverwertungs- und Entsorgungskonzept (BoVEK) gemäß Ril 137.0101 beschreibt die Belastung der anfallenden Abfälle (z. B. Boden, Gleisschotter, Schwellen, Beton-Abbruchmaterial) mit Schadstoffen und ob Materialien wiedereingebaut oder entsorgt werden müssen. Das BoVEK enthält auch die Auskunft der DB-Abteilung Flächenrecycling und Sanierungsmanagement (FRS) über Altlastenverdachtsflächen (ALV) und Kontaminationsflächen (KF).

Abb. 6.23 Orthofoto (Quelle: Emch+Berger).

Bei Aushub- bzw. Abbruchmengen unter 3000 m^3 reicht ein BoVEK-Kurzkonzept oder ein abfalltechnisches Kurzkonzept aus. Bei Aushub- bzw. Abbruchmengen über 3000 m^3 ist ein vollständiges BoVEK zu erstellen.

In Lph 1 wird der BoVEK-Check durch die DB-Projektleitung beauftragt. In der Lph 2 wird der BoVEK-Check durchgeführt. Dabei wird z. B. geprüft, wie groß die Aushub- bzw. Abbruchmengen sein werden. Je nach Ergebnis des BoVEK-Checks wird in Lph 3 entweder ein BoVEK-Kurzkonzept oder ein vollständiges BoVEK erstellt.

In der Regel erstellt der Bauherr BoVEK-Check und BoVEK. Im Vertrag muss jedoch geprüft werden, ob dies evtl. als besondere Leistung vertraglich vereinbart wurde und der Planer die Unterlagen erstellen muss.

6.45 Altlastenabfrage

In der Altlastenabfrage klärt der Bauherr, ob von den betroffenen Flächen aufgrund früherer Nutzungsformen eventuell Gefahren für die Gesundheit des Menschen oder für die Umwelt ausgehen können. Altlastenverdachtsflächen wären z. B. bei einer ehemaligen Mülldeponie oder einem ehemaligen Raffineriegelände zu erwarten. Wenn in der Altlastenauskunft keine Verdachtsflächen dargestellt sind, dann sind keine Altlasten bekannt, so wie in Abb. 6.24.

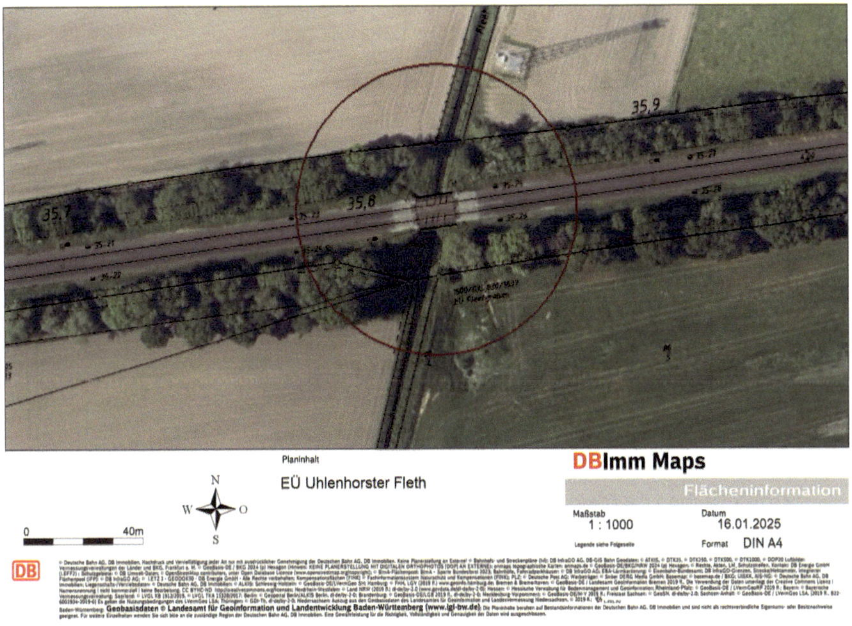

Abb. 6.24 Altlastenauskunft (Quelle: DB).

6.46 Baugrundgutachten

Das Baugrundgutachten wird in der Regel im Auftrag des Bauherrn erstellt, weil der Bauherr das Baugrundrisiko trägt.

Wenn ein Baugrundgutachten vorhanden ist, gehört es zur Grundlagenermittlung. Wenn noch kein Baugrundgutachten vorhanden ist, muss der Planer es im Zuge der Grundlagenermittlung bei der DB-Projektleitung anfordern. Es wird für die Variantenentwicklung in Lph 2 benötigt (z. B. Tief- oder Flachgründung, Bodenaustausch etc.).

Wenn das Baugrundgutachten noch nicht erstellt wurde, dann kann der Planer vorgeben, welche Angaben das Baugrundgutachten enthalten muss, z. B.:

- Bezeichnungen und Schichtgrenzen für die einzelnen Baugrundschichten
- bodenmechanische Rechenwerte für die einzelnen Baugrundschichten (γ, φ, usw.)
- gemessene Grundwasserstände (siehe auch Abschnitt 6.47 Grundwasserstand, Bemessungswasserstand)
- Bemessungswasserstand für den Endzustand
- Bauwasserstand
- bauwerksbezogene Gründungsempfehlung
- für Flachgründungen:
  - zulässige Bodenpressungen (Bemessungswert des Sohlwiderstands)
  - zulässige Erhöhung für Kantenpressungen (z. B. 30 %)

  - Bettungsmodul k_s
  - ggf. Vorgabe zu Bodenaustausch
- für Tiefgründungen:
  - Art der Tiefgründung (z. B. Bohrpfähle, Fertigteilrammpfähle)
  - Mantelreibung
  - Spitzendruck
  - ggf. Mantelverpressung
- Für Verbauten:
  - Empfehlung einer Bauweise (Spundwand, Trägerbohlwand usw.)
  - Vorgaben für das Einbringverfahren (vibrieren, schlagen, pressen)
  - Rechenwerte für die Verbauten
  - Empfehlung eines Verankerungssystems (z. B. Verpressanker)
  - Rechenwerte für das empfohlene Verankerungssystem
  - bei Verpressankern: Länge und Durchmesser der Verankerungskörpers
  - erforderliche Überdeckungshöhen an den Schichtgrenzen
- zu erwartende Setzungen (mögliche Setzung und wahrscheinliche Setzung)
- zu erwartende Setzungsdifferenzen
- Empfehlungen für die Art der Wasserhaltung (z. B. offene Wasserhaltung)
- Angabe der zulässigen Böschungsneigungen für Baugruben (z. B. 1 : 1)
- Angaben zu den Baustraßen (siehe Abschnitt 7.5 Baustraßen)

In Ril 804.9040A07 Rahmenbauwerke, Abschnitt 1.1.2a sind detaillierte Hinweise zur Aufgabenstellung für den Bodengutachter enthalten.

6.47 Grundwasserstand, Bemessungswasserstand

In der Grundlagenermittlung sind Aussagen einzuholen, auf welcher Höhe das Grundwasser steht, welche jahreszeitlichen Schwankungen zu erwarten sind, ob Hochwasser zu berücksichtigen sind etc. Diese Aussagen sind in der Regel im Baugrundgutachten enthalten. Vielleicht gibt es im betroffenen Bereich auch Pegel bzw. Grundwassermessstellen oder die Stadt/Gemeinde kann Aussagen dazu treffen.

Gemessene Grundwasserstände werden mit Sicherheiten beaufschlagt. Daraus ergibt sich der Bemessungswasserstand. Die erforderlichen Sicherheiten legt der Baugrundgutachter fest. Es werden getrennte Angaben benötigt für:

- gemessene Grundwasserstände mit Datumsangabe
- Bemessungswasserstand für den Endzustand
- Bauwasserstand

Wasserstände sind z. B. aus den folgenden Gründen relevant:

- Bauwerksstatik für den Endzustand, z. B. Auftriebsnachweis
- Planung von Baugruben
- Planung von Baubehelfen, z. B. hydraulischer Grundbruch, Festlegung der Oberkante bei einem wasserdichten Spundwandkasten, Unterwasserbetonsohle

- Bauablauf
- Wasserhaltung einschließlich Schallemission und Kosten für Pumpen
- Bauwerksentwässerung im Endzustand

Die Vorgabe des Bemessungswasserstands ist Sache des Baugrundgutachters. Das geht z. B. aus Ril 836.1002 Entwurfsgrundlagen Geotechnische Untersuchungen, Abschnitt 3 (4) eindeutig hervor:

In Abhängigkeit von dem zu untersuchenden Objekt soll der geotechnische Bericht einen entsprechenden Teil folgender Aussagen enthalten:
- ...
- *hydrogeologische Verhältnisse mit maßgebenden Wasserständen*
- *Größenordnung von abzuführenden Wassermengen*
- ...

Hydrogeologie ist die Wissenschaft vom Wasser in der Erdkruste.

Gemäß Ril 836.2001 Einwirkungen und Widerstände, Abschnitt 2 (2) ist in der Regel ein 100-jähriges Hochwasser (HQ 100) anzusetzen:

Die Wasserstände zur Bemessung von geologischen Bauwerken sind entsprechend DIN 1054 [Baugrund - Sicherheitsnachweise im Erd- und Grundbau] als maßgebende höchste und niedrigste Wasserstände anzugeben.
Für dauerhafte geotechnische Bauwerke sind dabei in der Regel die Werte, die sich mit einer 100-jährlichen Wahrscheinlichkeit ergeben, festzulegen und Nachweisen der ständigen Bemessungssituation (BS-P) nach DIN 1054 zugrunde zu legen.

In Ril 804.9040A07 Rahmenbauwerke, Abschnitt 1.1.2a sind detaillierte Hinweise zur Aufgabenstellung für den Bodengutachter enthalten.

Aus Eurocode 7 Geotechnik (DIN EN 1997-2), Abschnitt 3.6.3 geht hervor, dass die Festlegung von Bemessungswasserständen nur mit der geotechnischen Expertise eines Baugrundgutachters möglich ist:

DIN EN 1997-2, Abschnitt 3.6.3

3.6.3 Bewertung der Ergebnisse von Grundwassermessungen

(1) P Bei der Bewertung der Grundwassermengen müssen die geologischen und geotechnischen Verhältnisse im Planungsbereich, die Genauigkeit individueller Messungen, die Schwankungen von Porenwasserdrücken mit der Zeit, die Dauer der Beobachtungsperiode, die Jahreszeit der Messungen und die klimatischen Bedingungen vor uns während der Beobachtungsperiode berücksichtigt werden.

(2) P Die ausgewerteten Ergebnisse der Grundwassermessungen müssen die höchsten und niedrigsten Werte des Wasserspiegels oder der Porenwasserdrücke und die zugehörige Messperiode enthalten.

(3) P Wenn erforderlich, müssen obere und untere Grenzwerte für beide extremen und normalen Verhältnisse aus den Messwerten abgeleitet werden. Obere und untere Grenzwerte für extreme Verhältnisse können aus den Messwerten durch Addition oder Subtraktion der zu erwartenden Schwankungen oder eines Teils der Schwankungen auf die extremen oder normalen Wertw abgeleitet werden. Da zuverlässige Daten von Langzeitmessungen häufig fehlen, wird es notwendig sein, die abgeleiteten werte vorsichtig auf der Grundlage der begrenzt verfügbaren Informationen abzuschätzen.
(4) P Die Notwendigkeit weiterer Messungen oder die Einrichtung zusätzlicher Messstellen sollte während der Felduntersuchungen und in dem geotechnischen Untersuchungsbericht festgestellt werden.

Die DIN 4020 Geotechnische Untersuchungen schreibt dazu:

DIN 4020, Abschnitt A 7.3.4
A(1) Die nach DIN EN 1997-2:2010-10, 3.6.3 bewerteten Grundwasserstände sind als charakteristische Grundwasserstände (Höhenlage der Grundwasseroberfläche oder Grundwasserdruckfläche) anzugeben.

6.48 Angaben zu Fließgewässern

Wenn Fließgewässer vorhanden sind (z. B. EÜ über Fluss), dann müssen die folgenden Randbedingungen abgeklärt und schriftlich festhalten werden:

- Wer der Eigentümer des Gewässers?
- Wer ist der Unterhaltspflichtige?
- Handelt es sich um ein Gewässer I. Ordnung oder II. Ordnung?
- Welcher Hochwasserstand ist anzunehmen (Pegelstand, ggf. auch Durchfluss)?
- Ist das ein 100-jähriges Hochwasser (HQ 100), oder . . .?
- In welchem Höhensystem liegt die Hochwasserangabe vor?
- Ist eine Otterberme erforderlich (siehe Abschnitt 6.6.4 Otterberme)?
- Ist ein Freibord von 50 cm ausreichend (siehe Abschnitt 6.6.5 Freibord)?
- Ist der Wasserstand künstlich geregelt?
- Ist das Gewässer tideabhängig?
- Kann sich die Fließrichtung umkehren?
- Fahren zu Instandhaltungs- oder Wassersportzwecken evtl. Boote/Fahrzeuge auf dem Gewässer?
- Wie lange kann das Gewässer bauzeitlich für Bootsverkehr gesperrt werden?
- Ist der Lastfall „Schiffsanprall" zu berücksichtigen?
- Darf das Gewässer bauzeitlich z. B. mit Mobildämmen trockengelegt werden?
- In welchen Monaten ist Hochwasserzeit?

- Wo gibt es Angaben bzw. Kartenmaterial zu den Überschwemmungsgebieten?
- Ist im Endzustand eine Bauwerksentwässerung in das Gewässer denkbar?
- Ist im Falle einer bauzeitlichen Wasserhaltung (z. B. wasserdichter Spundwandkasten) eine Einleitung des abgepumpten Grundwassers in das Gewässer denkbar?
- Welche Anträge sind dafür auszufüllen?
- Ist Eisgang zu erwarten?

6.49 Vermessung/Örtliches Aufmaß

Zunächst ist zu klären, ob die Vermessung ein Vertragsbestandteil ist oder ob der Bauherr die Vermessung selbst beauftragt. Wenn schon eine Vermessung (= ein örtliches Aufmaß) vorhanden ist, dann gehört sie zur Grundlagenermittlung. Wenn noch keine Vermessung vorhanden ist, dann ist sie im Zuge der Grundlagenermittlung zu erstellen. Das Aufmaß wird dann von einem Vermessungsbüro erstellt.

Zunächst muss der Vermesser mittels des DB-Programms SiPla-Workflow (früher Seite 1 Sicherungsplan) einige Angaben zu den geplanten Vermessungsarbeiten liefern. Auf dieser Grundlage bestellt die DB-Projektleitung das Sicherungspersonal (SiPo/Sakra). Siehe dazu auch entsprechende Abschnitte unten.

Bei der Grundlagenermittlung ist zwischen den Projektbeteiligten unter anderem Folgendes abzustimmen

- Liegen ein Sicherungsplan oder eine betriebliche Anordnung vor?
- Soll die Vermessung im DB_REF stattfinden?
- Sind die Festpunkte vorhanden?
- Welche Bereiche sind konventionell aufzumessen (z. B. Zuwegungen und Topografie)?
- In welchen Bereichen sind eine Punktwolke oder ein DGM erforderlich?
- Wie soll die Gleisvermessung erfolgen (z. B. Länge, Raster, Genauigkeit)?
- Erstellt der Vermesser einen Soll-Ist-Abgleich zu Gleislage und SO?

6.50 Gleislage und Gleishöhe mit Soll-Ist-Abgleich

Im örtlichen Aufmaß sind insbesondere die Ist-SO (Schienenoberkante) und die Ist-Gleislage im Bauwerksbereich aufzumessen. Diese Werte sind für Planung und Bauausführung sehr wichtig. So erfolgt z. B. der Einbau von Hilfsbrücken nach Ist-SO.

Aus den übergebenen Trassendaten sind die Soll-SO und Soll-Gleislage zu ermitteln. Der Planer muss eine Plausibilitätsprüfung zwischen Soll- und Ist-Werten durchführen und eventuelle Widersprüche aufklären.

Hinweis: Die Schienenoberkante wird SO abgekürzt. Die Schienenoberkante wird *nicht* SOK abgekürzt, und SO bedeutet *nicht* Schwellenoberkante.

6.51 BIM-Bestandsmodell

In der Grundlagenermittlung ist das BIM-Bestandsmodell zu erstellen. Dabei ist im Vertrag zu prüfen, ob der Bauherr das BIM-Bestandsmodell zur Verfügung stellt, oder ob der Planer das Modell erstellen muss. Die Übergabeformate sind zwischen den BIM-Experten abzustimmen.

6.52 Lichtraumprofil

In Abstimmung mit dem Trassierungsplaner und der DB-Projektleitung ist zu klären, auf welchem Gleis welches Lichtraumprofil anzusetzen ist. Manchmal wird in der BAst angegeben, welches Lichtraumprofil anzusetzen ist. In der Regel muss das Lichtraumprofil GC hergestellt werden (vgl. Ril 800.0130, Abschnitt 1 (1)).

Bei Hauptgleisen ist das Lichtraumprofil in der Regel 5 m breit, bei übrigen Gleisen 4,4 m.

Wenn die Strecke nicht elektrifiziert ist, dann darf der Bereich für den Stromabnehmer nicht dargestellt werden, weil dies zu Irritationen führen kann.

Angaben zum Lichtraumprofil finden sich hier:

- EBO § 9 Regellichtraum mit Anlage 1
- Ril 804.1101 Entwurfsgrundlagen, Abschnitt 4.1 Lichtraum
- Ril 800.0130 Streckenquerschnitte auf Erdkörpern, Abschnitt 1 Umgrenzung des lichten Raums

Einragungen in die Bereiche A und B des Lichtraumprofils sind zulässig. Genaue Angaben dazu sind in EBO, Anlage 1, Ril 804.1101 Abschnitt 5 (2) und Ril 800.0130, Abschnitt 1 (1) zu finden. Achtung, hier sind Bereiche A und B unterschiedlich definiert!

Das Lichtraumprofil berücksichtigt diverse Sicherheiten und Lademaßüberschreitungen und ist daher viel größer als ein Zug, siehe Abb. 6.25.

6.53 Messschriebe zur Gleislage

Dem ALV Oberbau liegen eventuell Messschriebe zur Gleislage im Bauwerksbereich vor. Hier ist zu erkennen, ob die Gleislage stabil ist, ob sich im Hinterfüllbereich eine Senke ausgebildet hat oder ob das Gleis z. B. häufig hochgestopft oder gerichtet werden muss. In Abb. 6.26 sind Gleislagefehler in den beiden Hinterfüllbereichen der EÜ km 33,183 zu erkennen.

Messschriebe sind nicht in jedem Projekt erforderlich, können aber relevant werden. Die Messschriebe sind nur aussagekräftig, wenn sie aktuell sind. Die Aktualität kann mit dem ALV Fahrbahn (Oberbau) geklärt werden.

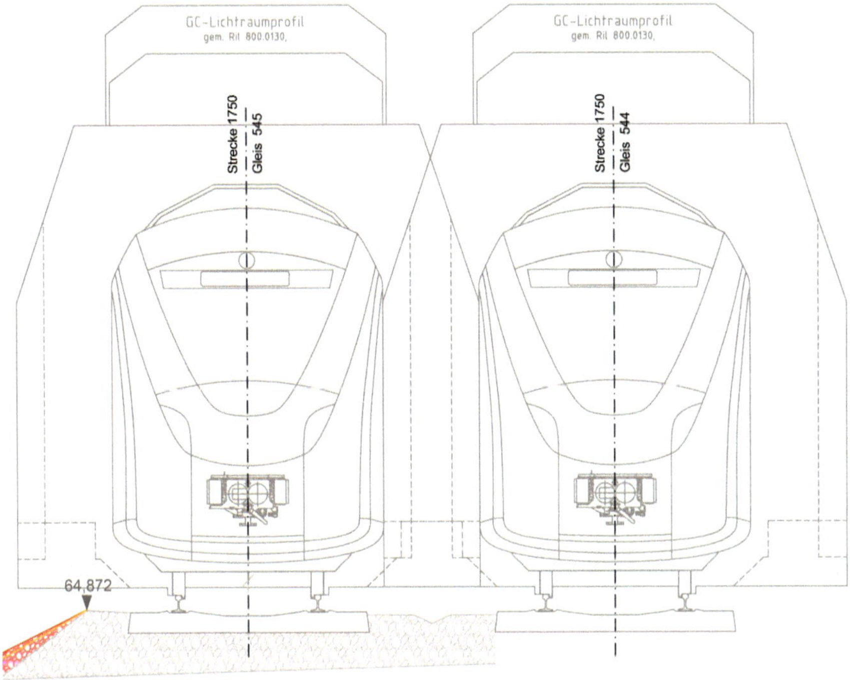

Abb. 6.25 Planausschnitt: Lichtraumprofil und Zug (Quelle: Emch+Berger).

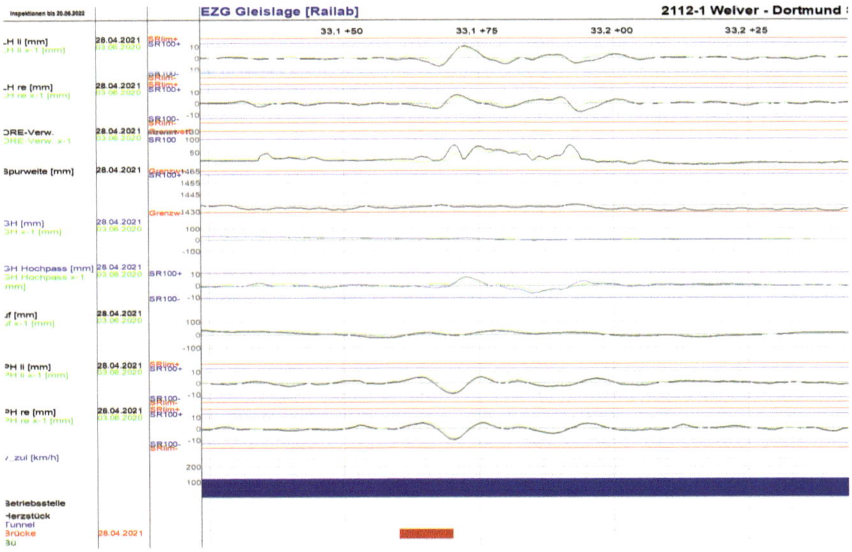

Abb. 6.26 Messschrieb zur Gleislage (Quelle: DB).

6.54 Schienenbezeichnung

Der vorhandene Schienentyp ist in der Örtlichkeit festzustellen. Schienentyp und Hersteller sind im Schienensteg eingewalzt, siehe Abb. 6.27.

Im Zweifelsfall ist der Schienentyp vom ALV Oberbau oder vom Trassierungsplaner abzufragen. Der Schienentyp wird im Erläuterungsbericht angegeben.

Schienenbezeichnungen sind in Ril 820.0110, Abschnitt 2 (4) festgelegt. Danach ist „UIC 60“ eine alte Bezeichnung, die entsprechende aktuelle Bezeichnung lautet „Schiene 60 E2“ oder „S 60 E2“. Eine S 60 E2 wiegt 60 kg/m. Eine Schiene 54 E4 wiegt dementsprechend 54 kg/m.

Schienen sind sehr steif, auf großen Längen jedoch erstaunlich weich, siehe Abb. 6.28.

6.55 Oberbauart

Die Oberbauart (früher Oberbauform) kennzeichnet eine bestimmte Kombination von Schienenbefestigung, Schienenform und Schwellenart. Die vorhandene Oberbauart ist in der Örtlichkeit festzustellen bzw. vom ALV Oberbau abzufragen. Evtl. kann auch der Trassierungsplaner weiterhelfen. Der Planer gibt die Oberbauart im Erläuterungsbericht an. Beim ALV ist auch anzufragen, welche Oberbauart im Endzustand geplant ist.

Abb. 6.27 Eingewalzter Schienentyp S 54 (Quelle: Emch+Berger).

Abb. 6.28 Im Gleisbereich gelagerte Schienen (Foto: Erdmenger).

Die Oberbauart wird in Ril 820.0110 definiert und erläutert, z. B.:

W 14 K-60-B 70	Häufige Oberbauart, bestehend aus: • W-Befestigung mit Winkelführungsplatte Wfp 14 K • Schiene 60 E2 • Betonschwelle B 70
W60-1538-B70 2.4	Der Zusatz „2.4“ gehört in diesem Beispiel zwingend dazu und bedeutet, dass B70-Schwellen mit einer Länge von 2,40 m (statt wie üblich 2,60 m) eingebaut sind.

6.56 Oberbaumaterialien und geplante Oberbaumaßnahmen

Beim ALV Oberbau ist abzufragen, ob bis zur Inbetriebnahme der neuen EÜ eventuell Oberbaumaßnahmen geplant sind, z. B. eine Gleiserneuerung.

In diesem Zusammenhang ist beim ALV Oberbau anzufragen, ob der Oberbau im Endzustand mit vorhandenen Oberbaumaterialien hergestellt werden soll (also Schienen, Schwellen, Kleineisen, Gleisschotter) oder mit neuem Material.

Wenn eine neue Schiene an eine vorhandene und teilweise abgenutzte Schiene angeschweißt wird, dann entsteht ein Versatz im Bereich des Schienenkopfs. Dieser Versatz muss abgearbeitet werden, indem die neue Schiene abgeschliffen und angepasst wird. Dafür entstehen Kosten und Sperrzeitenbedarf. Bei einem Lückenschluss in einer zweigleisigen Strecke sind in diesem Fall 8 Schienenstöße zu bearbeiten.

6.57 Kampfmittelbescheid

In der Regel wird über eine Luftbildauswertung festgestellt, ob in dem betroffenen Gebiet Kampfmittelverdacht besteht. Für Niedersachsen bearbeitet das die LGLN.

Die Luftbildauswertung kann von der DB-Projektleitung oder vom Planer beantragt werden. Im letzteren Fall ist im Voraus mit der DB-Projektleitung zu besprechen, dass der Bauherr die Kosten für die Erstellung des Kampfmittelbescheids trägt.

6.58 Aussage zur Denkmalpflege

In der Grundlagenermittlung ist zu klären, ob das betroffene Bauwerk denkmalgeschützt ist, ob evtl. denkmalgeschützte Gebäude in der Nähe betroffen sind, und ob archäologische Bodendenkmäler vorhanden sind. Dazu recherchiert der Planer die Kontaktdaten der Denkmalschutzbehörde bzw. das Amt für Denkmalschutz der betroffenen Ortschaft und schicken eine Mail dort hin. Darin erläutert der Planer kurz das Bauvorhaben, legt ein Foto der Örtlichkeit und einen Lageplan bei und setzt eine angemessene Frist für die Rückmeldung. Die entsprechende Rückmeldung ist dem Vorplanungsheft als Stellungnahme beizulegen.

Im Bundesland Sachsen-Anhalt hilft dieser Link:
https://lda.sachsen-anhalt.de/denkmalinformationssystem
In Bremen hilft dieser Link:
https://geoportal.bremen.de/denkmalinfosystem

Der Umfang des Denkmalschutzes ist genau zu klären. Vielleicht steht beispielsweise das gesamte Empfangsgebäude unter Denkmalschutz, vielleicht aber ausschließlich die Fassade.

Bei Abstimmungen zum Denkmalschutz sind mindestens drei Stakeholder beteiligt (DB, Denkmalschutz, Planer), so dass Missverständnisse entstehen können. Der Denkmalschutz kann auch zu Verzögerungen, Mehrkosten und Konflikten führen. Außerdem können die Anforderungen an den Denkmalschutz vertragsrelevant werden, z. B. wenn es im Projektverlauf Änderungen und Umplanungen gibt. Aus diesen Gründen sind alle Abstimmungen zum Denkmalschutz schriftlich festzuhalten.

Im Beispiel aus Abb. 6.29 hatte die DB ursprünglich erwogen, das historische Bestandsbauwerk durch ein standardisiertes Stahlbeton-Rahmenbauwerk mit einer lichten Weite von ca. 3 m zu ersetzen. Die Skizze stellt einen anderen Lösungsansatz dar, welcher nämlich die vorhandene Bauwerksgestaltung aufgreift. Die vorhandenen Sandsteinpylone sollen dabei in einer Werkstatt von einem Steinmetz aufgearbeitet und wiedereingebaut werden.

Für denkmalgerechte Ersatzneubauten sind ggf. Unternehmensinterne Genehmigungen (UiGen) erforderlich. Der dafür erforderliche Zeitbedarf ist zu berücksichtigen.

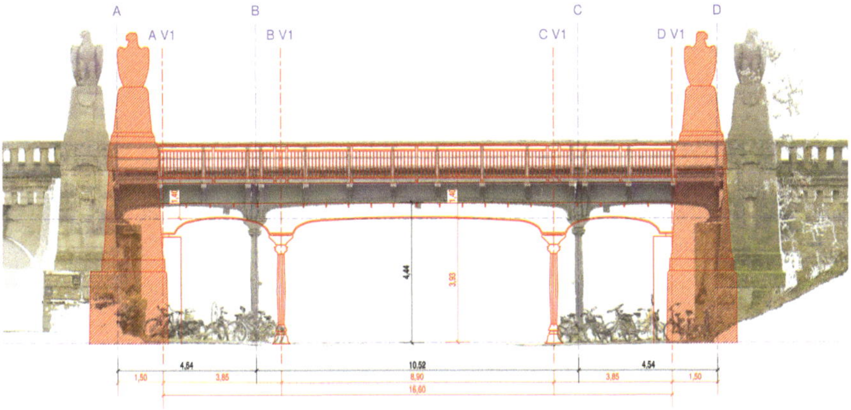

Abb. 6.29 Variante für einen denkmalgerechten Ersatzneubau (Quelle: Emch+Berger).

6.59 Schalltechnisches Gutachten

Mit der DB-Projektleitung ist zu klären, ob eine schalltechnische Untersuchung (– Schallschutzgutachten) für den Endzustand vorliegt oder durch einen Schallgutachter zu erstellen ist. Hinweise dazu finden sich in Ril 804.1101A02, z. B.:

aus Ril 804.1101A02

Notwendigkeit von schalltechnischen Untersuchungen

Soweit der Neubau oder die Änderung einer Betriebsanlage als (Neu-)Bau oder als „wesentliche Änderung" im Sinne der 16. BImSchV zu werten ist, ist die Erstellung einer schalltechnischen Untersuchung erforderlich.

Das Eisenbahn-Bundesamt hat ergänzenden erläutert, bei welchen Baumaßnahmen es sich um eine „geringfügige Änderung" oder um eine „wesentliche Änderung" im Sinne der 16. BImSchV handelt.

Als „wesentliche Änderung" (in Form des „erheblichen baulichen Eingriffs") werden z. B. aufgeführt:

- Neubau und ggf. Erneuerung einer Eisenbahnüberführung (EÜ),
- Änderung (z. B. Vergrößerung) der lichten Weite einer EÜ,
- Änderung (z. B. Vergrößerung) der lichten Höhe einer EÜ bei gleichzeitiger Gradientenänderung des Gleises,
- usw.

Auch für Erneuerungsmaßnahmen ohne wesentliche Änderung ist zu prüfen, ob ein schalltechnisches Gutachten erstellt werden muss.

In dem Schallgutachten wird unter anderem festgelegt, ob Lärmschutzwände auf oder neben dem Bauwerk erforderlich sind.

Ein Gutachten zu Baulärm und baubedingten Erschütterungen wird in der Regel erst in Leistungsphase 4 Genehmigungsplanung erstellt.

6.60 Umweltplanung

Zunächst ist zu klären, ob die Umweltplanung ein Vertragsbestandteil ist oder ob der Bauherr die Umweltplanung selbst beauftragt.

In Abstimmung mit dem Umweltplaner ist zu klären, ob folgende Dokumente erforderlich sind:

- umwelttechnische Stellungnahme
- EBA-Umwelterklärung nach Formblatt 3 (Screening)
- Kartierungen
- Landschaftspflegerischer Begleitplan (LBP)
- Umweltverträglichkeitsprüfung (UVP)
- Artenschutzrechtlicher Fachbeitrag (AFB)
- FFH-Vorprüfung, FFH-Verträglichkeitsstudie
- Natura-2000-Verträglichkeitsstudie
- Fachbeitrag Artenschutz
- Faunistische Planungsraumanalyse
- FINK-Blätter (Fachinformationssystem Naturschutz und Kompensation)

Umweltgutachten sind in der Regel fünf Jahre gültig.

6.61 Umwelterklärung nach Formblatt 3

Bei der Umwelterklärung handelt es sich um das Formblatt 3 des Eisenbahn-Bundesamts zur Feststellung der UVP-Pflicht (Umweltverträglichkeitsprüfung). Das Dokument wird in der Regel vom Umweltplaner ausgefüllt. Einige technische Angaben werden vom KIB-Planer zugearbeitet. In Abb. 6.30 ist ein Ausschnitt des Formblatts dargestellt.

Mit der DB-Projektleitung ist zu klären, ob eine Umwelterklärung vorliegt, ob sie aktuell ist oder noch erstellt werden muss.

6.62 Umwelt-Check

In der Grundlagenermittlung führt die DB InfraGO AG intern einen Umwelt-Check durch. Dabei werden thematische Karten als PDFs erzeugt, z. B. zu Schutzgebieten. Aus dem Umwelt-Check ergibt sich, welche Gutachten in den folgenden Leistungsphasen erstellt werden müssen und wer DB-intern dafür verantwortlich ist.

Formblätter des Eisenbahn-Bundesamtes für die Feststellung der UVP-Pflicht nach §§ 5 ff. UVPG

Vorhabenbezeichnung:

Formblatt 3:
Angaben der Vorhabenträgerin für die Feststellung der Pflicht zur Durchführung einer Umweltverträglichkeitsprüfung (UVP-Pflicht) aufgrund einer allgemeinen oder standortbezogenen Vorprüfung gemäß § 7 Abs. 1 oder 2 Gesetz über die Umweltverträglichkeitsprüfung (UVPG)

Inhaltsverzeichnis

Abb. 6.30 Ausschnitt aus dem EBA-Formblatt 3 (Quelle: EBA).

Der Umwelt-Check darf nicht von der DB InfraGO AG an externe Planer übergeben werden. Die thematischen Karten dürfen jedoch an den Planer weitergegeben werden. Der Planer legt diese PDFs der Grundlagenermittlung bei.

6.63 Betroffene Schutzgebiete

Wenn es aus dem Umwelt-Check oder anderen Gutachten nicht hervorgeht, dann ist zu klären, ob Schutzgebiete betroffen sind, z. B. FFH-Schutzgebiet, Wasserschutzgebiet etc. Die zuständigen Ansprechpartner sind festzustellen, z. B. in der unteren Naturschutzbehörde.

6.64 Otterberme

Eine Otterberme oder Kleintierberme dient dem Schutz von Fischottern. Diese unterqueren Brücken nämlich nicht schwimmend, sondern zu Fuß. Findet ein Fischotter dazu keine Möglichkeit, dann verlässt er das Gewässer und überquert die Verkehrswege. Dort kann er überfahren werden.

Die Abb. 6.31 und 6.32 zeigen zwei Beispiele für die mögliche Ausbildung von Otterbermen.

Bei EÜs über Gewässer ist so früh wie möglich schriftlich zu klären, ob eine Otterberme erforderlich ist. Wenn der DB-Projektleitung dazu keine Angaben

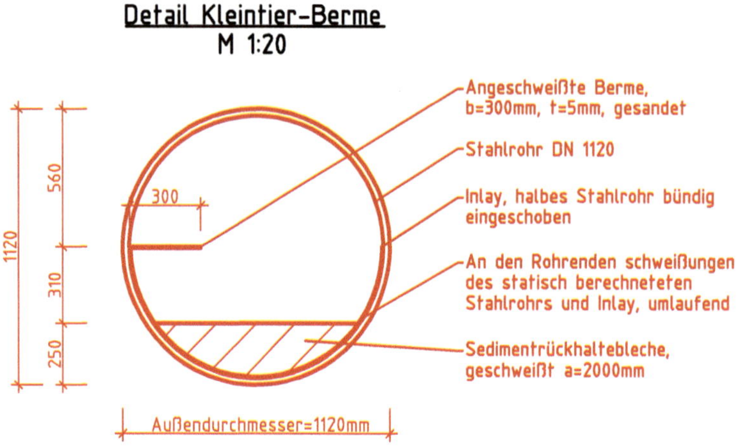

Abb. 6.31 Otterberme in einem Durchlass (Quelle: Emch+Berger).

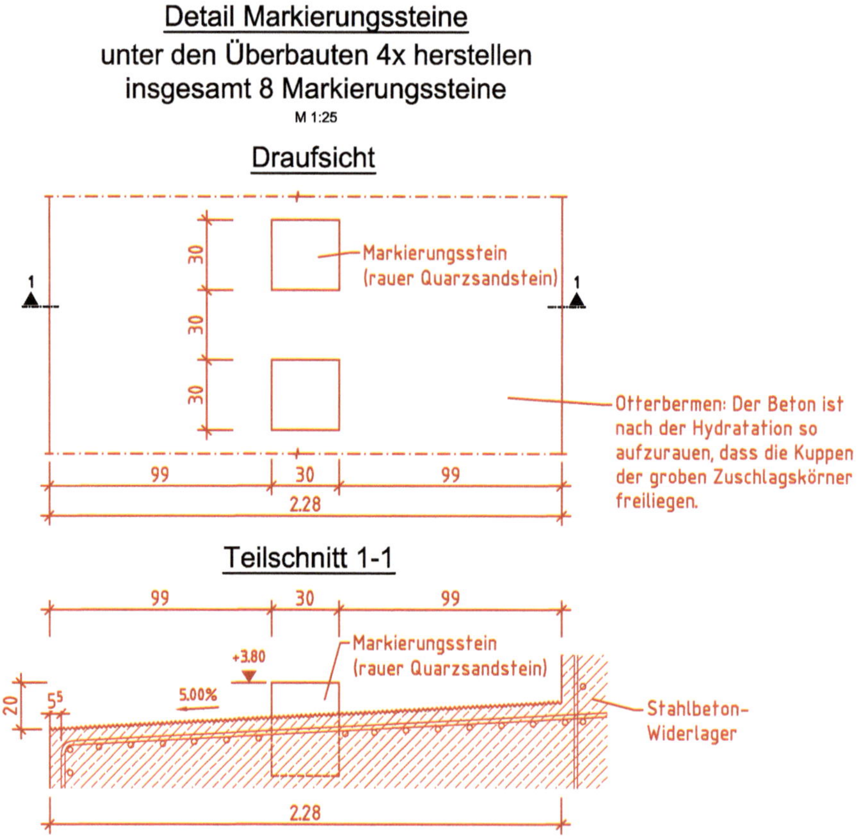

Abb. 6.32 Otterberme unter einer EÜ (Quelle: Emch+Berger).

vorliegen, dann ist in der Regel die Untere Naturschutzbehörde (UNB) der zuständige Ansprechpartner.

Die Höhe der Otterberme in Bezug auf die Wasserstände, die Breite und die Beschaffenheit der Oberfläche sind festzulegen. In Abstimmung mit der Unteren Wasserbehörde ist außerdem zu klären, ob die Otterberme im Fließquerschnitt liegen darf. Wenn nicht, dann vergrößert sich die lichte Weite der EÜ wegen der Otterberme. Dieser Einfluss auf lichte Weite, Herstellkosten, evtl. Bauzeit/Sperrpausen, Genehmigungsplanung u. a. ist der DB-Projektleitung zu erläutern.

An beiden Enden der Otterbermen sind Rampen vorzusehen, welche das Gewässer und die Berme miteinander verbinden.

Zur Ausbildung von Otterbermen gibt es einige frei verfügbare Veröffentlichungen, z. B.:

- Gestaltung von Otterdurchlässen an Straßen, Broschüre der Aktion Fischotterschutz e. V.
- Handlungsleitfaden für den ottergerechten Umbau von Brücken, Deutsche Umwelthilfe e. V. (DUH), PDF zum Download
- Planungshinweise für Maßnahmen zum Schutz des Fischotters und Bibers an Straßen im Land Brandenburg, Landesbetrieb Straßenwesen Brandenburg, PDF zum Download

6.65 Freibord

Zur Höhe des Freibords über Gewässern gibt es keine DB-Richtlinie.

Für Straßenbrücken gilt gemäß Richtlinien für den Entwurf, die konstruktive Ausbildung und Ausstattung von Ingenieurbauten (RE-Ing), Teil 2 Brücken, Abschnitt 1 Planungsgrundsätze, Kapitel 5 (5):

Der Freibord sollte in der Regel mindestens 0,50 m über dem Bemessungswasserspiegel liegen.

Die Abb. 6.33 ist ebenfalls der RE-Ing entnommen.

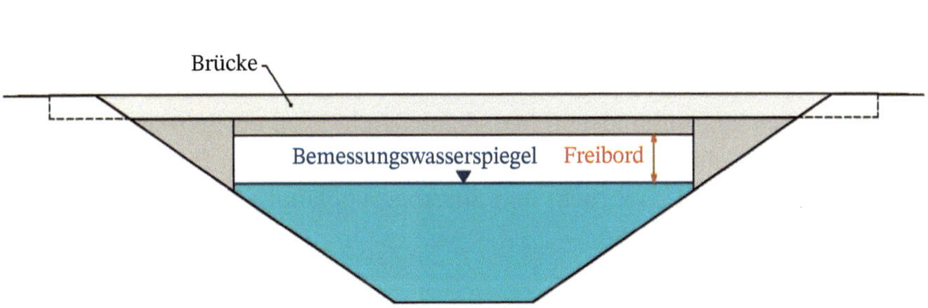

Abb. 6.33 Freibord (Quelle: RE-Ing).

Gemäß DIN 19661-1 Kreuzungsbauwerke, Abschnitt 4.2.1.1 gilt dasselbe Maß:

> *Der Freibord sollte in der Regel etwa 0,5 m, gerechnet vom aufgestauten Spiegel des Bemessungshochwassers aus, betragen. Je nach den klimatischen und hydrologischen Verhältnissen und bei der Gefahr von Versetzung durch Eis oder Treibsel kann ein hiervon abweichender Freibord vorgesehen werden.*

Außerdem gilt gemäß DIN 19661-1 Kreuzungsbauwerke, Abschnitt 9.4.2:

> *Im Fließbereich eines Gewässers ist bei einem Freibord unter 0,5 m eine geschlossene, strömungsgünstige Brückenunterfläche auszubilden.*

Der Freibord ist sowohl mit dem Unterhaltspflichtigen des Gewässers als auch mit dem ALV KIB und der DB-Projektleitung abzustimmen.

6.66 Weitere Gutachten

Mit der DB-Projektleitung ist zu klären, ob weitere Gutachten und Stellungnahmen vorliegen oder zu erstellen sind, z. B.:

- hydrologisches Gutachten
- hydrogeologische Stellungnahme
- Stellungnahme Wasserrahmenrichtlinie

6.67 Materialproben

Die Beprobung auf Gefahrenstoffe und eine entsprechende Bewertung sind so früh wie möglich durchzuführen. Die Ergebnisse sind relevant für Baukosten, Bauablauf- und Sperrpausenplanung. Wenn eine Schwarz-Weiß-Anlage zum Schutz der Mitarbeiter erforderlich ist, dann sind die Beprobungen für die BE-Flächenplanung in Lph 3 relevant. In jedem Fall sind die Ergebnisse für die Lph 6 Ausschreibung relevant, weil die Baufirmen bei der Kalkulation wissen müssen, welche Gefahrenstoffe zu erwarten sind.

Beton

Materialproben aus vorhandenen Betonbauteilen können als Bohrkerne entnommen werden, um eine Festigkeitsklasse zu ermitteln. Diese ist für eine eventuelle Nachrechnung, für die Abbruch- und Sperrpausenplanung in Lph 3 und für die Lph 6 Ausschreibung relevant.

Beschichtungen

Beschichtungen von Stahlbauteilen müssen beprobt werden, also Geländer, Überbauten, zurückzubauende OLA-Maste etc. In den Beschichtungen können

Gefahrenstoffe enthalten sein, z. B. Schwermetalle (Blei/Bleimennige, Arsen, Cadmium, Chrom, Quecksilber usw.), Asbestfasern oder PAK/Teer.

Wenn eine Sanierung des vorhandenen Korrosionsschutzes geplant ist, dann muss die vorhandene Beschichtung in Hinblick auf eine mögliche Salzbelastung beprobt werden (vgl. ZTV-Ing. Teil 4, Abschnitt 3, Kapitel 3.4 (2)).

Wenn eine vorhandene Beschichtung Blei enthält und Strahlarbeiten erforderlich sind, dann sind in der Regel eine staubdichte Einhausung des Bauwerks und eine fachgerechte Entsorgung des Strahlmittels erforderlich.

Abdichtungen

Abdichtungen, Schwarzanstriche und Fugenmaterialien müssen untersucht werden, wenn sie zurückgebaut werden sollen. Hier sind häufig Gefahrenstoffe enthalten, z. B. PAK/Teer oder Asbestfasern.

6.68 Bahnhofskategorie und Preisklasse

Wenn eine Verkehrsstation bzw. ein Bahnhof betroffen ist, dann sind die Bahnhofskategorie und die Preisklasse festzustellen. Von der Bahnhofskategorie ist z. B. die erforderliche Bahnsteigausstattung abhängig. Bei der Preisklasse geht es nicht um Fahrkartenpreise, sondern um die Ermittlung und Verrechnung von Nutzungsentgelten.

Es gibt acht Bahnhofskategorien bzw. Preisklassen. Die Klasse 1 umfasst die größten und wichtigsten Fernbahnhöfe Deutschlands. Zur Klasse 7 zählen nachrangige Haltepunkte, welche teilweise nicht barrierefrei ausgebaut sind. Die Klasse 8 gilt für Verkehrsstationen der RegioNetz.

Die Preisklasse ist der Stationspreisliste zu entnehmen, welche im Internet frei verfügbar ist. Abbildung 6.34 zeigt einen Ausschnitt daraus.

Stationspreisliste 2026
(gültig ab 01.01.2026)

Bf-Nr	Aufgabenträger	Bahnhof	Preis-klasse	Bundesland	Stationspreis SPNV - Anteil Serviceeinrichtung	Stationspreis SPFV - Anteil Serviceeinrichtung
8301	NWL	Hamm-Westtünnen	6	Nordrhein-Westfalen	3,94 €	10,97 €
2537	RMV	Hanau Hbf	2	Hessen	14,70 €	36,17 €
3226	RMV	Hanau Klein Auheim	6	Hessen	2,54 €	7,24 €
2538	RMV	Hanau Nord	5	Hessen	2,45 €	7,00 €
2539	RMV	Hanau West	5	Hessen	2,45 €	7,00 €
2540	RMV	Hanau-Wilhelmsbad	5	Hessen	2,45 €	7,00 €
2541	LNVG	Handeloh	6	Niedersachsen	4,47 €	11,49 €
2542	VBB	Hangelsberg	6	Brandenburg	4,13 €	11,35 €
2543	LNVG	Hann Münden	6	Niedersachsen	4,47 €	11,49 €
7183	RH	Hannover - Ledeburg	4	Niedersachsen	4,57 €	13,07 €
6424	RH	Hannover - Vinnhorst	4	Niedersachsen	4,57 €	13,07 €
2544	RH	Hannover Bismarckstraße	4	Niedersachsen	4,57 €	13,07 €
2545	RH	Hannover Hbf	1	Niedersachsen	24,69 €	71,09 €

Abb. 6.34 Auszug aus der Stationspreisliste (Quelle: DB).

6.69 Bahnhofsnummer

Wenn eine Verkehrsstation bzw. ein Bahnhof betroffen ist, dann ist die Bahnhofsnummer festzustellen. Diese ist beispielsweise für das VA-System relevant.

Die Bahnhofsnummer ist der Stationspreisliste zu entnehmen (vgl. Preisklasse).

6.70 Korrespondierende Maßnahmen

Bei der DB-Projektleitung ist abzufragen, ob korrespondierende Maßnahmen vorhanden sind und welche DB-Projektnummer (G-Nummer/T-Nummer) die Maßnahme hat. Diese Angaben sind im Erläuterungsbericht aufzuführen.

Bei korrespondierenden Maßnahmen kann es zu erhöhtem Abstimmungsbedarf kommen, z. B. um eine gegenseitige Behinderung auszuschließen. Es können sich aber auch Synergieeffekte ergeben, z. B. durch die Nutzung gemeinsamer Sperrpausen, Baustraßen etc.

6.71 Beteiligte Dritte

So früh wie möglich müssen die beteiligten Dritten festgestellt und benannt werden, z. B. private Anwohner, Eigentümer von BE-Flächen, Leitungsbetreiber, Feuerwehr etc. Eine Kontaktaufnahme mit Dritten sollte erst nach Rücksprache mit der DB-Projektleitung erfolgen.

Auch die Ansprechpartner bei der unteren Naturschutzbehörde (UNB) und der unteren Wasserbehörde (UWB) sind frühzeitig zu ermitteln.

6.72 Kreuzungsbeteiligte und Kreuzungsvereinbarung

Zunächst ist zu klären, welche Kreuzungsvereinbarungen vorliegen. Dazu muss die DB-Projektleitung in der Regel den DB-Rechtsdienst kontaktieren.

Bei einer Kreuzung von Schiene und Straße wird ein Vertrag nach §5 Eisenbahnkreuzungsgesetz (EKrG) abgeschlossen, nämlich die Kreuzungsvereinbarung. Darin wird im Wesentlichen die Kostenaufteilung zwischen DB und Straßenbaulastträger festgelegt.

Bei einer Kreuzung zwischen Schiene und Gewässer wird ein Vertrag nach Bundeswasserstraßengesetz (WaStrG), Abschnitt 9 abgeschlossen. Darin wird im Wesentlichen die Kostenaufteilung zwischen DB und Wasser- und Schifffahrtsverwaltung festgelegt.

Bei Kreuzungen zwischen Schiene und einer privaten Straße (z. B. Werkstraße) wird ein Gestattungsvertrag abgeschlossen. Darin werden zwischen DB und privatem Straßenbetreiber im Wesentlichen die Kostenaufteilung für den Neubau sowie der Unterhaltungsschlüssel für die darauffolgende Instandhaltung festgelegt.

So früh wie möglich werden die Kreuzungsbeteiligten festgestellt und benannt. Eine Kontaktaufnahme mit Dritten sollte erst nach Rücksprache mit der DB-Projektleitung erfolgen.

6.73 Rollenantrag iTwo

Der Rollenantrag muss von externen Planern gestellt werden, damit er Zugriff auf das Projekt im iTwo-DB erhält. Der Planer fordert die aktuelle projektbezogene Excelvorlage der DB-Projektleitung an, füllt sie aus (G-Nummer, RIB-Lizenz, BKU-Anmeldename) und sendet sie zur Bearbeitung an die DB-Projektleitung. Die Freigabe durch die DB dauert ca. 6 Wochen. In Abb. 6.35 ist ein Rollenantrag zu sehen.

Die G-Nummer muss hier ohne Punkt eingetragen werden. Ingenieurbüros sind externe Nutzer. Außerdem muss in der Regel nicht „neu" ausgewählt werden, sondern „Erweiterungsantrag".

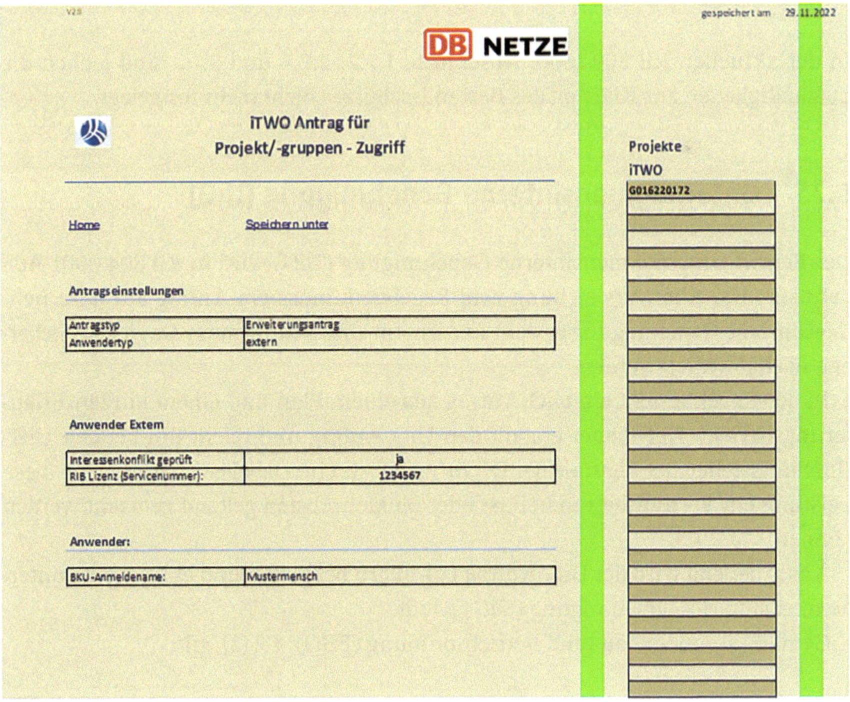

gespeichert am 29.11.2022

DB NETZE

iTWO Antrag für
Projekt/-gruppen - Zugriff

Home Speichern unter

Antragseinstellungen

Antragstyp	Erweiterungsantrag
Anwendertyp	extern

Anwender Extern

Interessenkonflikt geprüft	ja
RIB Lizenz (Servicenummer):	1234567

Anwender:

BKU-Anmeldename:	Mustermensch

Projekte iTWO

G016220172

Abb. 6.35 Rollenantrag (Quelle: DB).

Bei fremdfinanzierten Projekten, bei denen der DB keine Kosten entstehen, wird in der Regel kein Projekt in iTwo-DB angelegt, so dass kein Rollenantrag erforderlich ist.

6.74 Bestandsschutz

Bestandsschutz bedeutet, dass ein Bauwerk unverändert bleiben kann, auch wenn das Bauwerk nicht mehr den aktuellen Regelungen entspricht (z. B. nach aktuellen Bemessungsvorschriften nicht mehr standsicher ist).

Es ist zu prüfen, ob bzw. für welche Bauteile Bestandsschutz gilt. Besonders wichtig ist das, falls Bauteile temporär demontiert und in gleicher Weise wiederhergestellt werden sollen (z. B. Bahnsteigdach). Für eine Festlegung sind ggf. der BVB und der Prüfstatiker mit einzubeziehen, damit es später keine Schwierigkeiten gibt.

Gemäß veraltetem Ausgabestand 2018 der Ril 809.0201, Abschnitt 3 (9) galt:

Der Betreiber prüft, ob eine Aussage zum Bestandsschutz für bestehende Anlagen vorliegt. Der Bauherr/Auftraggeber und der [DB-] Projektleiter treffen eine Vereinbarung bzgl. der Verfahrensweise zur Aktualisierung und unterrichten schriftlich die Projektbeteiligten über die Festlegung.

In der aktuellen Ril 809.1000, Abschnitte 1.1.2, 2.2.4 und 3.1.3 sind jedoch die Zuständigkeiten zur Klärung des Bestandsschutzes nicht mehr festgelegt.

6.75 Unternehmensinterne Genehmigung (UiG)

Der Begriff Unternehmensinterne Genehmigung (UiG) wird in Ril 804.0001 A06 definiert. Bei einer Abweichung vom Regelwerk muss ein Antrag auf unternehmensinterne Genehmigung gestellt werden. Im UiG-Antrag muss die gleiche Sicherheit nachgewiesen werden.

In der Regel besteht ein UiG-Antrag aus einem Plan und einem kurzen Erläuterungsbericht. Der Planer erstellt den UiG-Antrag und reicht ihn bei den UiG-Geschäftsstellen der Zentrale der DB InfraGO AG ein. Dabei ist zu prüfen, ob diese Leistung ein Vertragsbestandteil ist oder ob Mehrkosten geltend gemacht werden können.

Anschließend wird der UiG-Antrag DB-intern bearbeitet und es wird eine unternehmensinterne Genehmigung (UiG) erteilt.

Gemäß Eisenbahnbau- und Betriebsordnung (EBO), § 2 (2), gilt:

Von den anerkannten Regeln der Technik darf abgewichen werden, wenn mindestens die gleiche Sicherheit wie bei Beachtung dieser Regeln nachgewiesen ist.

Die Ril 809.1000 A.9.1 ergänzt:

> *Von den anerkannten Regeln der Technik darf nach § 2 (2) EBO abgewichen werden, wenn auf andere Weise mindestens die gleiche Sicherheit gewährleistet werden kann und dies gegenüber der Aufsichtsbehörde nachgewiesen wird.*

Weitere Hinweise sind in Ril 809.1000 A.9.2 zu finden.

In der Ril 804.0101A01 ist dargestellt, in welchen Fällen eine UiG bzw. ZiE erforderlich sind. Für eine UiG gibt es ein Bedarfsfeststellungs- und Antragsformular. Die Aktuelle Version ist projektbezogen hier abzufragen (Konstruktiver Ingenieurbau zählt zu „Fahrweg"):

Zentrale UiG Geschäftsstelle
I.NAI 14 (Fahrweg)
DB InfraGO AG
Adam-Riese-Str. 11-13
60327 Frankfurt am Main
geschaeftsstelle.UiG-Fahrweg@deutschebahn.com

Für die DB-interne Bearbeitung eines UiG-Antrags sind mindestens 9 Monate in der Terminplanung zu berücksichtigen. Es kommt sogar vor, dass die Erteilung von UiGs, welche inhaltlich unstrittig sind, über zwei Jahre dauert.

6.76 Zustimmung im Einzelfall (ZiE)

Der Begriff Zustimmung im Einzelfall (ZiE) wird in Ril 804.0001 A06 definiert. Im Gegensatz zur UiG wird eine ZiE nicht DB-intern erteilt, sondern vom Eisenbahnbundesamt (EBA).

Eine UiG kann erforderlich werden, wenn sicherheitsrelevante Themen betroffen sind. Zur Abstimmung und Klärung, ob eine ZiE erforderlich ist, kann der Planer ein E-Mail an das Sachgebiet 213 „Ingenieurbau" des Eisenbahnbundesamts schicken: SG213@eba.bund.de.

Eine ZiE wird von der DB InfraGO AG beim EBA formlos beantragt, wenn Bauprodukte oder Bauarten nicht unter eingeführte technische Baubestimmungen fallen.

Weitere Hinweise sind in Ril 809.1000 A.9.3 zu finden.

In der Ril 804.0101A01 ist dargestellt, in welchen Fällen eine UiG bzw. ZiE erforderlich sind.

6.77 Common Safety Method Risk Assessment (CSM-RA)

Die Abkürzung CSM-RA steht für Common Safety Method Risk Assessment, also eine Risikobewertung nach gemeinsamer (europäischer) Sicherheitsmethode. Im

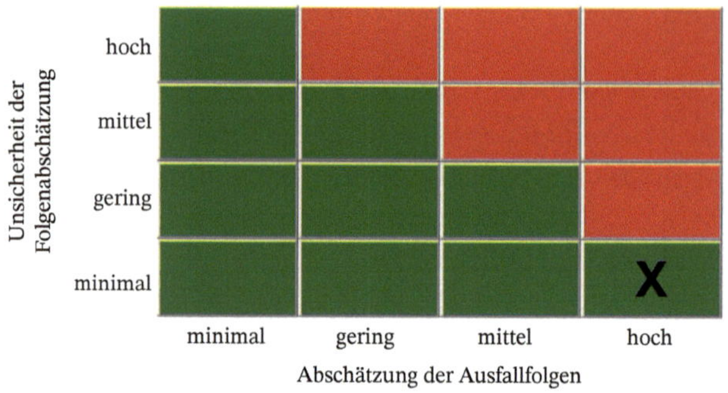

Abb. 6.36 Ausschnitt aus einem CSM-RA (Quelle: Emch+Berger).

CSM sollen Risiken in Planung, Bauausführung und Betrieb bewertet werden, um Unfälle und Terminverzug zu vermeiden.

Das CSM in Ril 451 Risikomanagement geregelt. Weitere eher abstrakte Erläuterungen zum CSM finden sich in Ril 809.1000, Abschnitt A.16.

Die Erstellung des CSM ist keine Grundleistung nach HOAI, sondern eine besondere Leistung. Im Ingenieurvertrag ist daher zu prüfen, ob das CSM als besondere Leistung vertraglich vereinbart wurde:

- Wenn das CSM *kein* Vertragsbestandteil ist, dann fordert der Planer das unterschriebene CSM von der DB-Projektleitung an.
- Wenn das CSM ein Vertragsbestandteil ist, dann stimmt der Planer die Word-Vorlage mit dem Bauherrn ab, erstellt das CSM und holt die Unterschriften ein.

Beim CSM ist alles OK, solange das Kreuz im grünen Bereich steht, siehe Abb. 6.36.

Das unterschriebene CSM wird Bestandteil des Vorplanungshefts und des Entwurfshefts. Das CSM wird auch später z. B. bei der Bauanzeige benötigt, welcher der Bauvorlageberechtigt (BVB) erstellt und an das Eisenbahnbundesamt (EBA) schickt.

Die Hauptaussage des CSM muss im Erläuterungsbericht wiedergegeben werden. Solange das Kreuz im grünen Bereich ist, reicht diese Formulierung aus:

Eine Risikobewertung nach gemeinsamer Sicherheitsmethode (CSM-RA) liegt dem Entwurfsheft bei. Die Änderung der baulichen Anlage wird als sicherheitsrelevant, aber nicht-signifikant eingestuft.

7

Übersichtszeichnungen

7.1 Übersichtspläne

Sobald das Stempelfeld erstellt und mit dem Bauherrn abgestimmt wurde, können Übersichtspläne bearbeitet werden. Damit beweist der Planer frühzeitig, dass er das Projekt aktiv bearbeitet, und schafft auch die Grundlage für seine erste Abschlagsrechnung.

Bei den Übersichtsplänen empfehlen sich folgende Maßstäbe und Bezeichnungen, weil diese in der Lph 4 Genehmigungsplanung vom EBA ausdrücklich gefordert sind:

- Übersichtskarte 1 : 50 000
- Übersichtsplan 1 : 25 000
- Übersichtslageplan 1 : 5000

Die Quelle des Kartenmaterials ist auf den Plänen anzugeben. Mögliche Quellen für Kartenmaterial, Hintergrundkaten, Katasterdaten etc. sind:

https://earth.google.com
www.opentopomap.org
https://basemap.de
https://openinframap.org
openstreetmap.de
dabei Übersichtskarte 1 : 50 000 -> „1 km“
bzw. Übersichtslageplan 1 : 5000 -> „100 m oder 200 m“

Für Niedersachsen:

https://maps.lgln.niedersachsen.de/katasterkarten-online/mapbender/application/katasterkarten-online
Hier kann man online Daten bestellen und per PayPal oder Kreditkarte zahlen, was aber nicht zuverlässig funktioniert. Ggf. kann man per Mail an katasterkarten-online@lgln.niedersachsen.de und auf Rechnung bestellen.
https://www.nwsib-niedersachsen.de

Für Bremen:

https://geoportal.bremen.de/geoportal

Bestellung per E-Mail auf Rechnung an: geodatenservice@geo.bremen.de

7.2 Lageplan

Ein Lageplan im Maßstab 1 : 1000 hilft bei der Orientierung in der Einarbeitung. Hier werden DB-Strecke und Örtlichkeit veranschaulicht sowie Streckennummern, Gleisbezeichnungen und Richtungen angegeben. Als Grundlage benötigt der Planer den IVL-Plan, möglichst als DWG. Abbildung 7.1 enthält einen Planausschnitt.

7.3 Baustelleneinrichtungsplan

Der Baustelleneinrichtungsplan (BE-Plan) ist ein wichtiger Bestandteil der Planung. Hier werden die Bereitstellungs- und Baustelleneinrichtungsflächen, evtl. erforderliche bauzeitliche Gleisüberfahrten, evtl. erforderliche Behelfsbrücken für LKW, zu schützende Leitungen Dritter etc. dargestellt. Wenn es keinen gesonderten Baustellenerschließungsplan gibt, dann muss der BE-Plan die Zuwegungen und Baustraßen enthalten.

Das Containerdorf auf einer Baustelleneinrichtungsfläche kann – je nach Umfang der Baumaßnahmen – einen hohen Platzbedarf erfordern, siehe Abb. 7.2.

Die BE-Flächen müssen so groß wie möglich geplant werden, damit den Baufirmen ausreichend Platz zur Verfügung steht, z. B. für:

- (Doppel-) Container für Baubüro AN (Bauleiter, Polier)
- (Doppel-) Container für Baubüro AG (Bauüberwachung, Bauoberleitung)
- (Doppel-) Container als Besprechungsraum
- PKW-Stellplätze
- Dixi/Sanitärcontainer
- ggf. Schwarz-Weiß-Anlage beim Arbeiten mit kontaminierten Materialien
- Materialcontainer
- Werkzeugcontainer
- Wasserfass
- Tankfass
- Turmdrehkran/Mobilkran
- Stellplatz für Zweiwegebagger, Gründungsgerät etc.
- Lagerplatz für Schalung, Spundbohlen, Material etc.
- Bodenlager für Bodenaushub
- Bereitstellungsflächen für Abbruchmaterialien
- Abfallcontainer für fachgerechte Entsorgung unterschiedlicher Abbruchmaterialien
- Montagefläche/Arbeitsfläche
- Wendeplatz für LKW, Durchmesser mindestens 18 m

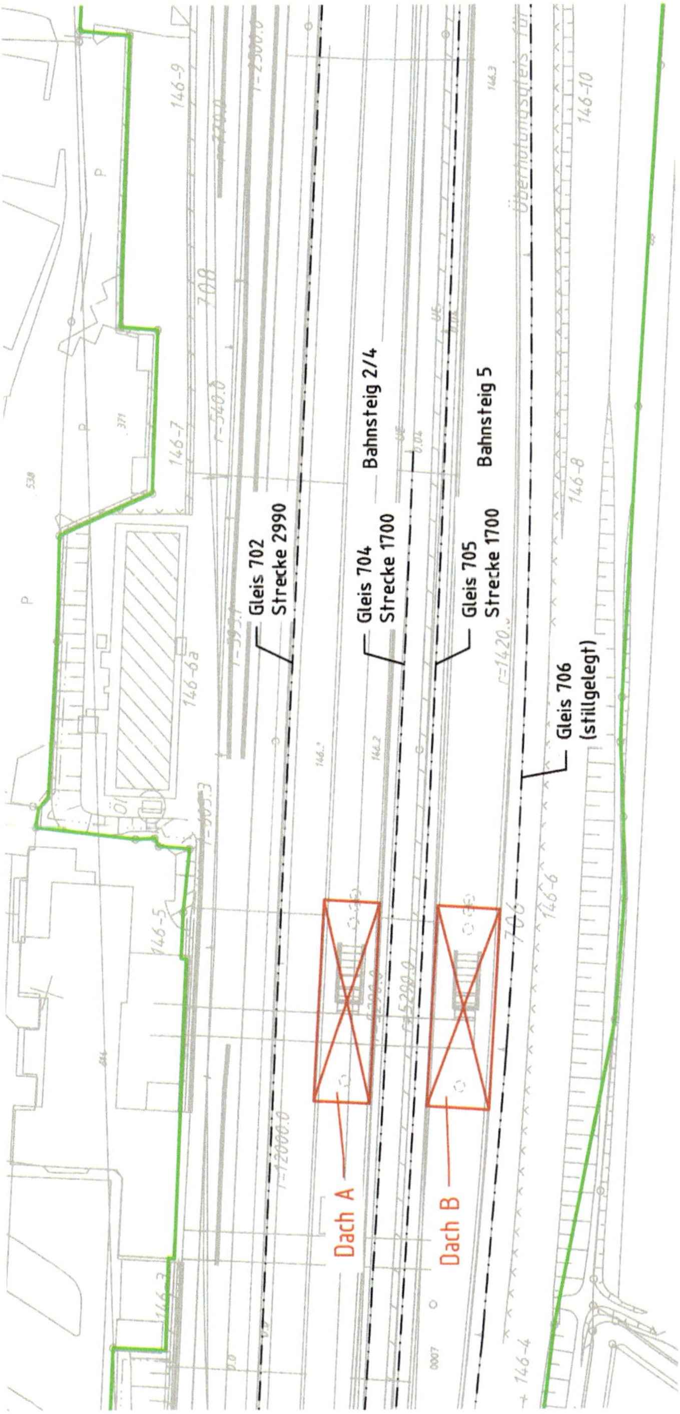

Abb. 7.1 Ausschnitt aus Lageplan (Quelle: Emch+Berger).

Abb. 7.2 Bürocontainer auf Baustelleneinrichtungsfläche (Quelle: Emch+Berger).

Bei der LV-Erstellung und Ausschreibung in Lph 6 fordern die Fachexperten für Abfall und Entsorgung häufig, dass Bereitstellungsflächen ausgewiesen werden. Hier werden zu entsorgende Materialien – ggf. auch gefährliche Abfälle – zur Beprobung und Entsorgung bereitgestellt. Aus diesem Grund können die geplanten Flächen von Anfang an grundsätzlich als „Bereitstellungs- und Baustelleneinrichtungsflächen" bezeichnet werden.

Die folgende Textbox auf dem BE-Plan kann eine Menge Ärger verhindern:

Alle Bereitstellungs- und Baustelleneinrichtungsflächen sind vom AN zu befestigen, mit Bauzaun zu umfassen und nach Abschluss der Arbeiten in ihren Ursprungszustand zurückzuversetzen. Der AN ist für den Schutz der vorhandenen Anlagen und für die Sicherstellung der Oberflächenentwässerung verantwortlich. Vorhandene Straßen, Gehwege, Zufahrten und Zuwegungen, Flucht- und Rettungswege sind jederzeit freizuhalten.

Außerdem ist die folgende Textbox sehr hilfreich für die Kostenschätzung (Lph 2)/ Kostenberechnung (Lph 3), die LV-Erstellung (Lph 6) und die Arbeitsvorbereitung der Baufirma:

Herzustellende Bereitstellungs- und Baustelleneinrichtungsflächen ca. . . . . m^2.

Wenn Bäume vorhanden sind, dann ist ein Stammschutz herzustellen. Dieser schützt einen Baum, wenn z. B. ein LKW beim Rangieren versehentlich gegen den Stamm fährt. Auf dem BE-Plan reicht eine textliche Angabe mit Zuweisungslinie. Abbildung 7.3 zeigt einen Stammschutz aus Kunststoffrohren, Holzbrettern und Draht.

Auf dem BE-Plan sind Anzahl und Lage von Bautreppen anzugeben. Die Art der Ausführung ist Sache der Baufirma. Abbildung 7.4 zeigt ein Beispiel einer Bautreppe in Holzbauweise.

Abb. 7.3 Stammschutz (Quelle: Emch | Berger).

Abb. 7.4 Bautreppe in Holzbauweise (Quelle: Erdmenger).

Wenn eine Wasserhaltung erforderlich ist, dann sollte auf dem BE-Plan ein sinnvoller Pumpenstandort eingetragen werden. Der Standort ist in Lph 4 Genehmigungsplanung mit dem Baulärmgutachter abzustimmen, um die Anwohner möglichst vor Baulärm zu schützen.

7.4 Baustellenerschließungsplan

Wenn die Baustraßen kurz sind und auf dem BE-Plan Platz finden, dann ist ein Baustellenerschließungsplan nicht erforderlich.

Bei langen Baustraßen kann ein Baustellenerschließungsplan auf Grundlage von IVL-Plan und Katasterdaten sowie ein weiterer Baustellenerschließungsplan mit hinterlegtem Luftbild erstellt werden. Das steigert die Anschaulichkeit, siehe Abb. 7.5 und 7.6.

Die Quelle des verwendeten Ausgangsmaterials ist auf dem Plan anzugeben.

Die folgende Textbox ist sehr hilfreich für die Kostenschätzung (Lph 2)/Kostenberechnung (Lph 3), die LV-Erstellung (Lph 6) und die Arbeitsvorbereitung der Baufirma:

Herzustellende Baustraßen ca. . . . . m².

In Hinblick auf die bauzeitliche Flächeninanspruchnahme wird der Baustellenerschließungsplan später ein sehr wichtiger Bestandteil der Lph 4 Genehmigungsplanung.

7.5 Baustraßen

Wenn Baustraßen erforderlich sind, dann ist der Aufbau der Baustraße ist auf dem BE-Plan oder dem Baustellenerschließungsplan darzustellen. LKW sind ca. 2,50 m breit, daher ist der Querschnitt aus Abb. 7.7 in der Regel geeignet. In Abb. 7.8 ist die Herstellung einer Baustraße zu sehen.

Der Aufbau der Baustraße ist vorab auf Grundlage einer Skizze mit dem Baugrundgutachter abzustimmen. Dabei ist u. a. zu klären:

- Ist das Urgelände tragfähig oder muss das Urgelände abgeschoben werden?
- Ist im Bereich der Baustraßen mit relevanten Setzungen des Baugrunds zu rechnen?
- Ist die Dicke der Baustraße aus Sicht des Baugrundgutachters geeignet?
- Reicht ein Trennvlies aus, oder soll zusätzlich ein Geogitter eingebaut werden?
- Ist das angegebene Material aus Sicht des Baugrundgutachters geeignet?

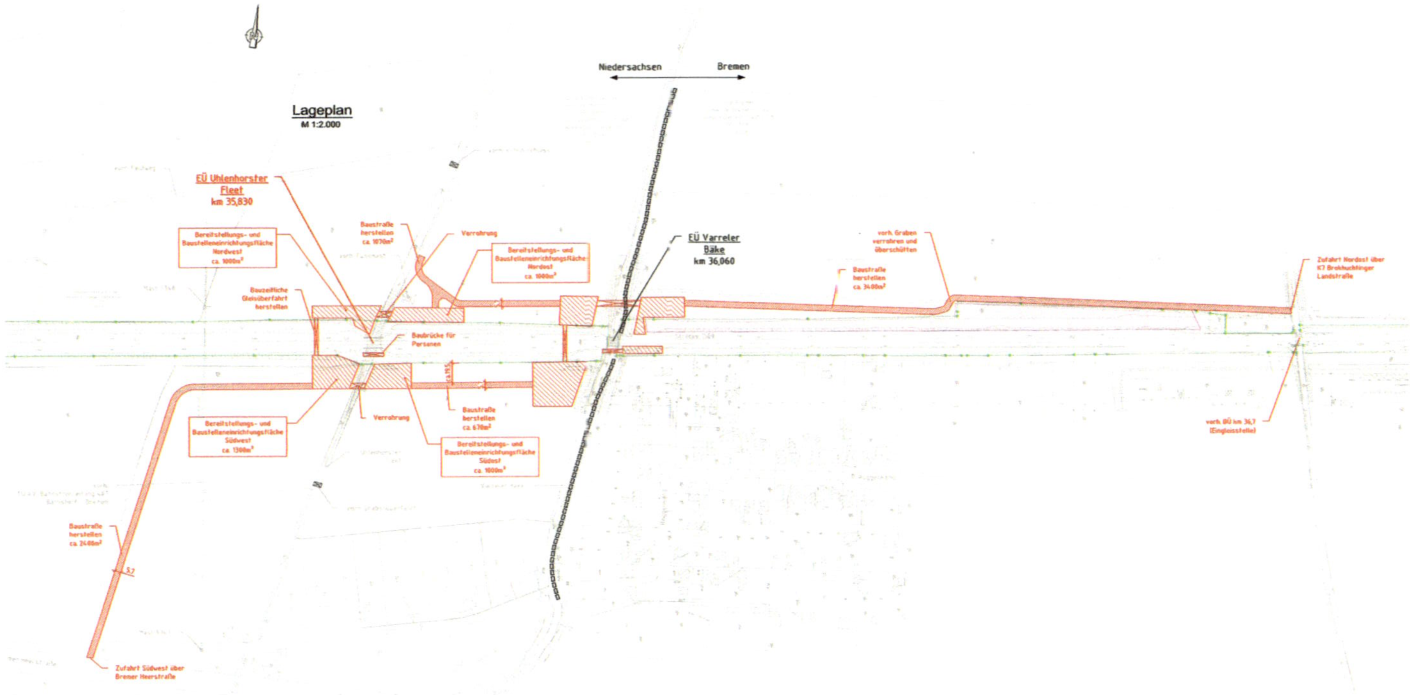

Abb. 7.5 Baustellenschließungsplan auf Grundlage von IVL-Plan und Katasterdaten (Quelle: Emch+Berger).

Abb. 7.6 Baustellenerschließungsplan mit hinterlegtem Luftbild (Quelle: Emch+Berger).

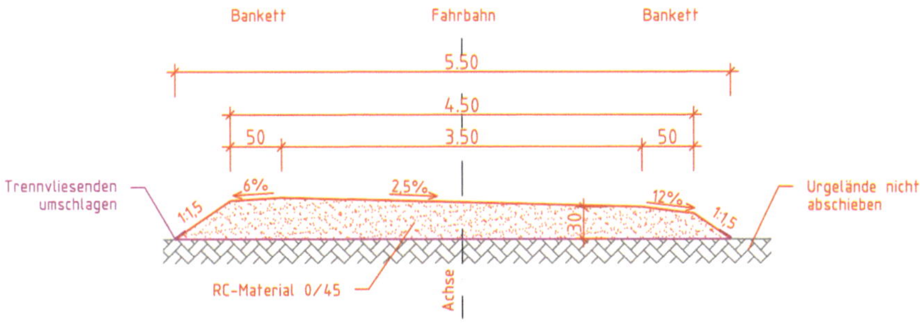

Abb. 7.7 Üblicher Aufbau einer Baustraße (Quelle: Emch+Berger).

Abb. 7.8 Herstellung einer Baustraße (Quelle: Emch+Berger).

Baustraßen können in der Regel aus Recyclingmaterial (RC-Material) der Korngröße 0 bis 45 mm hergestellt werden. Das ist wahrscheinlich kostengünstig, vor allem aber nachhaltig. Der Einsatz von RC-Material ist jedoch vorab mit dem Umweltplaner abzustimmen.

In Hinblick auf die bauzeitliche Flächeninanspruchnahme wird der Baustelleneinrichtungsplan später ein sehr wichtiger Bestandteil der Lph 4 Genehmigungsplanung.

8

Bauwerkszeichnungen und Konstruktion

8.1 Farblegende

Auf Entwurfszeichnungen für die DB InfraGO AG erfolgt die zeichnerische Darstellung typischerweise in den Farben gemäß Farblegende in Abb. 8.1. Jeder Entwurfsplan sollte eine Farblegende enthalten. Die Farben orientieren sich am EBA-Leitfaden für Antragsunterlagen in der Leistungsphase 4 Genehmigungsplanung. In der Entwurfsplanung wird Wasser jedoch blau dargestellt, wohingegen Wasserstände in der Genehmigungsplanung schwarz dargestellt werden müssen.

8.2 Bauwerksübersichtsplan

Ein sehr wichtiger Bestandteil der Entwurfsplanung ist der Bauwerksübersichts- bzw. Bauwerksplan, auf welchem sehr viele Informationen zusammengeführt werden.

Zum Inhalt eines Bauwerksübersichtsplans gibt die ZTV-Ing gute Hinweise (Teil 1, Abschnitt 2, Kapitel 4.2 Bestandsübersichtszeichnung).

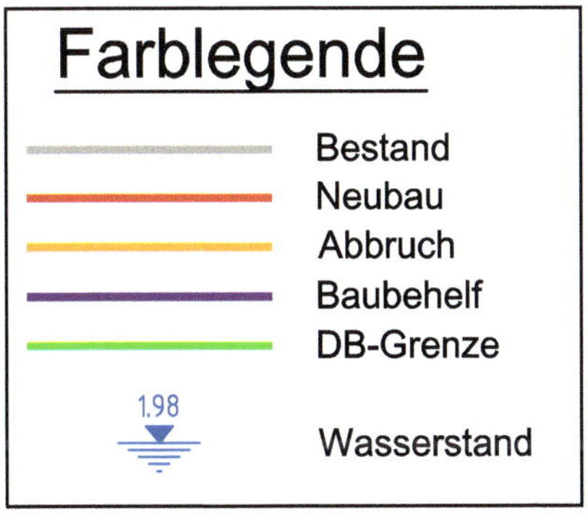

Abb. 8.1 Farblegende (Quelle: Emch+Berger).

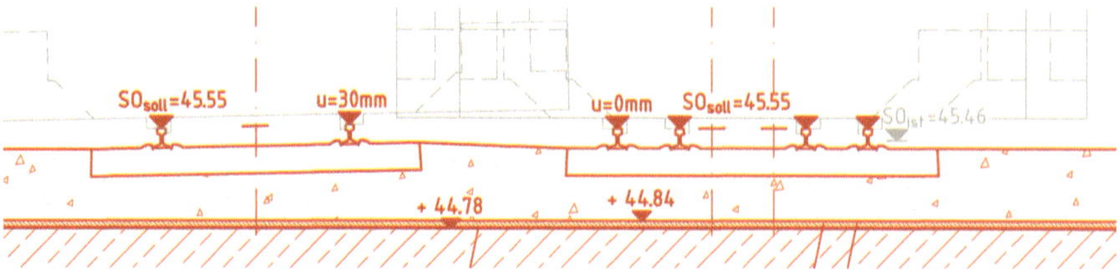

Abb. 8.2 Angabe von Schienenoberkante und Überhöhung (Quelle: Emch+Berger).

8.3 Schienenoberkante und Überhöhung

In den Querschnitten müssen SO Ist und SO Soll angegeben werden, weil beide Fälle maßgebend sein können. Außerdem ist dadurch erkennbar, wie groß die Abweichungen zwischen Soll und Ist sind. Dies ist z. B. beim Einbau von Hilfsbrücken oder für die Herstellung der Soll-Trassierung im Endzustand wichtig.

In Gleisbögen gibt es bei der DB eine Überhöhung, um Fliehkräfte auszugleichen. Dabei wird die bogenäußere Schiene angehoben, aber die bogeninnere Schiene *nicht* abgesenkt. Die Überhöhung muss mit $u = \ldots$ mm in den Querschnitten und in der Draufsicht angeben werden. Die SO wird an der nicht überhöhten Schiene angegeben. Im Planausschnitt in Abb. 8.2 liegt ein Gleis im Bestand (SO Ist), während ein Gleis mit Überhöhung und eine Weichenschwelle ohne Überhöhung geplant sind (SO Soll).

8.4 Regeloberbau auf Brücken (Fahrbahnhöhe)

Die Fahrbahnhöhe wird in Ril 804.1101, Abschnitt 6 (1) geregelt. Die Ril 820.2040 Oberbau auf Brücken trifft weitere Vorgaben, welche jedoch eher den Planer der Verkehrsanlage Schiene betreffen.

Die Höhe des Regeloberbaus auf Massivbrücken mit einer Entwurfsgeschwindigkeit bis 160 km/h beträgt 76 cm, siehe Abb. 8.3.

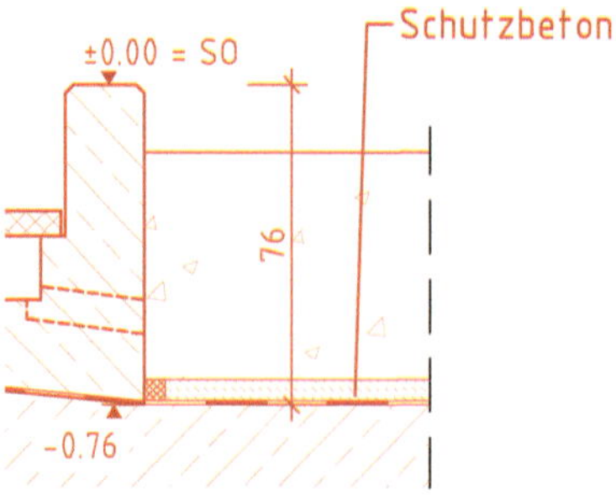

Abb. 8.3 Regeloberbau auf Massivbrücke (Quelle: Emch+Berger).

Das Maß von 76 cm setzt sich wie folgt zusammen:

- ca. 20 cm Schiene
- ca. 20 cm Schwelle
- ca. 30 cm Grundschotter
- 5 cm Schutzbeton
- ca. 1 cm Abdichtung

Auf Stahlbrücken entfallen Abdichtung und Schutzbeton, so dass die Höhe des Regeloberbaus auf Stahlbrücken 70 cm beträgt.

Wenn die Strecke ein Längsgefälle hat und der Überbau horizontal ausgeführt wird, dann muss das Maß von 76 cm bzw. 70 cm am kritischen Bauwerksrand eingehalten werden. Am anderen Bauwerksrand darf ein höherer Grundschotter eingebaut werden.

Bei Nebengleisen in Bahnhöfen darf die Fahrbahnhöhe gemäß Ril 804.1101, Abschnitt 6 (1), Tabelle 1, von 70 cm auf 60 cm reduziert werden. Das ist projektbezogen mit der DB-Projektleitung und dem ALV Fahrbahn zu besprechen.

Gemäß Ril 820.2010 Ausrüstungsstandard Schotteroberbau für Gleise und Weichen, Abschnitt 7 (7) gelten folgende Vorgaben für Regeldicke sowie für Unter- und Überschreitung der Regelwerte (z. B. Mindestbettungsdicke und Überschotterung):

Ril 820.2010 Ausrüstungsstandard Schotteroberbau für Gleise und Weichen, Abschnitt 7 (7)

Die Regeldicke der Bettung unter dem Schienenauflager ist gemäß Anhang 04–06 herzustellen. Zudem soll die dicke der Bettung unter dem Schienenauflager 60 cm nicht überschreiten.

Die Dicke einer Unterschottermatte oder einer Schwellenbesohlung kann bis zu einer Geschwindigkeit von $v \leq 160$ km/h auf die Schotterbettdicke angerechnet werden (vgl. Ril 804.1101).

Im Bereich von Kunstbauwerken (Bestandsbauwerke und Ersatzneubauten) darf die regeldicke der Bettung gemäß Anhang 04–06 unterschritten werden. Dabei sollen folgende Mindestbettungsdicken eingehalten werden:

- 0,25 m bei 120 km/h < örtlich zul.$v \leq 160$ km/h;
- 0,20 m bei örtlich zul.$v \leq 120$ km/h (nicht bei Stahltrogschwellen);
- bei verminderter bettungsdicke sollen Schwellen/Flachschwellen mit elastischer Sohle gemäß Anhang 05–06 eingebaut werden.

Die Unterschreitung der Mindestbettungsdicke kann zu einem erhöhten Instandhaltungsaufwand führen. Für den Einsatz einer Stopfmaschine sollen mindestens 15 cm Schotterbettdicke vorhanden sein.

Die Dicke der Bettung wird unter der nicht überhöhten Schiene ab Schwellenoberkante gemessen, bei Stahltrogschwellen ab Unterkante des Schwellendeckbleches.

Weitere Hinweise zum Regeloberbau sind in Kapitel 14 „Trassierung und Oberbau“ zu finden.

8.5 Unterschottermatten

Unterschottermatten (USM) dienen der Minderung der Schotterbeanspruchung oder der Minderung der Schall- und Erschütterungsemission. Dafür stehen unterschiedliche Mattentypen zur Verfügung.

Die Regelung erfolgt gemäß Ril 804.1101 A05 Unterschottermatten (USM) auf Brücken, Ril 820.2010 Ausrüstungsstandard Schotteroberbau, Abschnitte 7 und 8 und DBS 918 071 Technische Lieferbedingungen Unterschottermatten.

Gemäß Ril 820.2010 Ausrüstungsstandard Schotteroberbau für Gleise und Weichen, Abschnitt 8 (1) gilt:

Im Bereich von Kunstbauwerken (z. B. Brücken, Tunnel, Trogbauwerke, Durchlässe) mit Fahrbahnplatten aus Beton oder Stahl sind – im Rahmen einer Gleis- oder Schwellenerneuerung bzw. eines Gleisneubaus – zur Minderung der Schotterbeanspruchung Unterschottermatten oder Schwellen mit elastischer Sohle gemäß Anhang 05–06 einzubauen.

Gemäß Ril 820.2010 Ausrüstungsstandard Schotteroberbau für Gleise und Weichen, Abschnitt 7 (7) gilt:

Die Dicke einer Unterschottermatte oder einer Schwellenbesohlung kann bis zu einer Geschwindigkeit von ≤ 160 km/h auf die Schotterbettdicke angerechnet werden.

In Ril 804.1101 A05 Unterschottermatten auf Brücken steht folgender Verweis:

Für USM auf der Brücke gilt M 824.1510.

Der Ril 824.1510 Unterschottermatten einbauen sind Angaben zu Auflagerfläche, Brandschutz, Einbau und Dokumentation zu entnehmen.

Im Bereich von vorhandenen Schlitzrinnen im Bestandsbauwerk können Unterschottermatten nach Regelung der Ril 804.1101 A05 unterbrochen werden:

Unterschottermatten sind bei offenen Fugen- und Übergangskonstruktionen zu unterbrechen.

8.6 Schutzbeton

Der Schutzbeton schützt die Abdichtung vor Beschädigungen durch den Gleisschotter. Zu den Kappen hin wird ein 2 bis 4 cm breiter bituminöser Verguss hergestellt, damit kein Wasser eindringen kann, siehe Abb. 8.4.

Das Abschlussprofil am Bauwerksrand nach Ril 804.6101, Abschnitt 8 (1) und Bild 13 wird gemäß Abb. 8.5 konstruiert.

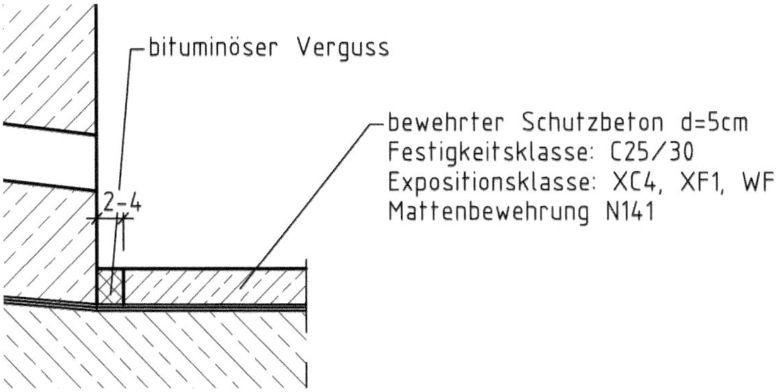

Abb. 8.4 Bituminöser Verguss zwischen Schutzbeton und Kappe (Quelle: Emch+Berger).

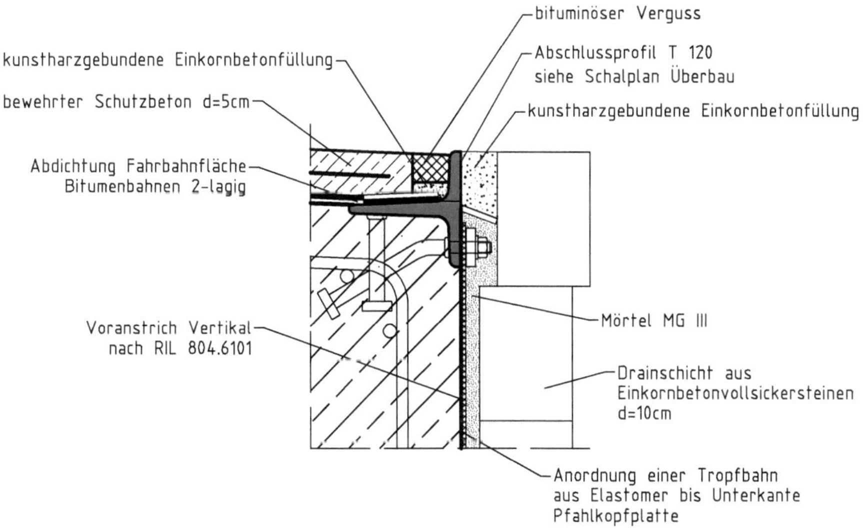

Abb. 8.5 Schutzbeton und Abschlussprofil (Quelle: Emch+Berger).

Für den Schutzbeton gilt gemäß Ril 804.6101, Abschnitt 5 (2):

Schutzschichten aus Ortbeton müssen mindestens die Betonfestigkeitsklasse C 25/30 aufweise. In der Mitte der Betonschutzschicht ist eine Betonstahlmatte N 141 (Ø 3 mm mit glatter Oberfläche und mit einer Maschenweite von 50 mm) anzuordnen. Als Betonzuschlag darf nur Rundkorn mit maximal 8 mm Größtkorn verwendet werden.

Betonschutzschichten müssen mindestens 50 mm und sollen höchstens 100 mm dick sein.

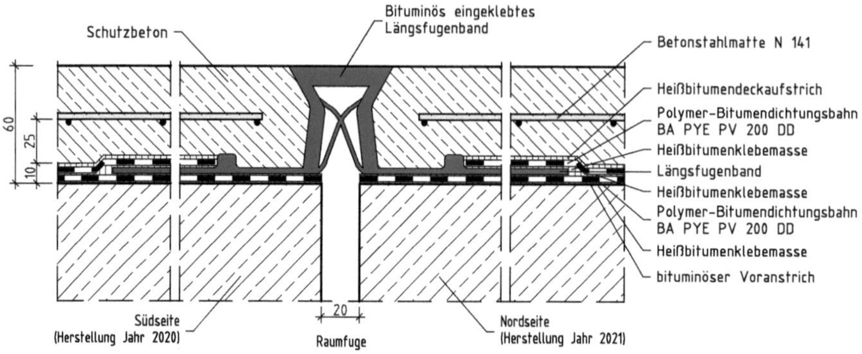

Abb. 8.6 Bituminös eingeklebtes Fugenband (Quelle: Emch+Berger).

8.7 Abdichtung

Die Abdichtung von Massivüberbauten und Widerlagerwänden erfolgt nach Ril 804.6101 Abdichtung von massiven Eisenbahnbrücken und nach DIN 18195 Abdichtung von Bauwerken. In der Entwurfsplanung ist eine entsprechende Textbox auf der Zeichnung ausreichend. Eine detaillierte Abdichtungsplanung ist in der Regel erst in der Ausführungsplanung erforderlich.

Die Überbauabdichtung hat in der Regel eine Dicke von ca. 1 cm.

8.8 Längsfugen

Längsfugen können beispielsweise erforderlich werden, wenn ein zweigleisiger Stahlbeton-Überbau gleisweise hergestellt wird. Die Planung erfolgt nach Ril 804.6101, Abschnitt 6 und den Richtzeichnungen M-ÜF 1900 ff aus der Ril 804.9030.

Es gibt verschiedene regelwerkskonforme Lösungen, welche von den Randbedingungen bzw. vom Hersteller der Fugenbänder abhängig sind. Abbildung 8.6 enthält ein Beispiel für ein bituminös eingeklebtes Fugenband nach Richtzeichnung M-ÜF 1930.

8.9 Entwässerung

Gemäß Ril 804.1101 Entwurfsgrundlagen, Abschnitt 3 (1), ist für jedes Bauvorhaben eine Entwässerungsplanung zu erstellen. Hier werden auch genaue Vorgaben dazu getroffen.

Überbauten bis 30 m Länge können nach Ril 804.1101, Abschnitt 3 (5) ohne besondere Entwässerungseinläufe im Überbau hergestellt werden. Der Überbau entwässert in diesem Fall in die Sickerwände an den Widerlagern. Abbildung 8.7 zeigt die Herstellung der Sickerwände und Hinterfüllung.

Die Sickerwände an den Widerlagern entwässern in ein teilporöses Grundrohr aus Beton, in der Regel DN 150. Ein Grundrohr DN 150 hat eine Breite von ca. 22 cm.

Abb. 8.7 Sickersteine d = 10 cm während der Hinterfüllung (Quelle: Emch+Berger).

Die obere Hälfte des Grundrohrs ist porös, die untere Hälfte wasserdicht, siehe Foto. So kann das Wasser von oben hineinlaufen und abgeführt werden. Abbildung 8.8 zeigt dieses Material nach der Anlieferung auf Palette.

Die Hinterfüllung muss auf das Grundrohr abgestimmt sein, wobei insbesondere die Oberkante der wasserführenden Bodenschicht in das Grundrohr führen muss. Ein detailliertes Beispiel ist in Abb. 8.9 zu sehen.

Abb. 8.8 Grundrohre auf Palette (Quelle: Emch+Berger).

Abb. 8.9 Entwässerung der Hinterfüllung (Quelle: Emch+Berger).

Bei einer untenliegenden Straße oder einem untenliegenden Rad- und Fußweg sollte an den Widerlagerwänden kein Niederschlagswasser entlanglaufen, um mögliche Bauwerksschäden zu vermeiden. Dazu gibt es mehrere Lösungsmöglichkeiten, wie z. B.:

- Gehweg herstellen
- Borde vor die Widerlagerwände setzen
- zwei Entwässerungsrinnen (Kastenrinnen) vor und hinter der Brücke anordnen

Bei Bauwerken über 30 m Länge ist eine Bauwerksentwässerung nach den folgenden Richtlinien zu planen:

- Ril 804.1101, Kapitel 3 Entwässerung
- Ril 804.9010, Kapitel 8 Entwässerung von stählernen Eisenbahnbrücken mit Richtzeichnungen S-ENT 10 bis S-ENT12
- Ril 804.9020, Kapitel 11 Entwässerung

Gemäß Ril 804.1101, Abschnitt 3 (3) muss zur Dimensionierung der Entwässerungseinrichtungen eine hydraulische Bemessung durchgeführt werden.

Zum Ausgleich von Längenänderungen des Überbaus können elastische Rohrverbindungen erforderlich sein, siehe Ausschnitt aus Ril 804.9010, Richtzeichnung S-ENT 11 in Abb. 8.10.

Die Konstruktion gemäß S-ENT 11 ist Abb. 8.11 in der Örtlichkeit zu sehen. Wenn das Fallrohr gemäß Ril 804.9010, Richtzeichnung S-ÜB 21, in einer Aussparung montiert wird, dann ist es z. B. vor Anprall und Vandalismus geschützt.

In der Entwurfsplanung ist zu klären, wo die Bauwerksentwässerung angeschlossen werden kann. Bei einer EÜ über einer Straße bietet sich die vorhandene Kanalisation an. Bei einer EÜ über einem Gewässer kann in der Regel in das Gewässer eingeleitet werden, zumal auf Brücken keine Herbizide angewendet werden. Die Lösungsidee ist mit den Projektbeteiligten abzustimmen. Die konkrete Einleitgenehmigung wird allerdings erst in Leistungsphase 4 Genehmigungsplanung beantragt.

Wenn der Baugrund nach Aussage des Baugrundgutachters versickerungsfähig ist und genug Platz zur Verfügung steht, dann kann das Bauwerk durch Versickerung

8.10 Randwege

Gemäß EBA-Richtlinie „Anforderungen des Brand- und Katastrophenschutzes an Planung, Bau und Betrieb von Schienenwegen nach AEG" des Eisenbahn-Bundesamts, Abschnitt 2.2 muss ein Rettungsweg mindestens 80 cm breit und 2,20 m hoch sein. Dies gilt auf Bauwerken und im Geländebereich. Der Randweg kann als Rechteck in den Querschnitten darstellt werden, siehe Abb. 8.13.

Gemäß Ril 804.1101 A01, Tabelle 1 ist der Sicherheitsraum 80 cm breit, was mit der oben genannten EBA-Ril übereinstimmt. Die dort in Tabelle 1 erwähnte Reduzierung um 30 cm ist jedoch nicht zulässig, weil sie der EBA-Ril widerspricht. Gemäß o. g. EBA-Ril, Abschnitt 2.2 gilt:

Einbauten sind im Bereich der Rettungswege nicht zulässig.

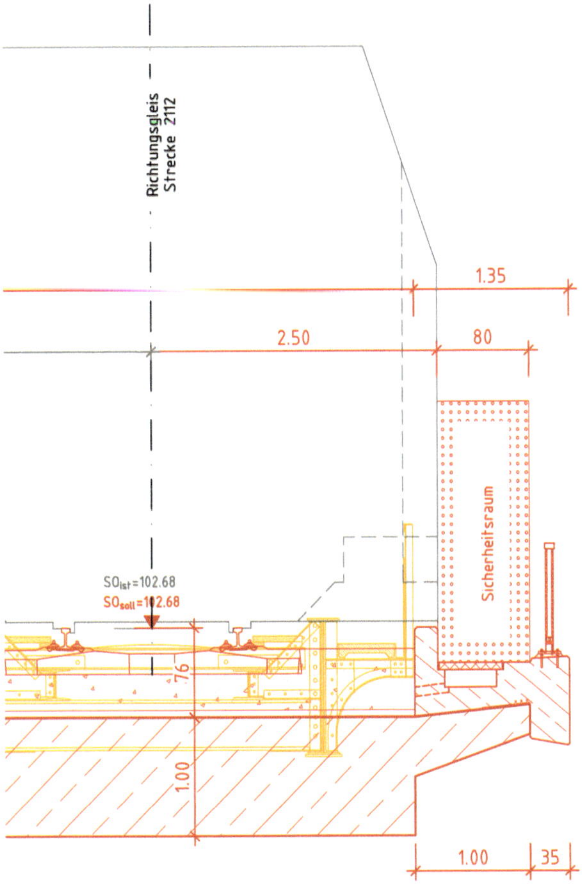

Abb. 8.13 Grafik: Darstellung des Randwegs im Querschnitt (Quelle: Emch+Berger).

Dies steht im Widerspruch zu folgenden Ril-Abschnitten, so dass projektbezogen eine Lösung gefunden werden muss:

Ril 800.0130, Abschnitt 4 (4)
Nur Sprechstellen, Oberleitungsmaste, Signale und Schalteinrichtungen sowie rangiertechnische Einrichtungen dürfen innerhalb der Rand- und Zwischenwege aufgestellt werden.
Ril 800.0130, Abschnitt 7 (1)
Hinweis:
Feste Anlagen mit geringer Längenentwicklung, wie z. B. Oberleitungsmaste, Oberleitungsmast-Fundamente, Stützen, Sprechstellen, Signale und Schalteinrichtungen, beeinträchtigen die Schutzfunktion des Sicherheitsraumes nicht, da bei Zugfahrten Schutz neben diesen Einbauten gefunden werden kann.

Interessante Vorgaben zu Randwegen sind auch in Ril 804.1101, Abschnitt 4.4, und in Ril 800.0130, Abschnitt 4 und Abschnitt 7 zu finden

Außerdem gilt gemäß o. g. EBA-Ril, Abschnitt 2.2 folgende Soll-Regelung:

Rettungswege sollen unmittelbar im Anschluss an den Gefahrenbereich angelegt werden.

8.11 Gefahrenbereich

Der Gefahrenbereich ist in Ril 804.1101 A01, Abschnitt (2) bzw. in der DGUV-Vorschrift 78 (früher GUV-V D33) definiert. Die DGUV-Vorschrift findet man online. Der Gefahrenbereich ist geschwindigkeitsabhängig und entspricht nicht immer der Breite des Lichtraumprofils. In Ril 800.0130 steht ausdrücklich:

Ril 800.0130, Abschnitt 7 (1)
7 Abstand der Planumskanten und Abstände fester Anlagen von Gleismitte

Der Streckenabschnitt und damit die Planumsbreite wird bei Ausbau- und Neubaustrecken durch den Gleisabstand, den Gefahrenbereich des Gleises und den Sicherheitsraum bestimmt (vgl. Regelzeichnungen Anhang 3, S, 303 bis 318).

Die Maße des Gleisabstandes und des Gefahrenbereichs sind geschwindigkeitsabhängig.

Der Sicherheitsraum schließt an den Gefahrenbereich an. Er ist bis zu einer Höhe von 2,20 m über der Oberkante von Rand- und Zwischenwegen von festen Anlagen freizuhalten.

Überschneidungen zwischen Sicherheitsraum und Lichtraumprofil sind möglich.

Bei geringen Streckengeschwindigkeiten darf sich der Randweg also mit dem Lichtraumprofil überschneiden! Das ist planerisch jedoch nur bedingt sinnvoll und der Randweg sollte immer außerhalb des Lichtraumprofils geplant werden. Das erhöht die Sicherheit von Personen im Sicherheitsraum und ermöglicht zukünftige Geschwindigkeitserhöhungen.

8.12 Bauwerkskappen (Randkappen)

Stahlbeton-Kappen für DB-Bauwerke werden nach Ril 804.9030, Richtzeichnungen M-RKP 1602 (mit versenktem Kabeltrog) und M-RKP 1604 (mit aufgesetztem Kabeltrog) geplant. Die runden Nummern in den Richtzeichnungen in Abb. 8.14 verweisen auf die Erläuterungen im Text dieser Ril.

Diese Richtzeichnungen sind zurzeit jedoch noch nicht auf die Vorgaben der EBA-Ril „Anforderungen des Brand- und Katastrophenschutzes an Planung, Bau und Betrieb von Schienenwegen nach AEG" aus dem Jahr 2013 angepasst und daher nicht ganz korrekt. Gemäß dieser EBA-Ril muss der Randweg 80 cm breit und frei von Stolperkanten sein. Dies stellt eine Abweichung von den beiden genannten Richtzeichnungen dar.

Die ca. 3 cm hohe Aufkantung von OK Randweg nach OK Gesims kann entweder schräg oder senkrecht ausgeführt werden, dies ist nicht geregelt. Alle Schalkanten sind jedoch mit Dreikantleisten 1,5 x 1,5 cm zu brechen.

Es ist sehr wichtig, dass der Randweg an der unteren Kante der ca. 3 cm hohen Aufkantung beginnt, damit keine Stolperkante vorhanden ist, siehe Abb. 8.15.

Für Stahlbrücken gilt das analog, siehe Abb. 8.16.

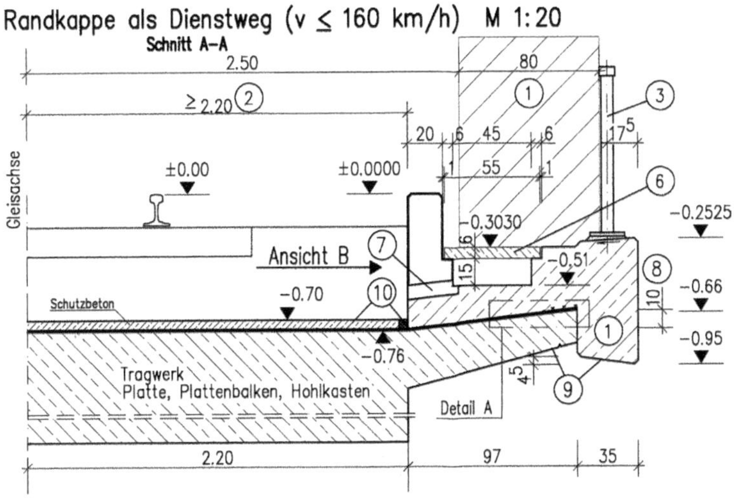

Abb. 8.14 Ausschnitt aus Ril 804.9030, M-RKP 1602.

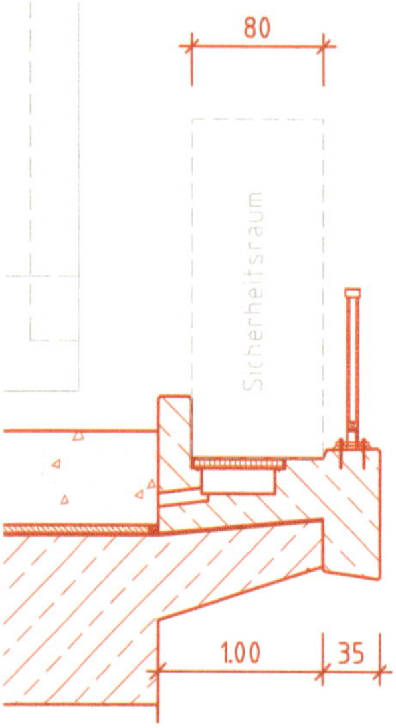

Abb. 8.15 Der Randweg beginnt an der unteren Kante der Aufkantung (Quelle: Emch+Berger).

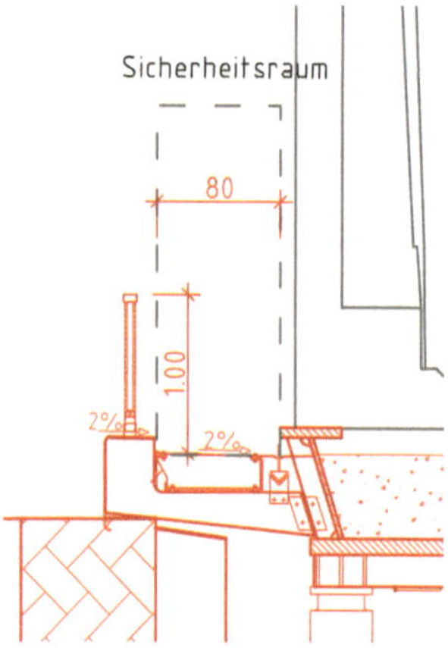

Abb. 8.16 Grafik: Randweg auf Dickblechüberbau (Quelle: Emch+Berger).

Die DB-Richtzeichnungen für Bauwerkskappen berücksichtigen keine Lärmschutzwände auf Bauwerken. Wenn eine LSW geplant ist, dann sollte der Gesimsbereich – in Anlehnung an die Richtzeichnungen für Ingenieurbauwerke (RiZ-ING) – nicht 35 cm, sondern mindestens 45 cm breit ausgeführt werden. Die RiZ-ING LS 1 und folgende enthalten wertvolle planerische Hinweise, welche auf Eisenbahnbauwerke übertragen werden können. Projektbezogen muss bereits in der Entwurfsplanung sichergestellt werden, dass die Fußplatten und Verankerungen der LSW auf der Bauwerkskappe Platz haben und dass die Kräfte in das Bauwerk übertragen werden können.

Der in die Kappe integrierte Schotterrandbalken ist 20 cm breit und stellt den maßgebenden Zwangspunkt für das Schotterbett dar. Gemäß Ril 804.1101, Abschnitt 6 (2) darf der Schotterrandbalken nicht mit dem Lichtraumprofil kollidieren:

Die Oberkanten der Schotterhalterungen sollen in der Regel auf gleicher Höhe mit der Soll-Höhe der Schienenoberkante liegen. Auf der Seite von Innenbögen jedoch sind sie so weit abzusenken, dass sie nicht in das Lichtraumprofil einragen.

Am Bauwerksende ragt der Schotterrandbalken gemäß M-RKP 1602 über das Kappenende hinaus, was die Herstellung des Übergangsbereich erleichtert. Ein genaues Maß ist nicht festgelegt. Projektbezogen ist zu prüfen, ob z. B. ein Maß von 1,0 m geeignet ist.

In der Richtzeichnung M-RKP 1602 ist der Kabeltrogabgang mit einer Stufe im Randweg dargestellt. Gemäß EBA-Ril „Anforderungen des Brand- und Katastrophenschutzes an Planung, Bau und Betrieb von Schienenwegen nach AEG“ muss der Randweg jedoch frei von Stolperkanten sein. Daher kann der Übergangsbereich von der Bauwerkskappe auf den Geländebereich auch ohne Stufe ausgebildet werden. In Abb. 8.17 ist ein Übergangsbereich ohne Stufe zu erkennen, allerdings auch ohne Überstand im Schotterrandbalken.

Die 20 cm dicke Schürze am Flügelende nach RiZ-ING Flü 1 ist bei Eisenbahnbauwerken nicht üblich, weil häufig ein Kabelkanal in die Bauwerkskappe integriert ist, vgl. Abb. 8.18.

Abb. 8.17 Übergangsbereich Bauwerkskappe – Gelände (Quelle: Emch+Berger).

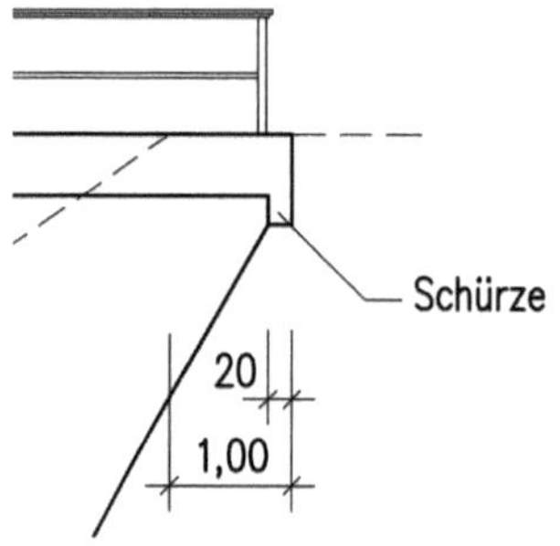

Abb. 8.18 Schürze nach RiZ-ING Flü 1, bei Eisenbahnbauwerken nicht üblich.

8.13 Stahlbau-Konsolen

Für Stahl-Überbauten sind Stahlbaukonsolen üblich. Diese werden in der Regel nach dem Transport des Überbaus auf die Baustelle, aber vor dem Einhub, an den Überbau geschraubt.

Bei Stahlbaukonsolen nach Ril 804.9010, S-KON 10, 11, 20 und 21, sind Gitterrostabdeckungen vorgesehen. Es regnet durch diese Konsolen durch. Der Vorteil ist, dass keine Entwässerungseinrichtungen hergestellt und instandgehalten werden müssen. Nach Ril 804.9010 gilt jedoch:

Ausschnitt aus Ril 804.9010, Kapitel 13
1 Einsatz der Gitterrostabdeckung
Die Gitterrostabdeckung ist bei Eisenbahnbrücken über elektrifizierten Strecken und über öffentliche Straßen (hierzu zählen auch Wasserstraßen) und wegen **unzulässig.**

Bei Stahlbaukonsolen nach Ril 804.9010, S-KON 12, 13, 30 und 31, sind Blechabdeckungen vorgesehen. Es regnet zwar nicht durch diese Konsolen durch, dafür müssen jedoch Entwässerungseinrichtungen hergestellt und instandgehalten werden.

8.14 Überbauquerschnitt

Der Überbauquerschnitt wird im Wesentlichen durch den Gleisabstand und den Abstand zwischen Gleis und Schotterrandbalken (bei Massivbrücken) bzw. Längsträger (bei Stahlbrücken) bestimmt.

Gemäß Ril 804.1101, Abschnitt 6 (2) gilt:

Das Schotterbett ist durch Schotterhalterungen zu begrenzen. Ihr Abstand zur Gleisachse muss mindestens 2,20 m betragen.

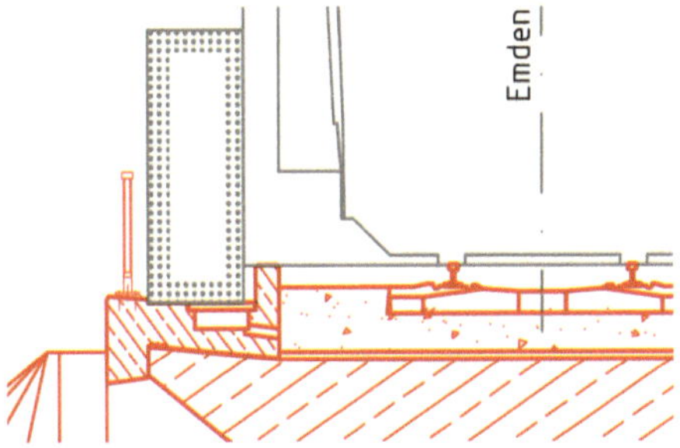

Abb. 8.19 Abstand von Gleisachse bis Schotterrandbalken = 2,20 m (Quelle: Emch+Berger).

Es handelt sich um eine Muss-Regelung. Bei Abweichungen ist daher eine UiG erforderlich. Der Hintergrund ist, dass Stopf- und Richtmaschinen eine Arbeitsbreite von 2,20 m benötigen. Anderenfalls muss der Bauwerksbereich von Hand gestopft werden, was für die Bahn zu Mehraufwand in der Instandhaltung führt.

Im Planausschnitt in Abb. 8.19 wurde der Schotterrandbalken auf Mindestabstand konstruiert.

Dies ist zwar regelwerkskonform, aber suboptimal, weil der Schotterrandbalken einen Zwangspunkt darstellt. Bei eventuellen Trassierungsänderungen (in der Planungsphase oder in den kommenden 100 Jahren), bei Herstelltoleranzen oder womöglich bei Planungsfehlern entstehen gravierende Probleme und das Bauwerk muss ggf. mit großem Aufwand umgeplant werden. Dieses Risiko kann eliminiert werden, indem der Schotterrandbalken auf 2,30 m geplant wird, siehe Abb. 8.20.

Es ist zu erkennen, dass das Bauwerk durch diese Optimierung nicht breiter wird, weil im ersten Fall (2,20 m) der Randweg breiter ist als erforderlich. An der Innenkante des Schotterrandbalkens beginnt ein Kragarm, auf welchem die Randkappe aufliegt. Die Oberseite des Kragarms ist so geneigt, dass seine Außenkante 10 cm höher liegt als die Fahrbahn. Dies geht z. B. aus Ril 804.9030, Richtzeichnung M-RKP 1602 hervor.

Für Dickblechüberbauten (Stahl-Trogbauwerk) gelten andere Regeln, welche z. B. in der TM-1-2019-10109 I.NPF 2 beschrieben sind. Demnach müssen zwischen Außenkante Schwelle und Innenkante Gurtblech mindestens 30 cm Schotter vorhanden sein (Vorkopfbreite).

Bei EÜs im Bogenbereich ist zu überlegen und mit dem Bauherrn abzusprechen, ob das Bauwerk in der Draufsicht rechtwinklig und dafür etwas breiter ausgeführt werden soll.

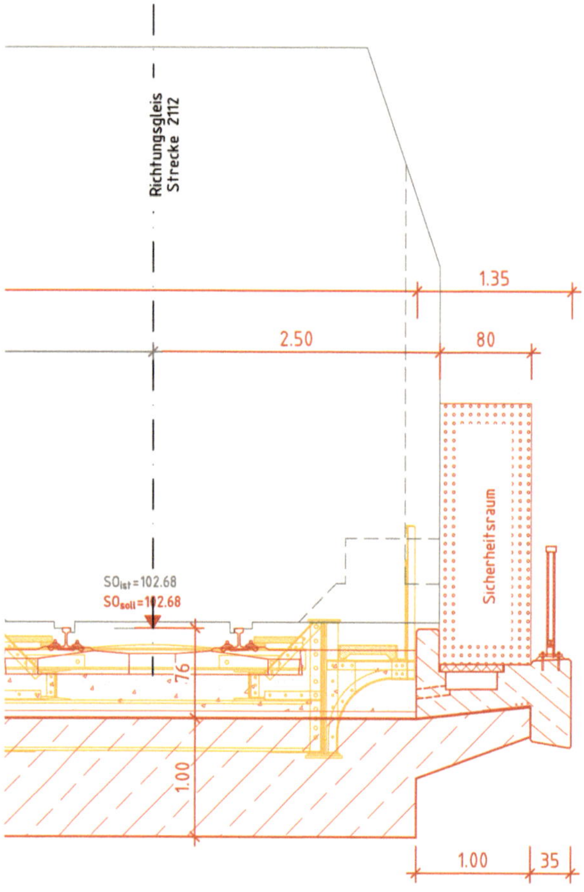

Abb. 8.20 Abstand von Gleisachse bis Schotterrandbalken = 2,30 m (Quelle: Emch+Berger).

8.15 Übergangsbereich vom Überbau auf das Widerlager

Der Übergangsbereich vom Überbau auf das Widerlager ist ein neuralgischer Punkt, insbesondere bei Stahl-Überbauten. Hier treffen verschiedene Richtzeichnungen aufeinander, welche nicht immer zueinander passen. In der Entwurfsplanung ist der Bereich unter Berücksichtigung der folgenden Punkte zu konstruieren und in eigenen Details darzustellen:

- Randweg Überbau und Randweg Widerlager müssen durchlaufen
- Geländer muss durchlaufen
- Gleisabstand, Gefahrenbereich und Mindestbreite von 80 cm beachten
- Höhenniveau und Quergefälle beachten
- Stolperkanten im Randweg sind in Hinblick auf die EBA-Ril „Brand- und Katastrophenschutz" nicht zulässig
- Unterkante in der Ansicht sollte aus optischen Gründen fluchten

Beim Bauwerk in Abb. 8.21 wurde die Unterkante der Stahl-Konsole höher geplant als die Unterkante der Stahlbetonkappe im Widerlagerbereich. Das hätte aus optischen Gründen verbessert werden können.

Abb. 8.21 Beispiel für Übergangsbereich vom Überbau auf das Widerlager (Quelle: Emch+Berger).

8.16 Übergangsbereich vom Widerlager in den Bahndamm

Der Übergangsbereich vom Widerlager in den Bahndamm wurde früher in Ril 804.9030, Richtzeichnung M-ÜF 1601 geregelt, siehe Abb. 8.22.

Diese Richtzeichnung ist in der aktuellen Ril 804.9030 nicht mehr enthalten. Aber auch diese alte (ungültige) Richtzeichnung enthält in Draufsicht, Ansicht und Schnitten einige hilfreiche Anhaltswerte für die Konstruktion des Übergangsbereichs.

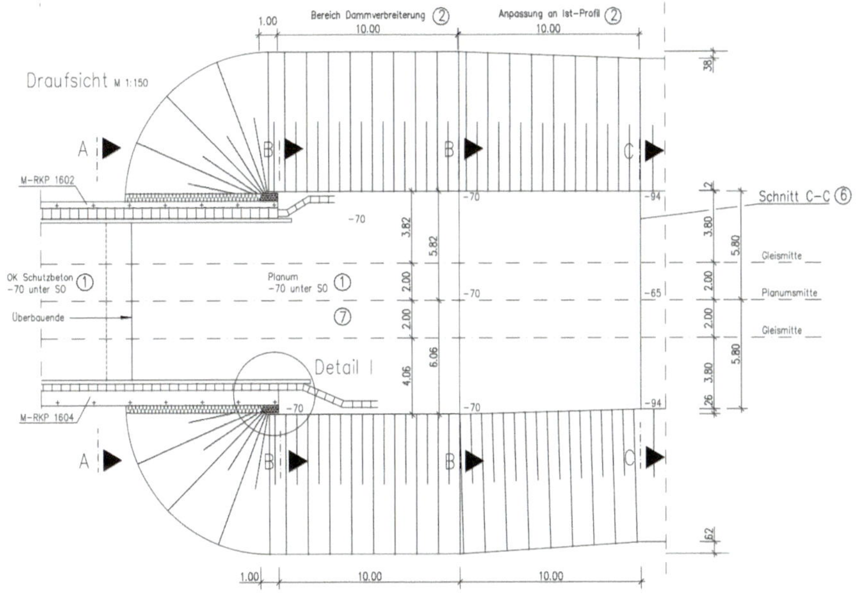

Abb. 8.22 Ausschnitt aus Ril 804.9030, Richtzeichnung M-ÜF 1601.

8.17 Hinterfüllung

Die Hinterfüllung der Widerlager erfolgt nach Ril 836.4106 Übergänge zwischen Erd- und Kunstbauwerken. In Ril 836.4106A01 sind in Bildern 1 bis 7 einige Beispiele enthalten, an denen ein Planer sich orientieren kann, siehe Abb. 8.23.

Bei der Hinterfüllung handelt es sich um eine Schnittstelle zwischen mehreren Fachgewerken. Daher ist geplante Hinterfüllung projektbezogen mit dem ALV Oberbau, dem ALV KIB und dem Baugrundgutachter abzustimmen.

8.18 Flügelwände und Böschungskegel

Flügelwände für Eisenbahnüberführungen können nach Ril 804.9040 Rahmenbauwerke, Richtzeichnungen M-RB-FLÜ und nach RiZ-ING Flü 1 und 2 geplant werden. Abbildung 8.24 zeigt eine teilweise ausgeschalte Flügelwand nach RiZ-ING-Flü, dort Bild 2.

Flügelwände sollten eher zu lang als zu kurz geplant werden. Ist ein Flügel in der Bauausführung zu lang, dann vergrößert sich lediglich die Einbindung in den Damm, was technisch kein Problem darstellt. Ist der Flügel in der Bauausführung jedoch zu kurz, dann müssen technische Probleme gelöst werden, es gibt Verzögerungen, Ärger, Mehrkosten etc.

Die Einbindelänge einer Bauwerkskappe bzw. Flügelwand in den Dammbereich nach Ril 804.9030, M-RKP 1602 und 1604, sowie RiZ-ING Flü 1 und 2 beträgt 1,0 m.

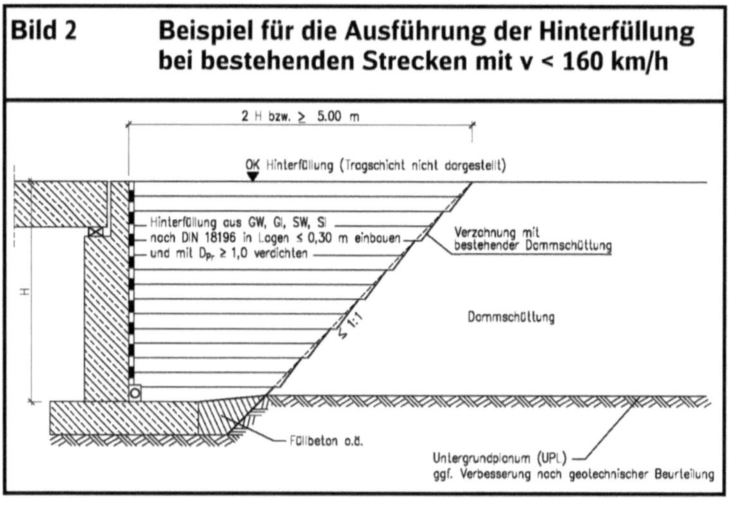

Abb. 8.23 Hinterfüllung gemäß Ril 836.4106A01, Bild 2.

Abb. 8.24 Teilweise ausgeschalte Flügelwand (Quelle: Emch+Berger).

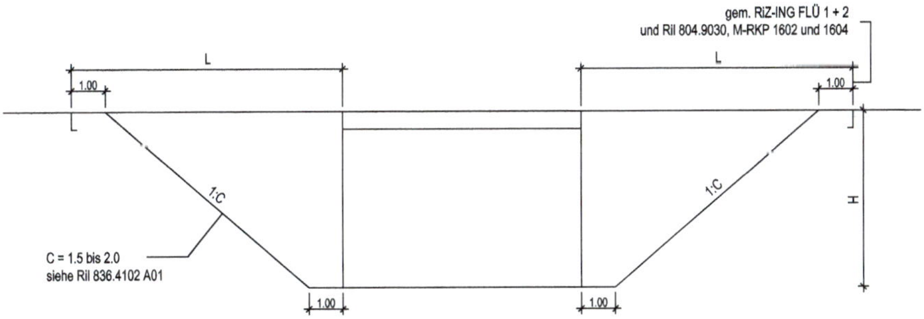

Abb. 8.25 Flügelwände bei rechtwinkligen Bauwerken (Quelle: Emch+Berger).

Bei der Wahl der Böschungsneigung ist Ril 836.4102 A01 zu berücksichtigen. Aus den oben genannten Gründen sollte die Böschungsneigung eher flach und nicht zu steil geplant werden.

Die Länge der Flügelwände bei einem rechtwinkligen Bauwerk kann nach Abb. 8.25 konstruiert werden. Die Länge L ist dabei auf volle 50 cm aufzurunden.

Die Länge der Flügelwände bei einem schiefwinkligen Bauwerk kann nach Abb. 8.26 konstruiert werden. Die Länge L ist dabei auf volle 50 cm aufzurunden.

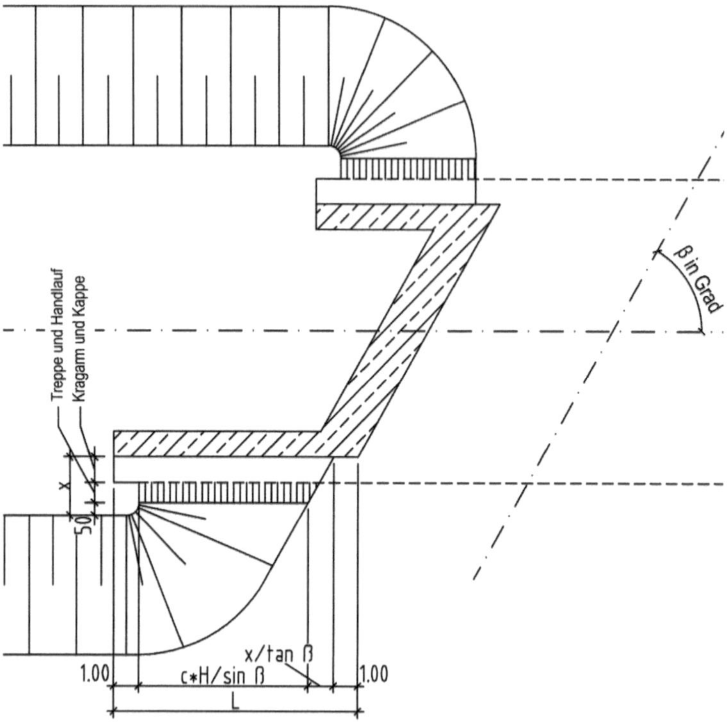

x = Kragarm und Kappe + Treppe und Handlauf + 50 cm Böschungsüberstand

Für die Bestimmung der Flügellänge ist in der Regel die stumpfe Widerlagerecke maßgebend.
L = 1,0 + c*H/sin ß + x/tan ß +1,0

Flügellänge der spitzen Ecken:
L = 1,0 + c*H +1,0

Abb. 8.26 Flügelwände bei schiefwinkligen Bauwerken (Quelle: Emch+Berger).

8.19 Gesims und Tropfkanten an Flügelwänden

Flügelwände für die DB werden in der Regel ohne Gesims und Tropfkante hergestellt, siehe z. B. Ril 804.9040, Richtzeichnung M-RB-FLÜ-04-1-f in Abb. 8.27.

Bei Straßenbrücken wird jedoch in der Regel ein Gesims mit Tropfkante geplant, siehe Richtzeichnungen für Ingenieurbauwerke RiZ-ING Flü 2 in Abb. 8.28.

Wenn unten eine Straße oder ein Rad- und Fußweg liegt, dann ist mit der DB-Projektleitung und dem Straßenbaulastträger abzustimmen, ob die Flügelwand mit oder ohne Tropfkante ausgebildet werden soll.

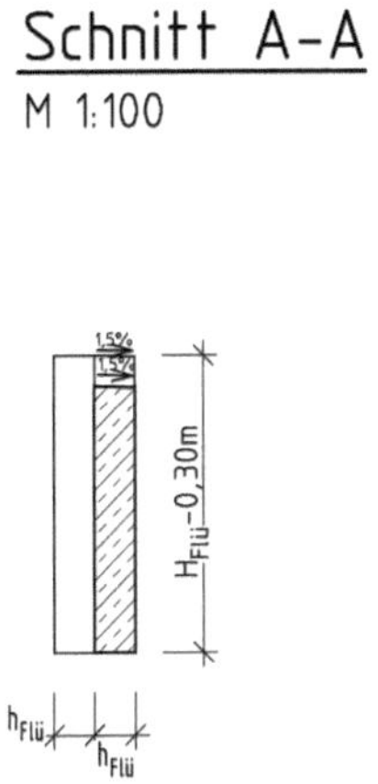

Abb. 8.27 Querschnitt durch eine Flügelwand (Quelle: Ril 804.9040, M-RB-FLÜ-04-1-f).

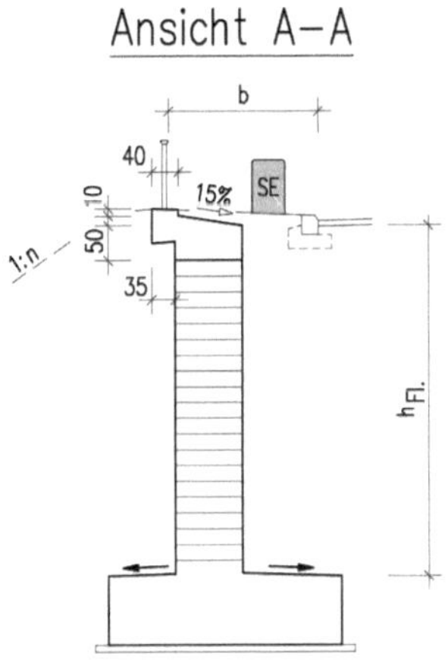

Abb. 8.28 Ansicht einer Flügelwand (Quelle: RiZ-ING Flü 2).

8.20 Baugruben

Im Zuge der Variantenentwicklung ist zu prüfen, ob eine offene Baugrube oder Baubehelfe (z. B. Trägerbohlwände, Spundwände, Bohrpfahlwände) bautechnisch möglich und wirtschaftlich sind.

Für Baugruben gilt DIN 4124 Baugruben und Gräben. Hier sind auch Angaben zu Arbeitsraumbreiten enthalten. Gemäß Abschnitt 4.2.2 dürfen Baugruben und Gräben bis 1,25 m Tiefe mit senkrechten Wänden und ohne Sicherung hergestellt werden, wenn die angegebenen Randbedingungen eingehalten werden. Es handelt sich dabei nicht um ein geotechnisches, sondern um ein biologisches Maß: Wenn ein Mitarbeiter durch eine einstürzende Baugrube bis 1,25 m hoch verschüttet wird, dann kann er in der Regel noch atmen und überlebt den Unfall.

Abb. 8.29 Ausspülungen in einer Baugrubenböschung (Quelle: Emch+Berger).

Mit dem Baugrundgutachter ist der Böschungswinkel der Baugruben unter Berücksichtigung von DIN 4124 und die Anordnung von Bermen abzusprechen. Aus wirtschaftlichen Gründen ist eine Baugrubenneigung von 1 : 1 sinnvoll.

Tab. 8.1 Regelneigungen in Lockergesteinsböschungen an Eisenbahnstrecken (Dämme, Einschnitte), nach Ril 836.4102A01, Bild 1.

Bodenart		**Gruppensymbol nach DIN 18196**	**Böschungshöhe**	**Regelneigung**
grobkörnige Bodenarten	weit gestufte und intermittierend gestufte Kiese	GW, GI	0 m bis 12 m	1 : 1,5
	eng gestufte Kiese, intermittierend gestufte und weit gestufte Sande	GE, SW, SI	0 m bis 12 m	1 : 1,7
	eng gestufte Sande		0 m bis 12 m	1 : 2,0
gemischtkörnige und feinkörnige Bodenarten	schluffige/tonige und stark schluffige/ tonige Kiese	GU, GU*, GT, GT*	0 m bis 6 m 6 m bis 9 m 9 m bis 12 m	1 : 1,6 1 : 1,8 1 : 2,0
	schluffige/tonige und stark schluffige/ tonige Sande	SU, SU*, ST, ST*		
	leicht plastische Schluffe oder Tone (nur Einschnitt)	UL, TL		

Mit dem Baugrundgutachter ist auch zu besprechen, ob die Böschungen mit Folien abgedeckt werden müssen, damit sie vor Ausspülungen geschützt sind. In Abb. 8.29 sind Ausspülungen zu erkennen.

8.21 Böschungsneigung und übersteile Böschung

Bahndämme bzw. Böschungen sind nach Ril 836.4102A01 herzustellen. Demnach gelten für den Endzustand die folgenden Böschungsneigungen gemäß Tab. 8.1.

Hinsichtlich übersteilen bzw. übersteilten Böschungen gilt:

Ril 836.4102A01, Abschnitt 2 (9) Übersteilte Böschungen

Übersteilte Böschungen sind Böschungen ohne statisch tragende Außenhaut mit Neigungen, die steiler als die Regelneigungen nach Bild 1 [hier Tab. 8.1] sind. Sie dürfen nur hergestellt werden, wenn

- eine technisch/planerisch begründete Notwendigkeit, z. B. infolge beengter Verhältnisse, besteht,
- die Standsicherheit des inneren Böschungskörpers nachgewiesen ist,
- biologische Sicherungsmaßnahmen nach Abschnitt 7 dieses Anhangs durchgeführt werden können.

Bei übersteilten Böschungen mit konstruktiven Sicherungselementen sollen oberhalb der obersten Sicherungselemente die Regelböschungsneigungen nach Bild 1 [hier Tab. 8-1] bzw. die zulässige Böschungsneigung der unbewehrten Böschung eingehalten werden.

Übersteilte Böschungen in Einschnitten mit Neigungen steiler als 1:1,2 sowie übersteilte Böschungen für den Unterbau von Streckengleisen bedürfen der UiG und ZiE.

Hinsichtlich der Notwendigkeit einer UiG und ZiE bei Einsatz konstruktiver Sicherungselemente ist zusätzlich Modul 836.4102, Abs. 2(2) sowie Abschnitt 3 dieses Anhangs zu beachten.

Für einen übersteilen Bahndamm sind also eine UiG und eine ZiE erforderlich, was durch andere planerische Lösungen vermieden werden sollte.

8.22 Böschungstreppen

Die DB hat keine eigenen Richtzeichnungen für Böschungstreppen. Daher gelten für Eisenbahnbauwerke die RiZ-ING Bösch 1 (ohne Berme) und Bösch 2 (mit Berme). Demnach sollen mindestens zwei Böschungstreppen je Brücke geplant

Abb. 8.30 Böschungstreppe (Quelle: Erdmenger).

werden. Anzahl und Lage sind mit dem Bauherrn abzusprechen. In Abb. 8.30 ist eine Böschungstreppe zu sehen.

Projektbezogen ist zu klären, ob evtl. auf Böschungstreppen verzichtet werden soll. Das kann sinnvoll sein, damit Privatpersonen nicht dazu verleitet werden, den Gleisbereich zu betreten. Dabei ist auch Ril 836.4101, Abschnitt 6.3 (19) zu beachten:

Ril 836.4101, Abschnitt 6.3 (19) Versperren des Zutritts
Zuwegungen zu strecken mit v_E > 200 km/h sind durch Türen oder durch Abschrankungen für den allgemeinen Verkehr zu sperren. Die Türen sollen den Zutritt von außen verwehren, ein Verlassen der Strecke aber nicht versperren.

Gemäß EBA-Richtlinie „Anforderungen des Brand- und Katastrophenschutzes an Planung, Bau und Betrieb von Schienenwegen nach AEG" des Eisenbahn-Bundesamts, Abschnitt 2.2 muss eine Böschungstreppe jedoch mindestens 1,60 cm breit sein, damit sie gleichzeitig in beiden Richtungen genutzt werden kann.

In Hinblick auf Ril 836.4101, Abschnitt 6.3 (18) sollen Treppen mit einem Handlauf geplant werden:

Ril 836.4101, Abschnitt 6.3 (18) Zuwegungen zu Böschungen
Werden in Böschungen Zugangswege für das Instandhaltungspersonal erforderlich, sollen diese als mindestens 60 cm breite Wege mit einer Maximalneigung von 33 % oder als mindestens 60 cm breite Treppen in der Neigung der Böschung angelegt werden. Die Treppen sollen mit einem Handlauf versehen werden.

Die bauliche Durchbildung des Handlaufs bzw. der Absturzsicherung ist gemäß Ril 836.4101, Abschnitt 6.3 (16) zu planen. Füllstabgeländer liegen in Hinblick auf die Sicherheit und die EBA-Richtlinie „Anforderungen des Brand- und Katastrophenschutzes" auf der sicheren Seite. Die Richtzeichnungen der Ril 804.9060 für Geländer beziehen sich ausschließlich auf eine Verankerung auf Bauwerken, nicht im Geländebereich. Für Handläufe an Böschungstreppen können daher die DB-Baustandards für Personenbahnhöfe genutzt werden, z. B. IseB DBGEL-S15 Pfostenverankerung auf Einzelfundamenten, oder ggf. auch RiZ-ING Gel 7 für Einzelfundamente.

An Böschungstreppen ist eine Geländerhöhe von 1,00 m über der Auftrittshöhe in der Regel ausreichend. Ab einer Absturzhöhe von mehr als 12 m sind die Geländer 1,10 m hoch auszuführen, vgl. Ril 804.9060A01 Abschnitt 1 Allgemeines/Geländerhöhe, Ril 813.0204 Abschnitt 4 (3) und EBA-Ril „Anforderungen des Brand- und Katastrophenschutzes an Planung, Bau und Betrieb von Schienenwegen nach AEG".

8.23 Messbolzen

Messbolzen für Eisenbahnbauwerke werden gemäß RiZ-ING Mess 1 oder Mess 2 geplant. In der Entwurfsplanung reicht ein Hinweistext auf dem Bauwerksplan mit der vorgesehenen Anzahl der Messbolzen. Später in Ausführungsplanung wird ein Messbolzenplan mit genauer Lage und Vermaßung der Messbolzen erstellt.

Messbolzen müssen mit Nivellierlatte bzw. mit Reflektoren zugänglich sein, dürfen aber nicht in Fluchtwege, Geh- und Radwege oder Straßen einragen.

Angaben zu verfügbaren Messbolzen, deren Materialien und Abmessungen finden sich auf der Internetseite des Herstellers Goecke GmbH in Schwelm. Abbildung 8.31 zeigt einen horizontal eingebauten Höhenmessbolzen mit Aufschrift „Vermessung".

Abb. 8.31 Höhenmessbolzen (Quelle: Erdmenger).

8.24 Einbauten unter Schienenoberkante/Rückbau unter Schienenoberkante

Einbauten unter dem Gleis sollen in der Regel mindestens 1,70 m unter SO liegen. Das betrifft z. B. neu herzustellende Stahlbetonbauteile oder Mikropfähle (siehe auch Abschnitt Mikropfähle) und auch den Rückbau von Stahlbetonbauteilen oder Spundwänden unter dem Gleis. Der Abstand ist in den Entwurfsplänen anzugeben. Die Abstände sind in Ril 836.1101, Abschnitt 5 (1), und inhaltsgleich in Ril 836.8002, Abschnitt 1 (2) geregelt:

Ausschnitt aus Ril 836.1101, Abschnitt 5 (1)
Bei Rückbaumaßnahmen, bei denen Bauwerke im Boden verbleiben sollen, sollen die im Erdbauwerk verbleibenden Bauwerksteile bsi auf 1,50 m unter Schwellenoberkante bzw. 1,70 m unter SO abgebrochen und beseitigt werden. Im Boden verbleibende Baugrubenverbaue (z. B. Pfähle, Träger, Bohlen und sonstige) sollen ebenfalls auf dieses maß zurückgebaut werden.

Bei einer Unterschreitung ist die Zustimmung des Anlagenverantwortlichen einzuholen.

Der Abstand darf also unterschritten werden, wenn der ALV und der Bauherr zustimmen. Dieser Abstand von 1,70 m unter SO soll eine gleichmäßige Bettung und damit einen hohen Reisendenkomfort und geringe Instandhaltungskosten sicherstellen.

Teilweise ist der Abstand als 1,50 m unter Schwellenoberkante definiert, was aber in der Praxis kaum einen Unterschied macht.

8.25 Verbauten und Spundbohlen

Verbauten wie z. B. Spundwände oder Trägerbohlwände sind im Bereich von elektrifizierten Gleisen zu erden.

Spundbohlen als Doppelbohlen sollten in S-Form geplant und eingebaut werden, nicht Z-Form, siehe Abb. 8.32. Das hat im Wesentlichen zwei Gründe:

1. Spundbohlen haben am oberen Ende ein Loch, welches zum Aufnehmen von gelagerten Bohlen dient. Wenn die Bohlen am „falschen" Ende aufgenommen werden sollen, dann fehlt das Loch.
2. Die Greifvorrichtung am Gründungsgerät ist in der Regel auf S-Bohlen eingestellt, so dass keine Z-Bohlen gegriffen werden können.

Auf dem Foto in Abb. 8.33 sind interessanterweise Z-Bohlen mit Loch zum Aufnehmen zu sehen.

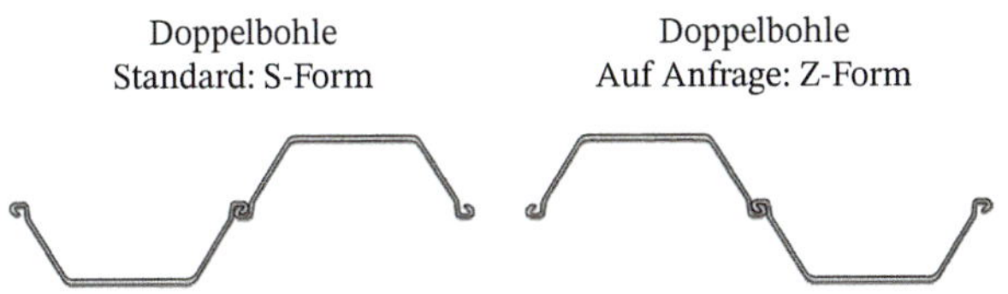

Abb. 8.32 Doppelbohlen (Quelle: arcelormittal.com).

Abb. 8.33 Spundwand (Quelle: Emch+Berger).

8.26 Hilfsbrücken

DB-Gleise können bauzeitlich über standardisierte Stahlbau-Hilfsbrücken geführt werden. Dafür gelten Ril 804.9050 Hilfsbrücken und Ril 804.4111 Hilfsbrücken Geschwindigkeitsbereich 90 km/h $< v \leq$ 120 km/h. Auf Abb. 8.34 ist ein Hilfsbrückeneinhub für Arbeiten unter einer Straßenbahnstrecke zu sehen.

Das übliche System sind Zwillingsträgerhilfsbrücken (ZH). Diese sind sehr schlank konstruiert, weil die Obergurte bis SO reichen. Außerdem gibt es Zwillingsträgerhilfsbrücken aus altem Bestand (ZHa), Kleinhilfsbrücken (KHB) und verstärkte Kleinhilfsbrücken (KHBv).

Der Vorteil ist, dass nach Einbau einer Hilfsbrücke „unter rollendem Rad" gearbeitet werden kann, wenn auch unter begrenzter Höhe. So können z. B. flach gegründete Widerlager unter einer Hilfsbrücke hergestellt werden. Wenn die Kammerwände geometrisch mit der Hilfsbrücke kollidieren, dann sind diese als Fertigteile einzubauen. Mit speziellen Gründungsgeräten können auch Großbohrpfähle unter einer Hilfsbrücke hergestellt werden, siehe Abb. 8.35.

Abb. 8.34 Einhub einer Hilfsbrücke (Quelle: Emch+Berger).

Abb. 8.35 Herstellung von Bohrpfählen D = 1,20 m unter einer Hilfsbrücke (Foto: Erdmenger).

ZH 21 (HB ZH 8)

Lfd.-Nr.	Sach-anlagennr	Brückennr.	Stützweite	Ges.-länge	Baujahr	Typ	R	KH	BHA	BHM	BHT	Ges.-Gew./t
1	16050474	ZHa 21.001	21,60	22,10	1981	R	300	970	773	793	2619	49,0
2	16050473	ZHa 21.002	21,60	22,10	1981	R	300	970	770	790	2619	49,0
3	16050475	ZHa 21.003	21,60	22,10	1974	C	300	970	793	823	2572	56,4

Abb. 8.36 Auszug aus dem Hilfsbrückenverzeichnis (Quelle: DB).

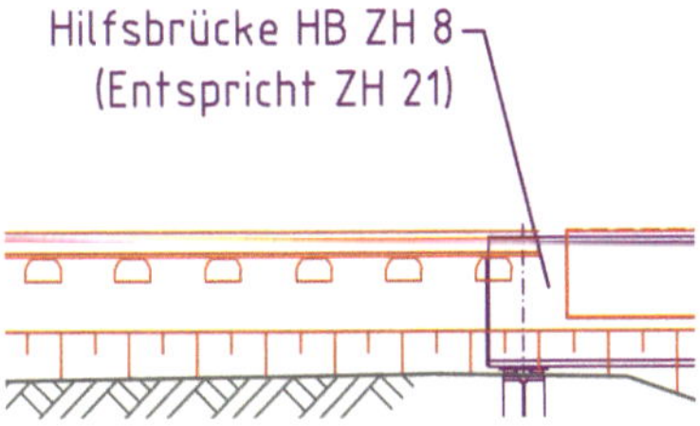

Abb. 8.37 Eindeutige Bezeichnung einer Hilfsbrücke im Übersichtsplan (Quelle: Emch+Berger).

Zwillingsträgerhilfsbrücken sind für Stützweiten von 7,20 m bis 26,40 m verfügbar. Die Gesamtlänge ist jeweils etwas größer als die Stützweite. Weitere Angaben gehen aus dem Hilfsbrückenverzeichnis hervor, welches von der DB-Hilfsbrückendisposition erhältlich ist. Abbildung 8.36 zeigt einen Auszug daraus. Die Bezeichnung nach Regelwerk lautet z. B. „HB-ZH 8“. Die umgangssprachliche Bezeichnung für dieselbe Hilfsbrücke lautet „ZH 21“, weil damit die Stützweite von 21,60 m im Namen erscheint. Hier besteht große Verwechslungsgefahr, daher sollten immer beide Bezeichnungen angegeben werden, siehe Abb. 8.37.

Hilfsbrücken können mit einer Geschwindigkeit von 90 km/h befahren werden. Gemäß Ril 804.9050, Abschnitt 1.2, in Verbindung mit Ril 804.4111 können Hilfsbrücken unter bestimmten Voraussetzungen (z. B. gerades Gleis) mit Geschwindigkeiten zwischen 90 km/h und 120 km/h befahren werden. Für Geschwindigkeiten über 120 km/h sind gemäß Ril 804.9050, Abschnitt 1.2 eine UiG und eine ZiE erforderlich. Je nach Streckengeschwindigkeit ist für eine Hilfsbrücke also die Einrichtung einer Langsamfahrstelle erforderlich, z. B. La 90, La 120.

Hilfsbrücken sind nur in begrenzter Anzahl vorhanden und müssen von der DB-Projektleitung im Voraus per E-Mail reserviert werden. DB-Hilfsbrücken für ganz Deutschland werden zentral hier verwaltet:

DB InfraGO AG
I.NPF 22(I)
Hilfsbrückendisposition
Am Hauptbahnhof 4
66111 Saarbrücken
hilfsbrueckendispo@deutschebahn.com

Das zentrale Hilfsbrückenlager befindet sich in Konz-Karthaus, einem Stadtteil von Konz im Bundesland Rheinland-Pfalz.

Hilfsbrücken werden nach Ist-Gleislage und Ist-SO eingebaut, damit für den Hilfsbrückeneinbau kein Gleisumbau erforderlich ist. Soll-Lage und Soll-Höhe werden in der Regel erst zur Fertigstellung des Dauerbauwerks hergestellt.

Hilfsbrücken werden in der Regel schwimmend auf vier Elastomerlagern je Überbauende gelagert (vgl. Ril 804.4110, Abschnitt 7 (9)). Die Elastomerlager liegen auf einem Kopfbalken bzw. Auflagerträger und sind dort durch kleine aufgeschweißte Profile in ihrer Lage gesichert. Auf dem Kopfbalken sind außerdem vier Anschlagknaggen aufgeschweißt, welche den Überbau seitlich in seiner Lage sichern. Der Kopfbalken ist auf Verbauträgern, einer Spundwand oder Bohrpfählen mit Steckträgern als Hilfsbrückengründung aufgeschweißt. Die Festlegung, auf welche Weise die Hilfsbrückengründung erfolgen soll, ist Sache des Baugrundgutachters in Abstimmung mit der Bauablaufplanung. In Abb. 8.38 ein Zeichnungsausschnitt zur Auflagerung einer Hilfsbrücke (Angabe der SO hier jedoch missverständlich).

Die Hilfsbrückengründung muss in jedem Aushubzustand die auftretenden Horizontalkräfte ableiten. In Gleislängsrichtung (Bremsen/Anfahren) ist eine Aussteifung oder die Herstellung von Verpressankern denkbar (siehe Abb. 8.35). Quer zum Gleis durch Wind und Seitenstoß (Schlingerkraft), in Gleisbögen auch durch Fliehkraft (Zentrifugalkraft) müssen die Horizontalkräfte durch den Verbau in den Boden abgetragen werden. In der Regel muss die Scheibenwirkung des Verbaus aktiviert werden. Bei Spundbohlen können dazu die Spundwandschlösser

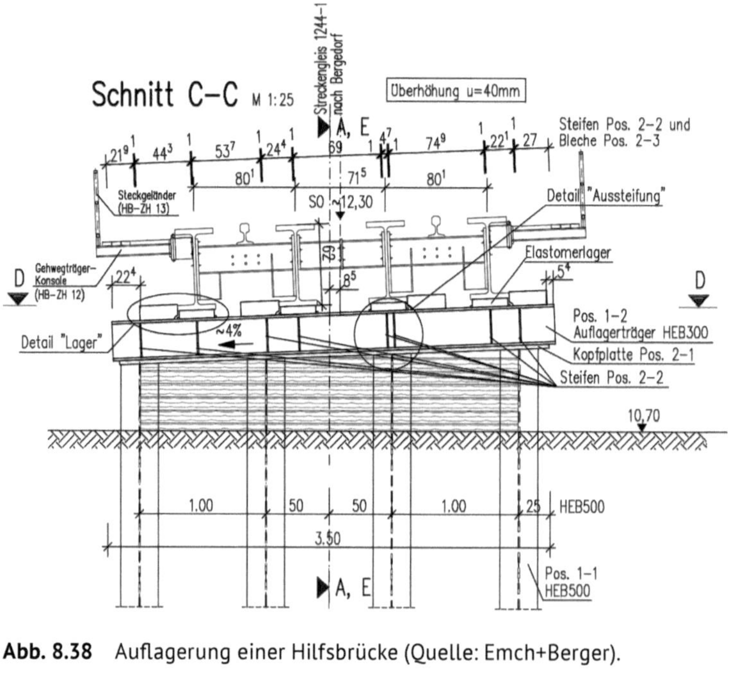

Abb. 8.38 Auflagerung einer Hilfsbrücke (Quelle: Emch+Berger).

verschweißt werden. Bei Verbauträgern können z. B. U-Profile als Verband aufgeschweißt werden (siehe Abb. 8.35). Die Ableitung der Horizontalkräfte kann ein Kriterium für die Machbarkeit sein, weil sich z. B. große Trägerlängen ergeben können. Daher muss die Thematik der Ableitung der Horizontalkräfte so früh wie möglich mit dem Baugrundgutachter und – wenn schon bekannt – mit dem Prüfingenieur abgestimmt werden. Richtwerte für Verformungen sind in Ril 804.4111, dort Tabelle 1 zu finden.

Es ist möglich, eine Hilfsbrückenkette aus zwei hintereinander liegenden Hilfsbrücken herzustellen. Bei Bauzuständen über 30 m ist jedoch eine UiG erforderlich, siehe Regelungen der Ril 804.4110, Abschnitt 7 (11).

Für den Einbau des Ziehblechs und die Hinterfüllung einer Hilfsbrücke gibt die Ril 804.4111, Abschnitt 5 wertvolle Hinweise. Dort ist auch Abb. 8.39 enthalten.

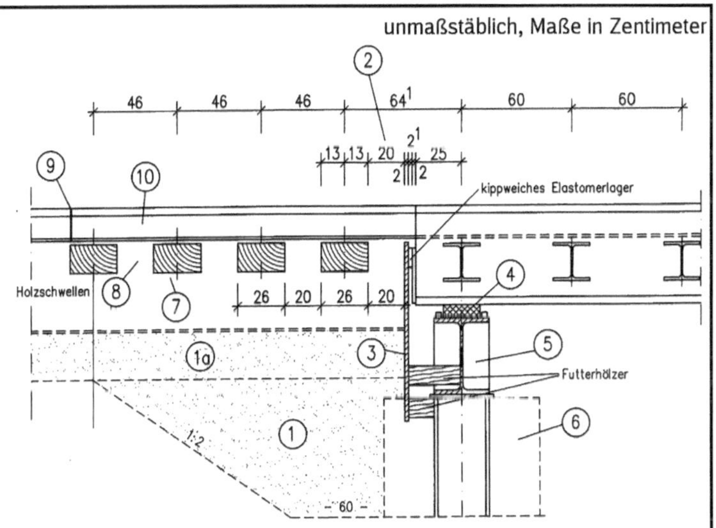

Legende
1 Hinterfüllbereich
1a Planumsschutzschicht
2 Mindestabstand zwischen Ziehblech und erster Schwelle
3 Ziehblech
4 Elastomerlager
5 Auflagerquerträger mit Stegblechen
6 lastabtragende Unterkonstruktion
7 Schotter mit Holzschwellen
8 verringerter Schwellenabstand
9 Stoßlücke
10 Verstärkung des Oberbaus mittels Walzprofil

Bild 2: Auflager- und Hinterfüllbereich

Abb. 8.39 Hinterfüllung einer Hilfsbrücke (Quelle: Ril 804.4111).

Hilfsbrücken werden mit Schienen eingehoben, um Sperrzeit zu sparen. Bei einem Gleisbogen muss der Trassierungsplaner spätestens in der Ausführungsplanung eine Zuarbeit zum Einbau der Schienen liefern, damit die Schienen in der korrekten Lage auf der Hilfsbrücke montiert werden.

Der Bauablauf zum Einbau einer Hilfsbrücke auf Spundbohlen ist wie folgt:

- Rückbau Oberleitung
- ggf. Baufeldfreimachung LST, TK, EEA 50 Hz
- Schienentrennschnitte durchführen
- Rückbau Oberbau im Bereich der Auflagerung
- Spundbohlen einbringen
- Spundbohlen auf Höhe abtrennen
- Kopfbalken aufschweißen
- Elastomerlager auflegen
- Hilfsbrücke einheben
- Ziehbleche einbauen
- Hinterfüllung herstellen
- Wiederherstellung Oberbau
- Schienen schweißen
- Wiederherstellung Oberleitung

Wenn eine Hilfsbrücke auf Verbauträgern gegründet wird, dann können diese evtl. im Voraus in kurzen Nachtsperrpausen eingebaut werden, um Sperrzeit für Totalsperrungen zu sparen. In diesem Fall werden die Schwellen im Einbaubereich verschlagen. Das bedeutet, dass die Schwellen gelöst und beiseite geschoben werden. Nach Einbringen der Verbauträger wird der Oberbau dann mit dem vorhandenen Material wiederhergestellt.

Bei elektrifizierten Strecken muss eine Hilfsbrücke geerdet werden. Für den Anschluss eines Erdungsverbinders sind entsprechende Bohrungen in Hilfsbrücken vorhanden.

In der Bauablaufplanung muss der An- und Abtransport einer Hilfsbrücke berücksichtigt werden. Der Ein- und Aushub erfolgt mit Mobilkran oder Gleisdrehkran.

Gemäß Ril 808.0210A02 Kostenkennwertekatalog (KKK), Seite 1, gilt für die Kosten von Hilfsbrücken:

> *Für Eisenbahnhilfsbrücken siehe Arbeitsanweisung „I. AA" der DB Netz AG zur Beistellung von Hilfsbrücken.*

Bei Bedarf kann eine vorhandene Hilfsbrücke ertüchtigt werden. Dazu sind eine geprüfte und freigegebene Ertüchtigungsplanung mit Ausführungsstatik sowie eine UiG und ZiE erforderlich.

Für die Auflagerung von Hilfsbrücken gelten gemäß Ril 804.4110, Abschnitte 4 (3) und (4) die folgenden Vorgaben zu den Ausführungsklassen:

Auszug aus Ril 804.4110, Abschnitt 4
(3) Für die Auflagerkonstruktionen aus Baustählen sind Abnahmeprüfzeugnisse 3.1 nach DIN EN 10204 erforderlich. Hersteller und Betriebe, die Arbeiten am Bauwerk durchführen, müssen mindestens für die Ausführungsklasse EXC3 nach DIN EN 1090-2 qualifiziert sein.
(4) bei komplexeren Abfangungen (z. B., wenn Auflagerkräfte über geschweißte Rahmenecken angetragen werden müssen) und bei standardisierten Auflagerquerträgern sind die Anforderungen nach M 804.4101 sowie der DIN EN 1993-2 wie bei den Hilfsbrücken selbst zugrunde zu legen. Für dieses Bauelemente aus Baustählen sind Abnahmeprüfzeugnisse gemäß DBS 918002-02 notwendig. Hersteller und Betriebe, die Arbeiten am Bauwerk durchführen, müssen für die Ausführungsklasse EXC3DB nach DBS 918005 qualifiziert sein.

8.27 Kabelhilfsbrücken

In der Vorplanung ist mit den Leitungsplanern (LST, TK, OLA, 50 Hz) zu besprechen, ob bzw. auf welcher Bauwerksseite eine bauzeitliche Kabelhilfsbrücke benötigt wird. Der Bauablauf ist dann wie folgt:

- Kabelhilfsbrücke einschließlich Gründung herstellen
- Kabel vom Bestandsbauwerk in die Kabelhilfsbrücke umverlegen
- Abbruch Bestandsbauwerk
- Herstellung Neubau
- Kabel aus der Kabelhilfsbrücke in den Kabeltrog des Neubaus umverlegen
- Kabelhilfsbrücke einschließlich Gründung zurückbauen

Die Leitungsplaner müssen beurteilen, ob die zur Umverlegung erforderlichen Mehrlängen vorhanden sind oder eingespleißt werden müssen. Für Spleißarbeiten sind in der Regel Sperrpausen erforderlich.

Lichtwellenleiter (LWL) sind sehr empfindlich und sollen nicht mit Erdungskabeln zusammen in einen Kabeltrog gelegt werden, weil die LWL bei einem Kurzschluss im Erdungskabel evtl. zerstört werden. In diesem Fall sind zwei getrennte Kabelhilfsbrücken auf derselben Seite erforderlich. Dies ist mit den Leitungsplanern zu besprechen.

Das DB-Musterleistungsverzeichnis beschreibt folgende Anforderungen an eine Kabelhilfsbrücke bzw. bauzeitliche Medien-Hilfsbrücke:

> *Hilfsbrücke inklusive Gründung/Erdarbeiten nach statischen und konstruktiven Erfordernissen nach Wahl des AN zur Aufnahme von Kabeln über die Baugrube mit einer Länge von . . . m, begehbar, während der Bauzeit aufbauen, vorhalten, abbauen und von der Baustelle entfernen. Inkl. Erdung.*

Abb. 8.40 Kabelhilfsbrücke aus einem Fachwerkträger (Foto: Erdmenger).

In der Entwurfsplanung werden Kabelhilfsbrücken nicht im Detail geplant, sondern als Rechteck auf dem Plan dargestellt. Kabelhilfsbrücken müssen aber in die Bauphasenplanung integriert und ggf. separat gegründet werden. Für kurze Stützweiten eignet sich ein HEB 300. Für größere Stützweiten eignen sich eine Seilkonstruktion oder Fachwerkträger, z. B. aus dem Gerüst- oder Bühnenbau. Abbildung 8.40 zeigt ein Beispiel, bei welchem die Kabel jedoch mit einem sehr engen Biegeradius verlegt sind.

8.28 Bauzeitliche Schotterhalterung

Es kommt vor, dass der Schotter eines Gleises auf einem Überbau seitlich gehalten werden muss. Dazu kann eine bauzeitliche Schotterhalterung eingebaut werden, siehe Abb. 8.41. Wenn das Verankern am Schotterrandbalken nicht möglich ist, dann kann nach Abstimmung mit den Projektbeteiligten evtl. die Variante aus Abb. 8.42 umgesetzt werden.

Für eine bauzeitliche Schotterhalterung ist zwar eine Statik erforderlich, die Bauteile werden jedoch kaum durch Eisenbahnlasten beansprucht.

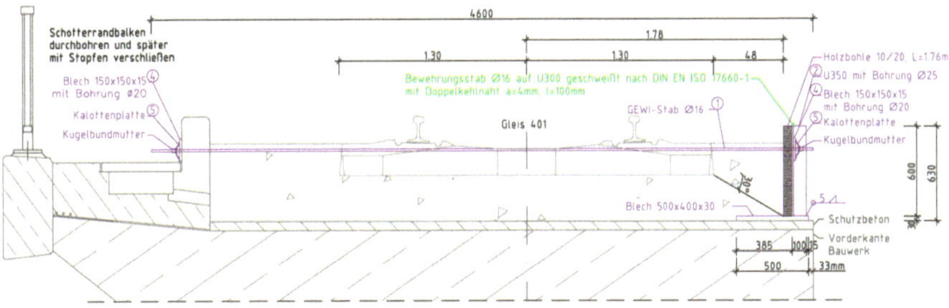

Abb. 8.41 Bauzeitliche Schotterhalterung (Quelle: Emch+Berger).

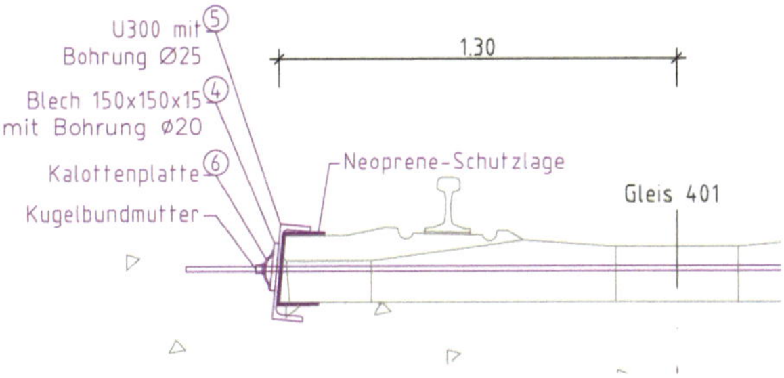

Abb. 8.42 Alternative Rückverhängung (Quelle: Emch+Berger).

8.29 Geländer und Absturzhöhen

Für Geländer im Geschäftsbereich Fahrwege gilt die Ril 804.9060 Ausrüstungselemente für Ingenieurbauwerke, Anhang A01 Geländer. Bis zu einer Absturzhöhe von 12 m sind die Geländer mit einer Höhe von mindestens 1,0 m auszuführen, ab einer Absturzhöhe von mehr als 12 m mit einer Höhe von mindestens 1,10 m.

Die Befestigung von Geländerpfosten auf Stahlbeton-Randkappen ist mit Losdrehsicherungen auszuführen, z. B. mit Nordlock-Scheiben. Dies ergibt sich aus Ril 804.9060A01, Abschnitt 1 Allgemeines, Schraubensicherung, und Abschnitt 12 Geländerpfostenbefestigung auf Randkappen aus Stahlbeton. Auf der Richtzeichnung A-GEL 15 sind jedoch keine Losdrehsicherungen dargestellt oder textlich erwähnt.

Gemäß EBA-Ril „Anforderungen des Brand- und Katastrophenschutzes an Planung, Bau und Betrieb von Schienenwegen nach AEG“, Abschnitt 2.4 müssen Geländer auf Ingenieurbauwerken als Füllstabgeländer ausgeführt werden. Lücken dürfen höchstens 12 cm groß sein, damit z. B. ein Kind nicht mit dem Kopf darin steckenbleiben kann.

Außerhalb von Randwegen, also z. B. auf Flügelwänden, können Holmgeländer angeordnet werden, weil diese etwas leichter und kostengünstiger sind als Füllstangeländer.

Geländer sind ab einer Absturzhöhe von 1,0 m anzuordnen, siehe Ril 804.9060A01 Geländer, Abschnitt 1 (Seite 2 von 15). Das deckt sich mit Ril 804.5501

Ausschnitt aus Ril 804.5501, Abschnitt 2 (10) Zutritt und Ausgang
Schließen unmittelbar an Türen (oder an gekennzeichneten Austrittstellen bei versetzten Lsw (Lärmschutzwänden)) steile Böschungen an, ist ein gesicherter Zugang mittels Treppenstufen und Handlauf zu schaffen. Auf den Handlauf darf verzichtet werden, wenn die Absturzhöhe nicht mehr als 1,00 m beträgt oder die Treppe nicht mehr als 4 Stufen hat.

Im Geschäftsbereich Personenbahnhöfe werden Geländer nach DB Baustandards Personenbahnhöfe geplant. Hier gelten insbesondere die Richtzeichnungen IseB DB Gel-S00 und folgende.

8.30 Verankerungen, Befestigungen, Verbindung von Betonbauteilen

Die Definition von Verankerungen, Befestigungen und Verbindung von Betonbauteilen erfolgt in Ril 804.5601 Befestigungen und Verankerungen in Beton, siehe Abb. 8.43.

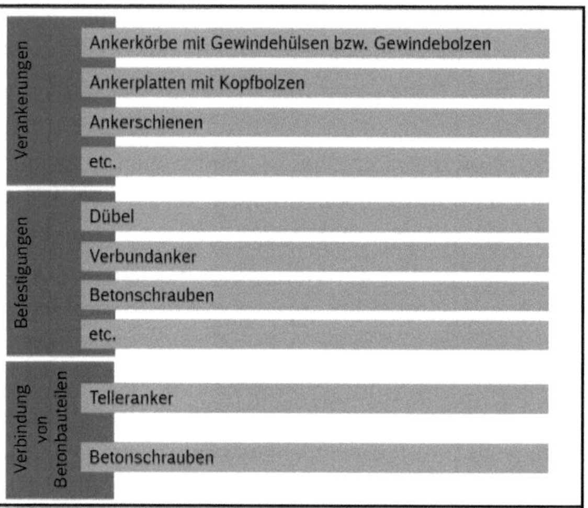

Bild 1: Konstruktionsprinzipien und Konstruktionsarten

Abb. 8.43 Ril 804.5601, Bild 1 Befestigungen und Verankerungen in Beton.

8.31 Telleranker

Telleranker sind in Ril 804.5601 Befestigungen und Verankerungen in Beton geregelt. Abbildung 8.44 zeigt die zugehörige Skizze.

Auszug aus Ril 804.5601 Befestigungen und Verankerungen in Beton
Telleranker sind Einbauteile, in der Regel aus nichtrostendem Stahl, zur Verbindung zweier Bauteile, die z. B. durch eine Abdichtung getrennt sind. Telleranker bestehen im Wesentlichen aus einem Festflansch und einem Losflansch und den Verankerungs- und/oder Befestigungsteilen n den zu verbindenden Betonbauteilen, die als Einlegeteile verwendet werden müssen. Die dauerhafte Einbettung und Funktionsfähigkeit der Abdichtung muss auch bei Einbau eines Telleranker sichergestellt werden.

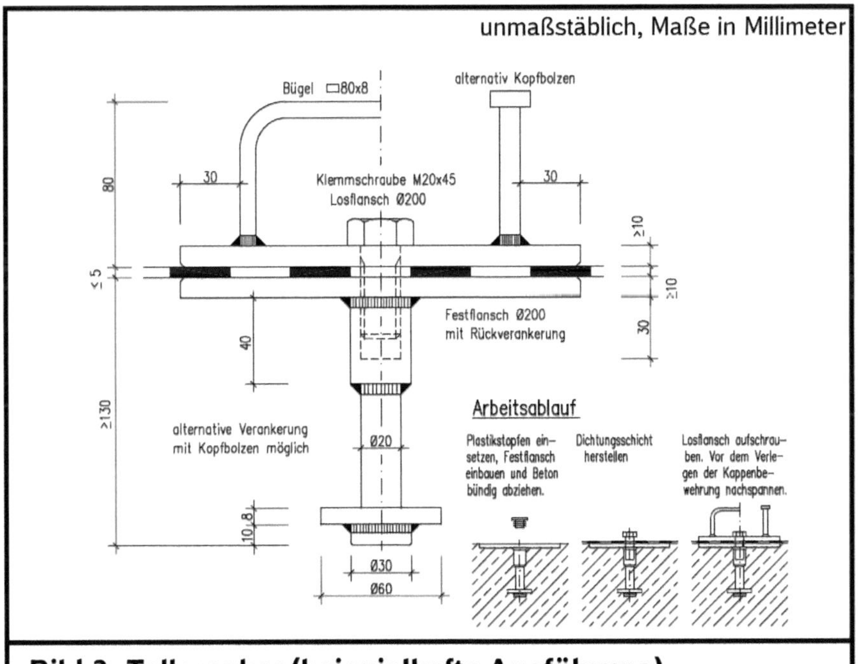

Bild 2: Telleranker (beispielhafte Ausführung)

Abb. 8.44 Auszug aus Ril 804.5601 Befestigungen und Verankerungen in Beton.

Die Bemessung von Tellerankern bei der DB erfolgt nach Ril 804.5601, Abschnitt 6.1 Telleranker und Einbetonieranker. Es gibt verschiebliche und unverschiebliche Telleranker.

Bei Straßenbauwerken wurden Telleranker früher nach RiZ-ING KAP 14 eingebaut. Diese Richtzeichnung wurde jedoch vor einigen Jahren ersatzlos zurückgezogen.

8.32 Betonschrauben

Betonschrauben sind ebenfalls in Ril 804.5601 Befestigungen und Verankerungen in Beton geregelt. Abbildung 8.45 zeigt die zugehörige Skizze.

Auszug aus Ril 804.5601 Befestigungen und Verankerungen in Beton
Betonschrauben werden in ein vorgebohrtes, zylindrisches Bohrloch eingeschraubt. Das Spezialgewinde der Betonschraube schneidet beim Einschrauben ein Innengewinde in den Verankerungsgrund. Die Wirksamkeit der Abdichtung wird durch eine Verbundklebemasse sichergestellt, die beim Eindrehen der Schraube aus dem Bohrloch verdrängt wird und einen Wulst um den Schraubenschaft bildet, in den zusätzlich eine EPDM-Scheibe gedrückt werden kann. Voraussetzung ist, dass die Abdichtung vor dem Setzen der Betonschraube aufgebracht wurde.

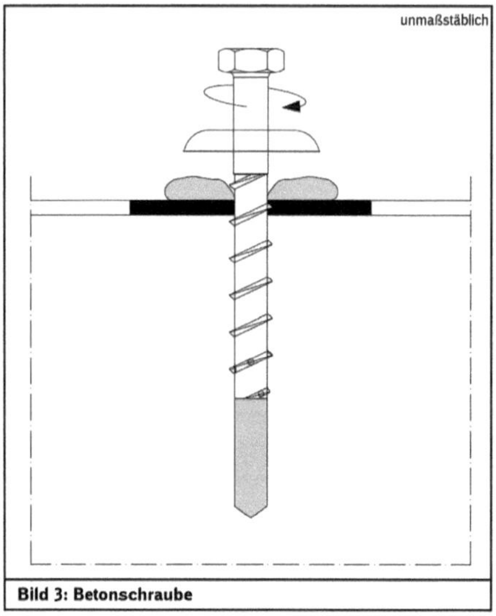

Abb. 8.45 Auszug aus Ril 804.5601 Befestigungen und Verankerungen in Beton.

8.33 Lichte Höhe zwischen Auflagerbank und Überbau

Zwischen OK Auflagerbank und UK Überbau ist eine bestimmte lichte Höhe erforderlich, damit man dort noch arbeiten kann und damit Pressen für den Lagerwechsel aufgestellt werden können. Diese lichte Höhe beträgt mindestens 40 cm, siehe Ril 804.9010, Richtzeichnungen S-FB 21, S-FB 23, S-HOK 10 und S-ÜB 20, siehe Abb. 8.46.

Dies ist ein Unterschied zu Straßenbrücken, denn nach RiZ-ING LAG 6 sowie LAG 9 bis LAG 11 sind mindestens 50 cm erforderlich.

8.34 Lichte Höhe über Bahnanlagen

Für die Ermittlung der lichten Höhe über Schienenoberkante (SO) müssen folgende Parameter ermittelt bzw. mit dem Bauherrn abgestimmt werden:

- anzusetzendes Lichtraumprofil
- Höhe der Schienenoberkante (SO)

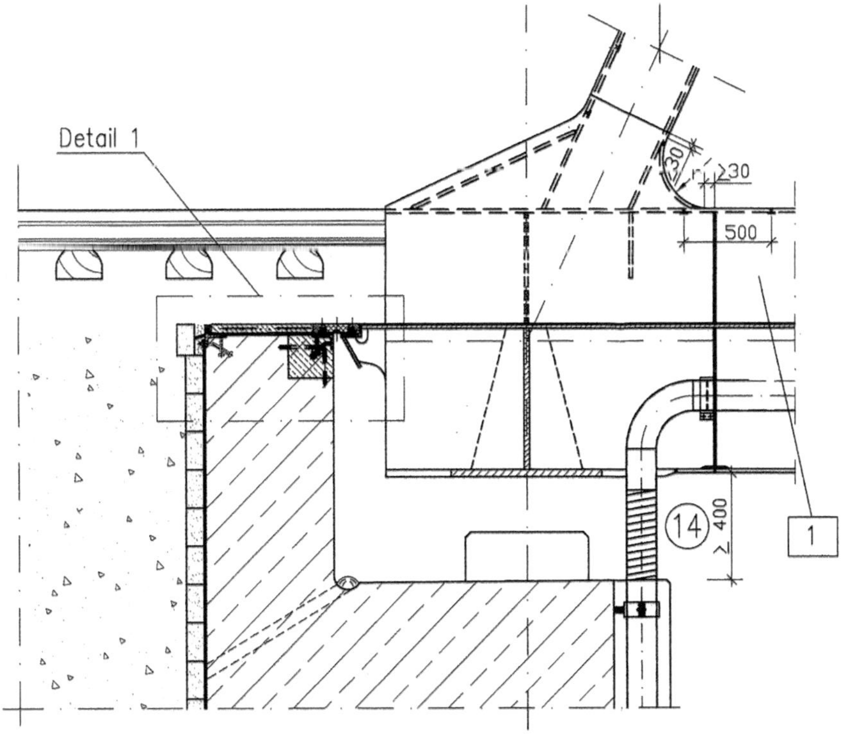

Abb. 8.46 40 cm von OK Auflagerbank bis UK Überbau (Quelle: Ril 804.9010, S-FB 23).

- Überhöhung *u*
- Längsneigung *l*
- Radius *r*
- Streckengeschwindigkeit bzw. Entwurfsgeschwindigkeit
- Ist die Strecke elektrifiziert?
- Soll die Oberleitung am Überbau befestigt werden?
- Kann die OLA umgebaut und optimiert werden?
- Liegt das Bauwerk im Bereich der freien Strecke, oder im Bahnhofsbereich?
- Liegt das Bauwerk im Normalbereich der Kettenwerke, oder im Bereich von OLA-Nachspannungen?
- Beträgt die Systemhöhe der Oberleitung 1,10 m oder 1,80 m?
- Sind Vogelschutzmaßnahmen einzuhalten?
- Sind Bahnstromleitungen o. Ä. vorhanden und zu berücksichtigen?

Bei der lichten Höhe über Bahnanlagen müssen die Verformungen des Tragwerks berücksichtigt werden, siehe Ril 804.1101 Entwurfsgrundlagen, Abschnitt 5.1 (1):

> *Ril 804.1101 Entwurfsgrundlagen, Abschnitt 5.1 (1) Lichte Höhe unter Brücken, allgemein*
> Die lichte Höhe unter Brücken muss bei Berücksichtigung der größten rechnerischen Verformungen des Tragwerks eingehalten werden. Hierzu gehören auch die aus einer wahrscheinlichen Baugrundbewegung auftretenden Setzungen, Verschiebungen und Verkantungen von Stützen, Pfeilern und Widerlagern.

Im Rahmen der Vorplanung bietet sich – auf der sicheren Seite liegend – ein Zuschlag von 10 cm an, welcher die folgenden Anteile der Verformung abdeckt:

- Eigengewicht
- Verkehrslast
- Setzungen des Baugrunds (Flachgründung) bzw. der Pfahlköpfe (Tiefgründung)
- Verschiebungen und Verkantungen der Unterbauten
- Kriechen und Schwinden
- Relaxation (bei Spannbeton)
- Herstelltoleranzen

Im Rahmen der Entwurfsstatik ist der Zuschlag rechnerisch zu überprüfen.

Die Ril 804.1101, Abschnitt 2 (19) verweist auf zwei weitere Ril:

> *Ril 804.1101, Abschnitt 2 (19) Lichte Höhe über Bahnanlagen*
> Für Brücken über Bahnanlagen sind die Mindestwerte für die lichten Höhen geschwindigkeitsabhängig gemäß Ril 800.0130 und Ril 997.0110 einzuhalten.

Die Ril 800.0130 Streckenquerschnitte auf Erdkörpern, Abschnitt 1 (6) gibt für $v \leq 200$ km/h den folgenden Wert vor:

Die Mindesthöhe von 5,65 m darf nicht unterschritten werden.

Dies wird in Abb. 8.47 veranschaulicht.

Das Bauwerk darf also in den Regellichtraum für die Oberleitung einragen, solange die Mindesthöhe von 5,65 m eingehalten wird.

Die Ril 997.0110 Raumbedarf für Oberleitungen, Abschnitt 2 (1), Tabelle 3 gibt für $v \leq 200$ km/h den Wert gemäß Tab. 8.2 vor.

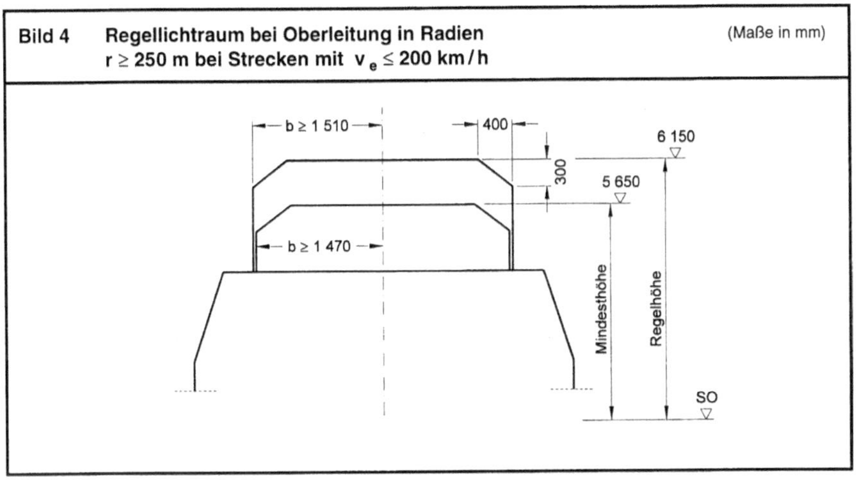

Abb. 8.47 Regellichtraum gemäß Ril 800.0130, Abschnitt 1 (6).

Tab. 8.2 Lichte Bauwerkshöhen unter Berücksichtigung des elektrischen Mindestabstandes in Luft bei v ≤ 200 km/h, nach Ril 997.0110 Raumbedarf für Oberleitungen, Abschnitt 2 (a), dort Tabelle 3.

Freie Strecke im Normalbereich der Kettenwerke	Freie Strecke im Bereich von Nachspannungen, Streckentrennungen, Streckentrennern und in Bahnhöfen
5,70 m [a)]	6,20 m [b)]

a) Lichte Bauwerkshöhe unabhängig von der Bauwerksbreite und der Lage des Bauwerkes bei Anordnung der Oberleitung an Einzelstützpunkten.

b) Maximale Bauwerksbreite 15 m; Lage des Bauwerks mittig über dem Parallelfeld der Nachspannungen und Streckentrennungen und senkrecht zum Gleis.

Durch Anpassen der Oberleitung an das Bauwerk unter Ausnutzung der Durchhangslinie des Tragseiles kann der freizuhaltende Raum von Sollhöhe SO zur Bauwerksunterkante vermindert werden. Hierzu sind die technischen Beschreibungen der Ebs 02.05.17 Blatt 2.1, 2.2, 5 zu beachten.

Abb. 8.48 OLA-Stützpunkte unter einem Bauwerk gemäß OLA-Systemzeichnung 3 Ebs 12.01.16 Blatt 1 (Foto: Erdmenger).

Der Wert von 5,70 m deckt sich mit der OLA-Systemzeichnung 3 Ebs 12.01.16 Blatt 1 Stützpunkt unter Bauwerken. Trotzdem besteht eine Differenz von 5 cm zwischen den Angaben der Ril 800 und der Ril 997. Dies ist projektbezogen zu berücksichtigen und mit der DB-Projektleitung zu besprechen.

Nach RE-ING, Teil 2 Brücken, Abschnitt 1 Planungsgrundsätze, Anhang A, Nr. A 3.1.1 Lichte Höhen bei Straßenüberführungen über Bahnanlagen, gelten etwas abweichende Werte. Diese sind projektbezogen zu prüfen.

Die genannten Vorschriften gelten jedoch in erster Linie für OLA-Neubauten. Wenn eine Brücke über einer vorhandenen OLA geplant wird, dann muss die lichte Höhe über SO vom OLA-Planer unter Berücksichtigung der Regelwerke und der Örtlichkeit und in Abstimmung mit dem ALV OLA festgelegt werden.

Abbildung 8.48 zeigt eine Oberleitung, welche gemäß OLA-Systemzeichnung 3 Ebs 12.01.16 Blatt 1 unter einem Bauwerk befestigt wurde.

Für lichte Höhen unter einem Eisenbahnbauwerk trifft Ril 804.9010 die folgenden Angaben:

Ausschnitt aus Ril 804.9010 Stählerne Eisenbahnbrücken, Kapitel 1 Allgemeine Planungshinweise für stählerne Eisenbahnbrücken

Freizuhaltende lichte Höhe in Abhängigkeit des Kreuzungsobjektes

Infolge einer Überführung von Eisenbahnverkehr über Kreuzungsobjekte ist mit dem Kreuzungspartner eine Einigung über das jeweilige Lichtraumprofil des Kreuzungsobjektes herbeizuführen. Beispielhaft können nachfolgend aufgeführte Fälle als Anhaltswert herangezogen werden:

- Bei Neubauten von Brücken über Bundesfernstraßen **ohne** Um- und Ausbaumaßnahmen ist in der Regel eine lichte Höhe von H ≥ 4,50 m an der ungünstigsten Stelle und unter Berücksichtigung der Verformungen des Tragwerks sicherzustellen. Bei Neubauten von Brücken über Bundesfernstraßen **mit** Um- und/oder Ausbaumaßnahmen von Bundesfernstraßen ist mit Rücksicht auf eine spätere Veränderung der Höhen der unterführten Straßen (z. B. bei Deckenerneuerungen im Hocheinbau) in der Regel eine lichte Höhe von H ≥ 4,70 m an der ungünstigsten Stelle und unter Berücksichtigung der Verformungen des Tragwerks auszuführen. Bei Brücken über Straßen, die nicht Bundesfernstraßen sind, ist die lichte Höhe in Abstimmung mit dem zuständigen Straßenbaulastträger festzulegen.
- Wird ein Schifffahrtsweg überbrückt, so ist in der Regel eine lichte Höhe von H ≥ 5,00 m an der ungünstigsten Stelle und unter ungünstigem Wasserstand zwischen Wasseroberfläche und Unterkante des verformten Tragwerks freizuhalten.
- Ist das Kreuzungsobjekt eine Eisenbahnstrecke, so richtet sich die lichte Höhe nach den Vorgaben der **EBO** (siehe **M 804.1101**). Spätere Stopfarbeiten und andere Instandhaltungsmaßnahmen am Fahrweg sind zu bedenken.

Es kann projektbezogene Vorgaben der DB InfraGO AG geben, welche von den oben genannten Werten abweichen.

8.35 Lichte Höhe unter Bahnanlagen

Für die lichte Höhe unter Bahnanlagen bzw. Eisenbahnbrücken gibt es in der RE-ING, Teil 2 Brücken, Abschnitt 1 Planungsgrundsätze, Anhang A, Kapitel A 3.2, folgenden Wert mit Begründung:

RE-ING, Teil 2 Brücken, Abschnitt 1 Planungsgrundsätze, Anhang A, Kapitel A 3.2
A 3.2 Bundesfernstraßen
Unter Eisenbahnbrücken ist in der Regel eine lichte Höhe von mindestens 4,70 m vorzusehen.
Erläuterung: Die lichte Höhe von 4,70 m ermöglicht eine wirtschaftliche Deckenerneuerung im Hocheinbau. In Ausnahmefällen reicht eine lichte Höhe von 4,50 m aus; hierzu bedarf es der Zustimmung des BMDV, soweit der Bund Straßenbaulastträger ist.

Beim Hocheinbau erfolgt der Einbau des Asphalts auf einer vorhandenen Straßenbefestigung, so dass die Fahrbahnhöhe nach dem Einbau mindestens 4 cm über dem Bestand liegt. Gegenüber dem Tiefeinbau (bei dem die vorhandene Straßenbefestigung entweder ganz oder teilweise ausgetauscht wird) ist der Hocheinbau kostengünstiger, da die Bauzeit geringer ausfällt sowie kein Material ausgebaut und entsorgt werden muss.

Die maximal zulässige Fahrzeughöhe gemäß Straßenverkehrs-Zulassungs-Ordnung (StVZO), § 32 (2), und Straßenverkehrs-Ordnung (StVO), § 22 (2), beträgt 4,00 m. Dies bezieht sich auf das Fahrzeug inklusive Ladung und gilt für Autobahnen, Bundesstraßen, Landes- und Kommunalstraßen.

8.36 Abstand von Stützen zu Bahngleisen (Anprallschutz)

Die mindestens einzuhaltenden Abstände von Stützen zu Bahngleisen sind in DIN EN 1991 Einwirkungen (Eurocode 1) geregelt, und zwar in Kapitel VI Außergewöhnliche Einwirkungen. Hier sollte unbedingt das Eurocode-Handbuch genutzt werden, weil die nationalen Anhänge die maßgeblichen Informationen enthalten.

Die wesentlichen Vorgaben nach EC1, NCI zu 4.5.1.2(1), Anmerkungen 1 und 2, lauten:

- Im lichten Abstand von < 3,0 m von der Gleisachse sind in der Regel keine Stützkonstruktionen anzuordnen.
- Stützkonstruktionen mit einem lichten Abstand von < 5,0 m von der Gleisachse sind in der Regel als durchgehende Wände auszubilden.
- Stützkonstruktionen dürfen bei einem lichten Abstand < 5,0 m von der Gleisachse auch als Einzelstützen oder Stützenreihen ausgebildet werden, wenn sie auf massiven Bahnsteigen oder erhöhten Fundamenten mit Höhen von mindestens 0,55 m über Schienenoberkante stehen.

Die detaillierten Regelungen müssen projektbezogen im Eurocode 1 nachgelesen und geprüft werden.

Die mindestens einzuhaltenden Abstände zwischen Gleisen und Unterbauten von Straßenbrücken sind außerdem in der RE-ING, Teil 2 Brücken, Abschnitt 1 Planungsgrundsätze, Anhang A, Kapitel A 3.1.2 geregelt:

RE-ING, Teil 2 Brücken, Abschnitt 1 Planungsgrundsätze, Anhang A, Kapitel A 3.1.2

A 3.1.2 Abstände von Gleismitte

Bei Widerlagern, Pfeilern und Stützen sind von der benachbarten Gleismitte in der Regel folgende Abstände einzuhalten:

V ≤ 160 km/h:

- in den geraden und in Krümmungen an der Bogeninnenseite: 3,30 m
- in Krümmungen an der Bogenaußenseite je nach Überhöhung: 3,30 bis zu 3,70 m

V > 160 km/h:

- in den Geraden und in Krümmungen an der Bogeninnenseite: 3,80 m
- in Krümmungen an der Bogenaußenseite je nach Überhöhung: 3,80 bis zu 4,20 m

Erläuterung: Die Abstände, die über das Mindestmaß nach der Eisenbahn-Bau- und Betriebsordnung (EBO) hinausgehen, berücksichtigen einen Randweg und den in Abhängigkeit von der Geschwindigkeit notwendigen Schutzabstand. Bei den angegebenen Abständen kann in Abhängigkeit von der örtlichen Situation die Berücksichtigung von statisch äquivalenten Anprallkräften erforderlich sein (siehe DIN EN 1991-1-7 NA und Ril 804 Modul 804.2101).

Falls sich bei Überbauungen Zwischenunterstützungen nicht vermeiden lassen, sollten für die Überbauten Durchlaufsysteme und für die Unterstützungen wandartige Scheiben gewählt werden.

8.37 Brückenfläche

Die Brückenfläche wird in der Anweisung Straßeninformationsbank, Segment Bauwerksdaten (ASB-ING) definiert. Die Brückenfläche wird begrenzt von den Innenkanten der Geländer und von den Auflagerachsen der Endauflager. Bei überschütteten Bauwerken ist ersatzweise die Grundfläche des Bauwerks anzugeben.

8.38 Frostfreie Gründung

Alle Dauerbauwerke müssen in der Regel frostfrei gegründet werden, das heißt mindestens 80 cm unter Geländeoberkante. Das gilt auch für Einzelfundamente, Vorsatzschalen etc.

Bei der Gründung können Schäden an nichtunterkellerten Bauwerken entstehen, wenn Wasser unter die Bodenplatte dringt und sich durch das Gefrieren ausdehnt. Der hierdurch entstehende Druck kann nachhaltig Schäden an der Bodenplatte bzw. Flachgründung und auch am darüberliegenden Bauwerk anrichten. Gemäß Eurocode 7, Abschnitt 6.4 (2) gilt:

DIN EN 1997, Abschnitt 6.4 (2)
Frostschäden können vermieden werden, wenn

- der Boden nicht frostempfindlich ist,
- frostfrei gegründet wird und
- Frosteinwirkung durch Dämmung ausgeschaltet wird.

In DIN 1054 wird das wie folgt ergänzt:

Ausschnitt aus DIN 1054
Zu 6.4 Gesichtspunkte bei Bemessung und Ausführung
A (2) Sofern die Frostsicherheit der Sohlflächen von Gründungen nicht auf andere Weise nachgewiesen wird, muss der Abstand von der dem Frost ausgesetzten Fläche bis zur Sohlfläche der Gründung mindestens 0,80 m betragen.

8.39 Unterwasserbetonsohle

Um eine trockene Baugrube herzustellen, kann eine Sohle aus Unterwasserbeton (UWB) hergestellt werden. Ein möglicher Bauablauf ist wie folgt:

1. Wasserdichten Spundwandkasten herstellen
2. Boden ausheben (Nassaushub)
3. UWB einbauen
4. Hydratation des UWB
5. Lenzen (Wasser einmalig abpumpen)
6. Ausgleichsschicht herstellen

Unterwasserbetonsohlen ermöglichen das Arbeiten in einer trockenen und vergleichsweise sauberen Baugrube und weitgehend ohne Pumpen.

Als Auftriebssicherung können Bleche an die Spundbohlen angeschweißt und mit diesen zusammen in den Baugrund eingebracht werden. Das ist zwar eine kostengünstige Lösung, doch besteht das Risiko, dass die Auftriebssicherung beim Rammen abreißt oder in der falschen Tiefe liegt. Alternativ können daher Kurzstücke von Walzträgern an die Spundwände angeschweißt werden. Dies erfolgt mit Tauchereinsatz und den entsprechenden Kosten und Toleranzen. Eine Auftriebssicherung kann auch mit senkrechten Ankern erfolgen (z. B. GEWI-Pfahl), welche vor der Betonage in einem planerisch festgelegten Raster in den Baugrund eingebracht wurden.

Bei der Planung von Unterwasserbetonsohlen sind großen Herstelltoleranzen zu berücksichtigen. Das DBV-Merkblatt Unterwasserbeton vom Deutschen Beton- und Bautechnik-Verein e. V. stellt dazu einige Hinweise zur Verfügung.

8.40 Korrosionsschutzplan

Gemäß Ril 804.6201 Hinweise zur Planung, Durchführung und Abnahme von Korrosionsschutzmaßnahmen, Abschnitt (3) gilt:

Ril 804.6201, Abschnitt (3) Korrosionsschutzplan
Für jedes Bauvorhaben und ggf. Bauteil sind Korrosionsschutzpläne für den Entwurf und die Ausführung zu erarbeiten. Die Entwurfspläne sind einem, vom Auftraggeber bestellten Sachverständigen, i. d. R. dem sachkundigen Planungsingenieur der DB AG, zur Beurteilung vorzulegen. Er hat die Entwurfspläne, Ausführungspläne und die zugehörigen Leistungsverzeichnisse zu prüfen und zu genehmigen.

Eine Arbeitshilfe zum Erstellen von Korrosionsschutzplänen ist das M 804.9011.

Der Planer muss in der Entwurfsplanung also Angaben zu Oberflächenvorbereitung und Korrosionsschutz liefern. Bei einem Stahlgeländer auf einem Massivbauwerk reicht eine entsprechende Angabe auf dem Bauwerksplan. Bei einem Stahlüberbau oder einer Lärmschutzwand ist ggf. ein eigener Korrosionsschutzplan erforderlich.

Die Planung des Korrosionsschutzes folgt Ril 804.9011 Korrosionsschutzpläne und ZTV-Ing, Teil 4 Stahlbau und Stahlverbundbau, Abschnitt 3 Korrosionsschutz von Stahlbauten, Anhang A Korrosionsschutzsysteme, Tabelle A 4.3.2 mit den davor und danach aufgeführten Hinweisen.

Abbildungen 8.49 und 8.50 enthalten ein Beispiel für einen Korrosionsschutzplan aus der Ausführungsplanung für ein Bahnsteigdach.

Der Farbton der Deckbeschichtung ist mit dem Bauherrn abzusprechen. RAL Farbtöne sollten immer mit Nummer und Namen angegeben werden, um Missverständnisse oder Schäden z. B. durch Zahlendreher zu vermeiden.

Eine Arbeitshilfe zu Korrosionsschutzplänen ist unter dem folgenden Link zu finden: https://bvpi.de/pdf-download/arbeitshilfe-804-6201-korrosionsschutzp lan.pdf

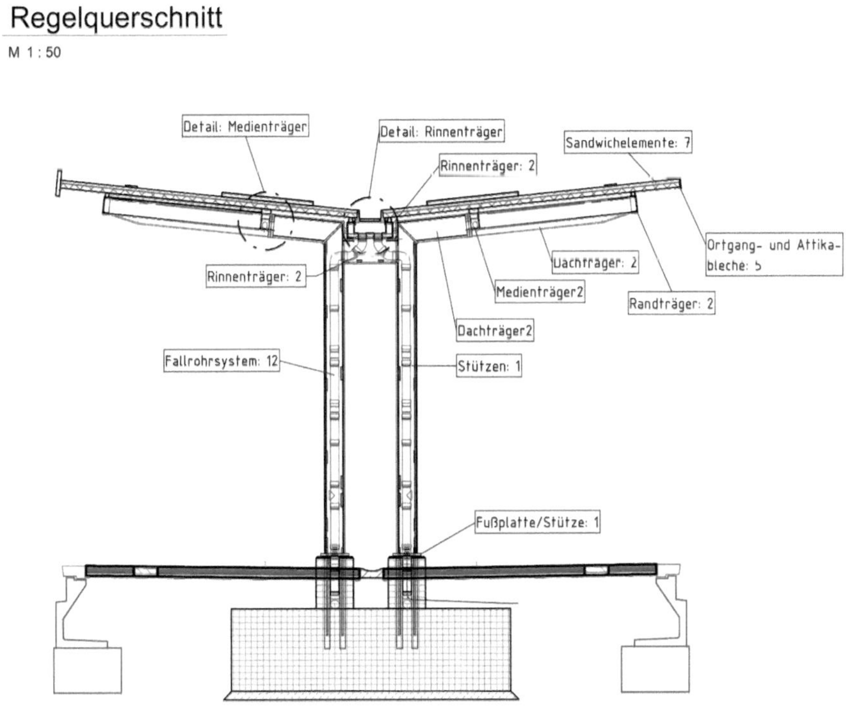

Abb. 8.49 Korrosionsschutzplan: Querschnitt (Quelle: Emch+Berger).

Bahnsteigüberdachung Typendach "Evolution 2020 Typ 1" Korrosionsschutzplan (analog Modul 804.9011)													
Umgebungsbedingungen und Korrosivitätskategorie nach DIN EN ISO 12944-2						C3, mäßig	Küstenatmosphäre mit geringer Salzbelastung			Kategorie für Wasser und Erdreich:		kein direkter Kontakt mit Erdreich und Wasser	
Pos. Nr.	Nr. n. ZTV-ING	Baugruppe	Ort	Beschichtung	Beschichtungsstoffe	ZTV-ING Stahlbauten	Stoff-Nr. nach TL/TP-KOR	Zwischen-standzeit	Sollschicht-dicke in µm	Applikation	Farbton RAL	Sonstige Hinweise	Grundwerk-stoff
1	1.2.1 Nr. 1	Stützen	W	Vorbereitung	Beizen mit Säure (Be)							Kontaktstöße (Kopfplattenstöße) werden nur verzinkt	S235 (JR+AR/ J2+N)
				GB	Feuerverzinkung				80				
					Sweepen								
				1. ZB	2K-EP-EG	Blatt 100-A	100.2.1	8h	80	Spritzen	DB 702-Eisenglimmer, Grau		
				2. ZB*	2K-EP-EG	Blatt 100-A	100.2.2	8h	80	Spritzen	DB 703-Eisenglimmer, Dunkelgrau		
				1. DB	2K-PUR	Blatt 100-A	100.3.93	8h	80	Spritzen	RAL 7001-Silbergrau		
2	1.2.1 Nr. 1	Rinnenträger Portale Dachträger Halter für Technische-Ausrüstung und Schilder Gitterrostrahmen	W	Vorbereitung	Beizen mit Säure (Be)							Kontaktstöße (Kopfplattenstöße) werden nur verzinkt	S235 (JR+AR/ J2+N)
				GB	Feuerverzinkung				80				
					Sweepen								
				1. ZB	2K-EP-EG	Blatt 100-A	100.2.1	8h	80	Spritzen	DB 702-Eisenglimmer, Grau		
				1. DB	2K-PUR	Blatt 100-A	100.3.93	8h	80	Spritzen	RAL 7001-Silbergrau		
3		Rinnen	W	GB	Bandverzinkung Sweepen				20				S235 (JR+AR)
				DB innen	Schutzanstrich (Schutz g. Zinkabtrag gem. LBAUO)	Blatt 81, Nr. 1	681.94	8h	40-60	Streichen	RAL 7032-Kieselgrau		
				DB außen	Kefatherm (Antikondensationsatbeschichtung)			8h	600-900g/m²	Streichen			
4		Gitterroste	H	GB	Feuerverzinkung								S235 JR
5		Stahlbleche Rinnen-, Stützen-, Leuchten und Lautsprecherblenden, Attika- und Ortgangbleche	H		Bandverzinkung Kunststoffbeschichtung gem. Hersteller						RAL 9006-Weißaluminium		S235 JR+AR
6		Aluminumbleche Portalabdeckung,Tauben-abwehr-/Tropf-/Prallblech	H		Aluminium; Bandverzinkung Kunststoffbeschichtung gem. Hersteller						RAL 9006-Weißaluminium		Al
7		Sandwichelemente (Dacheindeckung)	H		sichtbare Flächen unsichtbare Flächen						RAL 9006-Weißaluminium Standard H		S350 GD+Z275
8		HV-Schrauben Stahlbauschrauben	H		Verzinkt								Stahl 10.9 Stahl 4.6, 8.8
9		Ankerbolzen, Unterlegscheiben, u. Muttern (Fußpunkt)	H		Feuerverzinkt								B500 B S355J2 + N 8.8
10		Pfosten für Rück-haltesystem	H		ohne Beschichtung								Edelstahl
11	3.1 c) Nr. 1	Geländer, Geländer Fußplatten; Unterkonstruktion zum Anschluss	W	GB	Feuerverzinkung				80			Korrosivitätskategorie: C4	S235
					Sweepen								
				ZB	wv Ay auf Zn	Blatt 100-C	100.2.3	8h	120	Airless	DB 703-Eisenglimmer, Dunkelgrau		
				DB	2K-PUR	Blatt 100-C	100.3.93	8h	80	Airless	RAL 7001-Silbergrau		
12		Fallrohrsystem	H		Feuerverzinkt								Stahl

Abb. 8.50 Korrosionsschutzplan: Tabelle (Quelle: Emch+Berger).

8.41 Anti-Graffiti-Beschichtung

Mit dem Bauherrn ist zu besprechen, ob die Widerlager und Flügelwände oder ggf. die Lärmschutzwände eine Anti-Graffiti-Beschichtung erhalten sollen. Diese bildet eine Schutzschicht auf Beton oder Metall, von der sich Graffiti weitgehend rückstandslos abwaschen lässt.

8.42 Beleuchtung

Bei einer unten liegenden Straße oder einem unten liegenden Rad- und Fußweg ist mit dem Planer der Verkehrsanlage zu klären, wie die Verkehrsanlage im Bauwerksbereich beleuchtet werden soll.

Bei einer breiten EÜ sind evtl. Beleuchtungen unter dem Überbau oder an den Widerlagerwänden erforderlich. In diesem Fall müssen Kabelleerrohre, Nischen und eine Erdung geplant werden. Der Planungs- und Instandhaltungsaufwand verringert sich für alle Beteiligten, wenn Beleuchtungsmaste vor und hinter der EÜ aufgestellt werden können, siehe Abb. 8.51.

In Absprache mit dem Beleuchtungsplaner kann ein Beleuchtungsmast evtl. sogar unter dem Überbau aufgestellt werden, siehe Abb. 8.52.

Abb. 8.51 Beleuchtungsmaste vor und hinter der EÜ (Quelle: Emch+Berger).

Abb. 8.52 Beleuchtungsmaste unter einer EÜ (Quelle: Erdmenger).

8.43 Schleppplatten

Schleppplatten sind bei Eisenbahnbauwerken zu vermeiden, weil es sich dabei gemäß Ril 836.4106, Abschnitt 2 (11) um Sonderkonstruktionen handelt, für welche eine UiG und ggf. eine ZiE erforderlich sind.

Dies ist ein Unterschied zu Straßenbrücken, für welche Schleppplatten in der RiZ-ING Int 1 geregelt sind, siehe Abb. 8.53.

8.44 Betongelenk

Betongelenke sind bei Eisenbahnbauwerken zu vermeiden, weil dafür gemäß Ril 804.5101, Tabelle 1 und Abschnitt 1 (1) eine UiG erforderlich ist.

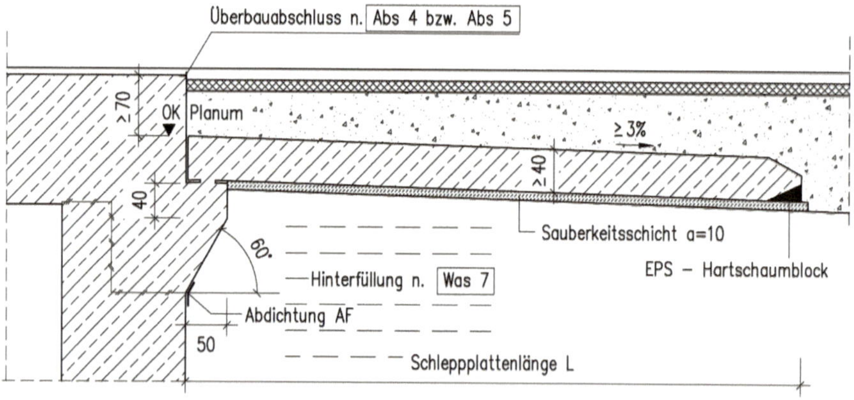

Abb. 8.53 Schleppplatte (Quelle: RiZ-ING Int 1, Blatt 1).

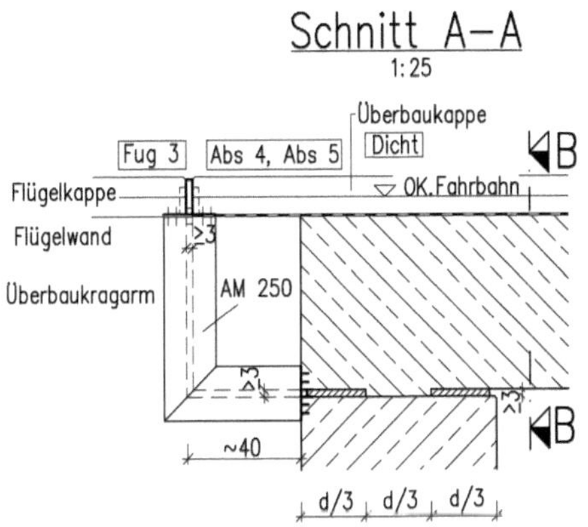

Abb. 8.54 Betongelenk (Quelle: RiZ-ING Abs 1, Blatt 1).

Dies ist ein Unterschied zu Straßenbrücken, für welche Betongelenke in der RiZ-ING Abs 1 geregelt sind, siehe Abb. 8.54.

8.45 Schneidenlagerung

Die Auflagerung eines Überbaus auf einer Spundwand gilt als Schneidenlagerung, siehe das Beispiel aus einem Bestandsplan in Abb. 8.55.

Gemäß Ril 804.0101A01, Lfd. Nr. 29 in der Tabelle, ist dafür eine UiG erforderlich. Bei einer Neuplanung sollte eine Schneidenlagerung daher möglichst vermieden werden.

Die Ril 804.4401 Spundwände für Brückenwiderlager und -flügel ist zu beachten.

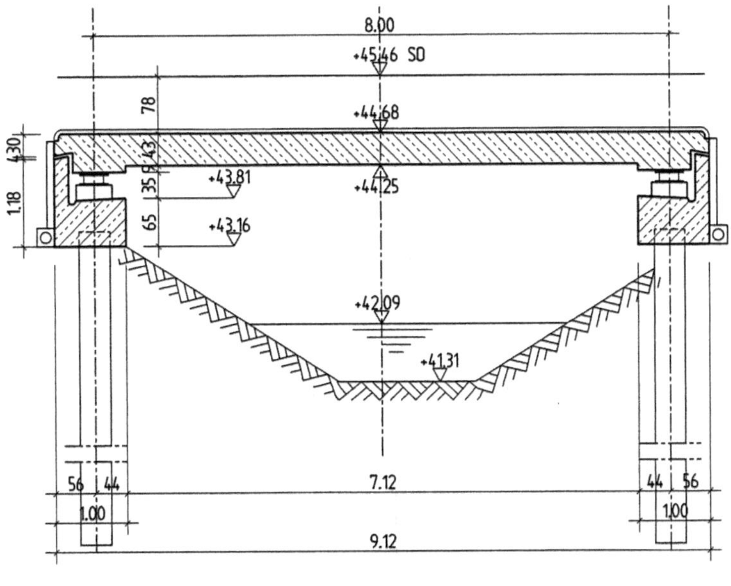

Abb. 8.55 Schneidenlagerung (Quelle: DB).

8.46 Werkstattplanung/Werkplanung

Die Begriffe Werkstattplanung und Werkplanung können synonym benutzt werden und betreffen die Ausführungsplanung.

Eine Werkstattplanung im Stahl- oder Holzbau ist keine Grundleistung, sondern eine besondere Leistung, siehe HOAI Anlage 14 zu § 51 Absatz 5, § 52 Absatz 2 Grundleistungen im Leistungsbild Tragwerksplanung, besondere Leistungen, Objektliste. Eine Werkstattplanung im Stahlbau muss vom Prüfsachverständigen bautechnisch und schweißtechnisch geprüft und vom BVB freigegeben werden.

9

Tragwerksplanung und Entwurfsstatik

Gemäß HOAI sind in Leistungsphase 2 noch keine statischen Berechnungen zu erstellen, siehe HOAI-Anlage 14 zu § 51 Absatz 5, § 52 Absatz 2, Grundleistungen/Besondere Leistungen. Der Planer muss aber den Ingenieurvertrag dahingehend prüfen, ob eine Vorstatik bzw. eine vorläufige nachprüfbare Berechnung in Lph 2 als besondere Leistung vertraglich vereinbart wurde. In diesem Fall muss der Planer auch schon in Lph 2 eine Vorstatik aufstellen und dem Bauherrn übergeben.

Zur Absicherung der eigenen Planungsleistung kann es sinnvoll sein, bereits in Lph 2 eine überschlägige Statik aufzustellen, um die Machbarkeit der vom Planer entwickelten Lösung zu überprüfen und sicherzustellen.

In Leistungsphase 3 ist eine Entwurfsstatik zu erstellen, welche gemäß HOAI, Anlage 14 zu § 51 Absatz 5, § 52 Absatz 2, Grundleistungen/Besondere Leistungen im Wesentlichen die folgenden Kriterien erfüllt:

> [. . .]
> *b) Überschlägige statische Berechnung und Bemessung*
> *c) Grundlegende Festlegungen der konstruktiven Details und Hauptabmessungen des Tragwerks für zum Beispiel Gestaltung der tragenden Querschnitte, Aussparungen und Fugen; Ausbildung der Auflager- und Knotenpunkte sowie der Verbindungsmittel*
> [. . .]

Die Entwurfsstatik wird dem Bauherrn übergeben und je nach Entscheidung des DB-Projektleiters auch von einem Prüfsachverständigen (PSV) bautechnisch geprüft. Es kann jedoch auch sein, dass die Entwurfsstatik nie durchgesehen wird. Trotzdem ist das Dokument sehr wichtig, weil die Ergebnisse in die Zeichnungen, die Sperrpausenplanung, das Leistungsverzeichnis etc. einfließen.

Folgende Aspekte müssen vor Erstellung der Entwurfsstatik abgesprochen werden und gegebenenfalls in der Entwurfsstatik berücksichtigt sein:

- Auswirkungen auf Bestandsbauwerke
- Lärmschutzwand (LSW) auf Bauwerkskappe, Verankerung der LSW auf Stahlbetonkappe, Rückverankerung der Stahlbetonkappe
- Anprall: Statisch-konstruktive Forderungen des Eurocode 1, Teil 1-7, Kapitel 4
- Schiffsanprall
- Eisgang

Abstimmungen dazu müssen in der Entwurfsplanung explizit dokumentiert sein, damit sie auch später bei der Bauausführung und nach einem Bearbeiterwechsel noch nachvollziehbar sind.

In der Entwurfsstatik müssen Reserven für die Ausführungsstatik und die Bauausführung berücksichtigt werden. Viele erhebliche Probleme in der Ausführungsplanung haben ihren Ursprung in einer zu ambitionierten Entwurfsstatik. Die vom Tragwerksplaner ermittelten Ausnutzungsgrade in der Entwurfsstatik sollten bei ca. 80 % liegen. Bei dieser Ausnutzung ist das Bauwerk wirtschaftlich bemessen und verfügt trotzdem über die erforderlichen statischen Reserven.

9.1 Bewährte Bauweisen

Gemäß Ril 804.1101A06 Bewährte Bauweisen gilt eine Bauweise als bewährt, wenn sie gemäß den einschlägigen technischen Vorschriften bemessen werden kann, in ausreichender Anzahl mindestens 6 Jahre im Netz der DB eingesetzt wurde und keine negativen Erfahrungen bekannt sind.

Für nicht bewährte Bauweisen und Sonderbauweisen ist gemäß Ril 804.1101A06 immer eine UiG und ggf. eine ZiE erforderlich.

Die Ril 804.1101A06 enthält sehr nützliche Tabellen zu bewährten Bauweisen je nach Bauweise und Randbedingungen. Diese Tabellen sind vom Planer zu prüfen, bevor er dem Bauherrn eine Konstruktion vorschlägt bzw. eine Lösungsvariante zeichnerisch ausarbeitet.

9.2 Lastannahmen

Für Lastannahmen bei Eisenbahnbauwerken gelten im Wesentlichen folgende Regelwerke:

- Eurocode 1
  - Kapitel II Wichten, Eigengewichte
  - Kapitel III Verkehrslasten auf Brücken
  - Kapitel VI Außergewöhnliche Einwirkungen
- Ril 804.2101 Einwirkungen
- Ril 836.2001 Lastannahmen

9.3 Dynamischer Beiwert Φ für erddruckbelastete Stützbauwerke

Der dynamische Beiwert Φ darf gemäß Ril 836.2001, Abschnitt 3.2 (9) für die Nachweise erddruckbelasteter Stützbauwerke entfallen:

Ril 836.2001, Abschnitt 3.2 (9) Dynamische Beiwerte bei sonstigen Tragwerken
Bei Tragfähigkeitsnachweisen für neu zu erstellende geotechnische Tragwerke als

- bewehrte oder unbewehrte Erdkörper von dämmen oder Bodenaustauschkörpern,
- auf dem Boden flächig aufliegende massive Gründungsplatten ohne Gründungspfähle,
- durch Erddruck belastete Stützbauwerke

darf der Ansatz eines dynamischen Beiwertes entfallen, wenn der Unterbau/ Untergrund nicht aus schwingungsempfindlichen Böden besteht.

Dieselbe Aussage trifft auch DIN EN 1991-2 Abschnitt 6.3.6.4:

DIN EN 1991-2, Abschnitt 6.3.6.4
6.3.6.4 vertikale Ersatzlasten für Erdbauwerke und Erddrücke
(1) Für allgemeine Beanspruchungen dürfen die charakteristischen vertikalen Ersatzlasten aus Eisenbahnverkehr zur Berechnung der Erddrücke unter oder nahe den Gleisen mit einem angepassten Lastmodell (LM 71 oder falls erforderlich die klassifizierten Vertikallasten nach 6.3.2 (3) bzw. SW/2 falls erforderlich) gleichmäßig verteilt über eine Breite von 3 m in einer Tiefe von 0,70 m unter Schienenoberkante angenommen werden.
(2) Bei den oben angegebenen gleichmäßig verteilten Lasten brauchen keine dynamischen Einwirkungen berücksichtigt zu werden.

Im veralteten DIN-Fachbericht 101 war das inhaltsgleich formuliert:

DIN-Fachbericht 101, Abschnitt 6.3.5.4
6.3.5.4 vertikalen Ersatzlasten für Erdbauwerke und Erddrücke
(1) Für allgemeine Beanspruchungen dürfen die charakteristischen vertikalen Ersatzlasten aus Eisenbahnverkehr zur Berechnung der Erddrücke unter oder nahe den Gleisen mit einem angepassten Lastmodell (LM 71 oder falls erforderlich die klassifizierten Vertikallasten nach 6.3.2 (3) bzw. SW/2 falls erforderlich) gleichmäßig verteilt über eine Breite von 3 m in einer Tiefe von 0,70 m unter Schienenoberkante angenommen werden.
(2) Bei den oben angegebenen gleichmäßig verteilten Lasten brauchen keine dynamischen Einwirkungen berücksichtigt zu werden.

9.4 Teilsicherheitsbeiwert γ für Fußgängerverkehr

Bei Eisenbahnbauwerken gelten für Fußgängerverkehr folgende Regelungen gemäß den Eisenbahnspezifischen Technischen Baubestimmungen (EiTB) für den Teilsicherheitsbeiwert γ:

> *Auszug aus den EiTB, Ausgabe 2025/1 (Quelle: www.eba.bund.de)*
> zu DIN EN 1990, 6.5.3 (2) a):
> Die charakteristische Kombination entspricht der seltenen Kombination. Abweichend von DIN EN 1990, Tabelle NA.A.2.1 ist für die vertikalen Einwirkungen aus Fußgängerverkehr ein Teilsicherheitsbeiwert von γ_Q = 1,5 (statt 1,35) in allen ständigen und vorübergehenden Bemessungssituationen (S/V) für die Nachweise EQU und STR/GERI anzusetzen.
> Im Anwendungsfall von Fußnote b von DIN EN 1991-2, Tabelle 4.4a gilt der Teilsicherheitsbeiwert γ_Q = 1,35 (Lastgruppe gr 1a).

9.5 Kombinationsbeiwert Ψ für Temperatur

Gemäß Eisenbahnspezifischen Technischen Baubestimmungen (EiTB) gilt für den Kombinationsbeiwert Ψ bei Temperatureinwirkungen:

> *Auszug aus den EiTB, Ausgabe 2025/1 (Quelle: www.eba.bund.de)*
> zu DIN EN 1991-1-5/NA NDP zu 6.1.3.3 (3)
> Für α_t für Baustahl ist ein Wert 12 · 10−6 1/K anzusetzen. Für Temperatureinwirkungen ist in der Tabelle A 2.3 der DIN EN 1990 der Wert Ψ_0 = 0,6 durch den Wert Ψ_0 = 0,8 zu setzen.

9.6 Eisenbahnspezifische Nachweise

Folgende eisenbahnspezifische Nachweise sind in der Entwurfsstatik zu führen (wenn ingenieurmäßig sinnvoll), damit in der Ausführungsplanung keine geometrischen Änderungen erforderlich werden:

- Vertikale Beschleunigung des Überbaus nach DIN EN 1990 A 2.4.4.2.1 (nur bei dynamischer Berechnung)
- Verwindung des Überbaus nach DIN EN 1990, A 2.4.4.2.2
- Vertikale Verformung des Überbaus nach DIN EN 1990, A 2.4.4.2.3
- Querverformungen und Querschwingungen des Überbaus nach DIN EN 1990, A 2.4.4.2.4
- Längsverschiebung des Überbaus nach DIN EN 1990 A 2.4.4.2.5 bzw. nach DIN EN 1991-2 6.5.4.5.2

- Komfortkriterien nach DIN EN 1990 A 2.4.4.3.1
- Verformungswege Überbauende nach Ril 804.3101, Abschnitt 2 (1)
- Endtangentendrehwinkel nach Ril 804.3101, Abschnitt 2 (2)
- Resonanzrisiko/dynamische Berechnung nach Ril 804.3101, Abschnitt 3. Dieser Abschnitt ersetzt DIN EN 1991, Teil 2, 6.4.4. Zuerst muss der Entfall der dynamischen Berechnung nach Ril 804.3101, Abschnitt 3 (2) geprüft werden.
- Längskraftabtragung nach Ril 804.3401

Für die Verformungsnachweise können Temperaturlasten bemessungsrelevant sein. Daher sind Temperaturlasten bei der Entwurfsstatik zu berücksichtigen.

9.7 Hublastbeiwert

Wenn Überbauten oder Fertigteile mit Bagger, Mobilkran oder Turmdrehkran eingehoben werden sollen, dann muss in der Statik – zusätzlich zum Teilsicherheitsbeiwert für das Eigengewicht – ein Hublastbeiwert berücksichtigt werden.

Der Hublastbeiwert kann nach der VDI-Richtlinie VDI/BV-BS 6205 Transportanker und Transportankersysteme für Betonfertigteile gewählt werden, siehe Tab. 9.1.

Alternativ können Hublastbeiwerte aus DIN EN 13001-2 Kransicherheit - Konstruktion allgemein - Teil 2 Lasteinwirkungen entnommen werden, siehe Tab. 9.2. Hier sind auch Teilsicherheitsbeiwerte zu finden, welche bei der Einhubplanung angesetzt werden können, wenn das Bauteileigengewicht durch eine Waage ermittelt werden kann. Diese Teilsicherheitsbeiwerte sind geringer als der übliche Teilsicherheitsbeiwert für ständige Lasten von 1,35.

Tab. 9.1 Hublastbeiwerte nach VDI/BV-BS 6205 (Kranhubklasse H1).

Hubbedingungen	**Hublastbeiwert y**
Stationärer Kran Hubgeschwindigkeit > 90 m/min	1,3
Hub und Transport (z. B. mit Bagger) in ebenem Gelände	2,5
Hub und Transport (z. B. mit Bagger) in unebenem Gelände	≥ 4,0

Tab. 9.2 Werte der Teilsicherheitsbeiwerte, die auf die durch Messung ermittelten Lasteinwirkungen anzuwenden sind, nach DIN EN 13001-2, dort Tabelle 12.

	Lastkombinationen nach DIN EN 13001-2, Abschnitt 4.3.1		
	A	**B**	**C**
γ_P	1,16	1,10	1,05

Auszug aus DIN EN 13001-2
4.3.6 Auf gemessene, durch das Steuerungssystem begrenzte Lasteinwirkungen anzuwendende Teilsicherheitsbeiwerte
Für Kranteile, deren Lasteinwirkungen durch direkte Messung ermittelt worden sind und durch das Steuerungssystem begrenzt werden, müssen die in Tabelle 12 angegebenen Teilsicherheitsbeiwerte angewendet werden. Die durch Messung ermittelten Lasteinwirkungen können Einwirkungen aus unterschiedlichen Belastungen enthalten, z. B. Eigengewicht, Hublast, Seitenkräfte, Windlasten usw.; bei der Messung wird jedoch ausschließlich die Gesamtheit der Lasteinwirkungen ermittelt. Für diese Kranteile werden die Spalten der Lastkombination in Tabelle 13 durch die gemessenen Lasteinwirkungen ersetzt.

9.8 Transportanker

Für Transportanker in Stahlbeton-Fertigteilen gilt die Veröffentlichung „VDI/BV-BS 6205 Transportanker und Transportankersysteme für Betonfertigteile". Außerdem stellt z. B. der Hersteller Philipp GmbH das Dokument „Allgemeine Einbau- und Verwendungsanleitung" zur Verfügung (https://philipp-group.com/wp-content/uploads/2025/10/PHILIPP-Transportankersysteme-Allgemeine-Einbau-und-Verwendungsanleitung-de.pdf).

Transportanker müssen geplant und statisch bemessen werden. Eine ausreichende Bauteildicke muss zur Verfügung stehen, damit die Anker nicht länger sind als das Bauteil. Ggf. sind Zulagen in der Bewehrung erforderlich, z. B. bei Schrägzug.

Außer Teilsicherheitsbeiwerten sind auch Hublastbeiwerte zu berücksichtigen.

Bei statisch unbestimmten Anschlagsystemen besteht das Risiko, dass geringfügige Änderungen (z. B. ein Seil oder eine Kette kürzer) bereits große Auswirkungen auf die Seilkräfte haben. Bei mehr als zwei Seilen kann es auch passieren, dass eines nur noch schlaff hängt. Im o. g. Dokument der Philipp GmbH steht dazu:

Allgemeine Einbau- und Verwendungsanleitung, Philipp GmbH
Anzahl und Anordnung der Anker
Durch die Anzahl der Anker wird das einzusetzende Gehänge bestimmt. Ein- und zweisträngige Gehänge sind als statisch bestimmt anzusehen [. . .]. Bei dreisträngigen Gehängen trifft dies nur dann zu, wenn die Anker nicht auf einer Linie liegen [. . .]. Als statisch unbestimmt sind Gehänge mit mehr als 3 Strängen anzusehen [. . .], wenn nicht durch geeignete Maßnahmen (z. B. Ausgleichsgehänge) [. . .] sichergestellt werden kann, dass sich die Last auf alle Stränge gleichmäßig verteilt.

Prinzipiell sollten die Transportanker möglichst symmetrisch zum Schwerpunkt angeordnet werden. Wenn dies nicht möglich ist, kommt es zu unterschiedlich hohen Belastungen an den Ankern. Die Höhe der Belastung ist abhängig vom Abstand der Anker zum Schwerpunkt und muss im Einzelfall rechnerisch ermittelt werden.

Beim Anschlagen mit mehreren Strängen (statisch unbestimmte Gehänge) dürfen die Anker nur so bemessen werden, dass die gesamte Last durch 2 Anker aufgenommen werden kann (siehe BGR 500). [BGR – Berufsgenossenschaftliche Regel]

In Abhängigkeit von den verschiedenen Transportzuständen und der Anzahl der dabei genutzten Anker sind verschiedene Berechnungen durchzuführen.

9.9 β_{71}-Werte

Die β_{71}-Werte sind Belastbarkeitswerte, welche in der Ausführungsplanung oder nach Fertigstellung des Bauwerks durch eine statische Berechnung ermittelt werden. Ein β-Wert von 1,14 bedeutet beispielsweise, dass das Bauwerk 14 % Tragreserven hat.

Die Berechnung der β_{71}-Werte erfolgt nach Ril 804.3201 Ermittlung der Belastbarkeitswerte.

Die Ermittlung der Belastbarkeitswerte ist keine Grundleistung nach HOAI, sondern eine besondere Leistung. Wenn sie im Ingenieurvertrag nicht ausdrücklich vereinbart ist, dann hat der Planer Anspruch auf eine gesonderte Vergütung (Nachtrag).

9.10 Konstruktionsregeln für die Bewehrung

Gemäß Ril 804.4201 Betonbrücken, Abschnitt 4 (1) gilt für die Stababstände der Bewehrung:

Auszug aus Ril 804.4201 Betonbrücken

4 Zusätzliche Bewehrungs- und Konstruktionsregeln

(1) Die Stababstände der statisch erforderlichen Bewehrung in den äußeren Lagen von Stahlbeton- und Spannbetonbauteilen sollen 15 cm nicht überschreiten.

Bei höheren Anforderungen an die Rissbreitenbeschränkung sind die Stababstände im Einzelfall mit der DB Netz AG abzustimmen.

In Bereichen, die unter der seltenen Einwirkungskombination (Last- und Zwangswirkung) nicht auf Zug beansprucht sind, dürfen die Abstände der Bewehrungsstäbe auf 20 cm erhöht werden.

Gemäß Ril 804.4201 Betonbrücken, Abschnitt 4 (2) gilt für Stabdurchmesser und Mindestbewehrung:

Auszug aus Ril 804.4201 Betonbrücken

(2) Die Stabdurchmesser der statisch erforderlichen Bewehrung sollen je nach Bauteildicke folgende Werte nicht unterschreiten:

- 10 mm für Bauteildicken d ≤ 30 cm,
- 12 mm für Bauteildicken d ≤ 50 cm,
- 14 mm für Bauteildicken d > 50 cm.

Als konstruktive Oberflächenbewehrung ist mindestens 0,06 % des Betonquerschnittes je Bewehrungsrichtung als Stabstahl- oder Betonstahlmattenbewehrung einzulegen. Begrenzt wird dieses Mindestbewehrung auf Ø16, a = 15 cm. Der angegebene Stabdurchmesser Ø16 gilt nur für Bewehrungen mit Stabstählen und nicht für Betonstahlmatten.

Hier finden sich auch weitere wichtige Konstruktionsregeln zu Stabdurchmessern, Mindestbewehrung, Verbot von Heftschweißungen etc.

Aufgrund der aufgewalzten Rippen sind die tatsächlichen Durchmesser von Bewehrungseisen immer größer als die Nenndurchmesser. Das erschwert häufig den Bewehrungseinbau in hochbewehrten Bereichen und die Einhaltung der Betondeckung. Angaben zur Höhe a_m der Rippen finden sich in DIN 488-2 Betonstahl - Betonstabstahl, siehe Abb. 9.1 und Tab. 9.3.

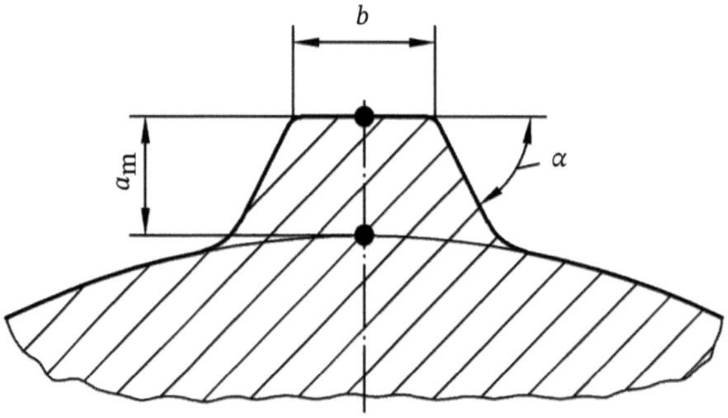

Abb. 9.1 Abmessungen der Rippen (Quelle: DIN 488-2 Betonstahl - Betonstabstahl).

Tab. 9.3 Maße und Abstände der Schrägrippen sowie bezogene Rippenfläche, nach DIN 488-2, dort Tabelle 4.

Nenn-durchmesser	Höhe (Richtwerte)		Kopfbreite[a)] (Richtwerte)	Rippenabstand[b)] (Richtwerte)	Bezogene Rippenfläche[c)]
d [mm]	in der Mitte a_m [mm]	in den Viertelpunkten $a_{1/4}$ $a_{3/4}$ [mm]	b [mm]	c [mm]	f_R
6,0	0,39	0,28	0,6	5,0	0,039
8,0	0,52	0,36	0,8	5,7	0,045
10,0	0,65	0,45	1,0	6,5	0.052
12,0	0,78	0,54	1,2	7,2	0,056
14,0	0,91	0,63	1,4	8,4	0,056
16,0	1,04	0,72	1,6	9,6	0,056
20,0	1,30	0.90	2.0	12,0	0,056
25,0	1,63	1,13	2,5	15,0	0,056
28,0	1,82	1,26	2,8	16,8	0,056
32,0	2,08	1,44	3,2	19,2	0,056
40,0	2,60	1,80	4,0	24,0	0,056

a) Kopfbreiten bis 1,2 d sind an Rippenmitte zulässig (senkrecht zur Schrägrippe gemessen).
b) zulässige Abweichung ± 15 %.
c) 5 %-Quantilwert.

In der Entwurfsplanung wird zwar keine Bewehrung konstruiert, aber der regelkonforme Einbau der Bewehrung in der Bauausführung muss durch den Entwurf sichergestellt werden.

9.11 Ermüdungsnachweis

Für die Bewehrung von Überbauten und Rahmenbauwerken ist in der Entwurfsstatik der Ermüdungsnachweis zu führen, weil dieser maßgebend sein kann.

9.12 Rissbreitennachweis

Die Begrenzung der Rissbreiten ist durch eine Berechnung der Rissbreite nach EC 2, Kapitel II, Abschnitt 7.3.4 nachzuweisen.

Der Rissbreitennachweis nach EC 2, Kapitel II, Abschnitt 7.3.3 in Verbindung mit Tabelle 7.3 N, also ohne direkte Berechnung, wird in den EiTB ausgeschlossen:

Zu 7.3.2 (102), 7.3.3 (101) u. NDP zu 7.3.3 (2): Die Tabelle 7.3N ist nicht anzuwenden.

9.13 Nachweis der Torsion

Für den Nachweis der Torsion gilt gemäß Ril 804.4201 Betonbrücken, Abschnitt 2 (4):

Ril 804.4201 Betonbrücken, Abschnitt 2 (4)
Nachweis der Torsion
Abweichend von DIN EN 1992-1-1, 6.3.1(1) und 6.3.1(2) ist bei der Ermittlung der Bemessungsschnittgrößen die Torsionssteifigkeit von Trägern stets zu berücksichtigen. Wird die Biegesteifigkeit im Zustand I angesetzt, darf ohne weiteren Nachweis die Torsionssteifigkeit im Grenzzustand der Tragfähigkeit mit 50 % des für den reinen Betonquerschnitt nach der Elastizitätstheorie ermittelten Wertes angenommen werden.

9.14 Bohrpfähle

Bei Bohrpfählen muss der Rissbreitennachweis in der Entwurfsstatik geführt werden, weil dieser Nachweis maßgebend für den Bohrpfahldurchmesser sein kann. Die zulässige Rissbreite ist rechtzeitig vor Bearbeitungsbeginn mit der DB-Projektleitung, dem FvBel oder dem Prüfingenieur abzustimmen.

Gemäß ZTV-Ing, Teil 2 Grundbau, Abschnitt 2 Gründungen, Kapitel 3.1.3 (3) darf eine höhere Festigkeitsklasse als C 30/37 rechnerisch nicht in Ansatz gebracht werden.

Gemäß DIN EN 1536 Bohrpfähle, Abschnitt 6.3.2.2 darf das Größtkorn 32 mm oder ¼ des lichten Abstands der Längseisen nicht überschreiten. Der kleinere Wert ist maßgebend.

Bei verrohrtem Bohren entspricht der Außerdurchmesser des Bohrrohres in der Regel dem Außendurchmesser des fertigen Bohrpfahls. Das Maß entspricht jedoch nicht immer genau dem Nennmaß: Ein Bohrpfahl Ø 1,20 m wird z. B. mit einem Bohrrohr Ø 1,18 m hergestellt. Das ist in der Entwurfsplanung irrelevant, aber für die Planung der Bohrpfahlbewehrung unbedingt zu beachten.

Die Wandstärke eines Bohrrohres beträgt je nach Modell ca. 4 cm bis 5 cm. Die Rohre sind in der Regel doppelwandig konstruiert. Ein Grund für die große Wandstärke ist, dass die Bohrrohre aus Gewichtsgründen in Teillängen transportiert werden und auf der Baustelle ineinander gesteckt werden. Die einzelnen Rohre werden mit Keilen und Konusschrauben oder auch mit Konusringen bzw. Gewinderingen miteinander verschraubt, siehe Abb. 9.2 bis 9.4.

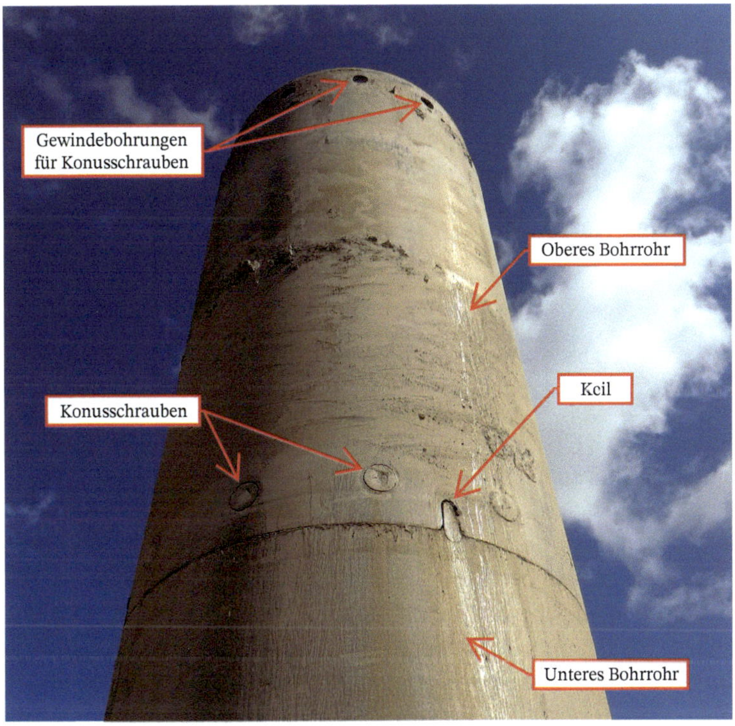

Abb. 9.2 Bohrrohr, Keil, Konusschrauben (Quelle: Emch+Berger).

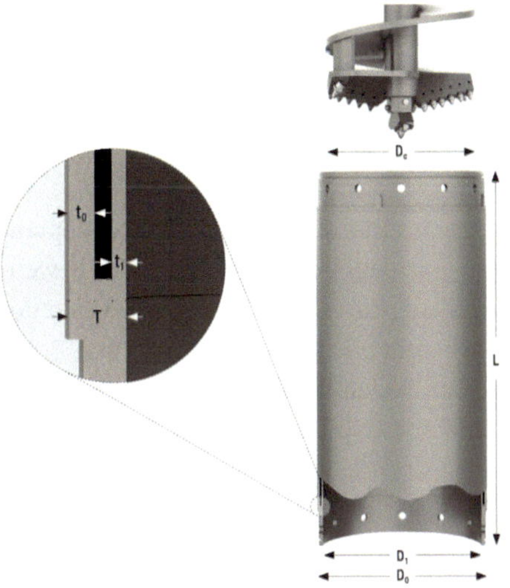

Abb. 9.3 Bohrrohre (Quelle: Liebherr).

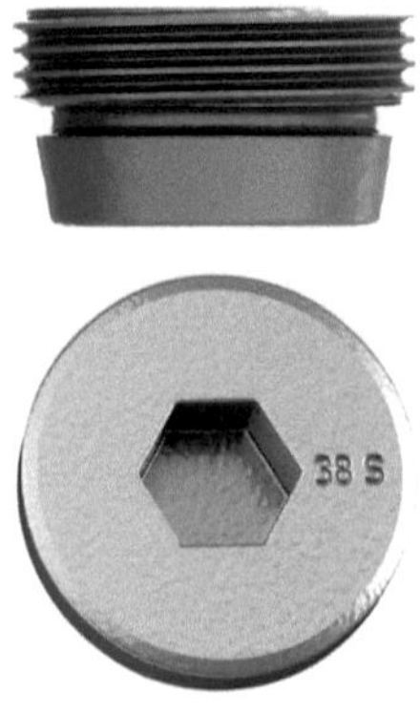

Abb. 9.4 Konusschrauben (Quelle: Liebherr).

Die Regelungen der ZTV-Ing, Teil 2 Grundbau, Abschnitt 2 Gründungen, 3.1 Pfahlgründungen sind zu beachten, z. B.:

3.1.1 (6) Aus konstruktiven Gründen soll bei Verdrängungs- und Bohrpfählen der Randüberstand der Pfahlkopfplatte über die Pfähle mindestens 30 cm betragen. Die Pfahlkopfplatte soll mindestens 60 cm dick sein.
3.1.3 (7) Ortbetonpfähle sind mindestens 50 cm über Unterfläche Pfahlkopfplatte bzw. -balken zu betonieren. Dieser Überstand ist nach Aushub der Baugrube für die Pfahlkopfplatte bzw. den Pfahlkopfbalken auf 5 cm zu kappen.

Nach DIN EN 1536 Bohrpfähle, Abschnitt 7.5.2.6 muss der lichte Abstand zwischen den Längseisen eines Bohrpfahls mindestens 10 cm betragen.

Der Abstand von Außenkante Bohrpfahl bis Achse Längseisen sollte mit ca. 16 cm angesetzt werden. Dies erscheint zwar sehr viel, ist aber realistisch. Der Bewehrungskorb muss noch einbaubar sein, auch unter Berücksichtigung möglicher Herstelltoleranzen („Banane"). Daher ist etwas Abstand zwischen Abstandhaltern und Innenkante Bohrrohr erforderlich, siehe Beispiel in Abb. 9.5.

Zu Drehbohranlagen („Bohrgeräten") siehe Abschnitt unten.

Zur Verbesserung der Mantelreibung kann eine Mantelverpressung geplant werden, wenn der Baugrundgutachter dies vorschlägt oder unterstützt. Im Bewehrungskorb werden Verpressschläuche eingebaut, durch welche vor Erreichen der 28-Tage-Festigkeit ein Verpressmörtel eingebracht wird. Dieser sprengt den Bohrpfahlbeton nach außen auf. Dadurch wird der Boden im Schaftbereich verdichtet und eine starke Verzahnung zwischen Pfahlbeton und Boden erzielt.

Wenn im Boden Weichschichten vorhanden sind (z. B. Klei, Torf), dann kann bei der Bohrpfahlbetonage evtl. Beton in die Weichschichten eindringen. In Abstimmung mit dem Baugrundgutachter kann es erforderlich sind, zur Sicherstellung der Frischbetonintegrität eine Stahlhülse in den Bohrpfahl einzubauen. Diese wird am Bewehrungskorb befestigt und muss auch in die tragfähigen Schichten einbinden, siehe Abb. 9.6.

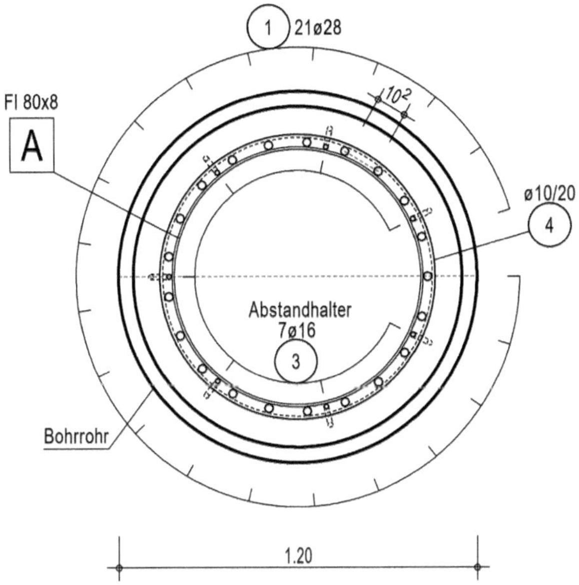

Abb. 9.5 Bohrpfahlbewehrung (Quelle: Emch+Berger).

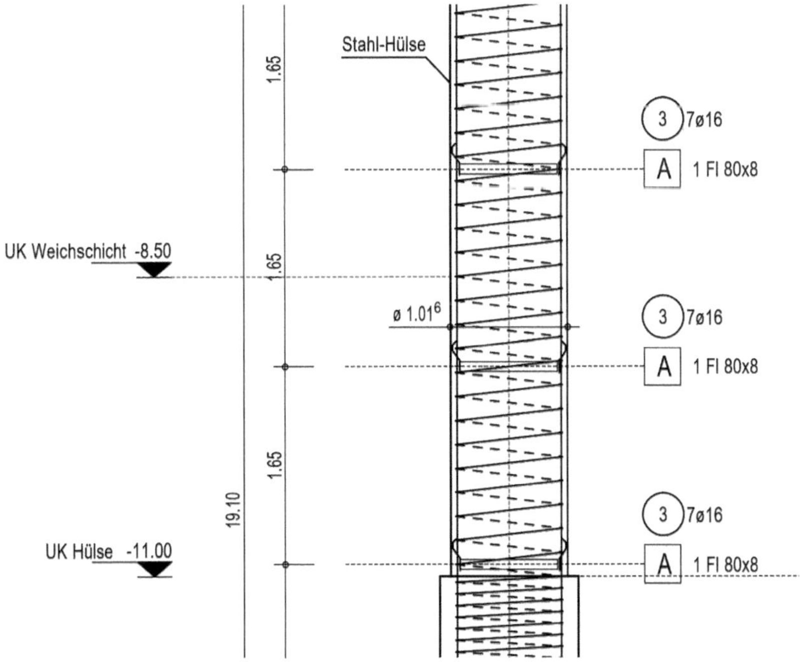

Abb. 9.6 Stahlhülse zur Sicherstellung der Frischbetonintegrität (Quelle: Emch+Berger).

Abb. 9.7 Entkoppelung eines Bohrpfahls (Quelle: Emch+Berger).

Wenn ein Bohrpfahl beispielsweise ein Bestandsfundament durchdringt und in diesem Bereich keine Kräfte übertragen werden sollen, dann muss der Bohrpfahl statisch entkoppelt werden. Das kann mit einer Polsterung am Bewehrungskorb erfolgen, siehe Abb. 9.7.

9.15 Verpressanker

Verpressanker werden nach DIN 1537 hergestellt. In der Regel handelt es sich um stark vorgespannte Litzenanker aus hochfestem Stahl.

Wenn vorgespannte Verpressanker als Daueranker eingesetzt werden sollen, dann in so früh wie möglich mit der DB-Projektleitung, dem Anlagenverantwortlichen (ALV) und dem Baugrundgutachter zu besprechen, ob die Vorspannung über den gesamten Lebenszyklus gehalten werden kann, oder ob die Vorspannung durch Relaxation des Spannstahls und durch Bewegungen des Verpresskörpers im Baugrund zu stark abnehmen wird. In diesem Sinne gilt auch gilt Ril 836.4302, Abschnitt 8 (5):

> *Für dauernde Zwecke dürfen Injektionsanker nur mit Zustimmung der anlagenverantwortlichen Stelle der DB Netz AG im Hinblick auf spätere Instandhaltungsaufwendungen eingesetzt werden.*

Die Ankerköpfe von Verpressankern als Daueranker müssen im Endzustand zugänglich sein. Im Zuge der Bauwerksprüfung muss es nämlich möglich sein, die Vorspannung der Verpressanker zu überprüfen. Die Ankerköpfe sind vor Beschädigungen zu schützen, so dass sich eine Ankernische mit oder ohne Abdeckblech anbietet.

Der Verpresskörper ist ca. 5–6 m lang und ca. 12–15 cm dick. Diese Werte sind im Rahmen der Entwurfsstatik mit dem Baugrundgutachter abzustimmen.

Die Lastfälle Ankerausfall und Litzenausfall sind nach den Empfehlungen des Arbeitskreises Baugruben (EAB) in Verbindung mit Ril 836.4302, Abschnitt 8 (3) statisch bzw. konstruktiv zu berücksichtigen.

Folgende Herstelltoleranzen gelten für Verpressankern nach DIN EN 1537, Abschnitt 8.1.2.3:

- Genauigkeit Bohransatzpunkt: 75 mm
- Abweichung Bohrachse: $\leq 2°$

9.16 Mikropfähle

Mikropfähle werden nach DIN EN 14199 hergestellt. In der Regel handelt es sich um Einstabanker ohne Vorspannung, welche auf ganzer Länge mit Verpressmörtel verpresst werden.

Die Ankerköpfe von Verpressankern als Daueranker müssen im Endzustand nicht zugänglich sein und können daher einbetoniert werden.

Die Überdeckung von Pfählen muss gemäß Ril 836.4302, Abschnitt 8 (8) mindestens 1,70 m bis SO betragen (also 1,50 m bis OK Schwelle):

Ril 836.4302, Abschnitt 8 (8)
Überdeckung von Pfählen
Pfähle und Pfahlköpfe sollen aus konstruktiven und betrieblichen Gründen innerhalb des Stützbereiches nach Modul 836.2001 mindestens 1,5 m unter der Oberkante des Stützpunktauflagers der nicht überhöhten Schiene liegen. Bei Strecken mit Hg VzG bzw. örtl. zul *v* über 120 km/h [. . .] sollen im Druckbereich [. . .] mind. 2,5 m eingehalten werden. Bei fester Fahrbahn erhöht sich dieses Maß auf 4 m.

Die Mantelreibung von Mikropfählen muss im Druckbereich abgemindert werden:

Ril 836.4302, Abschnitt 8 (9)
Mantelreibung von Pfählen
Bei den Mindestüberdeckungshöhen sind innerhalb des Druckbereiches die für statische Belastungen gültigen Bemessungswerte des Mantelreibungswiderstandes um 50 % abzumindern. Bei Schotteroberbau darf bei Strecken mit $v \leq$ 120 km/h ab Überdeckungshöhen von 2,5 m und bei Strecken mit $v >$ 120 km/h ab Überdeckungshöhen von 3,5 m sowie bei Fester Fahrbahn ab Überdeckungshöhen von 5,5 m auf eine Abminderung verzichtet werden. Zwischenwerte sind linear zu interpolieren.

Bei axial veränderlich zugbelasteten Pfählen sind die EA-Pfähle der DGGT zusätzlich zu beachten.

9.17 Betondruckspannungen in Bohrpfählen

In Bohrpfählen muss nachgewiesen werden, dass die zulässigen Betondruckspannungen nicht überschritten werden. Wenn dieser Nachweis nicht von Anfang an erbracht werden kann, dann helfen möglicherweise folgende Maßnahmen:

1. Maßgebender Schnitt
   Der maßgebende Schnitt darf im FE-Modell im Abstand von d (innerer Hebelarm) unter OK Pfahl angesetzt werden. Hier kann z. B. ein Knoten modelliert werden und bei den darüber liegenden Elementen die Nachweisführung ausgeschaltet werden.
2. Druckfestigkeitsklasse
   Ggf. kann eine höhere Betonfestigkeitsklasse gewählt werden. Rechnerisch darf nach ZTV-Ing aber maximal C30/37 angesetzt werden.
3. Erhöhung der Druckfestigkeit
   Bei den Querschnittswerten kann die zulässige Betondruckspannung von 0,6 auf $0{,}66 \cdot f_{c,k}$ erhöht werden, wenn die Umschnürung der Längsbewehrung durch eine Wendel sichergestellt ist.
4. Bettung reduzieren
   Wenn im betroffenen Bereich die Bettung reduziert werden darf (weil der Erdwiderstand geringer ist als die Bettungskraft), dann verschieben sich die Schnittgrößen evtl. günstig.
5. Dickere Pfähle
   Dickere Pfähle führen in der Regel zu geringeren Betondruckspannungen.
6. Mehr Pfähle
   Viel hilft viel.
7. Pfahlspreizung erhöhen
   Eine Vergrößerung der Pfahlspreizung kann eine Reduzierung der Betondruckspannungen zur Folge haben.
8. Pfähle neigen
   Ggf. kann durch Neigung der Pfähle mit 1 : 10 oder maximal 1 : 8 die Druckspannung reduziert werden.
9. Druckbewehrung
   Wenn bei den Querschnittswerten eine Pfahlbewehrung eingegeben wird, dann wirkt diese als Druckbewehrung und reduziert die Betondruckspannungen.
10. Inneren Hebelarm vergrößern
    Wenn bei der Bewehrungseingabe der Randabstand verringert (also der innere Hebelarm vergrößert) werden kann, dann verringern sich die Betondruckspannungen.
11. Steifigkeit Pfahlkopfplatte
    Evtl. kann die Steifigkeit der Pfahlkopfplatte erhöht und damit die Verformung der Pfähle verringert werden.

9.18 Überhöhung des Überbaus

Der Überbau ist mit Überhöhung nach Ril 804.1101, Abschnitt 2 (30) in Verbindung mit der Ausführungsstatik herzustellen. Die Überhöhung gleicht den Durchhang infolge Eigengewichts aus, damit sich auf dem Überbau keine Pfützen bilden können. Außerdem soll durch eine Überhöhung der Eindruck des „Durchhängens" vermieden werden.

In der Entwurfsplanung ist eine entsprechende Textbox auf der Zeichnung ausreichend. Die statische Berechnung der Überhöhung und eine Überhöhungsskizze sind erst in der Ausführungsplanung erforderlich.

9.19 Brückenlager

Brückenlager für die DB werden nach den folgenden Vorschriften geplant:

- DIN EN 1337 Lager im Bauwesen
- Ril 804.5101 Brückenlager
- Ril 804.9060 Anhang A04 Lagerwechsel
- Ril 804.9020 Kapitel 15 Lager und Lagertausch
- Eisenbahnspezifische technische Baubestimmungen (EiTB)

Bei einem Lagerwechsel können die Überbauten mit Holz gehen die Widerlager verkeilt werden, um die Horizontalkräfte in Gleislängsrichtung abzutragen. Bei sehr langen Brücken kann es erforderlich sein, an einer Unterbauachse eine Anschlagkonstruktion nach Ril 804.9060 Anhang A04 Lagerwechsel zu planen, damit die Horizontalkräfte abgetragen werden können. Abbildung 9.8 zeigt Brückenlager im Lieferzustand:

Abb. 9.8 Brückenlager (Quelle: Emch+Berger).

9.20 Abhebende Lagerkräfte

In der Entwurfsstatik muss geprüft werden, ob abhebende Lagerkräfte auftreten. Abhebende Lagerkräfte sind unbedingt zu vermeiden, weil sie gemäß Ril 804.5101 Brückenlager, Tabelle 1 sowie Abschnitt 2.1 (1) UiG-pflichtig sind:

> *Ausschnitt aus Ril 804.5101, Abschnitt 2.1 (1)*
> Zugbeanspruchte Lager sind zu vermeiden. In Ausnahmefällen, in denen zugbelastete Lager nicht vermeidbar sind, sind UiG und NgS zu beantragen.

NgS bezeichnet dabei einen Nachweis gleicher Sicherheit nach Ril 809.

Bei abhebenden Lagerkräften müssen sehr aufwändige Sonderkonstruktionen geplant werden, z. B. Edelstahl-Zugstangen, welche den Überbau mit dem Widerlager verbinden.

9.21 Geländerverankerung

Die Verankerung von Geländern auf Stahlbeton-Bauwerkskappen erfolgt nach Ril 804.9060 Ausrüstungselemente für Eisenbahnbrücken und Ril 804.5601 Befestigungen und Verankerungen in Beton. Details sind in Richtzeichnung A-GEL 15 enthalten, siehe Abb. 9.9.

Abbildung 9.10 zeigt eine Geländerverankerung in der Örtlichkeit, und zwar einen Endpfosten mit Fußleiste und Erdungslasche, aber noch ohne Erdungsverbinder:

In der Entwurfsplanung kann auf die Richtzeichnungen verwiesen werden, es müssen keine statischen Nachweise geführt werden. In einer Ausführungsplanung muss die Geländerverankerung jedoch statisch berechnet und vom Prüfstatiker geprüft werden, siehe folgende Ril-Auszüge. Dabei hilft Abb. 9.11.

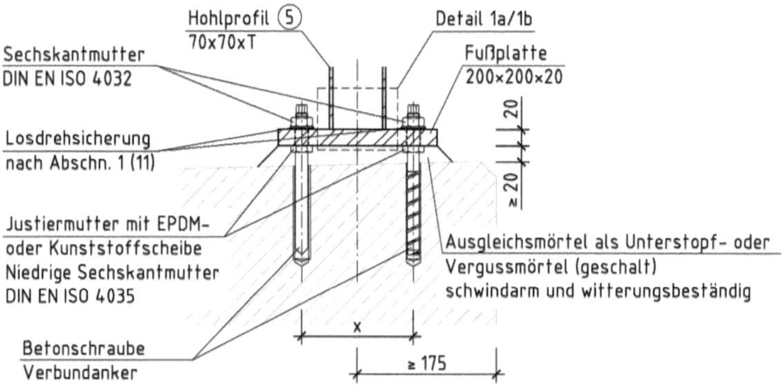

Abb. 9.9 Geländerverankerung gemäß Ril 804.9060, A-GEL 15.

Abb. 9.10 Geländerverankerung (Quelle: Emch+Berger).

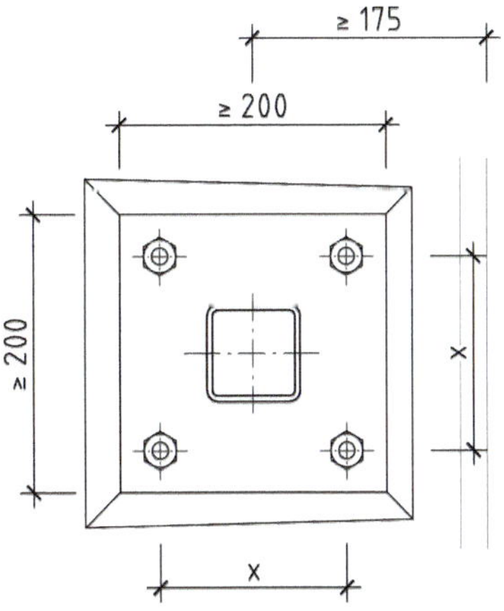

Abb. 9.11 Ril 804.9060, A-GEL 15.

Ril 804.9060 A01, Abschnitt 9

Die konstruktive Ausbildung der Geländerpfostenbefestigung muss den Regelungen und Anforderungen des Ril 804.5601 entsprechen. Die erforderlichen Nachweise der Standsicherheit sind zu führen und bautechnisch zu prüfen.

Ril 804.5601, Abschnitt 7 (1)

Darstellung und Festlegung der Verankerungspunkte

Die erforderlichen Ankerabstände und Ankerkräfte sind in der Ausführungsplanung darzustellen und nachzuweisen.

Die Bemessung erfolgt anwenderfreundlich z. B. in kostenloser Berechnungssoftware der Hersteller Hilti, Fischer oder MKT.

Im Bereich der DB Baustandards Personenbahnhöfe gilt jedoch gemäß Richtzeichnungen IseB DB Gel-S10 (Geländerverankerung vertikal gedübelt) und S11 (Geländerverankerung horizontal gedübelt):

Auszug aus Richtzeichnung IseB DB Gel-S10
Statischer Nachweis
Erbracht für die Verankerung auf Grundlage der allgemeinen bauaufsichtlichen Zulassung ETA-12/0006.

Bei der Verwendung eines alternativen Produktes ist der Nachweis der gleichen Sicherheit auf Grundlage der zugehörigen Zulassung vom Verwender zu führen und bauaufsichtlich geprüft vor der Ausführung dem Bauvorlageberechtigten gem. VVBau zur Freigabe vorzulegen!

9.22 Z-Güten

Die Z-Güte von Stahlblechen ist eine Eigenschaft des Stahls in Dickenrichtung bzw. ein Indikator für die Terrassenbruchempfindlichkeit. Gemäß Ril 804.4101, Abschnitt 3 (27) gilt:

Ril 804.4101, Zusätzliche Anforderungen für Stahlbrücken, Abschnitt 3 (27)
Beanspruchung in Dickenrichtung
Wenn sich Zug- oder Biegezugbeanspruchungen in Blechdickenrichtig, die in geschweißten Bauteilen durch äußere Einwirkungen oder durch Eigenspannungszustände hervorgerufen werden können, nicht vermeiden lassen, sind sowohl bei der Werkstoffwahl (DIN EN 1993-1-10) als auch bei der Ausführung der Schweißnähte (DIN EN 1090-2) geeignete Maßnahmen zur Vermeidung von Terrassenbrüchen zu treffen.

Die daraus resultierenden Anforderungen an die Materialgüte (Z-Güte) sind in den Fertigungsunterlagen anzugeben, die schweißtechnischen Maßnahmen sind im Schweißplan zu dokumentieren.

Die Z-Güten sind demnach in den Fertigungsunterlagen anzugeben, also in der Werkplanung. Z-Güten werden nach den folgenden Vorschriften ermittelt:

- DIN EN 1993-1-10
- DIN EN 1993-1-10-NA
- DIN EN 1993-1-10-NA-A1

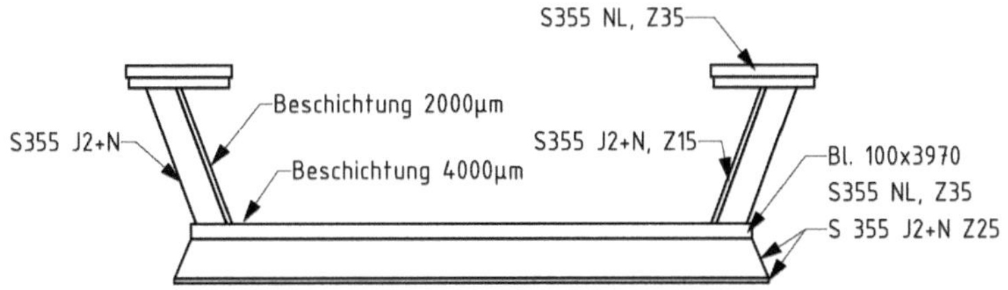

Abb. 9.12 Z-Güten für einen Dickblechüberbau (Quelle: Emch+Berger).

Die ZTV-ING, Teil 4 Stahlbau und Stahlverbundbau, Abschnitt 1 Stahlbau, Kapitel 3 Werkstoffe, Nr. 7 trifft folgende Angabe, welche sich jedoch auf Straßenbrücken bezieht:

> *Die erforderliche Z-Güte ist statisch nachzuweisen. Für Flachstähle mit Werkstoffdicken ≥ 15 mm sind für tragende Bauteile von Straßenbrücken mindestens Stähle mit der zusätzlichen Anforderung z15 zu verwenden.*

Die Ermittlung von Z-Güten ist keine Grundleistung nach HOAI. Die Ermittlung der Z-Güten ist außerdem mit hohem Aufwand verbunden:

- Blechdicken für alle Bauteile ermitteln (auch Steifen, Schotte, Pressenteller usw.)
- Schweißnahtformen festlegen
- Schweißnahtdicken berechnen
- Schweißreihenfolge planen
- Detailskizzen erstellen
- etc.

Dies ist von der Werkplanung und Herstellreihenfolge des ausführenden Stahlbauunternehmens abhängig und in Leistungsphase 3 in der Regel nicht planbar.

Abweichend davon müssen die Z-Güten für Dickblechüberbauten bereits in der Entwurfsplanung ermittelt werden, weil hier besonders hohe Anforderungen gelten, siehe Abb. 9.12.

9.23 Stahlbeton-Rahmenbauwerke

Eisenbahnüberführungen als Stahlbeton-Rahmenbauwerke können nach Ril 804.9040 Rahmenbauwerke geplant werden. Diese Ril enthält fertige Ausführungsplanungen (Schal- und Bewehrungszeichnungen nach Typenstatiken), nach welchen gebaut werden kann. Diese Ril behandelt sowohl unten geöffnete Halbrahmen als auch unten geschlossene Vollrahmen.

Wenn in der Variantenuntersuchung ein Stahlbeton-Rahmen infrage kommt, dann sollten zunächst die Checklisten nach Ril 804.9040 A04 und Ril 804.9040 A05

Abb. 9.13 Rahmenbauwerk (Quelle: Emch+Berger).

ausgefüllt werden, um die Anwendbarkeit zu prüfen. Wenn die Standardplanung anwendbar ist, dann reduziert sich der planerische Aufwand enorm. Wenn die Standardplanung nicht direkt anwendbar ist, dann muss eine projektbezogene Statik aufgestellt werden und das Bauwerk konstruiert werden.

Die Ril 804.9040 enthält statische Sicherheiten, was ja auch sinnvoll ist. Wenn die Standardplanung gemäß Checkliste nicht anwendbar ist, dann können die Nachweise mit einer projektbezogenen Statik häufig bei gleicher Bauwerksgeometrie geführt werden.

Die Richtzeichnungen der Ril 804.9040 stellen in jedem Fall eine große Hilfe dar, z. B. für die Festlegung von Bauteildicken, die Erläuterung von Verschubverfahren, konstruktive Details, die Anordnung querender Leitungen etc.

In Abb. 9.13 ist ein Stahlbeton-Rahmenbauwerk mit gevouteten Rahmenecken für eine nicht elektrifizierte Strecke dargestellt.

9.24 Stahl-Fachwerke

Stahl-Fachwerküberbauten werden nach Ril 804.9010 Stählerne Eisenbahnbrücken und Ril 804.4101 Zusätzliche Anforderungen für Stahlbrücken geplant. Fachwerküberbauten sind für große Stützweiten geeignet, siehe Abb. 9.14.

Die Richtzeichnungen und Erläuterungen bieten viele hilfreiche Konstruktionshinweise. Die Darstellung in den Richtzeichnungen erfolgt für eingleisige rechtwinklige Überbauten. Fachwerke sind jedoch auch für zweigleisige und mit Einschränkungen für schiefwinklige Überbauten geeignet. Bei schiefwinkligen Fachwerküberbauten muss jeder einzelne Fachwerkträger in sich rechtwinklig hergestellt werden. Außerdem muss sichergestellt sein, dass keine abhebenden Lagerkräfte auftreten und dass der Stahlbau herstellbar ist. Abbildung 9.15 zeigt einen Stahl-Fachwerküberbau während der Montage auf der BE-Fläche, mit Arbeitsgerüsten und Einhausung.

Abb. 9.14 Stahl-Fachwerküberbau (Quelle: Emch+Berger).

Abb. 9.15 Montage eines Stahl-Fachwerküberbaus (Foto: Erdmenger).

Ein Stahl-Fachwerküberbau kann durch einen Verschubvorgang oder durch Kraneinsatz von der BE-Fläche aus in seine Endlage gebracht werden.

Mit der OLA-Planung ist abzustimmen, ob OLA-Maste vor und hinter dem Bauwerk ausreichen, zum Beispiel mit einer Mastkonsole am Widerlager gemäß

Abb. 9.16 Mastkonsole vor einem Fachwerk-Überbau (Foto: Erdmenger).

Abb. 9.16. Wenn der Überbau sehr lang ist, dann werden evtl. OLA-Stützpunkte auf dem Überbau erforderlich, siehe Abb. 9.17.

Die Lösungsvarianten sind mit dem OLA-Planer abzustimmen. Außerdem ist die Höhe des Windverbands mit dem OLA-Planer und dem ALV OLA abzustimmen.

Abb. 9.17 OLA-Stützpunkt am Fachwerk-Überbau (Foto: Erdmenger).

9.25 Stabbogenbrücken

Stabbogenbrücken werden nach Ril 804.9010, Kapitel 4, und Richtzeichnung S-STB 01 ff geplant. Gemäß Ril 804.1101A06 Bewährte Bauweisen, Tabelle 3 Stahlbrücken, zählen Stabbogenbrücken zu den bewährten Bauweisen, wenn folgende Parameter eingehalten sind:

- Entwurfsgeschwindigkeit ≤ 160 km/h
- Stützweite ≤ 120 m
- Bei eingleisigen Überbauten: Stützweite ≥ 60 m
- Bei zweigleisigen Überbauten: Stützweite ≥ 50 m

Abbildung 9.18 zeigt ein Beispiel für die Bauphasenplanung einer Stabbogenbrücke.

9.26 Trogbrücken mit orthotroper Platte

Stahl-Trogbrücken mit orthotroper Platte werden nach Ril 804.9010, Kapitel 5, und Richtzeichnung S-TRO 10 geplant. Die Obergurte der Hauptträger können oberhalb der Schienenoberkante angeordnet werden, wodurch die Bauhöhe reduziert wird. Die Untergurte der Hauptträgers können gevoutet ausgeführt werden, was gestalterische Möglichkeiten eröffnet. Abbildung 9.19 zeigt ein besonders gelungenes Beispiel, bei welchem auch der Denkmalschutz berücksichtigt wurde.

Im dargestellten Beispiel binden die drei Hauptträger – abweichend von den Richtzeichnungen – biegesteif in die Widerlager ein. Bei der gegebenen Bauwerksschiefe

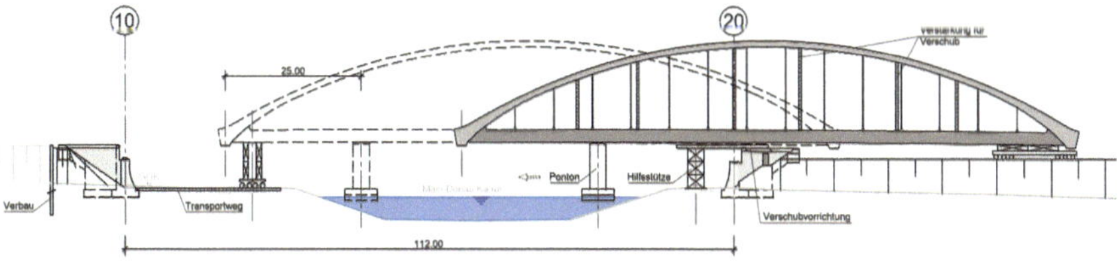

Abb. 9.18 Bauphasenplanung für eine Stabbogenbrücke (Quelle: Emch+Berger).

Abb. 9.19 Stahl-Trogbrücke mit gevouteten Untergurten (Foto: Erdmenger).

war es dadurch möglich, die ansonsten auftretenden abhebenden Lagerkräfte zu vermeiden.

9.27 Trägerrostbrücken

Stahl-Trägerrostbrücken werden nach Ril 804.9010, Kapitel 5, und Richtzeichnung S-TRR 10 geplant. Bei Trägerrostbrücken liegt das Tragwerk vollständig unterhalb des Schotteroberbaus. Die Bauhöhe ist dadurch größer als bei Trogbrücken. Dafür bestehen auf dem Brückendeck kaum Zwangspunkte für die Querschnittsgestaltung. Außerdem kann ein Zug, welcher auf dem Trägerrost-Überbau entgleist, nicht gegen das Tragwerk prallen.

Die Untergurte der Hauptträger können gevoutet ausgeführt werden, was gestalterische Möglichkeiten eröffnet.

9.28 Trogbrücken mit dickem Blech (Dickblechüberbauten)

Dickblechüberbauten sind Trog-Überbauten mit einem 10 cm dicken Fahrbahnblech. Ril 804.9010, Richtzeichnung S-TRO 12, stellt eine Trogbrücke mit dickem Blech als zweigleisigen Querschnitt dar. Der Gleisabstand ist in der Richtzeichnung nicht vermaßt. Bei geringen Stützweiten ist ein Gleisabstand von 4,00 m möglich, s. Abb. 9.20. Weitere Angaben sind in Richtzeichnungen S-TRO 11 und S-TRO 13

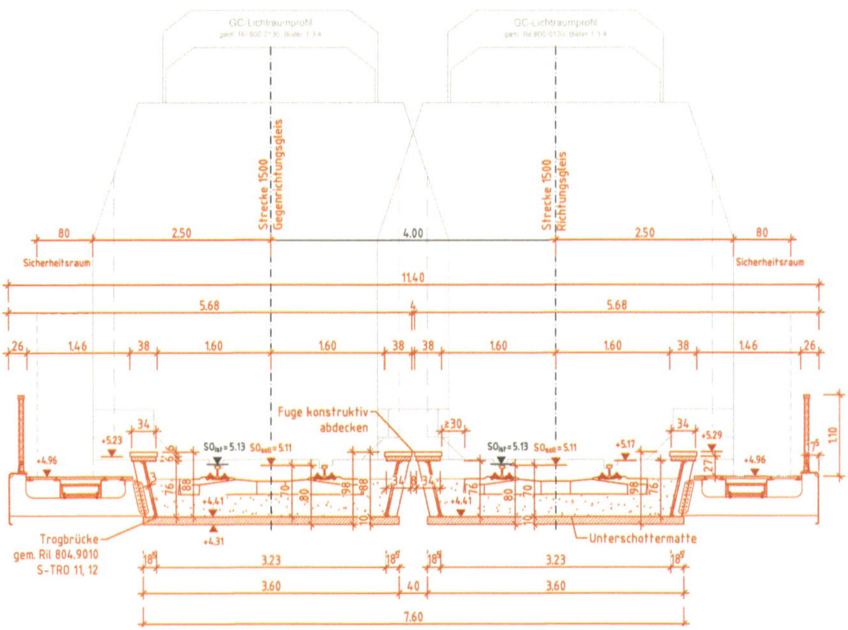

Abb. 9.20 Dickblechüberbauten (Quelle: Emch+Berger).

Abb. 9.21 Einhub eines Dickblechüberbaus (Quelle: Emch+Berger).

sowie Ril 804.4101 Zusätzliche Anforderungen für Stahlbrücken, Abschnitt 2.8 Trogbrücken mit dickem Fahrbahnblech, zu finden.

Abbildung 9.21 zeigt den Einhub eines Dickblechüberbaus im Hauptbahnhof Hannover mit zwei Gleiskränen im Tandemeinsatz und Montagehilfen.

Dickblechüberbauten haben unter anderem folgende Vorteile:

- minimale Bauhöhe
- unten liegender Verkehrsweg muss evtl. nicht abgesenkt werden
- daher evtl. Kostenersparnis für Straßenbau und Leitungsarbeiten
- nur wenige kleinteilige Stahlbauteile
- daher geringe Instandhaltungskosten für Korrosionsschutz
- Dickblechüberbauten weisen ein geringes Brückendröhnen auf

Die 10 cm dicken Fahrbahnbleche können nur bis zu einer Länge von ca. 12 m hergestellt werden. Die Verfügbarkeit der Bleche kann z. B. hier überprüft werden: https://www.dillinger.de/e-service/machbarkeit

Bei längeren Überbauten oder bei Schiefwinkligkeit muss das Fahrbahnblech orthogonal zur Gleisachse geschweißt werden. Gemäß TM 1-2019-10109 I.NPF 2 Dickblech-Trogbrücken müssen Stöße im Fahrbahnblech in der Werkstatt hergestellt werden:

Auszug aus TM 1-2019-10109 I.NPF 2 Dickblech-Trogbrücken

3.7 Hinweise zur konstruktiven Ausbildung

Bei schiefwinkligen Überbauten können die Stöße in den Drittelspunkten orthogonal zur Brückenachse ausgeführt werden. Stöße im Fahrbahnblech **müssen** zur Sicherung der erforderlichen Qualität als X-Naht in Wannenlage in der Werkstatt hergestellt werden. Gerade durch die Herstellung in Wannenlage (Schweißposition PA) ist eine Baustellenschweißung im Allgemeinen nicht realisierbar.

Schweißen in Wannenlage bedeutet schweißen von oben. Die TM soll in eine Ril überführt werden. Es ist also projektbezogen zu prüfen, welche Vorschrift aktuell ist.

Unter entsprechendem Aufwand ist es technisch möglich, die Fahrbahnbleche auf der Baustelle zu schweißen. Dafür ist jedoch eine UiG zu beantragen (vgl. Projekt 22.002 KrBw Schwerte). Die Richtzeichnung S-TRO 12 verweist auf diesen Ril-Abschnitt:

Auszug aus Ril 804.4101 Zusätzliche Anforderungen für Stahlbrücken

(4) Stützweiten

Diese Brücken können herstellungsbedingt bis zu einer Stützweite von ca. 20 m ausgeführt werden.

Die Länge wird im Wesentlichen durch das Eigengewicht des Überbaus begrenzt. Ein Überbau mit einer Länge von über 20 m wird sehr schwer. Ein Überbau ist beispielsweise ca. 27 m lang und ca. 170 t schwer.

Außerdem ist dieser Ril-Abschnitt relevant:

Auszug aus Ril 804.9010 Stählerne Eisenbahnbrücken, Kap. 5. Trogbrücken und Trägerrostbrücken

5.4 Trogbrücken mit „dicken" Blechen

Bei Trogbrücken wird zunehmend das Fahrbahnblech als „dickes" Blech mit einer Stärke ca. 100 mm ausgebildet. Dies hat zum einen den Vorteil, dass aussteifende Bleche und Schotte, die durch die Wärmeeinwirkung beim Schweißen einen Schweißverzug aufweisen, vermieden werden, und zum anderen können Trogbrücken mit „dicken Blechen" schneller gefertigt werden. Die Besonderheit dieser Trogbrücke ist die Ausbildung des dicken Fahrbahnbleches bei Verzicht auf Querträger. Für das Fahrbahnblech sind Stahlsorten/-güten S275N oder S355N nach DIN EN 10025-3 zu verwenden. Trogbrücken mit „dicken Blechen" haben eine sehr geringe Bauhöhe.

Soll die Brücke aus lärmreduzierenden Gründen eingesetzt werden, so sind folgende zusätzliche Anforderungen einzuhalten:

– das Fahrbahnblech muss eine Mindestdicke von $t = 100$ mm aufweisen.

Hinweise: Für Bleche mit Dicken > 100 mm ist eine Zustimmung im Einzelfall erforderlich.

- die Stege des Troges müssen eine Mindestdicke von t = 30 mm aufweisen.
- der Abstand der Stegaussteifungen darf maximal 500 mm betragen.

Diese Brücken können bis ca. 20 m Stützweite ausgeführt werden.

Wenn die oben aufgeführten Zusatzanforderungen eingehalten werden, weisen diese Brücken ein besonders geringes Brückendröhnen auf.

Unterschottermatten (USM) müssen eingebaut werden:

Auszug aus TM 1-2019-10109 I.NPF 2 Dickblech-Trogbrücken
Für die Dimensionierung der Steghöhe ist neben den statischen Erfordernissen auch die erforderliche Schotterdicke nach Ril 820.2010 Abs. 7(7) einzuhalten. **Es sind Unterschottermatten (USM) zu verwenden.** Die Dicke der USM kann nach Vorgabe der Ril 820.2010 auf die bettungsdicke angerechnet werden.

Die VDEI-KIB-Info zu Dickblechüberbauten trifft zahlreiche Vorgaben, siehe auch Abb. 9.22:

VDEI-KIB-Info Dickblechüberbauten
Die Stegbleche sind nach außen geneigt vorzusehen. Dadurch kann das Fahrbahnblech in seiner Breite „schmal“ gehalten werden. Die maximale Neigung der Stegbleche ergibt sich aus der Konstruktionsregel, dass die Innenkanten der Obergurte nicht weiter als bis zur Lotrechten oberhalb des Fußpunktes des Stegbleches hinausgerückt werden sollen. Somit entspricht (für die Oberbaugroßgeräte) der lichte Abstand zwischen den Innenkanten der Obergurte dem minimalen Abstand zwischen den Stegen.

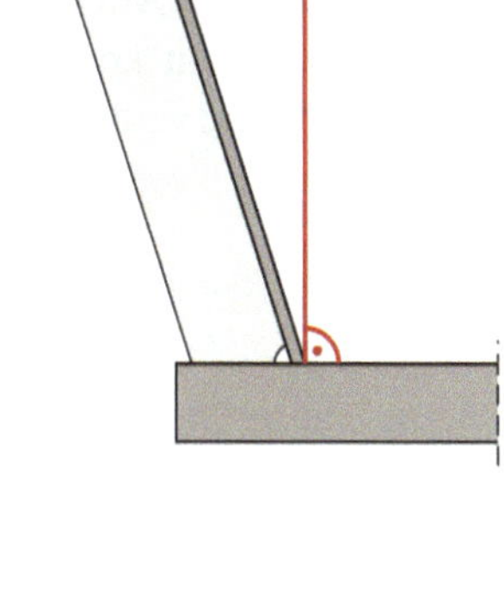

Abb. 9.22 Konstruktionsregel für Dickblechüberbauten (Quelle: VDEI-KIB-Info Nr. 15a Dickblechbrücken, dort Abb. 16).

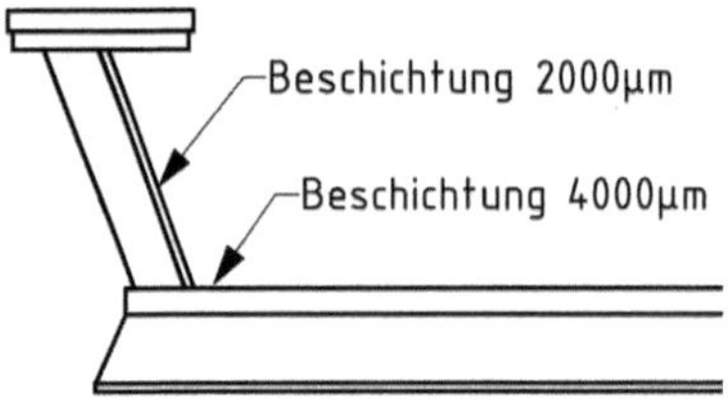

Abb. 9.23 Korrosionsschutz der schotterberührten Innenseiten (Quelle: Emch+Berger).

Die Lagerung soll gemäß VDEI-KIB-Info und Ril 804.5101 schwimmend erfolgen.

Gemäß VDEI-KIB-Info sind für das dicke Fahrbahnblech Stähle der Sorten S275 NL oder ML und S355 NL oder ML zu verwenden. Dabei darf ein S355 NL/ML im Zugbereich jedoch nur bis zu einer Blechdicke von max. 95 mm eingesetzt werden. In der Entwurfsplanung sind ggf. die Z-Güten festzulegen.

Gemäß ZTV-Ing, Teil 4, Abschnitt 3 sowie TM-1-2019-10109 I.NPF 2 und DBS 918084 hat der Korrosionsschutz der schotterberührten Flächen eine Schichtdicke von 4.000 µm (4 mm) unten und 2.000 µm (2 mm) an den Seiten, siehe Abb. 9.23.

Die Fuge zwischen zwei benachbarten Dickblechüberbauten kann analog RiZ-ING Fug 6, Blatt 1, mit Edelstahlschrauben in Sacklochbohrungen geschlossen werden.

Dickblechüberbauten sind nicht als Durchlaufträger geeignet.

9.29 Walzträger im Beton (WIB-Überbauten)

WIB-Überbauten (Walzträger im Beton) sind nach Ril 804.9010 geregelt und in Richtzeichnungen S-WIB 01 bis S-WIB 13 dargestellt. Es handelt sich um robuste Konstruktionen, welche mit geringem Bedarf an Schalung und Traggerüsten und in kurzer Bauzeit hergestellt werden können. Die Tragfähigkeit kann durch Profilhöhe, Flanschdicken und Abstände der Walzträger eingestellt werden. Abbildung 9.24 enthält eine Untersicht unter ein WIB-Bauwerk:

Für die Vorbemessung von WIB-Überbauten gibt es das Paperback „Bemessungstabellen für Eisenbahnbrücken aus Walzträgern in Beton“ (ISBN 978-99959-284-1), welches von der DB und dem Stahlproduzenten ArcelorMittal veröffentlicht wurde. Diese Veröffentlichung ist auch online kostenlos verfügbar.

Auf der Internetseite von ArcelorMittal ist die kostenlose Software ACOBRI (ArcelorMittal Composite Bridges) zum Download verfügbar. Damit können WIB-Überbauten bzw. Verbundbrücken mit geringem Eingabeaufwand vorbemessen werden.

Abb. 9.24 WIB-Überbau (Quelle: Emch+Berger).

9.30 Personenunterführungen (PU)

Die Abkürzung „PU“ kann für Polyurethan stehen, einen Kunststoff. Ein PU-Lack ist also eine Beschichtung auf Polyurethan-Basis. Die Abkürzung PU steht jedoch auch für „Personenunterführung“. Das ist ein Tunnel unter Gleisen, der nicht mit Fahrzeugen befahren wird, sondern für Fußgänger bestimmt ist. Personenunterführungen findet man häufig in Bahnhöfen, siehe Abb. 9.25.

Abb. 9.25 Personenunterführung (Quelle: Emch+Berger).

Die Regelungen der Ril 813 und die Baustandards für Personenbahnhöfe sind zu beachten. Daraus geht auch hervor, dass Personenunterführungen nach Ril 804 zu konstruieren sind:

Ril 813.0202, Personenunterführungen, Planungsgrundlagen und statisch-konstruktive Anforderungen, Abschnitte 10 (6), 10 (7) und 10 (8)

Grundsatz

(6) Personenunterführungen (PU) sind Eisenbahnbrücken zur Überführung von Eisenbahnfahrzeugen und Bahnsteigen.

Anforderungen an die Planung von PU

(87) Personenunterführungen sind auf der Grundlage der aktuell gültigen allgemeinen bauaufsichtlichen und eisenbahnspezifischen Normen und Regelwerke zu planen und zu bauen, insbesondere der Ril-Familie 804.

Standardisierte Rahmenbauwerke

(8) Für Personenunterführungen sind die standardisierten Rahmenbauwerke nach Ril 804.9040 anzuwenden, wenn die Anwendungsgrenzen eingehalten sind.

Gemäß Ril 813.0202, Abschnitt 10(2) erfolgt die Bemessung der Breite einer PU auf Grundlage des Reisendenaufkommens bzw. nach Ril 813.0202A01. Die lichte Höhe von neuen Personenunterführungen muss gemäß Ril 813.0202, Abschnitt 10(3) mindestens 2,50 m betragen.

Bei der Erneuerung vorhandener PUs ist die Entwässerung frühzeitig zu berücksichtigen. Die vorhandenen Entwässerungsanlagen sind zu erkunden. Außerdem können das Bahnhofsmanagement bzw. die ALVs Auskunft darüber geben, ob Probleme mit der vorhandenen Entwässerung bekannt sind, z. B. bei Starkregen. Durch die lichte Höhe von mindestens 2,50 m liegt eine neue PU evtl. tiefer als die vorhandene. In diesem Fall ist zu klären, ob die vorhandenen Entwässerungsanlagen weitergenutzt werden können oder eine neue Hebeanlage mit Pumpen zu planen ist. Pumpen sind Anlagen der technischen Gebäudeausrüstung und durch einen entsprechenden Fachplaner zu projektieren (Wahl der Pumpen, Stromversorgung, Steuerung/Regelung, Redundanz, Sicherheitstechnik etc.).

Bei der lichten Weite von Zugangstreppen sind die erforderlichen Handläufe zu berücksichtigen. Nach Richtzeichnung IseB DBGel-S27 darf der Handlauf einen Wandabstand zwischen 113 und 250 mm haben, siehe Abb. 9.26.

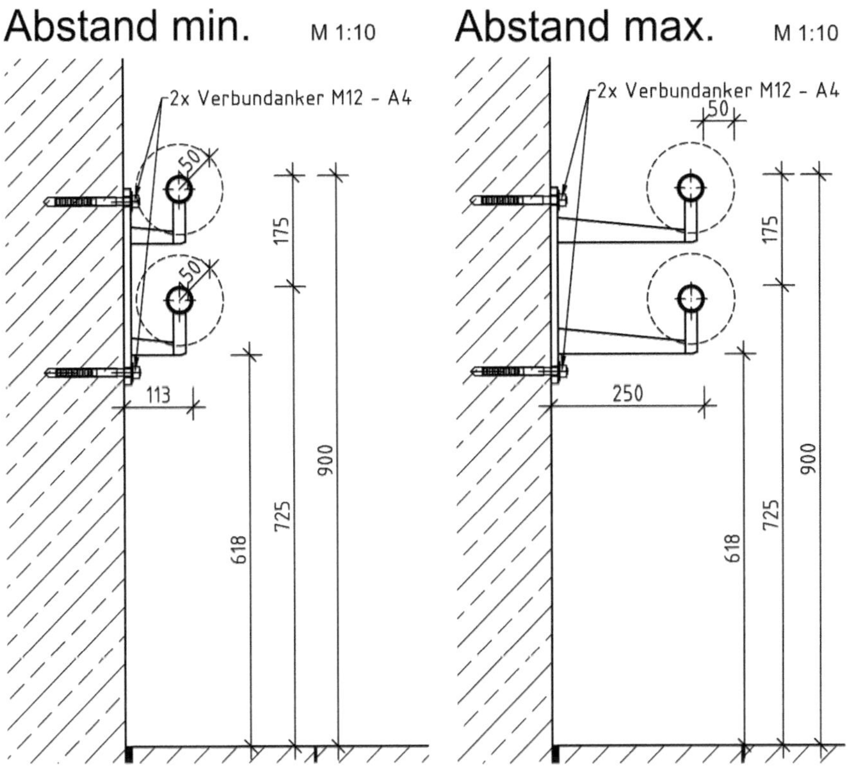

Abb. 9.26 Ausschnitt aus Richtzeichnung IseB DBGel-S27 (Quelle: DB).

9.31 Personenüberführungen (PÜ)/ Fußgängerüberführungen (FÜ)

Die Abkürzung PÜ steht für „Personenüberführung“, die Abkürzung FÜ steht synonym für „Fußgängerüberführung“. Das sind Fußgängerbrücken über Bahngleisen. Auf Abb. 9.27 ist eine Personenüberführung mit bereichsweisem Berührungsschutz zu sehen.

Bauzeitliche bzw. provisorische Personenüberführungen können ggf. in Holzbauweise, aus Systembrücken oder aus Gerüsten hergestellt werden. In Abb. 9.28 ist ein Gerüstsystem in der Isometrie dargestellt.

Gemäß Ril 813 sollen Fußgängerüberführungen über einer Geraden liegen und nicht im Bereich von Gleisbögen angeordnet werden.

Abb. 9.27 Fußgängerüberführung (Quelle: Emch+Berger).

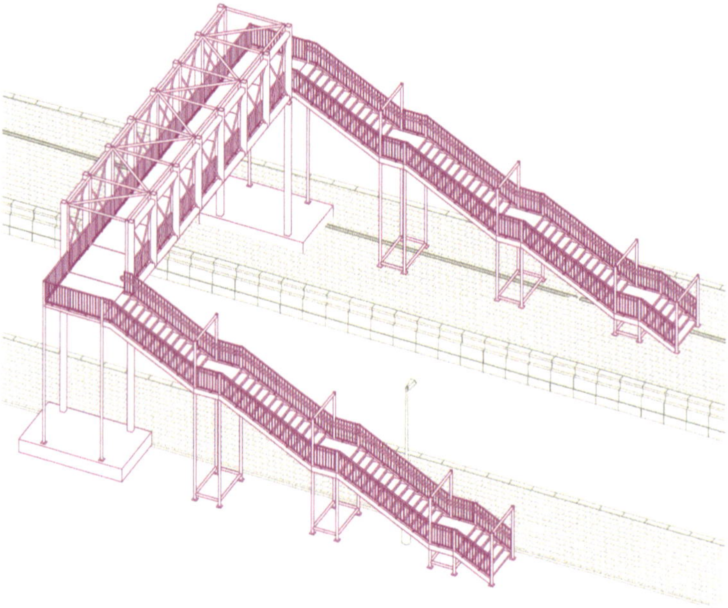

Abb. 9.28 Provisorische Personenüberführung (Quelle: Emch+Berger).

9.32 Bahnsteigdächer

Bahnsteigdächer werden nach Ril 813.0203, Abschnitt 4 Bahnsteigdächer, und Ril 813.0209 Ausführung der Stahltragwerke von Hoch- und Ingenieurbauwerken in Personenbahnhöfen geplant. Bei Neubauten sollen die Baustandards der DB InfraGO AG umgesetzt werden, indem eines der Standarddächer geplant wird. Die Abb. 9.29 und 9.30 zeigen die Typendächer Evolution 2020 und Zwiesel.

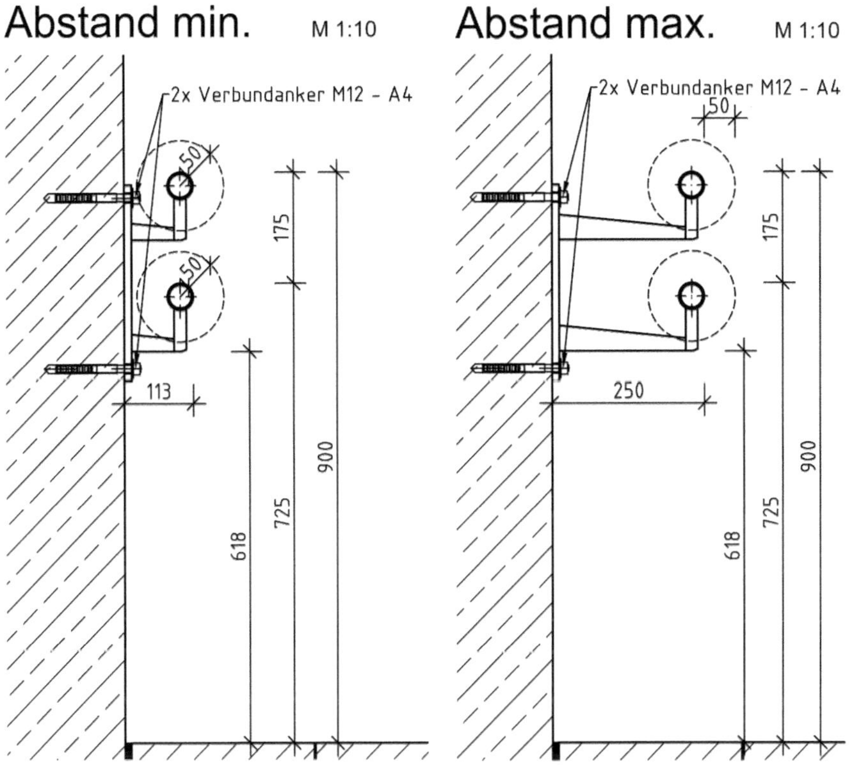

Abb. 9.26 Ausschnitt aus Richtzeichnung IseB DBGel-S27 (Quelle: DB).

9.31 Personenüberführungen (PÜ)/ Fußgängerüberführungen (FÜ)

Die Abkürzung PÜ steht für „Personenüberführung“, die Abkürzung FÜ steht synonym für „Fußgängerüberführung“. Das sind Fußgängerbrücken über Bahngleisen. Auf Abb. 9.27 ist eine Personenüberführung mit bereichsweisem Berührungsschutz zu sehen.

Bauzeitliche bzw. provisorische Personenüberführungen können ggf. in Holzbauweise, aus Systembrücken oder aus Gerüsten hergestellt werden. In Abb. 9.28 ist ein Gerüstsystem in der Isometrie dargestellt.

Gemäß Ril 813 sollen Fußgängerüberführungen über einer Geraden liegen und nicht im Bereich von Gleisbögen angeordnet werden.

Abb. 9.27 Fußgängerüberführung (Quelle: Emch+Berger).

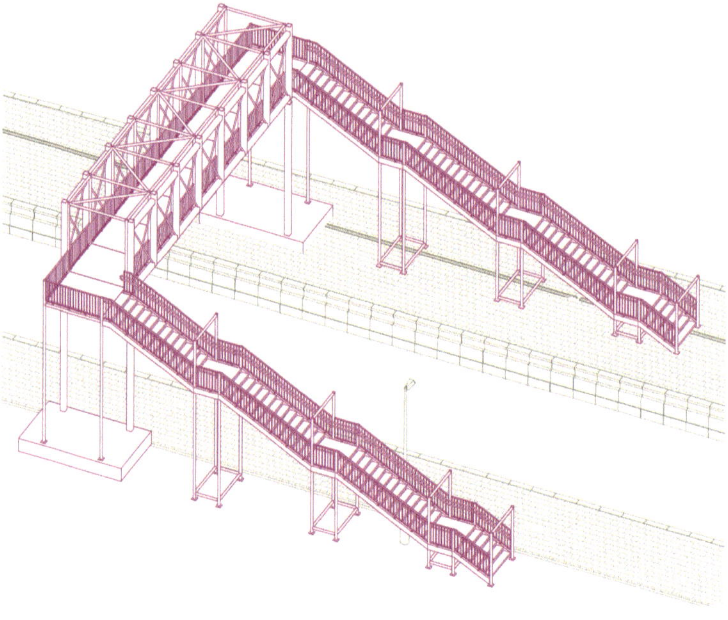

Abb. 9.28 Provisorische Personenüberführung (Quelle: Emch+Berger).

9.32 Bahnsteigdächer

Bahnsteigdächer werden nach Ril 813.0203, Abschnitt 4 Bahnsteigdächer, und Ril 813.0209 Ausführung der Stahltragwerke von Hoch- und Ingenieurbauwerken in Personenbahnhöfen geplant. Bei Neubauten sollen die Baustandards der DB InfraGO AG umgesetzt werden, indem eines der Standarddächer geplant wird. Die Abb. 9.29 und 9.30 zeigen die Typendächer Evolution 2020 und Zwiesel.

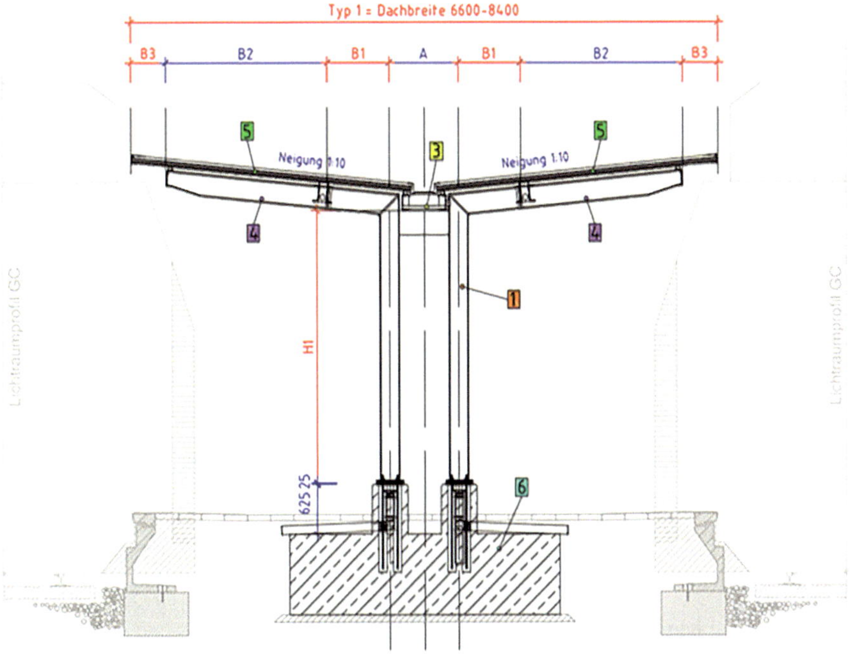

Abb. 9.29 Bahnsteigdach Evolution 2020 (Quelle: DB).

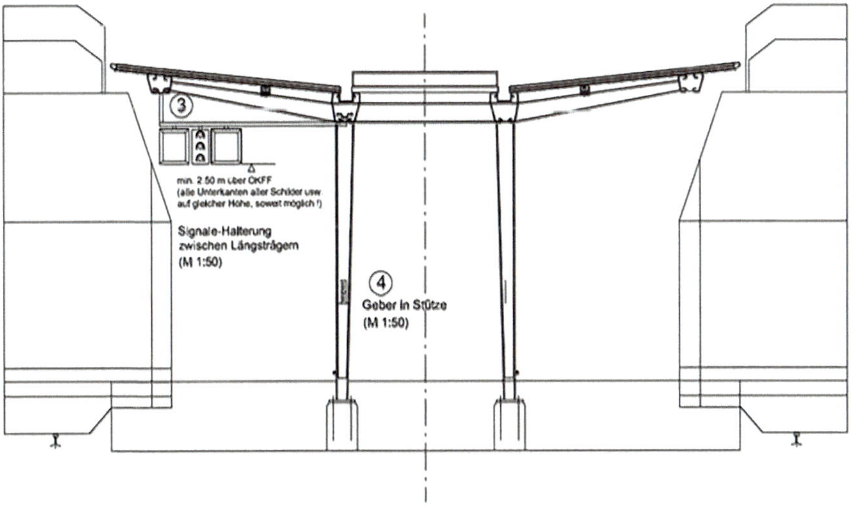

Abb. 9.30 Bahnsteigdach Zwiesel (Quelle: DB).

Beim Typendach Zwiesel können transparente Dachelemente eingebaut werden. Diese Variante ist mit dem Bauherrn und dem Bahnhofsmanagement unter Berücksichtigung der folgenden Vor- und Nachteile abzustimmen:

Vorteile

- Der Bereich unter dem Bahnsteigdach ist heller.
- Die Akzeptanz bei den Reisenden wird erhöht.

Nachteile

- Laub und Moos sind bei transparenten Dachelementen sofort zu sehen.
- Transparente Elemente müssen daher regelmäßig gereinigt werden.
- Dafür ist evtl. eine OLA-Abschaltung erforderlich.
- Der Instandhaltungsaufwand ist deutlich erhöht.

Die Stützen des neuen Dachs können entweder an denselben Standorten wie im Bestand geplant werden oder an neuen Standorten. Dabei sind unter anderem die folgenden Aspekte zu beachten:

Vorteile von neuen Stützen an den alten Standorten

- Baugrund ist vorkonsolidiert (bei Flachgründungen).
- Voraussichtlich keine Kollision mit vorhandenen Kabeln und Leitungen.
- Es muss nur wenig Pflaster aufgenommen und wiedereingebaut werden.

Vorteile von Stützen an neuen Standorten

- Der Stützenabstand kann nach statischen Möglichkeiten ggf. gegenüber dem Bestand vergrößert werden.
- Dadurch mehr Platz unter dem Dach.

Die Planung neuer Dachstützen auf Bestandsbauwerken wie z. B. Personenunterführungen sollte vermieden werden, damit keine Nachrechnung erforderlich ist.

Der Vogeleinflugschutz ist bei Typendächern schon berücksichtigt und kann durch eingeschraubte Bleche sichergestellt werden.

Die Ril 813.0209 Ausführung der Stahltragwerke von Hoch- und Ingenieurbauwerken in Personenbahnhöfen ist zu beachten. Gemäß Tabelle 1 gelten für Bahnsteigdächer die Schadensfolgeklasse CC2, die Beanspruchungskategorie SC1 und die Ausführungsklasse EXC 2. Aus Ril 813.0209, Abschnitt 1 (1) geht außerdem hervor, dass der DBS 918 002-02 für Bahnsteigdächer **nicht** gilt.

Gemäß Ril 813.0203, Abschnitt 4 (18) ist für Bahnsteigdächer eine Entwässerungsberechnung durchzuführen:

Ausschnitt aus Ril 813.0203, Abschnitt 4 (18)

Die Entwässerung des Bahnsteigdaches ist nach DIN 1986-100 Entwässerungsanlagen für Gebäude und Grundstücke – Teil 100 nachzuweisen. Für die hydraulische Bemessung sind die Starkniederschlagshöhen laut aktuellem KOSTRA des Deutschen Wetterdienstes anzusetzen.

Mit dem Bauherrn ist zu klären, ob auf den Dächern eine Photovoltaikanlage installiert werden soll. Für die Planung gilt zurzeit die Technische Mitteilung TM-2024-01 „Einsatz von Photovoltaikanlagen beim Neubau oder grundlegenden Instandsetzungsmaßnahmen von Bahnsteigdächern im Bereich der Personenbahnhöfe".

Auf Bahnsteigdächern sind Seilsicherungen bzw. Sekuranten zu planen, um die Arbeitssicherheit bei Bauwerksprüfung und Instandhaltungsarbeiten zu gewährleisten. Eine wertvolle Arbeitshilfe dafür ist die DGUV-Information 201-056 „Planungsgrundlagen von Anschlageinrichtungen auf Dächern", insbesondere Abschnitt 2.2 „Empfohlene Ausführung für Flachdächer und flachgeneigte Dächer".

Die Ausrüstungsplanung ist zu beachten:

- EEA 50 Hz: Beleuchtung, auch für Bauzustand
- TK: Zuganzeiger etc., auch für Bauzustand
- LST: Wenn Signale oder andere LST-Anlagen am Bahnsteigdach befestigt sind, auch für Bauzustand
- OLA: Schaltgruppen, Streckentrenner, betroffene OLA-Maste, ggf. OLA-Rückbau in Abhängigkeit von Bautechnologie für das Dach, etc.

Im Rahmen der Lph 1 Grundlagenermittlung ist daher in Abstimmung mit den ALVs die Lage der Hauptstromversorgung zu klären.

Zum Lichtraumprofil gilt nach Ril 813.0203, Abschnitt 4 (8):

> *Auszug aus Ril 813.0203, Abschnitt 4 (8)*
> Neue oder umfassend umzubauende Bahnsteigdächer müssen das Lichtraumprofil GC nach Ril 800.0130 freihalten. Bei Teilumbauten von/an Bahnsteigdächern soll das Lichtraumprofil GC freigehalten werden, der Regellichtraum nach §9 EBO muss immer freigehalten werden.

In der Nähe von Nord- und Ostsee ist die Luft salzhaltig. Bei Bahnsteigdächern in Stahlbauweise sind dadurch oft schon nach kurzer Nutzungsdauer gravierende Korrosionsschäden entstanden. Um dies zu vermeiden, können neue Bahnsteigdächer in Meeresnähe in Holzbauweise geplant werden. Alle Stahlbauteile (z. B. Befestigungsmittel, Bleche etc.) müssen aus seewasserbeständigem Edelstahl A4 ausgeführt werden. Für diese Bauweise existieren zurzeit noch keine Richtzeichnungen. Die DB InfraGO AG beabsichtigt jedoch, ein Bahnsteigdach in Holzbauweise zu standardisieren und in das Regelwerk zu überführen.

Bahnsteigdächer aus Verbundwerkstoffen wie z. B. glasfaserverstärktem Kunststoff (GFK) oder kohlefaserverstärktem Kunstsoff (CFK) hätten zwar prinzipiell einige Vorteile, jedoch überwiegen die Nachteile.

Einige Vorteile

- korrosionsbeständig
- UV-Beständig
- elektrisch nicht leitend
- geringes Gewicht

Einige Nachteile

- keine Richtzeichnungen der DB vorhanden
- Werkstoff ist schwer recycelbar und daher im Sinne von Umweltschutz und Nachhaltigkeit für die DB in der Regel nicht akzeptabel

Bei der Planung der Ausstattungselemente unter einem Dach (Sitzbänke, Vitrinen, Snackautomat etc.) ist das „Ordnungssystem Bahnsteig" zu beachten. Die DB InfraGO AG hat dazu eine Arbeitshilfe erstellt. Die Bahnsteige sollen einheitlich nach der Grundidee aus Abb. 9.31 geordnet werden.

Bahnsteigdächer werden in der Regel im Lage- und Höhensystem „VA-System" geplant. Die Soll-Trassierung liegt jedoch normalerweise im Lage- und Höhensystem DB_REF vor. Hier sind also Umrechnungen zwischen den Lage- und Höhensystemen erforderlich.

Planungsvorgaben oder Wünsche des Bahnhofsmanagements (BM) sind zu berücksichtigen. Außerdem ist projektbezogen zu klären, ob ein Brandschutzgutachten erforderlich ist.

Wenn die betroffenen Bahnsteige bauzeitlich von Reisenden genutzt werden sollen, dann ist ein bauzeitliches Provisorium für Beleuchtung, Beschallung, Kabel etc. erforderlich. Das Provisorium erhält aber in der Regel keine Dacheindeckung und ist daher nicht als Wetterschutz geeignet. Das Provisorium darf nicht mit den vorhandenen oder mit den neuen Dächern kollidieren. Ein Provisorium aus Holz ist kostengünstig und muss ggf. nicht geerdet werden. Fundamente für die Provisorien können auf den Bahnsteig gestellt werden, siehe Abb. 9.32.

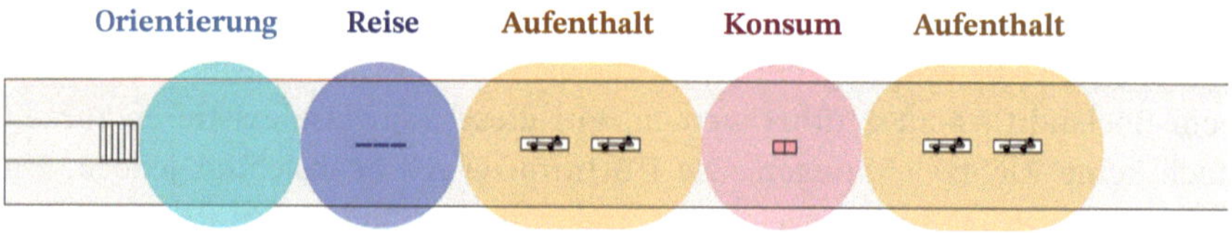

Abb. 9.31 Felderplan im Ordnungssystem Bahnsteig (Quelle: DB).

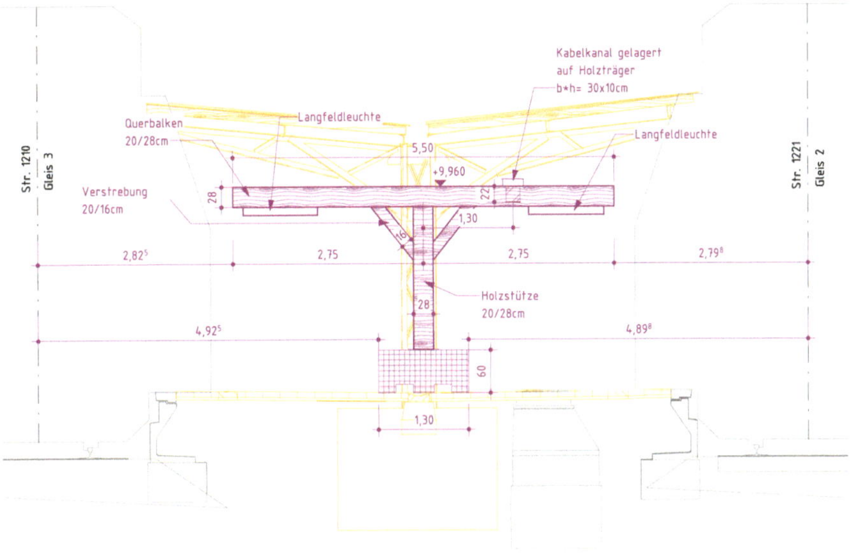

Abb. 9.32 Provisorium für Bahnsteigdach (Quelle: Emch+Berger).

9.33 Signalausleger

Gelegentlich ist ein Signal an einem Standort erforderlich, an welchem kein Mast aufgestellt werden kann. In diesem Fall kann ein Signalausleger geplant werden, siehe Abb. 9.33. Die Festlegung der Standorte und die Planung der Signale ist Sache der Leit- und Sicherungstechnik. Die Planung der Signalausleger ist jedoch dem konstruktiven Ingenieurbau zugeordnet.

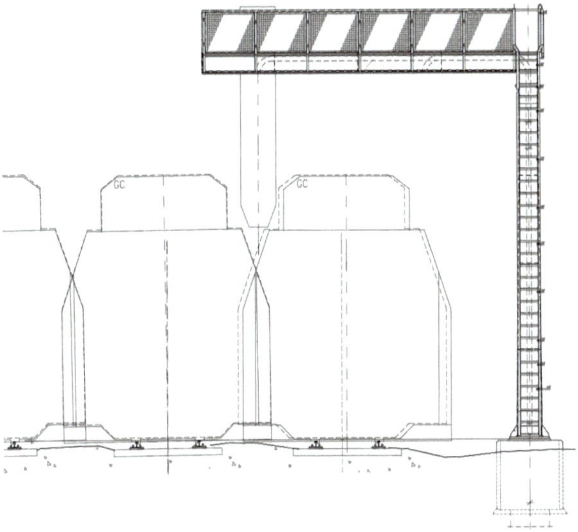

Abb. 9.33 Signalausleger (Quelle: DB).

9.34 Talbrücken

Bei der Planung von Talbrücken ist die Ril 804.9020 Rahmenplanung Talbrücken zu beachten. Hier werden unter anderem solche Besonderheiten wie Schienenauszüge, Trennfugen, Kabelgruben etc. in Text und Richtzeichnungen behandelt.

9.35 Eisenbahntunnel

Eisenbahntunnel in offener Bauweise werden unter anderem nach den folgenden Vorschriften geplant:

- Ril 853
- Ril 800.0110, Abschnitt 10 (3)
- EBA-Ril „Anforderungen des Brand- und Katastrophenschutzes an den Bau und den Betrieb von Eisenbahntunneln"

Nach alter Ril 853.0101, Abschnitt 1 (1) galt früher die folgende Definition:

> *Bauwerke, die in offener Bauweise hergestellt werden, gelten ab einer geschlossenen Länge von 250 m als Tunnel.*

Nach aktueller Ril 853.0101 ist die Definition eines Eisenbahntunnels weit weniger konkret.

Die Definition der Tunnellänge erfolgt nach Ril 853.1001, Abschnitt 3 (4) und Bild 1:

> *Als Tunnelanfang/Tunnelende wird der Schnittpunkt der Streckenachse [. . .] mit der Portalebene in Höhe SO gemäß Bild 1 festgelegt.*

Diese Definition wird in Abb. 9.34 veranschaulicht.

Wenn ein Bauwerk als Tunnel betrachtet wird, dann ist unter anderem zu beachten:

- Fluchtwege in einem Tunnel sind auszuschildern.
- In einem Tunnel ist eine Beleuchtung erforderlich.
- Für einen Tunnel ist ein Brandschutzkonzept zu erstellen.
- Aufgrund der Längsneigung der Strecke soll möglichst eine Kaminwirkung und daher eine natürliche Abführung von Rauchgas gegeben sein.
- In einem Tunnel müssen 80 cm breite Flucht- und Rettungswege vorhanden sein.
- Die Flucht- und Rettungswege müssen mit Handläufen ausgestattet sein, welche außerhalb des 80 cm breiten Flucht- und Rettungswegs liegen müssen.
- Gemäß Ril 853, Richtzeichnung T-R-O-R-2-02 sollen Tunnel eine lichte Höhe zwischen SO und Unterkante Decke von 6,95 m aufweisen, damit eine Oberleitung in Regelbauweise hergestellt werden kann.
- Der bauliche Brandschutz ist zu untersuchen, z. B. die Betondeckung oder die Zugabe von Polypropylenfasern zum Beton.

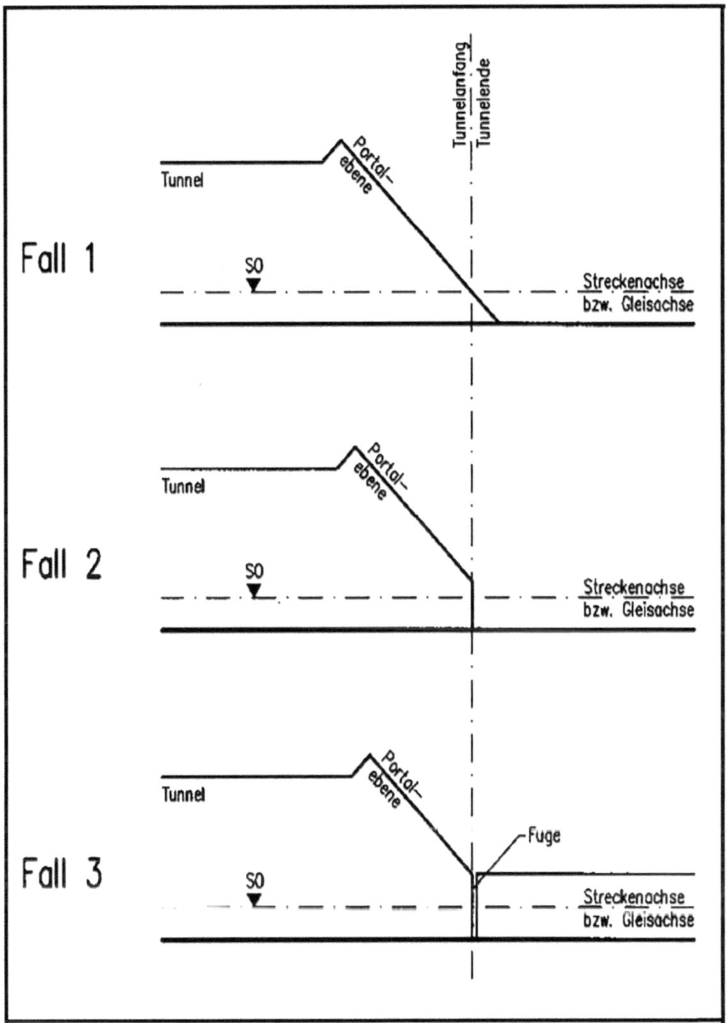

Bild 1 Festlegung Tunnelanfang/Tunnelende

Abb. 9.34 Ril 853.1001, Abschnitt 3 (4), Bild 1.

9.36 Wellstahl-Durchlässe (ViaCon Hamco)

Durchlässe können kostengünstig in Wellstahlbauweise hergestellt werden. Der bekannteste Hersteller ist die Firma ViaCon Hamco. In der Regel ist es technisch auch möglich, an bestehende Wellstahldurchlässe anzubauen. Abbildung 9.35 zeigt ein Beispiel in der Örtlichkeit.

Abb. 9.35 Wellstahl-Durchlass unter einer Straße (Quelle: Emch+Berger).

Für Wellstahldurchlässe gibt es jedoch keine EBA- oder DIBT-Zulassung. Die Bauweise ist in Ril 836.4503 geregelt. Nach Ril 836.4503 Abschnitt 1 (4) und Abschnitt (11) ist eine UiG/ZiE erforderlich, so dass diese Bauweise in der Regel nicht zur Ausführung zu empfehlen ist.

Gemäß Wortlaut der Ril 836 ist „in Strecken des Vorrang- und Leistungsnetzes" eine UiG und ZiE erforderlich. Es gibt nach DB-Definition zwar keine Vorrang- und Leistungsnetz mehr, trotzdem ist diese Bauweise in der Regel nicht zur Ausführung zu empfehlen.

9.37 Behelfsbrücken für LKW

Kleine Baubrücken für LKW werden in der Entwurfsplanung nicht im Detail geplant. Sie können als Rechteck im BE-Plan dargestellt werden und z. B. mit der Beschriftung „Baubrücke einschließlich Gründung nach Wahl des AN" versehen werden.

Größere Behelfsbrücken müssen bereits im Entwurf geplant werden. Für LKW, schweren Baustellenverkehr oder die Umleitung einer vorhandenen Straße gibt es unterschiedliche standardisierte Behelfsbrücken, z. B.:

- D-Brücke (für „Dreiecks-Brücke", Fachwerkträger)
- SS80-Brücke (für „Schwerlast-Straßenbrücke" bis zu 80 m)
- Bailey-Brücke
- Retro-Bridge GmbH
- Janson Bridging GmbH
- Straßenbrückengerät SB 30

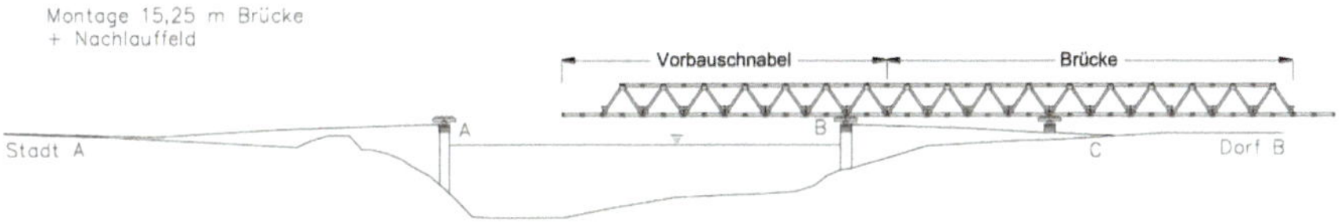

Abb. 9.36 Montageplan D-Brücke (Quelle: BASt).

Abb. 9.37 D-Brücke, zweispurig, mit Randweg (Quelle: Emch+Berger).

Projektbezogen ist zu klären, welches System geeignet, verfügbar und am wirtschaftlichsten ist. Jedes dieser Systeme verfügt über eine Typenstatik. Gründung und Montage/Demontage müssen jedoch individuell geplant werden. Abbildung 9.36 zeigt einen Ausschnitt aus der Montageplanung für eine D-Brücke mit Verschubschnabel. Abbildung 9.37 illustriert den Endzustand.

9.38 Anprallschutzbauwerke

Anprallschutzbauwerke können erforderlich werden, um Bauwerksstützen vor einem Anprall durch ein entgleistes Schienenfahrzeug zu schützen. Regelungen hierzu enthält der Eurocode 1, Teil 7 Außergewöhnliche Einwirkungen, mit nationalem Anhang.

Eine typische Anprallschutzkonstruktion aus Bohrpfählen, Pfahlkopfplatte und Anprallblock ist in Abb. 9.38 dargestellt. Die dargestellt Anprallschutzkonstruktion ist tief gegründet, damit sie im Falle eines Anpralls nicht kippt oder gleitet. Die Pfahlkopfplatte muss dick genug sein, damit die Bohrpfahlbewehrung darin verankert werden kann. Für die erforderliche Abgrabung neben dem Gleis ist evtl. ein Verbau erforderlich.

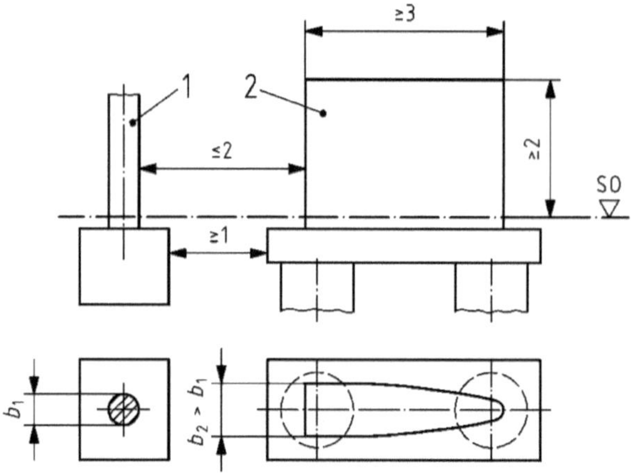

Legende

1 Stütze
2 Anprallschutz

Abb. 9.38 Anprallschutzbauwerk nach DIN EN 1991-1-7-NA.

9.39 Stützbauwerke mit Eisenbahnverkehrslasten

Stützbauwerke im Einflussbereich von Eisenbahnbetriebslasten sind nach Ril 836 Erdbauwerke zu planen, insbesondere nach Ril 836.2001 Lastannahmen und Ril 836.4301 Stützkonstruktionen und Stützmaßnahmen Grundsätze.

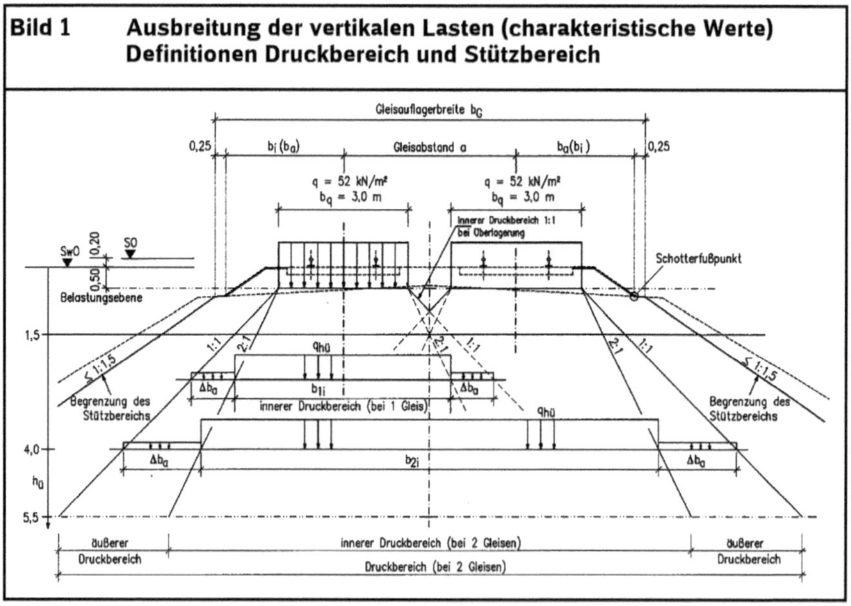

Abb. 9.39 Ril 836.2001 Lastannahmen, Abschnitt 6 (4), Bild 1.

Bild 2: Erddruck aus Eisenbahnverkehrslasten auf streckenparallel verlaufende Stützwände (Prinzipdarstellung, charakteristische Werte)

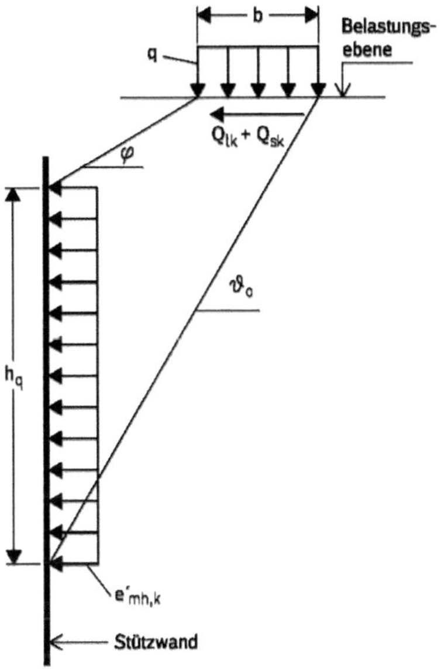

Es bedeuten:

$$e'_{mh,k} = \frac{E_{aqh,k} + Q_{lk} + Q_{sk}}{h_q}$$

- e'_{mh} Ordinate des Horizontalen Erddruckanteils aus Eisenbahnverkehrslasten
- Q_{lk} Linienlast aus Fliehkräften
- Q_{sk} Ersatzlinienlast für Seitenstoß
- $E_{aqh,k} = b \cdot q \cdot K_{aqh}$ Erdrucklast aus vertikaler Belastung
- b Breite der vertikalen Streifenlast, i.d.R. b = 3,00 m
- q Ordinate der vertikalen Streifenlast, i.d.R. q = 52 kN/M²
- K_{aqh} Erdruckbeiwerte für Streifen- bzw. Linienlasten im aktiven Grenzzustand
- ϑ_a Gleitflächenwinkel im aktiven Grenzfall für Belastung aus Bodeneigengewicht (siehe DIN 4085
- h_q Verteilungshöhe der Erddrucklast aus Verkehr
- φ Winkel der inneren Reibung

Abb. 9.40 Ril 836.2001 Lastannahmen, Abschnitt 7 (3), Bild 2.

Abbildung 9.39 zeigt die Anordnung der Ersatzlast (in der Regel 52 kN/m², Breite = 3 m, Belastungsebene 0,7 m unter SO) und die Definition des inneren und äußeren Druckbereichs.

Abbildung 9.40 zu Erddruck und Lastannahmen ist für die statische Berechnung von Stützbauwerken sehr wertvoll.

Hier muss jedoch projektbezogen geklärt werden, wie mit dem Vertikalanteil aus der Streifanlast q umgegangen wird.

Bei Stützkonstruktionen im inneren Druckbereich muss nach Ril 836.4301, Abschnitt 4 (4a) ein annähernd unnachgiebiger Verbau nach Empfehlungen des Arbeitskreises Baugruben (EAB) geplant werden. Das ist in der EAB wie folgt beschrieben:

Ausschnitt aus den Empfehlungen des Arbeitskreises Baugruben EAB, Ausgabe 2012

1.5 Stützung von Baugrubenwänden (EB67)

1. Als nicht gestützt werden Baugrubenwände bezeichnet, die weder ausgesteift noch verankert sind und deren Standsicherheit nur auf ihrer Einspannung im Boden beruht.

2. Als nachgiebig gestützt werden Baugrubenwände bezeichnet, wenn die Auflagerpunkte der Wand stark nachgeben können, z. B. bei stark geneigter Abstützung zur Baugrubensohle hin und bei nicht oder nur gering vorgespannten Ankern.
3. Als wenig nachgiebig gestützt werden Baugrubenwände in folgenden Fällen bezeichnet:
   a) Die Steifen werden zumindest kraftschlüssig verkeilt.
   b) Verpressanker werden auf mindestens 80 % der für den nächsten Bauzustand errechneten charakteristischen Beanspruchung vorgespannt und festgelegt, siehe Kapitel 7 [der EAB].
   c) Es wird eine kraftschlüssige Verbindung mit Pfählen hergestellt, die nachweislich unter Belastung nur eine geringe Kopfbewegung erleiden.
4. Als **annähernd unnachgiebig** gestützt werden Baugrubenwände bezeichnet, wenn der Bemessung entsprechend EB 22, Absatz 1 (Abschnitt 9.5) ein erhöhter aktiver Erddruck zugrunde gelegt wird und die Steifen bzw. Anker entsprechend EB 22, Absatz 10 vorgespannt und festgelegt werden.

Beim erhöhten aktiven Erddruck wird in der Regel 50 % Erdruhedruckanteil angesetzt. Dieser Wert kann ggf. mit dem Baugrundgutachter oder dem Prüfingenieur diskutiert werden. Bei den Lastansätzen muss der Tragwerksplaner die Vorschriften genau lesen und auch links und rechts blättern. Fehler bei Lastansätzen von Stützbauwerken können zu erheblichen Planungsänderungen, zeitlichem Verzug und Mehrkosten führen.

Trägerbohlwände mit Holzausfachung dürfen gemäß Ril 836.4302, Abschnitt 7 (2) nur für kurzzeitige Zwecke eingesetzt werden. Die Definition von „kurzzeitig" ist projektbezogen zwischen den Projektbeteiligten zu klären.

9.40 Stützbauwerke ohne Eisenbahnverkehrslasten

Stützbauwerke ohne Eisenbahnverkehrslasten - also z. B. Einschnitte, Zuwegungen oder Lärmschutzwälle - können ggf. in einer der folgenden Bauweisen ausgeführt werden (vgl. Projekt 22.053 Böschungssicherung Elper Wall):

- Gabionenwand; gemäß ZTV-ING, Teil 8, Abschnitt 3.1.2.2 sind Gabionenwände auf eine Höhe von 6 m begrenzt. Wertvolle Hinweise findet man in der FGSV-Veröffentlichung *M Gab – Merkblatt über Stütz- und Lärmschutzkonstruktionen aus Betonelementen, Blockschichtungen oder Gabionen.*
- Blockschichtung; eine Blockschichtung ist aus Betonblöcken (günstiges Material) oder Natursteinen (optisch ansprechend, aber teurer) möglich. Zwischen den einzelnen Lagen wird Geogitter zur Rückverankerung eingebaut. Wertvolle Hinweise findet man in der FGSV-Veröffentlichung *M Gab – Merkblatt über Stütz- und Lärmschutzkonstruktionen aus Betonelementen, Blockschichtungen oder Gabionen.*

- Pflanzringe/Pflanzsteine/Böschungsringe; diese können mit leichtem Gerät aufgestellt und anschließend begrünt werden. Höhen ab ca. 3 m sind eher nur mit flachen Neigungswinkeln möglich.
- Vernagelung mit Spritzbetonschale. Hier ist keine Begrünung möglich. Es handelt sich um ein Ingenieurbauwerk, so dass regelmäßige Bauwerksprüfungen erforderlich sind.
- Vernagelung mit Stahlgeflechtabdeckung; zwischen dem Baugrund und dem Stahlgeflecht können Kokosmatten eingebaut werden, welche Samen zur Begrünung enthalten. So ist eine einfache und kostengünstige Begrünung möglich. Es handelt sich um ein Ingenieurbauwerk, so dass regelmäßige Bauwerksprüfungen erforderlich sind. Lieferant des Systems TECCO® ist die Firma Geobrugg.
- Raumgitterwand; diese kann ebenfalls begrünt und auch als Schallschutzwand genutzt werden. Ein Lieferant sitzt in Österreich:
  Leube Betonteile GmbH & Co. KG
  Glemmerstraße 31
  5751 Maishofen
  Österreich
  Tel.: +43 6542 690-0
  E-Mail: betonteile@leube.eu
- Winkelstützelemente aus Recyclingkunststoff. Diese sind leicht, können ohne schweres Gerät transportiert werden und müssen nicht geerdet werden. Der Hersteller Hahn Kunststoffe GmbH bietet beispielsweise das System Hanit an, siehe Abb. 9.41.

Abb. 9.41 Winkelstützen aus Recycling-Kunststoff (Foto: Erdmenger).

9.41 Empfehlungen des Arbeitskreises Baugruben (EAB)

Die *Empfehlungen des Arbeitskreises „Baugruben" (EAB)* sind im Ingenieurbau unbedingt zu beachten. Das Werk ist als Print-Buch und als E-Book verfügbar. In den EAB ist unter anderem die Stützung von Baugrubenwänden im Abschnitt 1.5 (EB 67) definiert.

Nutzlasten aus Straßen- und Schienenverkehr neben einer Baugrubenwand sind in EAB, Abschnitt 2.6 (EB 55) geregelt.

Nutzlasten aus Baggern und Hebezeugen neben einer Baugrubenwand sind in EAB, Abschnitt 2.8 (EB 57) geregelt. Ein Verbau kann ggf. wirtschaftlicher bemessen werden, wenn der Bereich neben der Baugrubenwand abgesperrt wird und dort kein Material gelagert werden kann bzw. keine Baufahrzeuge verkehren können. Die Umsetzung dieser theoretischen Vorgabe muss jedoch auf der Baustelle sichergestellt werden.

Die Lastfälle Ankerausfall und Litzenausfall sind nach EAB in Verbindung mit Ril 836.4302, Abschnitt 8 (3) statisch bzw. konstruktiv zu berücksichtigen.

Bei der Bemessung von Steifen sind unter anderem folgende Abschnitte der EAB zu berücksichtigen:

- Abschnitt 2.7 (EB 56), Nr. 5: Lotrechte Nutzlast von mindestens 1,0 kN/m.
- Abschnitt 13.7 (EB 52), Nr. 4: Ausmittigkeit der Krafteinleitung ohne bzw. mit Endzentrierung
- 13.7 (EB 52), Nr. 15 und 16: Steifenausfall. Hier wird auch auf die Gewölbewirkung des Bodens hingewiesen.

Eine Endzentrierung kann z. B. gemäß Abb. 9.42 ausgebildet werden.

Gemäß Abschnitt 13.6 (EB 51), Nr. 10 ist bei Bohlträgern ein durchlaufender zugfester Gurt im oberen Bereich der Baugrubenwand anzuordnen. Dieser kann aus einem angeschweißten Walzprofil ausgebildet werden, wie in Abb. 9.43 dargestellt. Das angeschweißte Walzprofil kann auch zum Zweck der durchgehenden Erdung genutzt werden, indem z. B. eine Erdungslasche 50 × 50 mm an das Walzprofil angeschweißt und ein Erdungsverbinder daran angeschraubt wird.

In der EAB ist die historische Nummerierung aus der Anfangszeit des Werkes in Klammern angegeben, beispielsweise: (EB 52).

9.42 Empfehlungen des Arbeitskreises Pfähle (EA-Pfähle)

Die *Empfehlungen des Arbeitskreises „Pfähle" (EA-Pfähle)* sind im Ingenieurbau unbedingt zu beachten. Das Werk ist als Print-Buch und E-Book verfügbar.

Wenn eine Pfahlgruppe geplant ist, dann ist der Nachweis der vertikalen Tragfähigkeit als großer Einzelpfahl nach EA-Pfähle, Kapitel 8.3.1.1 (5) zu berücksichtigen. Bei einer Pfahlgruppe werden nicht alle Pfähle gleich beansprucht. Daher ist die EA-Pfähle, Abschnitt 8.2 mit Nomogrammen und Einflussfaktoren λ_1 bis λ_3 zu berücksichtigen.

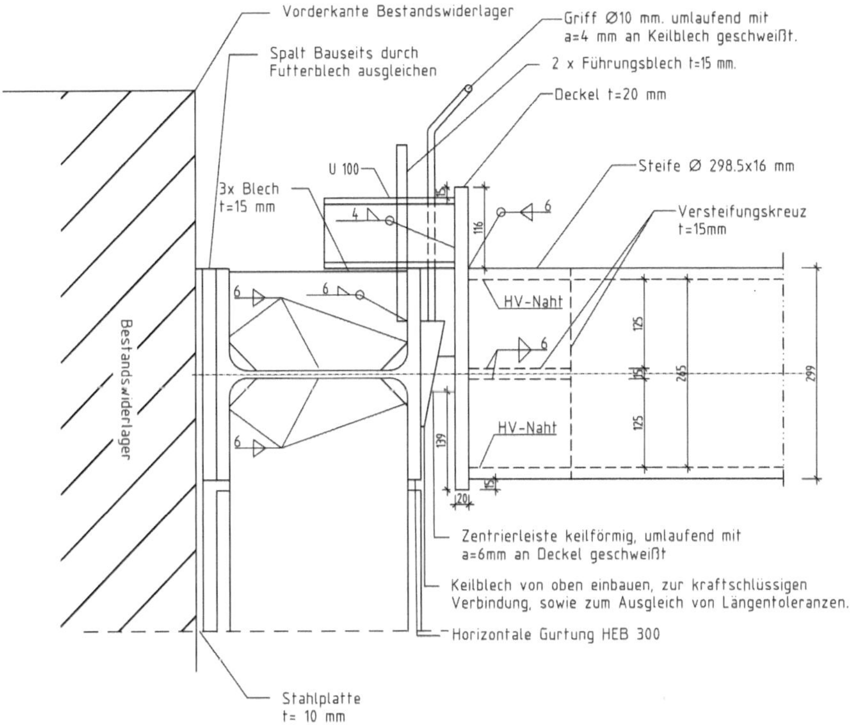

Abb. 9.42 Lasteinleitung mit Zentrierleiste (Quelle: Emch+Berger).

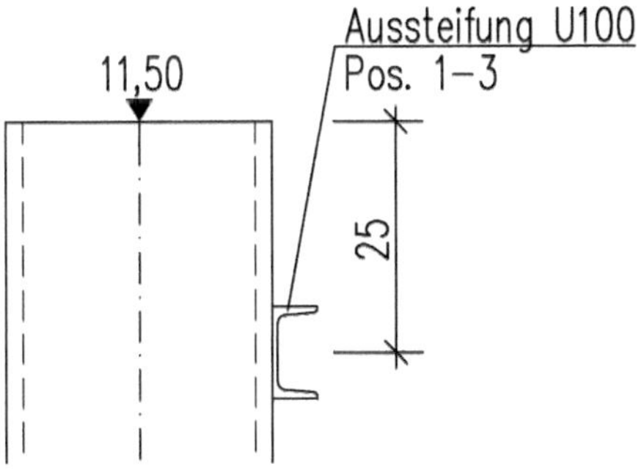

Abb. 9.43 Zugfester Gurt nach EAB (Quelle: Emch+Berger).

9.43 Erdbebennachweis nach Eurocodes

Für Erdbebennachweise im Rahmen einer Entwurfsplanung kann das vereinfachte Verfahren nach EC 8-2, Anhang NA.A wie folgt angewendet werden:

1. EC 8-1 NA, Bild NA.1:
   Prüfen, in welcher Erdbebenzone das Bauwerk liegt.
   Wenn Zone 0: keine Erdbebeneinwirkung.
   Wenn Zonen 1–3: weiterlesen.

2. Berechnung der Masse des Bauwerks M.
   Beispiel Rahmenbauwerk für die Bahn:
   Eigenlast = Rahmenriegel + Ausbaulasten + 0,5-faches Eigenlast der Rahmenwände.
3. EC 8-1 NA, Tabelle NA.3:
   Referenz-Spitzenwert der Bodenbeschleunigung $a_{g,R}$ ablesen.
4. EC 8-2 NA, Tabelle NA.1:
   Bedeutungsbeiwert γ_I bestimmen.
5. EC 8-1, Tabelle 3.1:
   Baugrundklasse auf Grundlage des Baugrundgutachtens bestimmen.
6. EC 8-1, Tabelle 3.2:
   Bodenparameter S ablesen.
7. EC 8-2, Tabelle 4.1:
   Verhaltensbeiwert q ablesen.
8. EC 8-1 NA, NDP zu 3.2.2.5 (4)P, Formel (NA.11):
   Ordinate des Bemessungsspektrums S_d(T) berechnen (= maximale Beschleunigung).
   $S_d(\mathrm{T}) = a_{g,R} \cdot \gamma_I \cdot S \cdot 2{,}5/q$
9. EC 8-2, Anhang NA.A, Formel (NA.A.1):
   Erdbebenkraft F berechnen.
   $F = M \cdot S_d(\mathrm{T})$
10. Last erhöhen
    Im Zuge des Entwurfs kann bei Anwendung des vereinfachten Verfahrens nach EC 8-2, Anhang NA.A die Last zusätzlich um 20 % erhöht werden (sichere Seite).
11. Bemessen
    Kraft F in der Mitte des Riegels horizontal – je einmal in x- und in y-Richtung – ansetzen und in der außergewöhnlichen Kombination bemessen.

10

Durchlässe

10.1 Definition und Regelung von Durchlässen

Ein Durchlass ist eine Gleisquerung mit einer lichten Weite unter 2 m. Diese Definition stammt aus Ril 836.0101A99 und deckt sich mit der Definition aus DIN 1076 Ingenieurbauwerke im Zuge von Straßen und Wegen, Überwachung und Prüfung. Ein Ingenieurbauwerk, z. B. eine Eisenbahnüberführung, hat eine lichte Weite von mindestens 2,0 m. Daher zählen Durchlässe nicht zu den Ingenieurbauwerken. Sie sind durch Ril 836.4501 bis 4505 und Ril 804 geregelt.

Durchlässe werden in Ril 836 synonym als „Querungen“ bezeichnet.

Durchlässe können z. B. als Stahlrohr, Betonrohr oder gemauertes Gewölbe ausgeführt sein. Sie dienen häufig der Entwässerung oder der Durchführung von Kabeln bzw. Leitungen unter dem Gleis. Abbildung 10.1 zeigt einen gemauerten Durchlass, welcher zum Zeitpunkt der Besichtigung trockengefallen war.

Wenn ein Durchlass zeitweise trocken ist, dann ist der Zwecke des Durchlasses festzustellen und mit Ingenieurverstand zu hinterfragen. Das Bauwerk kann beispielsweise bei Hochwasserereignissen oder in Havariefällen erforderlich sein.

Bei der Planung eines neuen Durchlasses ist mit der DB-Projektleitung zu klären, ob der Durchlass zu Inspektions- und Wartungszwecken begehbar sein muss.

Abb. 10.1 Durchlass (Quelle: Emch+Berger).

(a) (b)

Abb. 10.2 Ausschnitte aus „Planungshilfe zur Planung von Durchlässen PlahiDL" (Quelle: DB).

Gemäß Ril 836.4501, Kapitel 2 (4) gilt die folgende Empfehlung (und weitere, siehe in den folgenden Abschnitten):

> *Ril 836.4501, Kapitel 2 (4)*
> **Anordnung**
> Querungen sollen Bahnanlagen rechtwinklig in gerader Linienführung kreuzen. Sie sollen nicht unter Weichen (Kreuzungen), Schienenauszügen oder Schienenstößen angeordnet werden und auch nicht mit solchen überbaut werden.

Die Mindestabstände von nebeneinanderliegenden Querungen sind in Ril 836.4502, Abschnitt 2 (1) geregelt.

Zu Durchlässen gibt es das DB-interne Dokument „Planungshilfe zur Planung von Durchlässen", welches bei Bedarf projektbezogen von der DB-Projektleitung angefordert werden kann. Das Dokument enthält zahlreiche Hinweise zur Planung von Durchlässen und ist auch reich bebildert, siehe Abb. 10.2.

10.2 Bautechnische Prüfung von Durchlässen

Durchlässe sind in der Regel von Prüfsachverständigen (PSV, also Prüfingenieur) aus dem Tätigkeitsbereich Geotechnik zu prüfen. Dazu liegt eine Verfügung der EBA-Zentrale vom 14.12.2020 vor, siehe Abb. 10.3.

Darin wird vorgegeben:

> *Auszug aus der Verfügung der EBA-Zentrale (Quelle: EBA)*
> - Querungen zur Unterquerung von Gleisanlagen nach Ril 836 werden, soweit aufgrund des Regelwerks erforderlich, von einem PSV mit der Anerkennung im Tätigkeitsbereich Erd- und Grundbau und/oder Tiefbau geprüft.
> - Abweichend davon kann bei Durchlässen in offener Bauweise die Prüfung durch einen PSV entweder mit einer Anerkennung im Tätigkeitsbereich Erd- und Grundbau oder im Tätigkeitsbereich Massivbau durchgeführt werden, bei Rohren aus Stahl auch durch einen PSV mit einer Anerkennung im Tätigkeitsbereich Stahlbau.

Eisenbahn-Bundesamt, Postfach 20 05 65, 53135 Bonn

SbL 2
SbLV 2

In Kopie per E-Mail: Ref 21, vpi-EBA, DB-Netz – Zentrale, DB Station & Service – Zentrale

Bearbeitung: Philipp B[redacted]
Telefon: +49 (228) 9826-[redacted]
Telefax: +49 (228) 9826-9199
E-Mail: B[redacted]P@eba.bund.de
Ref21@eba.bund.de
Internet: www.eisenbahn-bundesamt.de
Datum: 14.12.2020
EVH-Nummer: 257736

Geschäftszeichen (bitte im Schriftverkehr immer angeben)
21.08-21izsa/009-0001#008

Betreff: Einsatz von Prüfsachverständigen im Eisenbahnbereich im Fachbereich IOH

Bezug: Prüfung bautechnischer Nachweis gemäß § 12 / Einvernehmensherstellung gemäß § 13 nach der Verwaltungsvorschrift für die Überwachung der Erstellung im Ingenieurbau, Oberbau und Hochbau (VV BAU)

Anlagen: 0

Abb. 10.3 Auszug aus der Verfügung der EBA-Zentrale (Quelle: EBA).

Die endgültige Entscheidung über den Prüfsachverständigen ist Sache des Bauherrn in Abstimmung mit dem EBA.

10.3 Fertigteildurchlass

Ein neuer Durchlass kann z. B. in offener Bauweise mit rechteckigen Fertigteilen hergestellt werden. Dafür gilt insbesondere die Ril 804.9040 Rahmenbauwerke, Anhang 03 Betonfertigteile. Die Fertigteile werden mit Nut und Feder hergestellt und in Endlage durch Einstabanker miteinander verspannt, um Setzungsdifferenzen zwischen den einzelnen Blöcken zu verhindern, siehe Abb. 10.4. Ein Spezialist für diese Fertigteile ist die Kleihues Betonbauteile GmbH in Emsbüren.

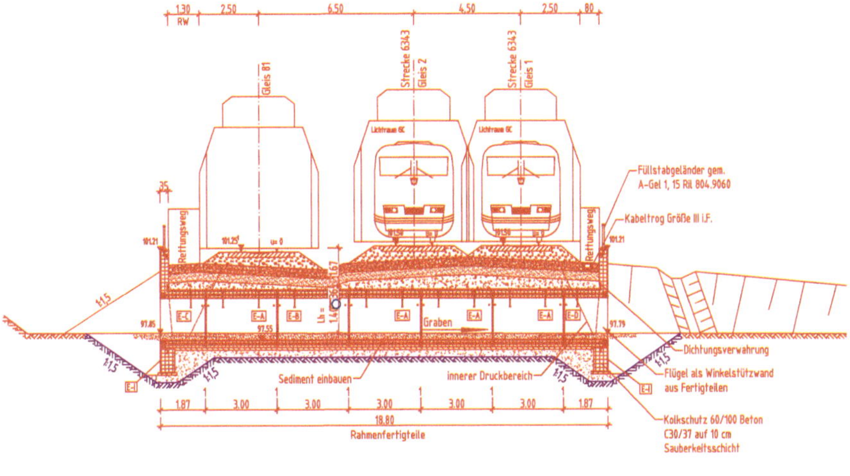

Abb. 10.4 Schnitt durch einen Fertigteil-Durchlass (Quelle: Emch+Berger).

Gemäß Ril 836.4502, Abschnitt 2 (5) sollen rahmenartige Durchlässe eine Mindestüberdeckungshöhe von 1,50 m aufweisen. Das lässt sich in der Örtlichkeit nicht immer einhalten. Nach Bestätigung durch die ALVs Fahrbahn und KIB kann von dieser Soll-Regelung abgewichen werden.

Für die Herstellung in offener Baugrube ist eine mehrtägige Sperrpause erforderlich. Der Schutzbeton wird über den Blockfugen durchgehend hergestellt. Dabei ist die erforderliche Hydratationszeit zu beachten.

Über Längsfugen bzw. Blockfugen darf kein Gleis verlegt werden. Die Regelungen der Ril 804.1101, Abschnitt 4 (8) sind zu beachten.

Zu beachten ist außerdem Ril 804.9040A03, Abschnitt 1 (3):

Ril 804.9040A03, Abschnitt 1 (3)
Drückendes Wasser
Der Einsatz von Betonfertigteilen im Grundwasser (drückendes Wasser) ist nicht vorgesehen.

Mit dem Umweltplaner ist zu klären, ob im Fertigteildurchlass ein gewässertypisches Sohlsubstrat eingebaut werden soll.

Ein Fließgewässer benötigt in der Regel ein Sohlgefälle. Die Fertigteile sollten jedoch aus den folgenden Gründen horizontal hergestellt und eingebaut werden:

- horizontaler Erdbau und horizontale Sauberkeitsschicht sind baupraktisch problemlos umsetzbar und daher kostengünstig
- rechtwinklige Fertigteile sind gut herstellbar und daher günstig
- bei einem horizontalen Bauwerk entstehen keine Abtriebskräfte
- das Sohlgefälle kann z. B. über das Sohlsubstrat hergestellt werden

In den Ein- und Auslaufbereichen ist gemäß Ril 836.4502, Abschnitt 2 (7) ein Kolkschutz vorzusehen, damit der Durchlass nicht vom Wasser unterspült werden kann.

Für die Dichtungsverwahrung ist das Detail nach Ril 804.9040A02 gut geeignet. Das Wasser, welches schotterseitig an der Stahlbeton-Aufkantung herunterläuft, gelangt in diesem Fall nicht hinter bzw. unter die Abdichtung, siehe Abb. 10.5 und 10.6.

10.4 Durchpressung

Eine Querung, z. B. für ein Entwässerungsrohr DN 1000 oder eine Leitungsquerung, kann mittels einer Durchpressung hergestellt werden.

Für eine Durchpressung wird links und rechts der Bahn in der Regel eine Start- und eine Zielgrube hergestellt. Je nach Grundwasserverhältnissen und Gleisabstand kann die Baugrube frei geböscht oder verbaut hergestellt werden. Die Presse benötigt einen senkrechten Verbau, um sich daran abzudrücken (Aktivierung des passiven Erddrucks). Die Länge und die Aussteifung der Baugrube muss an die Länge der Rohrschüsse angepasst sein.

Bild 13: Abdichtungsabschluss Klemmung

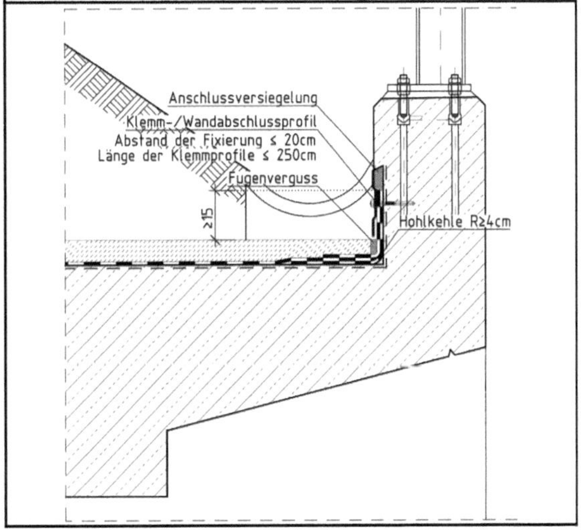

Abb. 10.5 Ril 804.9040A02, Bild 13.

Bild 14: Detail Abdichtungsabschluss Klemmung

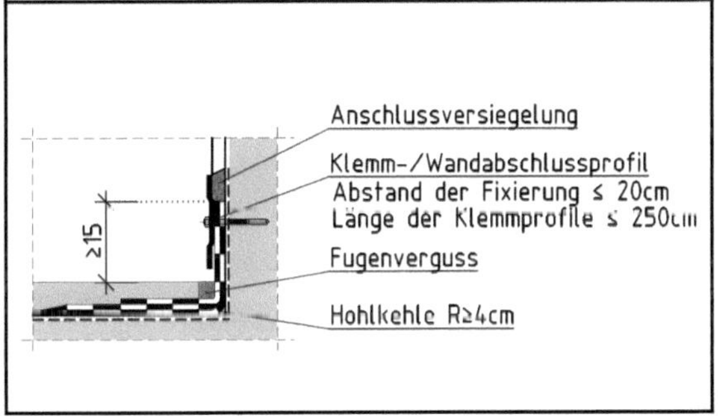

Abb. 10.6 Ril 804.9040A02, Bild 14.

Die Durchpressung kann in der Regel ohne Sperrpause erfolgen. Dies ist jedoch frühzeitig mit der DB-Projektleitung, dem Baugrundgutachter und dem ALV Oberbau abzustimmen.

10.5 Verrohrung

Wenn ein vorhandener Durchlass nicht mehr standsicher ist, dann kann ein Rohr durch den Durchlass geschoben und der verbleibende Hohlraum verdämmt werden. Das ist die Verrohrung eines Bestandsdurchlasses, siehe Planausschnitt in Abb. 10.7.

Es ist zu klären, ob das Stahlrohr in einem Stück eingebaut werden soll oder auf der Baustelle geschweißt wird. Beim Einbau in einem Stück gilt:

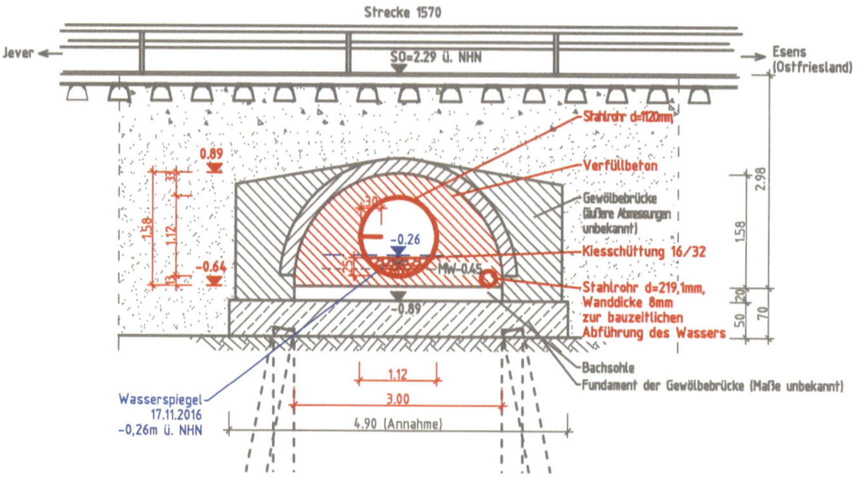

Abb. 10.7 Verrohrung eines Gewölbes (Quelle: Emch+Berger).

Vorteile

- keine Schweißarbeiten auf der Baustelle erforderlich
- im Endzustand keine Schweißnaht (= Schwachstelle) unter dem Gleis

Nachteile

- großes Gewicht und große Transportlänge für das Rohr
- große Baugrube für das Rohr erforderlich

Beim schussweisen Einbau gilt dementsprechend:

Vorteile

- geringes Gewicht und geringe Transportlänge für die Rohrschüsse
- kleine Baugrube für das Rohr erforderlich

Nachteile

- Schweißarbeiten auf der Baustelle erforderlich.
- im Endzustand Schweißnaht (= Schwachstelle) unter dem Gleis

Es ist eine Rohrstatik erforderlich. Dabei muss der Abrostungszuschlag in Abstimmung mit dem Baugrundgutachter berücksichtigt werden. Es muss unbedingt geklärt werden, ob das bemessene Rohr nach der erforderlichen Liefernorm verfügbar ist.

Bei Stahlrohren als Durchlass ist abzustimmen, ob das Rohrende gerade enden soll oder mittels Schrägschnitt an die Böschung angepasst werden soll. Ein gerades Rohrende hat die Vorteile, dass eine Aufstandsfläche für Inspektionszwecke vorhanden ist und dass es günstiger ist.

10.6 Verdämmung

Wenn ein vorhandener Durchlass an anderer Stelle erneuert wird, dann wird der Bestandsdurchlass in der Regel verdämmt. Dazu werden die Enden bis auf einen Spalt abgemauert. Von beiden Seiten wird ein Füllmaterial (FüMa) eingebaut. Dazu eignet sich z. B. Flüssigboden aus einem Betonwerk, welcher fließfähig ist und im Endzustand einem Boden der Bodenklasse 3-4 nach DIN 18300 entspricht (leicht bis mittelschwer lösbare Bodenarten). Die Entlüftung beim Einbau des Flüssigboden muss sichergestellt werden, z. B. mit einer Entlüftungsbohrung.

Zusätzlich sind zwei Verpressschläuche im Scheitelpunkt des Bestands-DL einzubauen, und zwar 1-mal mit Einfüllstutzen bahnrechts und 1-mal mit Einfüllstutzen bahnlinks. So können evtl. verbleibende Hohlräume nachträglich geschlossen werden.

Vorhandene Flügelwände können bis ca. 0,5 m unter Geländeoberkante abgebrochen und anschließend überschüttet werden.

10.7 Weichen auf Durchlässen

Weichen auf Durchlässen sind zwischen DB-Projektleitung, Trassierungsplaner, Planer des Durchlasses und den ALVs abzustimmen. Gemäß Ril 836.4501, Abschnitt 2 (4) gilt:

Ril 836.4501, Abschnitt 2 (4)
Querungen sollen Bahnanlagen rechtwinklig in gerader Linienführung kreuzen. Sie sollen nicht unter Weichen (Kreuzungen), Schienenauszügen oder Schienenstößen angeordnet werden und auch nicht mit solchen überbaut werden.

Der Einbau von Querungen mit Rohrvortrieben und verwandten Verfahren ist an diesen Stellen (wegen Auswirkungen der einhergehenden Setzungen auf die genannten Oberbaukonstruktionen) verboten.

Bei schiefwinkligen Querungen sind die Auswirkungen auf die Gleisverwindung unter Berücksichtigung der in Modul 836.3001 genannten Eingreifschwellwerte zu untersuchen.

Gemäß Ril 804.1101, Abschnitt 4 (9) gilt außerdem folgende Soll-Regelung:

Ril 804.1101, Abschnitt 4 (9)
Weichen auf Brücken sollen grundsätzlich vermieden werden, da sich die Verformungen der Brücke negativ auf die beweglichen Teile der Weiche auswirken können. Dies kann zu erheblichen Instandsetzungskosten führen.

Sollte aufgrund der Trassierung die Verlegung von Weichen auf Brücken unvermeidbar sein, sind die Regelungen und Vorgaben der Ril 804.1101A04 zu beachten.

Gemäß Ril 804.1101A04 gilt:

Ril 804.1101A04
Liegt die Weiche komplett auf der Brücke [...], so ist der Einbau der Weiche auf der Brücke ohne Einschränkung zulässig.

In Ril 804.1101A04 geht es hauptsächlich um die Verträglichkeit der Bauwerks-Fahrbahninteraktion (Schienenstützpunkte, Schienenspannungen) in Abhängigkeit von der Auflagerverdrehung bzw. der Brückendurchbiegung.

In beiden Richtlinien handelt es sich um Soll-Bestimmungen.

Bei Weichen auf Durchlässen sind in Ril 836 die Setzungen bzw. Verformungen der kritische Aspekt. Bei Bestandsdurchlässen, bei denen keine nennenswerten Verformungen aus dem Bahnverkehr mehr zu erwarten sind, sind Weichen unter Umständen unkritisch, weil Verformungen infolge der Herstellung bei Bestandsdurchlässen abgeklungen sind.

Bei Weichen auf Ingenieurbauwerken werden in Ril 804 die Bauwerksfugen als kritischer Bereich für eine Weiche betrachtet. Bei überschütteten Bauwerken oder Rahmenbauwerken gibt es keine Bauwerksfuge. Der kritische Bereich entfällt daher unter Umständen.

Bei Weichen auf Bauwerken sind die Mindestabstände gemäß Ril 820.2010A07 Regelbettungsquerschnitte, Bild 7, zu beachten und mit den anderen Planungsbeteiligten abzusprechen. Die Ergebnisse sind in einem Plan gemäß Ril 804.1101A04, Abschnitte 1 (5) und 1 (6) darzustellen.

11

Lärmschutz

11.1 Lärmsanierung

Im Jahr 1999 hat die damalige Bundesregierung das Programm „Lärmsanierung an bestehenden Schienenwegen des Bundes“ ins Leben gerufen. Dabei geht es nicht um die Sanierung von vorhandenen Lärmschutzwänden (LSW), sondern um den Neubau von LSW an vorhandenen DB-Strecken. Mit diesem Programm sollen DB-Strecken in schalltechnischer Hinsicht saniert werden, um Anwohner von Lärm zu entlasten, Krankheiten infolge Lärms zu verhindern, die Akzeptanz der Anwohner zu erhöhen und dadurch mehr Verkehr auf die Schiene zu bringen.

11.2 Lärmschutzwände

Abbildung 11.1 zeigt eine fertige Lärmschutzwand (LSW). LSW bzw. gleichbedeutend Schallschutzwände (SSW) für die DB werden nach den folgenden Richtlinien geplant:

- Ril 804.5501 Lärmschutzanlagen an Eisenbahnstrecken
- Ril 804.5502 Berechnungen Lärmschutzanlagen an Eisenbahnstrecken

Abb. 11.1 Lärmschutzwand (Foto: Erdmenger).

- Ril 804.5503 Standardisierte Lärmschutzwände
- Ril 804.9060 Ausrüstungselemente für Ingenieurbauwerke, Anhang A05 Lärmschutzanlagen (Richtzeichnungen)

In Ril 804.5503 Standardisierte Lärmschutzwände sind bautechnisch geprüfte und freigegebene Ausführungsstatiken für LSW-Pfosten und Rohrpfahlgründungen hinterlegt. In den Anwendungsgrenzen dieser Ril ist also keine projektbezogene Ausführungsstatik mehr erforderlich. Die Tragwerksplanung erfolgt stattdessen durch sachkundige Anwendung der in der Ril 804.5503 enthaltenen Vorgaben und Tabellen.

Bei LSW auf Bauwerkskappen sind die RiZ-ING LS 1 und folgende zu beachten. Diese Richtzeichnungen beziehen sich zwar auf Straßenbauwerke, enthalten aber auch für Eisenbahnbauwerke wertvolle planerische Hinweise.

Ein Schallgutachter legt spätestens in Leistungsphase 3 im Rahmen eines schalltechnischen Gutachtens fest, wo LSW anzuordnen sind, wie hoch diese sein müssen (z. B. 3,0 m über SO) und ob einseitig oder beidseitig hochabsorbierende Lärmschutzelemente einzubauen sind. Der Schallgutachter arbeitet in der Regel im Auftrag des Bauherrn.

LSW an Bahnstrecken stehen näher an der Lärmquelle als LSW an Straßen. Daher sind LSW an Bahnstrecken bei gleicher Wirkung in der Regel niedriger als LSW an Straßen.

Ein Planausschnitt für eine LSW im Geländebereich mit Erdung durch einen Prellleiter im Rissbereich der Oberleitung ist in Abb. 11.2 dargestellt.

Für die Statik einer LSW muss die Druck-Sog-Wirkung der vorbeifahrenden Züge berücksichtigt werden. Bei hohen LSW ist zu prüfen, ob eine UiG erforderlich ist. Die Ril 804.5502 A05 enthält ein Berechnungsverfahren für LSW mit einer Höhe über 5 m. Hier sind Erfahrungen aus UiGn der vergangenen Jahre in das Regelwerk eingeflossen.

Der Aufwand für die Planung von Lärmschutzwänden darf nicht unterschätzt werden, weil hier unter anderem folgende Aspekte berücksichtigt werden müssen:

- Schallgutachten
- Trassierung
- örtliches Aufmaß
- vorhandene Bauwerke
- ggf. Torsionsbalken in Stahl- oder Stahlbetonbauweise
- Einhubplanung von Torsionsbalken
- DB-Kabelanlagen, parallel zum Gleis
- Leitungsquerungen Dritter
- evtl. übersteile Böschungen oder abgängige Kabelkanäle im Bestand
- Erdung und ggf. Iso-Felder
- Rissbereich der Oberleitung, Abspannungen, Lage von Isolatoren
- Signalsicht (Leit- und Sicherungstechnik)
- Randwege

Ernst & Sohn
A Wiley Brand
nbau
NACHHALTIG BAUEN
Die Zeitschrift nbau. Nachhaltig Bauen bringt die Silos des sektoralen Denkens zum Tanzen. Denn für den Bausektor heißt Nachhaltigkeit ökologisch, sozial und ökonomisch ganzheitlich Planen, Bauen und Betreiben. Klimaschutz, Kreislaufwirtschaft und Ressourcenschutz erfordern die Transformation des Bausektors mit Lebenszyklusdenken, Digitalisierung oder CO_2-Reduktion. Die nbau ist dafür die ganzheitliche Wissensbasis.
BESTELLEN
nbau@vuservice.de
www.nbau.org
6 Ausgaben/Jahr
5. Jahrgang (2026)
Jahresabonnement
Print
ISSN 2750-8382
Online
www.nbau.org
EINSTIEGSANGEBOT
Online + Print
€ 79*
*Alle Preise exklusive MwSt., inklusive Versandkosten. €-Preis gültig bis 31.12.2026

STRAIL® WAVE
Schallschutzlösungen
Effektiver Schallschutz
bei freier Sicht.
KRAIBURG STRAIL GmbH & Co. KG
STRAIL

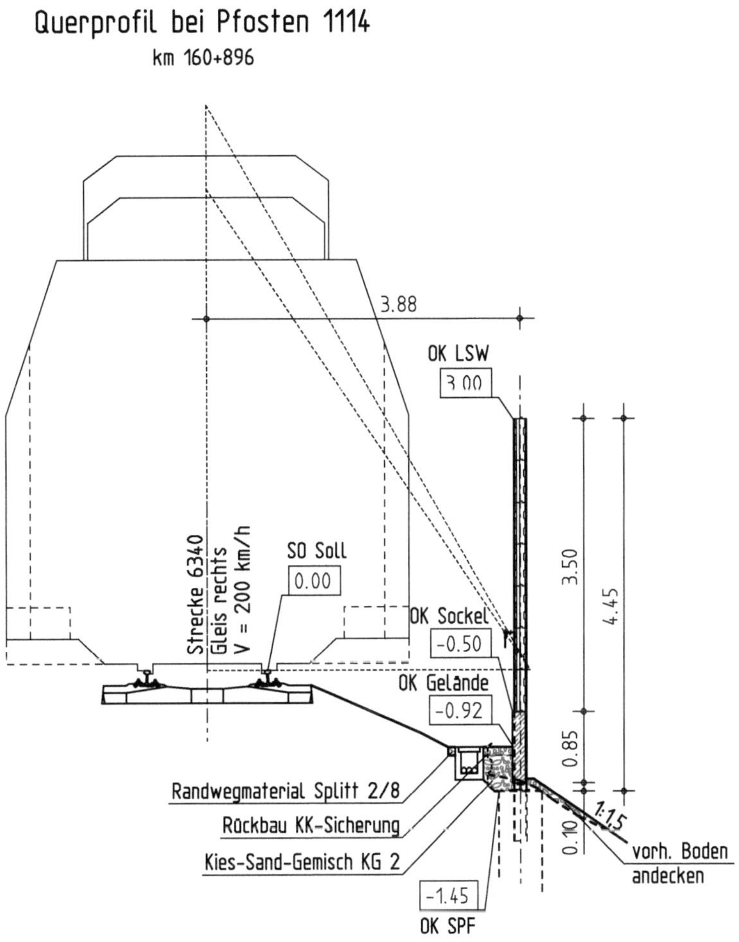

Abb. 11.2 LSW im Geländebereich (Quelle: Erdmenger).

- Entwässerung
- Korrosionsschutz
- Druck-Sog-Wirkung aus Zugverkehr
- LSW-Türen
- Rettungswege, Zuwegungen, Böschungstreppen, Geländer
- Beschilderung
- ggf. Kleintierdurchlässe
- Güteanforderungen des DBS 918
- ggf. Planung von HV-Garnituren im Stahlbau
- sinnvolle Anordnung von Passfeldern
- Grunderwerb
- Zugänglichkeit und Gleislogistik
- Sperrpausenplanung

Die vier Hauptpositionen (Hauptmassen) einer LSW sind:

- Gründungsrohre
- Stahlpfosten
- Stahlbeton-Sockelelemente (Fertigteile)
- Aluminium-Lärmschutzelemente

An jedem Gründungspunkt wird ein Kopfloch hergestellt. Das hat folgende Gründe:

- Kabelfreiheit sicherstellen
- OK Rohr liegt unterhalb OK Gelände
- das Rammgerät darf nicht in den Boden eintauchen (Risiko von Beschädigungen)
- die Laschen und Hartholzkeile müssen Platz haben
- ein Arbeitsraum für die Monteure ist erforderlich

Abbildung 11.3 zeigt ein Kopfloch mit Rammrohr, LSW-Pfosten und Laschen. Die Gründung von LSW erfolgt in der Regel mit Stahlrohren (= Rammrohre = Stahlpfähle). Im oberen Bereich erhält das Rohr außen einen werkseitigen Korrosionsschutz. Im Baufeld werden die Rammrohre zunächst verteilt, siehe Abb. 11.4.

Anschließend werden die Rohre gleisgebunden mit Zweiwegebaggern oder von außen in den Baugrund eingebracht werden. Üblich ist das Hochfrequenz-Vibrationsverfahren, weil Beschädigungen von Bestandsbauwerken damit am ehesten vermieden werden. Ein Zweiwegebagger arbeitet freireitend, als ohne Führung durch einen Mäkler, mit einem Vibrationsbär als Anbaugerät. Für höhere LSW sind auch Bohrpfähle geeignet. Typische Rammrohrdurchmesser sind 406 mm, 508 mm,

Abb. 11.3 Kopfloch, Rammrohr, LSW-Pfosten, Laschen (Foto: Erdmenger).

Abb. 11.4 Verteilen der Rammrohre (Foto: Erdmenger).

Abb. 11.5 Rammrohr einbringen (Foto: Erdmenger).

610 mm, 711 mm mit Wandstärken zwischen 6,3 und 12 mm. In Abb. 11.5 wird ein Rammrohr von außen eingebracht, also ohne Sperrpause.

Wenn sich die Rohre nicht einbringen lassen, weil z. B. der Baugrund tragfähiger ist als gedacht, dann können Entspannungsbohrungen im Rohr ausgeführt werden. Der Boden im Rohr wird dabei von einer Bohrschnecke gefördert und der Einbringwiderstand wird verringert, siehe Abb. 11.6.

Im Fall von Entspannungsbohrungen werden die Rammrohre nicht mit dem geförderten Boden verfüllt, weil sich dieser schlecht verdichten lässt. Stattdessen eignet sich Magerbeton oder Rollkies 16–32 mm für die Verfüllung bis zur Unterkante der geplanten Pfosteneinspannung, siehe Abb. 11.7.

Das Aufnehmen des Rohrs mit dem Vibrationsbären, das lagerichtige Ansetzen und das Einbringen dauert – je nach Rohrlänge und Einbringwiderstand – ca. 15 bis 25 Minuten. Man kann also von drei Rammrohren pro Stunde und Bagger ausgehen.

Abb. 11.6 Entspannungsbohrung im Rammrohr (Foto: Erdmenger).

Abb. 11.7 Kies einbauen bis UK Pfosteneinspannung (Foto: Erdmenger).

Wenn Entspannungsbohrungen erforderlich sind, dann dauert es wesentlich länger. Außerdem kommt das Verteilen der Rohre hinzu.

Die LSW-Pfosten, z. B. Walzprofile der Reihe HEB 160 oder andere statisch erforderliche Profile, werden in den Gründungsrohren ausgerichtet und einbetoniert. Dazu werden die Höhen der eingebauten Rammrohre nivelliert (Toleranzbereich ca. 2 cm) und die erforderlichen Maße auf die Pfosten übertragen, so dass alle Pfosten später auf Soll-Höhe stehen. Anschließend werden Stahlwinkel mit Gewindestangen an die Pfosten geschraubt, die sogenannten Laschen. Die Pfosten werden mit ihren Laschen auf die Rammrohre gestellt und mit Hartholzkeilen lagemäßig und lotrecht ausgerichtet. Das geht nur bei Tageslicht, weil man an den Pfosten entlang schauen muss. Das Foto in Abb. 11.8 zeigt, wie ein Bagger mit Verlängerung den Pfosten einer LSW an einer Autobahn stellt.

Die statisch erforderliche Pfosteneinspannung wird mit Beton hergestellt. Dabei muss der Zweiwegebagger relativ geringe Betonmengen über das Gleis verfahren. Der Fahrmischer hat daher lange Wartezeiten, und zwar häufig in Nachtsperrpausen. Wenn die LSW von außen zugänglich ist, kann evtl. auch mit einer Betonpumpe betoniert werden. Die Betonage vom Gleis aus ist in Abb. 11.9 zu sehen.

Abb. 11.8 Pfosten stellen an einer Straßenbaustelle (Foto: Erdmenger).

Abb. 11.9 Pfostenbetonage (Foto: Erdmenger).

Die oberen 10 cm der Verfüllung werden später mit PCC-Mörtel und Oberflächengefälle hergestellt, damit kein Wasser in das Rammrohr eindringen kann, siehe Abb. 11.10.

Die Stahlbeton-Sockelelemente werden als Fertigteile hergestellt und von oben die Pfostenkammern abgelassen. Die Sockel binden in den Boden ein, so dass ein Sockelgraben herzustellen ist. Die Auflagerung der Sockelelemente kann auf dem Pfahlkopf oder auf Auflagerblechen erfolgen, welche im Werk an die Pfosten angeschweißt werden. Angeschweißte Auflagerbleche können sich ungünstig auf die Kerbfälle und die Bemessung der Pfostenprofile auswirken, zumal die Bleche im Bereich der maximalen Biegebeanspruchung liegen. Zwischen Sockel und Auflagerung muss ein ca. 0,5 cm bis 1 cm dickes Elastomerlager eingebaut werden, um Spannungsspitzen zu vermeiden. Als Höhenausgleich kommen auch kreative Lösungen zum Einsatz, siehe Abb. 11.11.

Damit die Sockel beim Einbau nicht die Pfostenkammer zerkratzen, wird in die Stahlbeton-Sockelelemente im Betonwerk ein Elastomerdichtungsband eingebaut. Nach Einbau der Sockel wird der Sockelgraben verfüllt bzw. ein Randweg hergestellt. Dafür eignet sich z. B. Korngemisch 2 (KG 2) oder Splitt 2/8, siehe Abb. 11.12.

Auf die Stahlbetonsockel wird ein vorkomprimiertes Fugenband aufgeklebt, um die Fuge möglichst schalldicht zu schließen, siehe Abb. 11.13.

Die Aluminium-Lärmschutzelemente werden ebenfalls im Werk hergestellt und von oben in die Pfostenkammern eingebaut. Alle DB-Lärmschutzelemente sind hochabsorbierend. Wenn anliegerseitig eine Straße verläuft, dann werden beidseitig hochabsorbierende Lärmschutzelemente eingebaut, damit der Schall nicht außen

Abb. 11.10 PCC-Mörtel (Sackware) und PCC-Kopf (Foto: Erdmenger).

Abb. 11.11 Kreativer Höhenausgleich, Elastomerlager, Sockel (Foto: Erdmenger).

Abb. 11.12 Randweg in einer Mastbucht (Foto: Erdmenger).

Abb. 11.13 Fugenband im mittleren Feld (Foto: Erdmenger).

von der LSW reflektiert wird. Die Festlegung erfolgt durch den Schallgutachter. Der Einbau der Lärmschutzelemente geht schnell (bei guten Arbeitsbedingungen ca. 400 m^2 pro Tag) und kann kräfteschonend mit Bagger oder sperrpausenunabhängig per Hand erfolgen. In Abb. 11.14 werden Lärmschutzelemente unterschiedlicher Länge abgeladen.

Abb. 11.14 Lärmschutzelemente abladen (Foto: Erdmenger).

Oben auf den Pfosten werden Kappen aus gekantetem Aluminiumblech mit Sechskantschrauben und Unterlegscheiben montiert, damit die Lärmschutzelemente nicht oben aus den Pfosten herausrutschen können bzw. damit im Fall von Vandalismus keine Gefahr für den Eisenbahnbetrieb entsteht. Abbildung 11.15 zeigt Pfostenkappe, welche nicht mit einer Schraube befestigt wurde, weil sie

Abb. 11.15 Pfostenkappe, ohne Schraube, falscher RAL-Farbton (Foto: Erdmenger).

Abb. 11.16 Ankerstangen für Bauwerkspfosten (Foto: Erdmenger).

in einer falschen RAL-Farbe beschichtet wurde. Deshalb sollten immer sowohl RAL-Farbton als auch RAL-Nummer angegeben werden.

Für Bauwerkspfosten werden Ankerkörbe mit DB-Zulassung in die Bauwerkskappe einbetoniert, siehe Abb. 11.16.

Dafür eignen sich Produkte z. B. von Firma Friedrich Schroeder GmbH. Der Hersteller Dipl.-Ing. Winfried Schnabel GmbH (Schnabel-Anker) hat die Produktion eingestellt.

Auf drei der Gewindestangen werden halbe Muttern als Stellmuttern aufgedreht, um den Pfosten auszurichten. Der Pfosten wird aufgesetzt und gegen dynamische Belastung gesichert, z. B. mit Keilscheibensicherungspaaren (Nordlock-Scheiben oder ähnlich). Der Pfosten wird mit PCC-Mörtel unterstopft, siehe Abb. 11.17.

In der Regel muss eine LSW bis 4,00 m Gleisabstand geerdet werden (vgl. Abschnitt 15.7 Erdung). Dabei ist die Vorderkante der LSW maßgebend. Die Erdung erfolgt mit Erdungseisen und Erdungsbuchsen in den Sockeln, Erdungsverbindern, Erdungslaschen an den Pfosten und Gleisanschlüssen, siehe Abb. 11.18.

Eine vergessene innere Erdung des Sockels kann evtl. durch einen außen liegenden Stahlwinkel als Prellleiter ersetzt werden. Eine vergessene Erdungslasche am Pfosten kann nachträglich angeschraubt werden, wenn die Statik des Pfostens das zulässt. Abbildung 11.19 zeigt ein Ausführungsbeispiel.

Zwischen geerdeten und nicht geerdeten Bereichen ist ein Iso-Feld herzustellen, welches die LSW elektrisch isoliert, siehe Abb. 11.20. Abbildung 11.21 zeigt eine entsprechende zeichnerische Darstellung.

Abb. 11.17 Bauwerkspfosten mit Untermörtelung (Foto: Erdmenger).

Abb. 11.18 Erdungsverbinder (Foto: Erdmenger).

An einer LSW sind Pfostennummern, gleisseitige Fluchtwegschilder und anliegerseitige Warnschilder „Achtung Eisenbahnbetrieb“ an den Türen erforderlich. Alle Befestigungsmittel müssen aus Edelstahl A4, Werkstoff-Nr. 1.4401, hergestellt sein. Dies ist ein Chrom-Nickel-Molybdän Stahl, welcher sich durch eine hohe Korrosionsbeständigkeit auszeichnet.

Bei Anschlüssen an vorhandene Anlagen (Privatgebäude, Ingenieurbauwerke, Wartehäuschen etc.) dürfen keine Bauteile an den vorhandenen Anlagen befestigt werden. In diesem Fall eignen sich z. B. auskragende Anschlussbleche, welche am

Abb. 11.19 Nachträglich montierte Erdungslasche (Foto: Erdmenger).

Abb. 11.20 Iso-Feld (links), Erdung an der geerdeten Seite (rechts), Pfostennummerierung, Fluchtwegschild (Foto: Erdmenger).

letzten Pfosten angeschraubt werden und einen Luftspalt von ca. 1–2 cm zur vorhandenen Anlage lassen, siehe Abb. 11.22.

LSW werden in der Regel im Bestand hergestellt. Hier gibt es viele Zwangspunkte. Die zentimetergenauen Feldmaße (Abstände zwischen den Pfosten) ergeben sich erst in der Bauausführung. Daher müssen Passfelder angeordnet werden, z. B. immer zwischen zwei OLA-Masten. Auch bei Leitungsquerungen sind evtl. Passfelder erforderlich. Auf dem Plan wird das Passfeld als „PF" oder Passfeld und mit dem planerischen Maß angegeben, z. B. 3,64 m oder auch 2,50 m. Die Sockel- und Aluelemente werden aber erst nach Betonage der Pfosten und Aufmaß der Feldweite

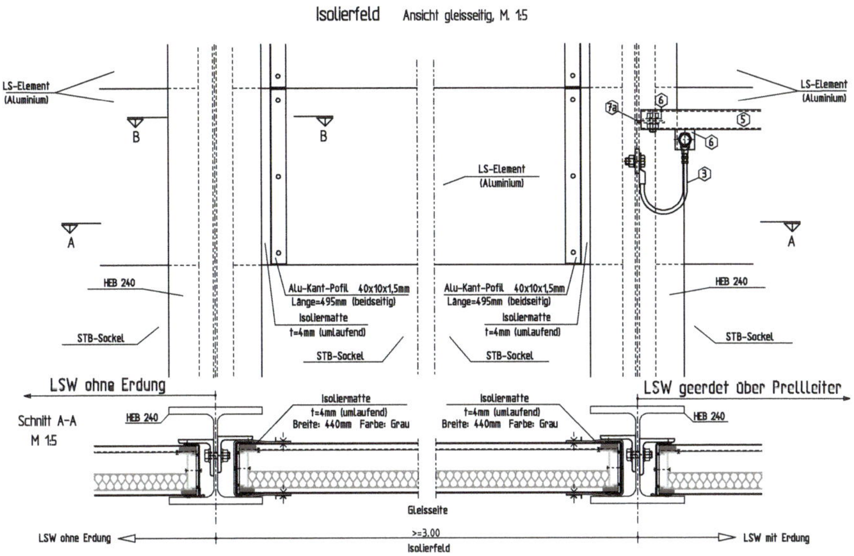

Abb. 11.21 Detailzeichnung Iso-Feld (Quelle: Erdmenger).

Abb. 11.22 Anschlussblech (Foto: Erdmenger).

durch den Polier produziert. Statt 3,64 m kann das z. B. 3,60 m oder 4,02 m sein. Abbildung 11.23 zeigt einen entsprechenden Planausschnitt.

Viele Gleisbereiche sind von außen nicht zugänglich. In diesem Fall sind Sperrpausen und das Arbeiten vom Gleis aus erforderlich.

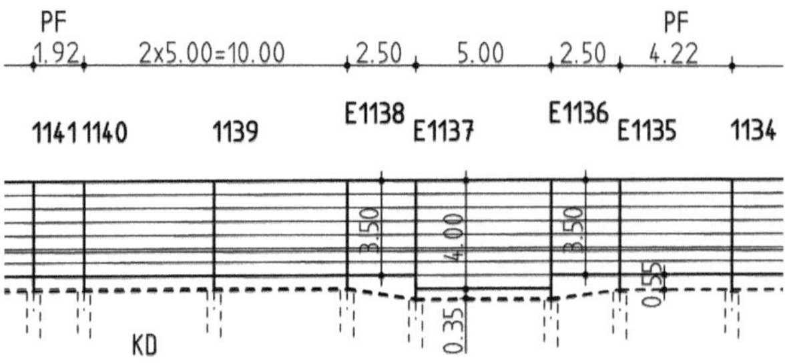

Abb. 11.23 Passfelder in einem Ausführungsplan (Quelle: Erdmenger).

Der Bauablauf für eine LSW ist im Wesentlichen wie folgt:

- Planung und Prüfung
- Produktion Alu-Elemente, Stahl-Pfosten und Stahlbeton-Sockelelemente
- Absteckung der Gründungspunkte durch den Vermesser
- Suchschachtungen per Hand, um Kabel und Leitungen zu finden
- Kampfmittelsondierung in den geplanten Gründungspunkten (Sperrpause)
- Kopflöcher herstellen
- Rammrohre verteilen und einbringen (Sperrpause)
- OK Rohr (Ist) nivellieren und auswerten
- Pfosten anlaschen
- Pfosten mit Bagger stellen (Sperrpause)
- Pfosten per Hand ausrichten
- Pfosteneinspannung betonieren (Sperrpause)
- Pfosten ablaschen
- PCC-Köpfe herstellen
- Passfelder aufmessen und Elemente dafür produzieren
- Sockelgraben herstellen (Sperrpause)
- Stahlbeton-Sockelelemente auf Elastomerlagern einbauen (Sperrpause)
- Sockelelemente anlieger- und gleisseitig verfüllen (Sperrpause)
- Erdung montieren
- Lärmschutzelemente einbauen (Sperrpause)
- Pfostenkappen montieren
- Pfostennummern und Beschilderung herstellen

Wenn eine LSW gemäß Schallgutachten über eine vorhandene EÜ geführt werden soll, dann muss geprüft werden, ob die EÜ für die Lasten infolge LSW ausgelegt ist. Wenn dies nicht rechnerisch nachgewiesen werden kann, dann wird neben dem Bauwerk ein Torsionsbalken hergestellt. Torsionsbalken können aus Stahlbeton oder – insbesondere bei größeren Stützweiten – aus Stahl (Hohlkasten/2D-Fachwerk/3D-Fachwerk) hergestellt werden. Der Einhub erfolgt in der Regel von außen mit einem Mobilkran.

In Abstimmung mit dem Umweltplaner sind evtl. Kleintierdurchlässe zu planen. Dabei handelt es sich um Öffnungen in den Stahlbeton-Sockelelementen, welche es den zu schützenden Kleintieren ermöglichen, von einer Seite der LSW auf die andere zu gelangen, siehe Abb. 11.24. Kleintierdurchlässe können auch mit Blechrampen ausgerüstet werden, siehe Abb. 11.25.

Je nach Länge der LSW sind Türen erforderlich. Für die Flucht- und Rettungswege ist die EBA-Ril „Anforderungen des Brand- und Katastrophenschutzes an Planung, Bau und Betrieb von Schienenwegen nach AEG“ zu beachten. Je nach Böschungssituation sind Böschungstreppen mit Geländern zu planen.

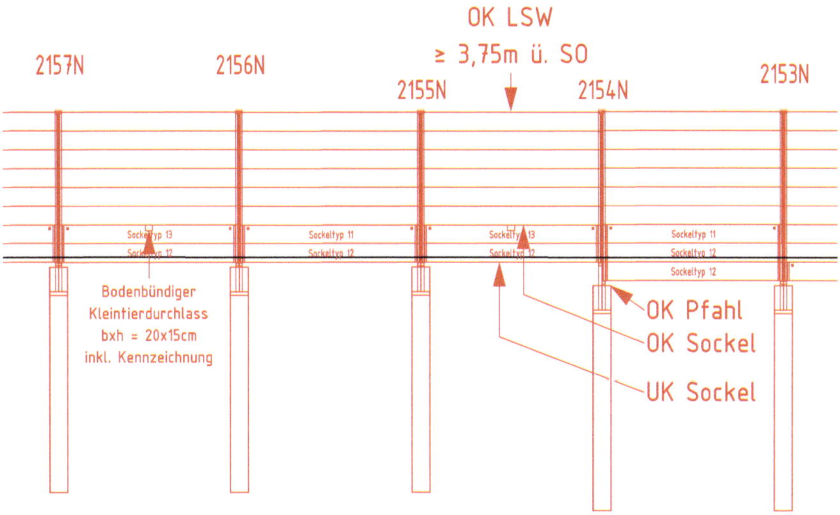

Abb. 11.24 Kleintierdurchlässe im Plan (Quelle: Emch+Berger).

Abb. 11.25 Kleintierdurchlass mit Blechrampe (Foto: Erdmenger).

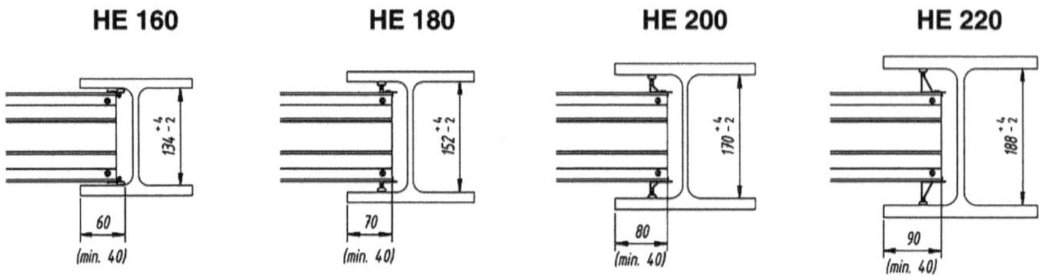

Abb. 11.26 Ausgleichsprofile (Quelle: Forster GmbH).

Für Lärmschutzelemente mit DB-Zulassung gibt es mehrere Lieferanten, z. B.:

- EUROVIA Infrastructure GmbH, Niederlassung TECO Schallschutz
- K. Schütte GmbH
- Saferoad Noise Protection GmbH & Co. KG (früher Bongard & Lind)
- Colberg & Forster GmbH, Peine
- Otto Fuchs KG
- Forster Verkehrs- und Werbetechnik GmbH (Österreich)

Die Dicke von Lärmschutzelementen ist so gewählt, dass der Einbau in Pfosten vom Typ HE 160 mit einem Kammermaß von 134 mm (± Walztoleranzen) problemlos möglich ist. Bei stärkeren Pfostenprofilen kommen andere Elementkappen zum Einsatz, siehe Abb. 11.26.

In den Randkappen der Lärmschutzelemente sind Gummidichtungen eingebaut, damit die Pfostenkammern beim Elementeinbau nicht beschädigt werden und damit die Elemente nicht klappern. Durch diese Dichtungen sind die Elemente jedoch elektrisch von den Pfosten getrennt. Die Erdung muss trotzdem sichergestellt werden. Dazu werden – je nach Hersteller der Elemente – z. B. Erdungsfedern eingebaut, siehe Abb. 11.27.

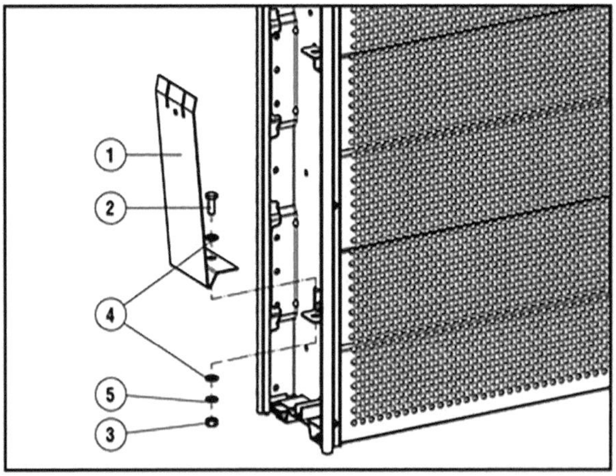

Abb. 11.27 Erdungsfeder (Quelle: Forster GmbH).

Abb. 11.28 Rammrohr neben Kabel, Pfosten steht exzentrisch (Foto: Erdmenger).

Wenn Kabel im Bereich eines geplanten Gründungspunkts liegen, dann kann das Rohr in Abstimmung mit dem Bauherrn z. B. neben dem Kabel gerammt werden. Das Kabel kann dabei mit einer Holzbohle geschützt werden. Der Pfosten kann exzentrisch in das Rohr gestellt werden. Zwischen Pfosten und Innenkante Rohr muss genug Platz für den Beton verbleiben. Hier bietet sich der zweifache Größtkorndurchmesser an. Eventuell kann der Größtkorndurchmesser des Betons auf 8 mm angepasst werden. Mit dem bautechnischen Prüfer ist abzustimmen, dass der Pfosten unter Ausnutzung der Teilsicherheitsbeiwerte aus exzentrisch im Rohr stehen kann. Abbildung 11.28 veranschaulicht diese Situation, wobei zwei Kabel gelb markiert sind.

Wenn diese Lösung nicht möglich ist, dann können Kragpfosten eingebaut werden. Dafür sind allerdings Planung, Statik, Prüfung und Herstellzeiten und -kosten für die Schweißnähte erforderlich. Abbildung 11.29 zeigt gelagerte Kragpfosten.

Wenn Pfosten versehentlich in falscher Lage betoniert wurde oder durch einen Unfall (z. B. Fahrzeuganprall) beschädigt wurde, dann muss der Pfosten ausgetauscht werden. Dazu gibt es zwei Möglichkeiten:

a) Der Pfosten wird knapp oberhalb der Einspannung abgetrennt und ein neuer Pfosten aufgeschweißt. Der Materialaufwand ist in diesem Fall minimal. Es muss jedoch vor Ort geschweißt werden. Dazu ist je nach Umgebungsbedingungen ggf. eine Einhausung erforderlich. Der Korrosionsschutz an der statisch höchstbelasteten Stelle muss vor Ort erneuert werden. Toleranzen der Walzträger (alt und neu) müssen in der Schweißnahmt ausgeglichen werden.

Abb. 11.29 Kragpfosten (Foto: Erdmenger).

Abb. 11.30 Köcher in der Gründung (Quelle: Emch+Berger).

b) Der Pfosten wird knapp oberhalb der Einspannung abgetrennt. Die Pfosteneinspannung wird mit einer großen Kernbohrung oder mit zwei kleineren, leicht überschnittenen Kernbohrungen aus der vorhandenen Gründung ausgebaut. Ein neuer Pfosten wird in den entstandenen Köcher einbetoniert. Bei Bohrpfählen besteht das Risiko, dass die statisch erforderliche Bewehrung versehentlich beschädigt wird. Außerdem besteht das Risiko, dass sich die Bohrkerne nicht ziehen lassen (siehe Abb. 11.30 und 11.31).

Die Art der Ausführung ist mit dem Bauherrn bzw. mit der ausführenden Firma abzustimmen.

Abb. 11.31 Bohrkerne mit durchtrenntem Pfostenstumpf (Quelle: Emch+Berger).

11.3 Schienenstegabschirmung (SSA)

Eine Schienenstegabschirmung ist eine Abschirmmaßnahme für Schienenfuß und Schienensteg als Lärmschutzmaßnahme. Dabei wird zwar nicht die Schallemission der Schiene reduziert, aber ein schallabsorbierender Schaumstoff durch ein Clipsystem an den Schienen befestigt, siehe Abb. 11.32.

Anbieter der Schienenstegabschirmung „Calmmoon Rail“ mit EBA-Zulassung ist die Sekisui Chemical GmbH in Düsseldorf.

Der Gesamtgeräuschpegel kann durch eine Schienenstegabschirmung um bis zu 4,4 dB verringert werden, die durchschnittliche Lärmreduktion liegt jedoch bei ca. 3 dB. Der Vorschlag, eine Schienenstegabschirmung einzubauen, kommt in der Regel vom Schallgutachter.

Abb. 11.32 Schienenstegabschirmung (Quelle: Sekisui Chemical GmbH).

11.4 Schienenstegdämpfung (SSD)

Eine Schienenstegdämpfung ist Dämpfungsmaßnahme als Lärmschutzmaßnahme. Dabei verringern Schienenstegdämpfer nach dem Prinzip des Masse-Feder-Systems die Bewegungen der Schiene und damit die Schallemission, siehe Abb. 11.33.

Anbieter von Schienenstegdämpfungen mit EBA-Zulassung sind z. B. Schrey & Veit GmbH in Sprendlingen oder Calenberg Ingenieure GmbH in Salzhemmendorf.

Das Rollgeräusch kann durch eine Schienenstegdämpfung um bis zu 8 db (A) reduziert werden, die durchschnittliche Lärmreduktion liegt jedoch bei ca. 2 dB. Der Vorschlag, eine Schienenstegdämpfung einzubauen, kommt in der Regel vom Schallgutachter.

Abb. 11.33 Schienenstegdämpfung (Quelle: Schrey & Veit GmbH).

12

Kostenermittlungen

Für die DB ist es sehr wichtig zu wissen, wie teuer ein Bauwerk sein wird, in welchen Jahren welche Kosten entstehen werden und wie diese Kosten bahnintern verrechnet werden (z. B. Instandhaltung, Neubau etc.). Dazu werden Kostenermittlungen erstellt, welche von Leistungsphase zu Leistungsphase immer genauer werden.

Die Kostenermittlungen sind für Ingenieurbüros von herausragender Bedeutung, weil sie auch der Ermittlung der anrechenbaren Kosten und des Planerhonorars nach HOAI dienen.

Folgende Quellen helfen bei der Erstellung von Kostenermittlungen:

- Ril 808 Kostenermittlungsbuch (KEB) bzw. Kostenkennwertekatalog (KKK)
- von Baufirmen verpreiste LVs bzw. Preisspiegel aus aktuellen Ausschreibungen
- Vorlagen aus anderen Projekten
- Fachplanerzugang zum Baupreislexikon
- DIN 276 Kosten im Bauwesen

Die Kostenverteilung von Herstellkosten zu Folgekosten entspricht bei Eisenbahnbrücken ca. 80 : 20, bei Straßenbrücken ca. 70 : 30 (Quelle: Kuhlmann, U.; Breunig, S.; Zinke, T. (2018) *Moderne Eisenbahnbrücken als Dickblech-Trogbrücken – Optimierung der Auslegung für Ermüdung und Lebenszyklusbetrachtung*, Stahlbau 87, H. 6, S. 571–582).

Die Kostenermittlungen sind vom Planer in das iTWO-DB zu übertragen und zu kontieren. Dazu muss zuerst ein Rollenantrag gestellt werden (siehe Abschnitt 6.73 Rollenantrag iTwo). Die Struktur der Kostenpläne ist projektbezogen mit der DB-Projektleitung und den DB-Projektkaufleuten anzustimmen.

Aktivierungsfähige Entsorgungskosten gelten für einen Rückbau bei einem Ersatzneubau. Nicht aktivierungsfähige Entsorgungskosten gelten für einen ersatzlosen Rückbau.

12.1 Vorvertraglicher Kostenrahmen

Zur Ausschreibung der Planungsleistungen erstellt die DB in der Regel einen groben vorvertraglichen Kostenrahmen. Dieser dient z. B. der Ermittlung der anrechenbaren Kosten und des vorläufigen Planerhonorars.

Die DB kann den Gesamtwertumfang eines Projektes anhand der DB-internen Software Sk.Express abschätzen, da dieses Tool (im Gegensatz zum Kostenkennwertekatalog) die aktuellen Marktwerte von vergleichbaren aktuellen Maßnahmen im Bundesgebiet berücksichtigt. Die Kosten werden über die Gesamtbrückenfläche unter Berücksichtigung der projektspezifischen Besonderheiten ermittelt.

Die Kostenverteilung von Herstellkosten zu Folgekosten entspricht bei Eisenbahnbrücken ca. 80 : 20, bei Straßenbrücken ca. 70 : 30 (Kuhlmann, U.; Breunig, S.; Zinke, T. (2018) *Moderne Eisenbahnbrücken als Dickblech-Trogbrücken – Optimierung der Auslegung für Ermüdung und Lebenszyklusbetrachtung*, Stahlbau 87, H. 6, S. 571–582).

12.2 Kostenschätzung (Leistungsphase 2: Vorplanung)

In der Lph 2 Vorplanung erstellt der Planer für jede Lösungsvariante eine überschlägige Mengenermittlung und eine Kostenschätzung. Die Herstellkosten fließen in die Bewertungsmatrix und die Variantenentscheidung ein.

Die Kostenschätzung kann in Excel erstellt werden. Die Ergebnisse muss der Planer in das iTWO-DB übertragen und dort kontieren.

Oft entsteht eine große Kostensteigerung zwischen Vorplanung und Entwurfsplanung. Dies bringt die DB-Projektleitung bzw. auch den Planer in Erklärungsnot. Daher sollten in der Kostenschätzung möglichst keine Leistungen vergessen werden, sondern stattdessen Sicherheiten eingeplant werden.

Gemäß DIN 276 ist für die Kostenermittlung vom Kostenstand zum Zeitpunkt der Ermittlung auszugehen, also von Nominalwerten. Bei Projekten, welche weit in der Zukunft liegen, ist ggf. die zu vermutende Inflation bzw. Preisentwicklung mit der DB-Projektleitung abzustimmen und zu berücksichtigen. Dies ist die Nominalisierung. Projekte können daran scheitern, dass die Nominalisierung nicht beachtet wurde. Vom vorvertraglichen Kostenrahmen bis zur Schlussrechnung vergehen oft acht oder zehn Jahre, was einer Preissteigerung von ca. 50 % entsprechen kann. Dies gilt auch für die Kostenberechnung in Leistungsphase 3.

12.3 Kostenberechnung (Leistungsphase 3: Entwurfsplanung)

In der Lph 3 Entwurfsplanung erstellt der Planer eine Mengenermittlung und eine Kostenschätzung. Daraus ergeben sich auch die anrechenbaren Kosten,

Projekt:	Erneuerung EÜ Hafenbahn, Strecke 2112 Welver - Dortmund Süd, km 33,184
	Kostenberechnung Leistungsphase 3 Entwurfsplanung
	Eisenbahnüberführung, Stahlbeton-Halbrahmen, Herstellung in Endlage
Projektnummer:	LfD 127101306
	Bearbeitungsstand: 20.12.2022

Struktur	KG/KV	KA	Aktivität	Menge	ME	Einheits-preis	Gesamt-preis	FKZ
			Erdarbeiten				172.860,00	
			Herrichten und Erschließen, Baugelände abräumen, Rekultivierung	5.770	m2	4,00	23.080,00	
			Aushub Baugrube zwischen Bestandswiderlagern	780	m3	50,00	39.000,00	
			Verfüllung Baugrube zwischen Bestandswiderlagern	410	m3	59,00	24.190,00	
			Aushub Baugrube im Gleisbereich	240	m3	50,00	12.000,00	
			Hinterfüllung aus Beton C12/15	180	m3	60,00	10.800,00	
			Verfüllung mit Korngemisch 1 (KG 1)	60	m3	59,00	3.540,00	
			Randweg herstellen in den vier Anschlussbereichen	10,0	m3	55,00	550,00	
			Vegetationsarbeiten	5.770	m2	10,00	57.700,00	
			Böschungsangleichung, Kokosmatten als Erosionsschutz und Rasenansaat	1,0	psch	2.000,00	2.000,00	
			Herstellung neues Bauwerk				1.542.500,00	
			Bodenaustausch aus Füllbeton C12/15	180	m3	1.400,00	252.000,00	
			Ausgleichsschicht C12/15	8,0	m3	900,00	7.200,00	
			Konstruktionsbeton Fundamente	190	m3	800,00	152.000,00	
			Konstruktionsbeton Rahmenwände und Flügelwände	510	m3	1.000,00	510.000,00	
			Konstruktionsbeton Rahmenriegel (Überbau)	160	m3	900,00	144.000,00	
			Kappenbeton und Deckel	50	m3	900,00	45.000,00	
			Bewehrung	185	to	1.800,00	333.000,00	
			Fugeneinlage aus Hartschaumplatten	220	m²	5,00	1.100,00	
			Füllstabgeländer	44	m	440,00	19.360,00	
			Holmgeländer	33	m	380,00	12.540,00	
			Erdung und Schienenanschlüsse	1,0	psch	14.000,00	14.000,00	
			Abdichtung und Schutzbeton	170	m2	80,00	13.600,00	
			Wandabdichtung und Grundrohre	1,0	psch	12.000,00	12.000,00	
			Leitungsquerung DN 150, Ankerschienen, Befestigung	1,0	psch	4.000,00	4.000,00	
			Revisions- und Spülschächte	4,0	St	2.000,00	8.000,00	
			Anschluss an Bestandsschacht 52221	1,0	psch	10.000,00	10.000,00	
			Böschungspflaster	40	m2	80,00	3.200,00	
			Messbolzen	1	psch	1.000,00	1.000,00	
			Jahreszahl nach Riz Jahr 1	1	psch	500,00	500,00	

Abb. 12.1 Ausschnitt aus einer Kostenberechnung in Excel (Quelle: Emch+Berger).

nach welchen in der Regel das Planerhonorar ermittelt wird. Die Kostenberechnung sollte daher möglichst hoch ausfallen (kaufmännische Sicherheiten). Dies ist auch im Sinne des Bauherrn, damit ausreichende finanzielle Mittel zur Verfügung gestellt werden und die Finanzierung des Projekts sichergestellt ist.

Die Kostenberechnung kann in Excel erstellt werden. Die Ergebnisse müssen in das iTWO-DB übertragen und dort kontiert werden. Abbildung 12.1 zeigt ein Beispiel für eine Kostenberechnung in Excel.

Abbildung 12.2 zeigt ein Beispiel für einen Kostenplan, welcher im iTWO-DB erzeugt und als PDF gespeichert wurde.

12.4 Genauigkeit der Kostenermittlungen

Die Genauigkeit der Kostenermittlungen steigt von Leistungsphase zu Leistungsphase. Interessanterweise trifft DIN 276 jedoch keine Vorgaben zur Genauigkeit der Kostenermittlungen. In der Praxis haben sich Werte etabliert, welche in Abb. 12.3 anschaulich dargestellt sind.

Der Kostenanschlag entspricht einem verpreisten Leistungsverzeichnis (LV) in Leistungsphase 6 Vorbereitung der Vergabe. Die Genauigkeit von ± 10 % greift hier mit § 2 Abs. 3 VOB/B ineinander.

DB

iTWO-KEM / Kostenplan nach Vergabeeinheit / Kostenkontrolleinheit

Projekt: G016129815	Ern. EÜ B442 km 41,520 Strecke 1760	Währung: EUR	
KEM: 1	Kostenberechnung Neubau	Version: 1	Variante: 0
		Aktiv: ✓	Gültig:
Status: 1000	Angelegt		

Schlüssel	Bezeichnung Mengenansatz	Menge ME	Einheitspreis	Gesamtbetrag inkl. Zuschl.
04.02	Aushub Baugrube			
	33365	33.365,000 m3	60,00	2.001.900,00
04.03	Verfüllung Baugrube Damm und Hinterfüllung mit Fremdmaterial GW, GI, SW, SI			
	17985	17.985,000 m3	70,00	1.258.950,00
04.04	Verfüllung Baugrube Straße und BE-Fläche mit Bestandsmaterial			
	15380	15.380,000 m3	50,00	769.000,00
04.05	Böschungsangleichung, Rasenansaat			
	1	1,000 psch	20.000,00	20.000,00
04.06	Kabeltiefbau für Kabeltröge bahnlinks und bahnrechts			
	1	1,000 psch	25.000,00	25.000,00
	Summe 04 **Erdarbeiten**			**4.169.850,00**
05	**Gründung / Widerlager**			
05.01	Bodenaustausch			
	1320	1.320,000 m3	70,00	92.400,00
05.02	Sauberkeitsschicht Baustelleneinrichtungsfläche			
	300	300,000 m2	20,00	6.000,00
05.03	Ortbeton Widerlager einschl. Bewehrung			
	1084	1.084,000 m3	950,00	1.029.800,00
05.04	Abdichtung Widerlager			
	1	1,000 psch	20.000,00	20.000,00

Druckdatum: 30.07.2025 Seite: 3 von 6

Abb. 12.2 Auszug aus einem Kostenplan aus dem iTWO-DB (Quelle: Emch+Berger).

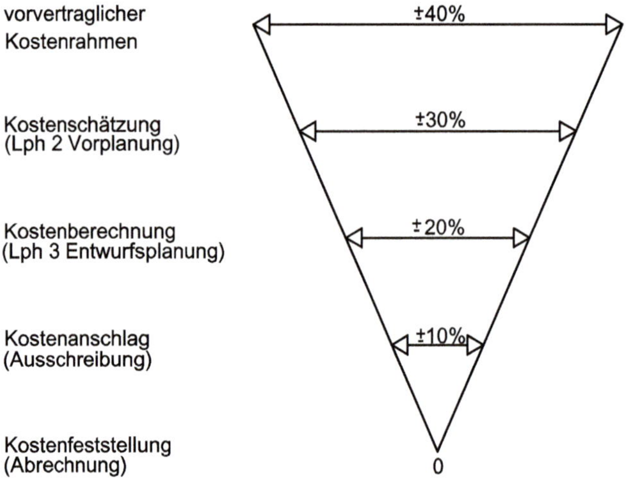

Abb. 12.3 Genauigkeit der Kostenermittlung (Quelle: Emch+Berger).

12.5 Kostengruppen nach DIN 276

Nach DIN 276 gibt es folgende Kostengruppen, welche z. B. für die Gewerke der technischen Streckenausrüstung (siehe auch Kapitel 15, 16, 17, 18) relevant sind:

- 400 Bauwerk, technische Anlagen
- 410 Abwasser-, Wasser-, Gasanlagen

- 420 Wärmeversorgungsanlagen
- 430 Raumlufttechnische Anlagen
- 440 Elektrische Anlagen
- 450 Kommunikations-, sicherheits- und informationstechnische Anlagen
- 460 Förderanlagen
- 470 Nutzungsspezifische und verfahrenstechnische Anlagen
- 480 Gebäude- und Anlagenautomation
- 490 Sonstige Maßnahmen für technische Anlagen

12.6 Kostenzusammenstellung

Wenn die DB-Projektleitung es fordert, ist eine Kostenzusammenstellung nach Ril 809.0201V04 zu erstellen, siehe Abb. 12.4.

Kostenzusammenstellung

Projekt: **BÜ Konzeption Velpe: EÜ Markenweg (Stand 30.10.2020)** **Projekt-Nr.:** **G.016129714**

Lfd. Nr. Erläuterungsbericht**)			PSP-Element	Z-Nr	Sachanlagenart gem. RIL 21011 ggf. Angabe Streckenabschnitt	Menge	Maßeinheit	Einheitspreis*) [€]	Gesamtsumme [T€]	davon zuwendungsfähige Kosten [T€]				davon nicht zuwendungsfähige Baukosten [T€]				Bemerkungen
										BHH Netz	BHH S & S	BHH Energie	EU-Mittel	EM Netz	EM S & S	EM Energie	Mittel Dritter	
									0,00									
					Eisenbahnüberführung Markenweg	1		1.852.625,00	1.852.625,00	1.852.625,00								gem. Kostenberechnung
									0,00									
									0,00									
									0,00									
									0,00									
									0,00									
									0,00									
									0,00									
									0,00									
									0,00									
									0,00									
									0,00									
									0,00									
									0,00									
									0,00									
									0,00									
									0,00									
									0,00									
									0,00									
									0,00									
									0,00									
									0,00									
									0,00									
									0,00									
									0,00									
									0,00									
									0,00									
									0,00									
									0,00									
									0,00									
									0,00									
									0,00									
									0,00									
									0,00									
									0,00									
									0,00									
									0,00									
									0,00									
					Summe Baukosten / Grunderwerb				1.852.625,00	1.852.625,00	0,00	0,00	0,00	0,00	0,00	0,00	0,00	
					Tatsächlich veranschlagte Planungskosten				469.720,00	469.720,00								
					Gesamtsumme				**2.322.345,00**	**2.322.345,00**	**0,00**	**0,00**	**0,00**	**0,00**	**0,00**	**0,00**	**0,00**	

*) *bei Abweichung vom Kostenkennwertekatalog ist Begründung in Spalte Bemerkungen erforderlich*

**) Achtung: Bitte darauf achten, dass Angaben in Kostenzusammenstellung und Erläuterungsbericht "passfähig" und nachvollziehbar dargestellt werden !!

809.0201V04 Kostenzusammenstellung Fachautor: I.NPF43; Erik Plees, Tel.: (069) 265 31947 Gültig ab 02.04.2018

Abb. 12.4 Kostenzusammenstellung (Quelle: Emch+Berger).

13

Weitere Planungsbestandteile

13.1 Vorplanungsheft/Entwurfsheft

Alle relevanten Unterlagen werden in einem Planungsheft zusammengefasst. Für Projekte des Geschäftsbereichs Fahrweg ist die 16-er Ordnerstruktur gemäß Ril 809.1000 V01 Titelblatt Mitzeichnungsblatt zu nutzen. Für Projekte des Geschäftsbereichs Personenbahnhöfe ist die 12-er Ordnerstruktur gemäß Ril 813.0103A01 bzw. A02 zu nutzen.

Mit der DB-Projektleitung ist abzustimmen, ob die Übergabe digital ausreichend ist. Wenn Papierausfertigungen erforderlich sind, dann ist die Anzahl abzustimmen.

Die von der DB vorgegebene 16-er bzw. 12-er Ordnerstruktur darf nicht gekürzt werden. Das hat folgende Gründe:

- Langjährige DB-Mitarbeiter wissen, unter welcher Registernummer sie welche Dokumente finden. Wenn die Nummerierung geändert wird, sorgt das für Verwirrung.
- Wenn die Nummerierung zuerst geändert wird, aber später doch weitere Unterlagen eingefügt werden müssen, dann ändert man doppelt.

Alle vorhandenen Dokumente sind in dem Planungsheft abzulegen und dem Bauherrn zu übergeben. Das hat mehrere Gründe, z. B.:

- Der Planer wird keinen Vorwürfen ausgesetzt, dass das Planungsheft unvollständig sei.
- Der Planer erspart sich ggf. den Aufwand für Ergänzungen.
- Wenn einige Jahre später noch Rückfragen zur Planung entstehen, dann findet jeder Bearbeiter den neuesten Stand der Dokumente.

Jeder der 16 Ordner benötigt ein Deckblatt. Außerdem können im Ordner 00 die folgenden Dokumente gesammelt werden:

- Deckblatt für das Planungsheft
- Inhaltsverzeichnis für das Planungsheft
- Titelblatt und Mitzeichnungsblatt gemäß Ril 809.1000 V01
- Qualitätsprüfbericht

Es sollten keine Ordner leer gelassen werden. Stattdessen hilft der Hinweis „Nicht vorhanden/Nicht erforderlich“ oder ein Verweis auf andere Ordner, z. B. „Kostenzusammenstellung siehe Kostenberechnung“.

13.2 Erläuterungsbericht

Für den Erläuterungsbericht ist die Word-Vorlage nach Ril 809.1000A01 Gliederung E-Bericht zu nutzen. Die vorgegebene Nummerierung muss beibehalten werden, daher dürfen irrelevante Überschriften nicht gelöscht werden. Der Planer beginnt in der Grundlagenermittlung mit der Erstellung des Erläuterungsberichts und ergänzen das Dokument in jeder Leistungsphase.

Alle Erkenntnisse über den Bestand und alle Ergebnisse der Neubauplanung werden im Erläuterungsbericht zusammengefasst, damit keine projektrelevanten Informationen verlorengehen.

Die Kernaussagen von Fachplanungen (z. B. OLA, TK etc.) und Gutachten (z. B. schalltechnisches Gutachten, Umweltplanung etc.) sind im Erläuterungsbericht wiederzugeben. Diese Abschnitte formulieren KIB-Planer jedoch nicht selbst, sondern fordern die entsprechende Zuarbeit rechtzeitig vor Abgabe von den Fachplanern ab.

Es ist wichtig, dass im Erläuterungsbericht alle Zusammenhänge umfassend, präzise und für Außenstehende nachvollziehbar beschrieben werden. Um eine hohe Kundenzufriedenheit zu erzielen, sollte erkennbar sein, dass der Planer sich Mühe gegeben haben.

Bei irrelevanten Abschnitten sollte nicht stehen „entfällt“, sondern eine Formulierung wie z. B. „keine besonderen Anforderungen“.

Am Anfang eines E-Berichts sollten ein Bauwerksfoto und ein Ausschnitt aus dem IVL-Plan eingearbeitet werden. Alle Grafiken sind zu beschriften und die Quelle ist anzugeben, z. B. so: „EÜ Hafenbahn, Blick in Richtung Norden. Quelle: DB InfraGO AG.“.

13.3 Bauphasenplan

In Leistungsphase 3 Entwurfsplanung ist ein Bauphasenplan zu erstellen. Dies ist eine Grundleistung nach HOAI, Anlage 12 zu § 43, Absatz 4, und § 48, Absatz 5, Lph 3 (h):

> *Ermitteln der wesentlichen Bauphasen unter Berücksichtigung der Verkehrslenkung und der Aufrechterhaltung des Betriebes während der Bauzeit.*

Aus dem Bauphasenplan kann auch der ungefähre Sperrpausenbedarf ermittelt werden.

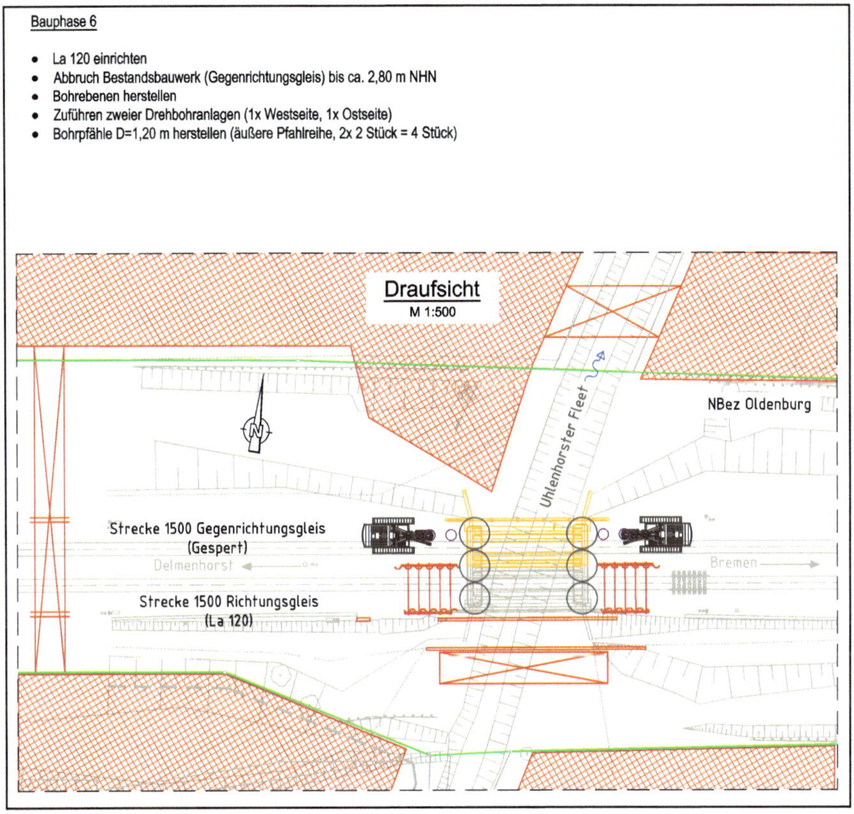

Abb. 13.1 Ausschnitt aus Bauphasenplan (Quelle: Emch+Berger).

Eine einzelne Bauphase kann auf dem Bauphasenplan wie in Abb. 13.1 dargestellt und textlich beschrieben werden:

Der Bauphasenplan ist sehr wertvoll, um beispielsweise die Baubarkeit der Maßnahme zu überprüfen, eventuell erforderliche Baubehelfe zu erkennen, die Reihenfolge der verschiedenen Gewerke abzustimmen, den Sperrpausenbedarf zu ermitteln etc.

Die Erstellung eines Bauphasenplans kostet viel Zeit. Eventuell ergeben sich aus dem Bauphasenplan auch Änderungen am Entwurf, z. B. zusätzlich erforderliche Baubehelfe oder Baustelleneinrichtungsflächen. Daher müssen Planer rechtzeitig mit der Erstellung des Bauphasenplans beginnen.

Die Erstellung eines Bauphasenplans kann folgendermaßen erfolgen:

- Wesentliche Bauphasen in Word festlegen, z. B.
  - vorbereitende Arbeiten
  - Herstellung der Gründung (Totalsperrung)
  - Herstellung des Überbaus (Totalsperrung)
  - Restarbeiten

Sperrpausen insgesamt:
- Totalsperrungen 4 x 48 Stunden, 2 x 60 Stunden, 1 x 28 Stunden, 1 x 24 Stunden, 1 x 6 Stunden.
- Gleiswechselbetrieb ca. 22 Wochen.

Abb. 13.2 Zusammenfassung des Sperrpausenbedarfs (Quelle: Emch+Berger).

- Aktivitäten innerhalb der festgelegten Bauphasen in Word auflisten, z. B.:
  - Bohrebene herstellen
  - Bohrgerät zuführen
  - Herstellung Bohrpfähle
  - Bohrgerät zurückführen
  - Rückbau Bohrebene
- Bauphasenplan erstellen (Konstrukteur) und prüfen (Ingenieur)
- Aktivitäten mit Zeitaufwand belegen
- Aktivitäten, Ablauf und Zeitaufwand mit den Ausrüstungsplanern abstimmen
- Sperrpausenbedarf aus dem Plan abgreifen

Als Darstellung reichen in der Regel Ausschnitte aus der Draufsicht. Für die Herstellung einer Stützwand kann aber auch ein Bauphasenplan mit Querschnitten sinnvoll sein.

Eine Zusammenfassung des Sperrpausenbedarfs auf dem Plan ist sehr hilfreich, siehe Abb. 13.2.

13.4 Sperrpausenplanung

Für Arbeiten im Gefahrenbereich müssen die Gleise zeitweise gesperrt werden. Dies sind Sperrpausen. Wenn alle Gleise einer Strecke gesperrt werden, dann handelt es sich um eine Totalsperrung (TSP).

Sperrpausen sind bei der Bahn ein elementares Thema, weil sie den Bahnbetrieb behindern und Geld kosten. Die Bahn verdient Geld mit rollenden Zügen. In Sperrpausen können jedoch keine Züge rollen. Dann muss Schienenersatzverkehr (SEV) für Personen durchgeführt werden und Fabriken müssen ihre Rohstoffe „just in time“ mit LKW antransportieren. Daher nimmt die DB große Anstrengungen in Kauf, um die Sperrzeiten zu minimieren.

Für die Planung von Sperrpausen gibt es den Leitfaden Bau- und Sperrzeitenkatalog der DB InfraGO AG, siehe Abb. 13.3.

Sperrpausen werden DB-intern in der Regel drei Jahre im Voraus zum Baukapazitätsmanagement angemeldet. Der Vorlauf ist also sehr lang. Die Sperrpausen werden in mehreren Abstimmungsrunden diskutiert und möglichst optimiert. Dieser Prozess ist in Abb. 13.4 aus dem Leitfaden Bau- und Sperrzeitenkatalog dargestellt.

DB InfraGO **LF** **Leitfaden** **Bau- und Sperrzeitenkatalog**	**Rev-Index: 2.0** **Gültig ab: 01.05.2024** **Seite 4 von 28**

1 Ziel des Leitfadens (LF)

Der Leitfaden stellt sicher, dass für die Ermittlung von Bauzeiten- und Sperrzeiten ein gleiches Verständnis über verwendete Begriffe und Abkürzungen besteht, die Ermittlung auf einheitlichen Zeitansätzen beruht und die dazugehörigen Prämissen verständlich sind.

Abb. 13.3 Ausschnitt aus dem Leitfaden Bauzeiten- und Sperrzeitenkatalog (Quelle: DB InfraGO AG).

Der erforderliche Detaillierungsgrad einer Sperrpausenplanung ist rechtzeitig mit der DB-Projektleitung abzustimmen. Dabei ist auch zu klären, ob bestimmte Vorlagen zu nutzen sind.

In einer Vorplanung reicht in der Regel eine grobe Sperrpausenplanung aus, z. B. wie in Abb. 13.5. In der Entwurfsplanung ist eine genauere Sperrpausenplanung erforderlich, siehe Abb. 13.6.

Bei hochfrequentierten Strecken ist evtl. eine sehr detaillierte und stundengenaue Planung erforderlich, wenn der Bauherr bzw. der Baubetriebskoordinator (BBK) dies ausdrücklich fordert. Ein Beispiel ist in Abb. 13.7 zu sehen.

Eine stundengenaue Bauablauf-, Geräte- und Sperrpausenplanung ist keine Grundleistung nach HOAI. Dies geht unter anderem aus dem *AHO-Heft Nr. 7 Besondere Leistungen bei der Planung von Ingenieurbauwerken* hervor, siehe Tab. 13.1, graue Hinterlegung.

Mit dem Bauherrn ist also zu klären, ob diese Planungsleistung tatsächlich erforderlich ist und dass dabei Mehrkosten entstehen.

Bei der Sperrpausenplanung muss der Zeitaufwand mit Reserven berücksichtigt werden, damit die Machbarkeit sichergestellt ist. Außerdem müssen alle vor- und nachbereitenden Arbeiten berücksichtigt werden, z. B.:

- Gleissperrung einrichten
- Oberleitung verschwenken
- Schienentrennschnitte durchführen
- Oberbau zurückbauen
- Oberbau wiederherstellen
- Schienen schweißen
- Oberleitung wiederherstellen
- Kontrollmessungen
- Gleissperrung aufheben

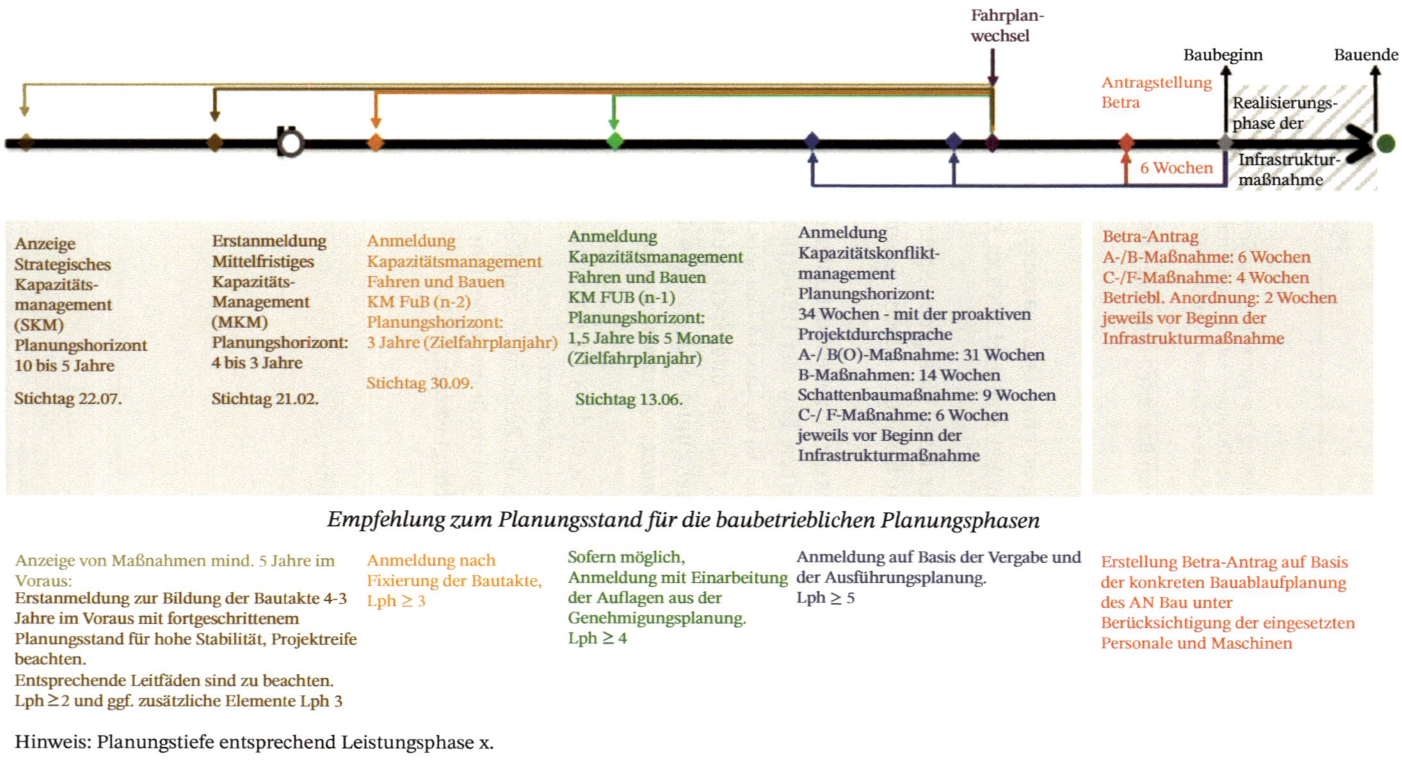

Abb. 13.4 Baubetrieblicher Anmeldeprozess (Quelle: DB InfraGO AG).

2. Sperrpause (Totalsperrung ca. 4 Tage)

Bestehende LST-Kabel an den neuen Kabelschränken schneiden und auflegen

Vorsignalbaken versetzen

Rückbau der OLA (Gegenrichtungsgleis)

Rückbau Oberbau (Gegenrichtungsgleis)

Vorhandenen Überbau ausheben (Gegenrichtungsgleis)

Ankertafeln für Gleislängsverbau in den Baugrund einbringen

Einstabanker für Gleislängsverbauten herstellen

Erdung anschließen

Abb. 13.5 Sperrpausenplanung in einer Vorplanung (Quelle: Emch+Berger).

Bauphase 4

- Totalsperrung ca. 48 Stunden
- Außerbetriebnahme BÜ (ca. 2 Stunden)
- Bestehende LST-Kabel an den neuen Kabelschränken schneiden und auflegen (ca. 30 Stunden)
- Vorsignalbaken versetzen (ca. 2 Stunden)
- Rückbau der OLA (Gegenrichtungsgleis) (ca. 20 Stunden)
- Rückbau Oberbau (Gegenrichtungsgleis) (ca. 12 Stunden)
- Vorhandenen Überbau ausheben (Gegenrichtungsgleis) (ca. 12 Stunden)
- Sperrung des Gegenrichtungsgleises und GWB auf Richtungsgleis (für ca. 11 Wochen)

Abb. 13.6 Sperrpausenplanung in einer Entwurfsplanung (Quelle: Emch+Berger).

Aufgrund der umfangreichen Vor- und Nacharbeiten können kurze Sperrpausen bis ca. 5 Stunden unter Umständen nicht für das Arbeiten mit Großgeräten genutzt werden.

Eine Sperrpausenplanung muss mit dem Baubetriebskoordinator und allen anderen Gewerken abgestimmt werden. Das ist ein iterativer Prozess, der bei der Festlegung von Planungsterminen berücksichtigt werden muss.

Wenn es räumlich und bautechnisch möglich ist, wird in einer Sperrpause mit mehreren Geräten gleichzeitig gearbeitet, um Sperrzeit zu sparen. Zum Herstellen einer Tiefgründung kann z. B. an jedem Widerlager eine Drehbohranlage eingesetzt werden. Die doppelten Kosten für Transporte und Geräteeinsatz rentieren sich in der Regel gegenüber längeren Sperrpausen.

Im Zuge der Sperrpausenplanung können externe Planer online nachschauen, ob Zugpausen vorliegen und wann die Stellwerke besetzt sind. DB-intern wird dies unter „Dienstruhen und Ausschaltzeiten" geführt. Zurzeit gilt dieser Link: https://www.dbinfrago.com/web/schienennetz/betrieb/allgemeine-betriebsinformationen/dienstruhen_und_ausschaltzeiten-11861474

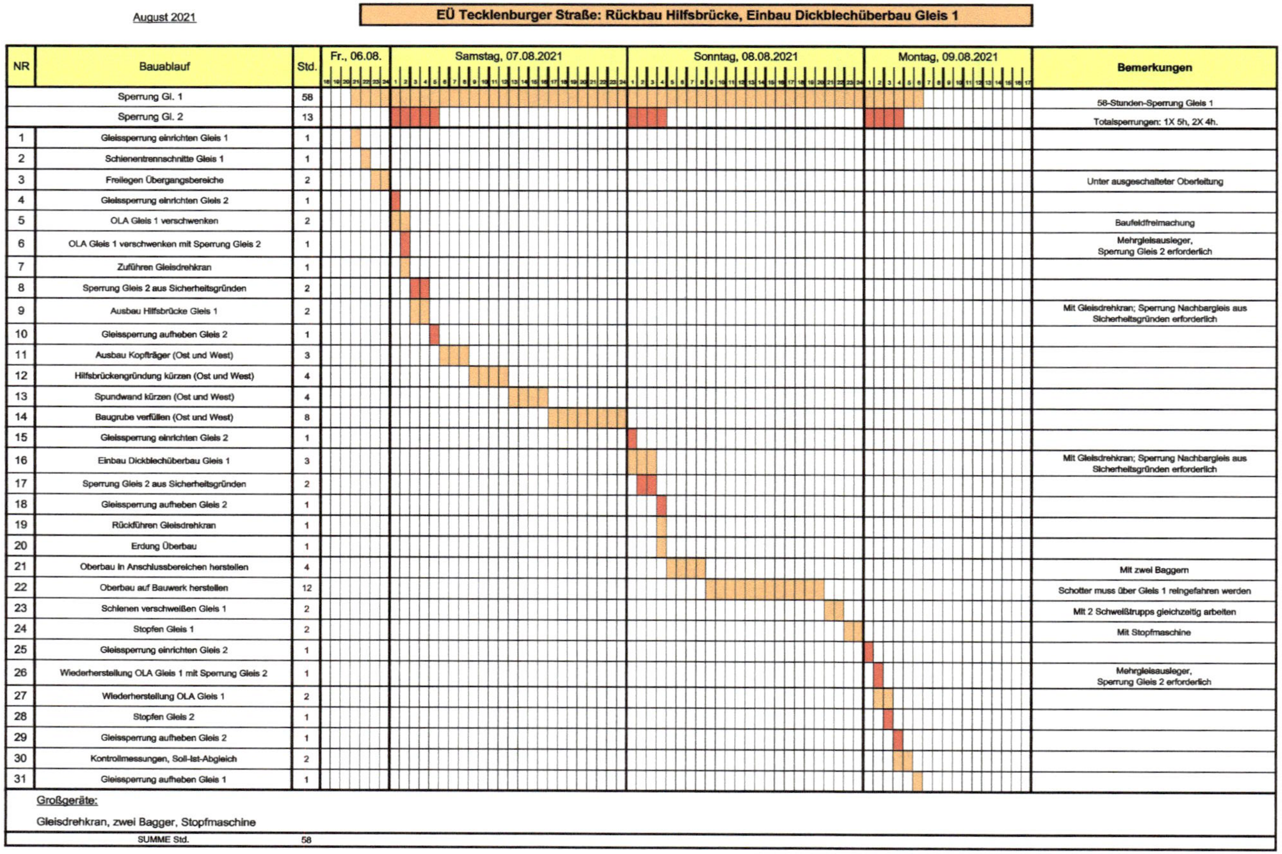

Abb. 13.7 Sperrpausen-Detailplanung in einer Entwurfsplanung (Quelle: Emch+Berger).

Tab. 13.1 Einige besondere Leistungen in einzelnen Leistungsphasen, nach AHO-Heft Nr. 7, Teil B.

Nr.	Bezeichnung der Besonderen Leistung	Langtext/Erläuterungen/Beispiele
3.8	Aufstellen von Ablöseberechnungen	Die Bewertung berücksichtigt notwendige Abstimmungen mit dem Auftraggeber. Die Ablösesumme ist eine Ausgleichszahlung für Kostenübernahme bei Wechsel der Unterhaltungslast. Soweit zur Ermittlung der Ablöseberechnung sogenannte Fiktiventwürfe zu erstellen sind, sind diese gesondert zu vergüten (Nr. 3.5).
3.9	Einarbeiten gestaltungsbedingter Anforderungen Dritter	Gestaltungsbedingte Anforderungen Dritter sind kein Bewertungsmerkmal nach § 44 Abs. 2 HOAI. Die Einarbeitung solcher Beiträge anderer an der Planung fachlich Beteiligter führt deshalb zu einer Besonderen Leistung, die unabhängig von § 61 HOAI zu vergüten ist.
3.10	Planen und Abstimmen von bauzeitlichen Verkehrsführungen oder Betriebszuständen oder eisenbahnbetrieblichen Sperrpausen	Anlage 12 Lph. 3 Ziffer h) sieht als Grundleistungen nur die Ermittlung der wesentlichen Bauphasen des Objekts vor.
3.11	Feststellen und Berücksichtigen von Einflüssen auf das Ingenieurbauwerk durch vorhandene oder zukünftige Objekte	Die Planung dieser Objekte selbst wird damit nicht vergütet. (Beispiel: eine neben dem Objekt erhöht liegende Tankstelle oder eine geplante, noch nicht gebaute Straße ist bei der Planung einer Talbrücke in den vorzugebenden Stützweiten zu berücksichtigen, obwohl dieses zum Zeitpunkt der Planung und Bauausführung noch gar nicht vorhanden ist.)

Wenn ein Stellwerk zeitweise nicht besetzt ist, dann fahren in dieser Zeit in der Regel keine Züge. Hier können also evtl. Arbeiten im Gleis stattfinden. Trotzdem ist eine Absprache mit dem Bauherrn erforderlich.

13.5 Sperrpausenanmeldung

Für die Anmeldung von Sperrpausen muss ein Vordruck aus Ril 406 ausgefüllt werden, siehe Abb. 13.8.

In weiteren Registern dieser Exceldatei muss z. B. auch eine Spurplanskizze oder alternativ ein Ausschnitt aus dem IVL-Plan eingefügt werden.

Sperrpausen werden in der Regel bahnintern durch entsprechend qualifizierte Mitarbeiter angemeldet. Man braucht dafür eine entsprechende Schulung. Dann dürfen auch Bahn-Externe eine Sperrpause anmelden, z. B. Mitarbeiter aus Ingenieurbüros. Zur Sperrpausenanmeldung wird die DB-interne Software „BBPneo“ genutzt.

13.6 Terminplan

Für die Entwurfsplanung ist ein Terminplan/Meilensteinplan für das Gesamtprojekt zu erstellen, also mit Planungsphase. Der erforderlich Detaillierungsgrad ist mit der DB-Projektleitung abzusprechen. Eventuell reicht eine Planung in Word oder Excel. Die anspruchsvollste Lösung ist ein verknüpfter Terminplan als Balkenplan (Gantt-Diagramm) aus MS Project, wie in Abb. 13.9 zu sehen.

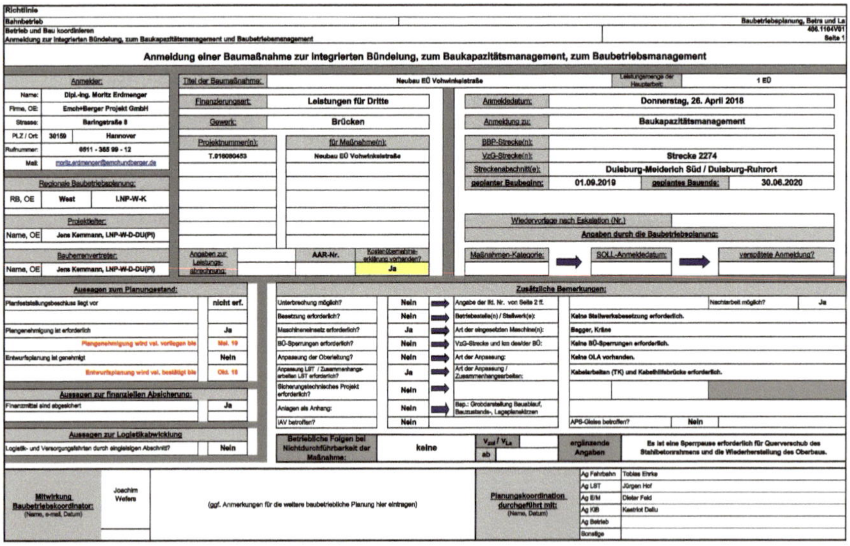
Richtlinie
Bahnbetrieb
Betrieb und Bau koordinieren
Anmeldung zur integrierten Bündelung, zum Baukapazitätsmanagement und Baubetriebsmanagement
Baubetriebsplanung, Betra und La
406.1104V01
Seite 1

Anmeldung einer Baumaßnahme zur integrierten Bündelung, zum Baukapazitätsmanagement, zum Baubetriebsmanagement

Anmelder:
Name: Dipl.-Ing. Moritz Erdmenger
Firma, OE: Emch+Berger Projekt GmbH
Strasse: Baringstraße 8
PLZ / Ort: 30159 Hannover
Rufnummer: 0511 - 385 99 - 12
Mail: moritz.erdmenger@emchundberger.de

Regionale Baubetriebsplanung:
RB, OE: West I.NP-W-K

Projektleiter:
Name, OE: Jens Kemmann, I.NP-W-D-DU(PI)

Bauherrenvertreter:
Name, OE: Jens Kemmann, I.NP-W-D-DU(PI)

Titel der Baumaßnahme: Neubau EÜ Vohwinkelstraße
Leistungsmenge der Hauptarbeit: 1 EÜ
Finanzierungsart: Leistungen für Dritte
Gewerk: Brücken
Projektnummer(n): T.016080453
für Maßnahme(n): Neubau EÜ Vohwinkelstraße
Angaben zur Leistungsabrechnung:
AAR-Nr.
Kostenübernahmeerklärung vorhanden? Ja

Anmeldedatum: Donnerstag, 26. April 2018
Anmeldung zu: Baukapazitätsmanagement
BBP-Strecke(n):
VzG-Strecke(n): Strecke 2274
Streckenabschnitt(e): Duisburg-Meiderich Süd / Duisburg-Ruhrort
geplanter Baubeginn: 01.09.2019
geplantes Bauende: 30.06.2020
Wiedervorlage nach Eskalation (Nr.)
Angaben durch die Baubetriebsplanung:
Maßnahmen-Kategorie: → SOLL-Anmeldedatum: → verspätete Anmeldung?

Aussagen zum Planungsstand:
Planfeststellungsbeschluss liegt vor: nicht erf.
Plangenehmigung ist erforderlich: Ja
Plangenehmigung wird vsl. vorliegen bis: Mai. 19
Entwurfsplanung ist genehmigt: Nein
Entwurfsplanung wird vsl. bestätigt bis: Okt. 18

Aussagen zur finanziellen Absicherung:
Finanzmittel sind abgesichert: Ja

Aussagen zur Logistikabwicklung
Logistik- und Versorgungsfahrten durch eingleisigen Abschnitt? Nein

Zusätzliche Bemerkungen:
Unterbrechung möglich? Nein → Angabe der lfd. Nr. von Seite 2 ff. | Nachtarbeit möglich? Ja
Besetzung erforderlich? Nein → Betriebsstelle(n) / Stellwerk(e): Keine Stellwerksbesetzung erforderlich.
Maschineneinsatz erforderlich? Ja → Art der eingesetzten Maschine(n): Bagger, Kräne
BÜ-Sperrungen erforderlich? Nein → VzG-Strecke und km des/der BÜ: Keine BÜ-Sperrungen erforderlich.
Anpassung der Oberleitung? Nein → Art der Anpassung: Keine OLA vorhanden.
Anpassung LST / Zusammenhangsarbeiten LST erforderlich? Ja → Art der Anpassung / Zusammenhangsarbeiten: Kabelarbeiten (TK) und Kabelhilfsbrücke erforderlich.
Sicherungstechnisches Projekt erforderlich? Nein →
Anlagen als Anhang: Nein → Bsp.: Grobdarstellung Bauablauf, Bauzustands-, Lageplanskizzen
IAV betroffen? Nein | APS-Gleise betroffen? Nein

Betriebliche Folgen bei Nichtdurchführbarkeit der Maßnahme: keine
V_{zul} / V_{La} ab
ergänzende Angaben: Es ist eine Sperrpause erforderlich für Querverschub des Stahlbetonrahmens und die Wiederherstellung des Oberbaus.

Mitwirkung Baubetriebskoordinator: (Name, e-mail, Datum) Joachim Wefers
(ggf. Anmerkungen für die weitere baubetriebliche Planung hier eintragen)
Planungskoordination durchgeführt mit: (Name, Datum)
Ag Fahrbahn: Tobias Ehrke
Ag LST: Jürgen Hof
Ag E/M: Dieter Feld
Ag KIB: Kastriot Dallu
Ag Betrieb
Sonstige

Abb. 13.8 Anmeldung von Sperrpausen nach Ril 406.1104, Vordruck V01 (Quelle: DB).

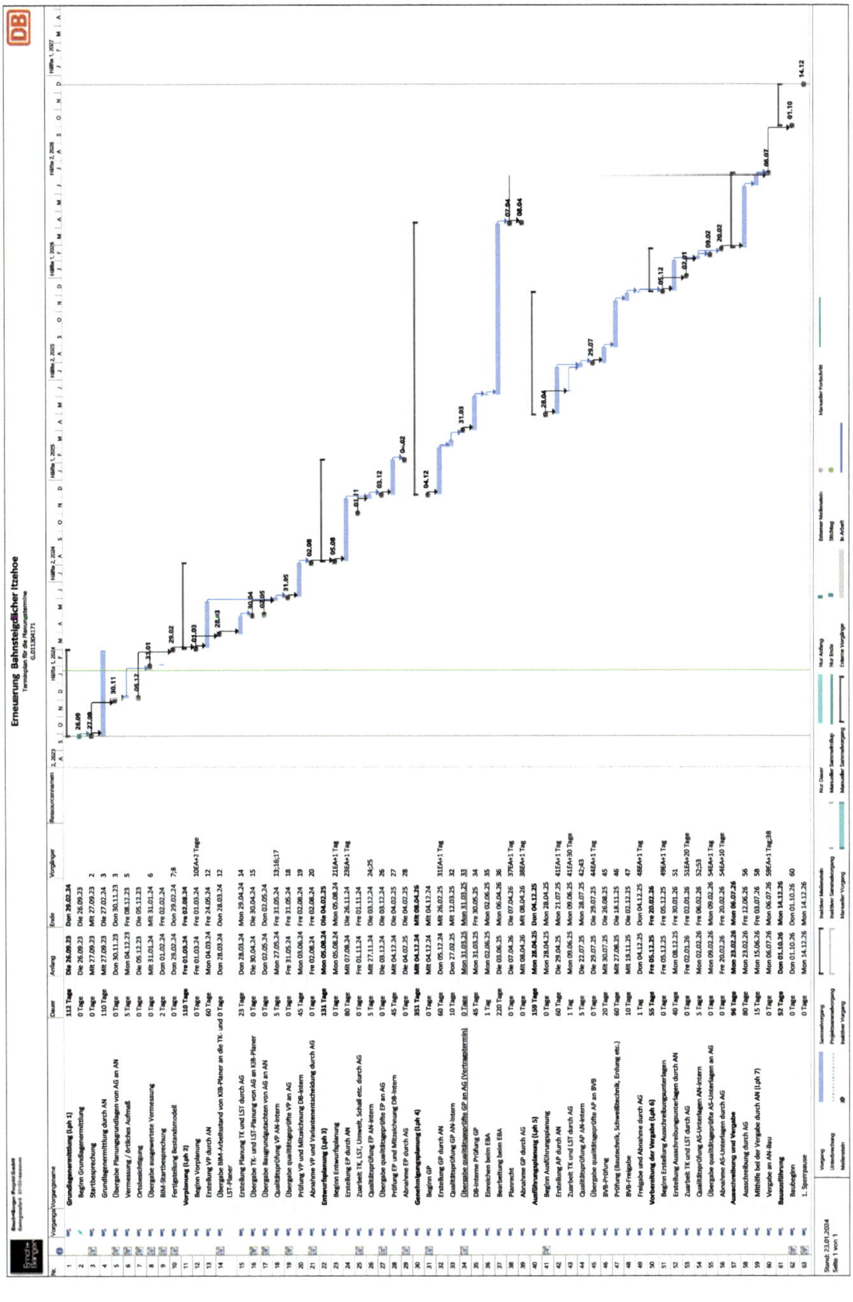

Abb. 13.9 Terminplan aus MS Project (Quelle: Emch+Berger).

13.7 Bauzeitplan

Wenn die DB-Projektleitung es fordert, ist ein Bauzeitplan nach Ril 809.0201V06 zu erstellen, siehe Abb. 13.10.

Im Wesentlichen geht es hier um die Aufteilung der Kosten auf die Jahre. Dies geht jedoch auch aus der Kontierung des Kostenplans im iTWO-DB hervor.

13.8 Finanzierungsplan

Wenn die DB-Projektleitung es fordert, ist ein Finanzierungsplan nach Ril 809.0201V07 zu erstellen, siehe Abb. 13.11.

Im Wesentlichen geht es hier darum, aus welchem Topf die Arbeiten bezahlt werden. Dies geht jedoch auch aus der Kontierung des Kostenplans im iTWO-DB hervor.

13.9 Bewertungsmatrix

Bei einer Vorplanung erstellt der Planer in der Regel eine Bewertungsmatrix, in welcher die Varianten hinsichtlich ihrer Vor- und Nachteile bewertet werden. Die entscheidenden Bewertungskriterien sind:

- Herstellkosten
- Instandhaltungskosten
- Sperrpausenbedarf

Die Vor- und Nachteile müssen textlich beschrieben werden und können auch mit Punkten bewertet werden. Im letzteren Fall ergibt sich die Vorzugsvariante aufgrund der Punktzahl. Eine mögliche Bewertungsmatrix ist in Abb. 13.12 dargestellt.

Es gibt keine Dokumentenvorlage von der DB, sondern eine Vorlage der Bundesanstalt für Straßen- und Verkehrswesen (BASt) aus der RAB-Ing sowie eigene Vorlagen. Die Form der Bewertungsmatrix ist im Voraus mit der DB-Projektleitung abzustimmen. Auch die ausgefüllte Bewertungsmatrix ist vor Abgabe der Vorplanung mit der DB-Projektleitung abzustimmen.

13.10 Leitungsbestandsplan

Wenn in einem Projekt viele Kabel und Leitungen betroffen sind, kann die Erstellung eines koordinierten Leitungsbestandsplans sinnvoll sein. Damit soll

Bauzeitplan

DB Netz AG / ~~DB S&S AG / DB Energie GmbH~~[1)]

Anlage 11.01

☐ **zur Vorplanung**
☐ **zum Teilentwurf**
☑ **zum Gesamtentwurf**

Projekt: Erneuerung EÜ Markenweg, Strecke 2992

Projekt-Nr.: G.016129714

vom 30.10.2020

Lfd. Nr.	Bauabschnitte	Baukosten[2)] [Mio €]	2019	2020	2021	2022	2023	2024	2025ff
			[Mio €]						
1	Grundstücke	85,00					85,00		
2	Bahnkörper (entfällt)	0,00							
3	Tunnel (entfällt)	0,00							
4	Bahnübergänge (entfällt)	0,00							
5	Brücken	1.103,00					1.088,00		15,00
6	Schallschutzwände (entfällt)	0,00							
7	Oberbau	141,00					141,00		
8	Hochbauten (entfällt)	0,00							
9	übrige bauliche Anlagen (Baubehelfe)	374,00					374,00		
10	Signalanlagen (LST)	66,00					61,00		5,00
11	Fernmeldeanlagen (TK)	31,00					31,00		
12	Elektrotechnische Anlagen für Bahnstrom (OLA)	51,00					51,00		
13	Elektrotechnische Anlagen für Licht- und Kraftstrom	2,00					2,00		
	Summe:	**1.853,00**	**0,00**	**0,00**	**0,00**	**0,00**	**1.833,00**	**0,00**	**20,00**

[1)] Nichtzutreffendes streichen [2)] Baukosten müssen mit Finanzierungsplan übereinstimmen

809.0201V06 Bauzeitplan

Seite 1 von 1

Abb. 13.10 Bauzeitplan (Quelle: Emch+Berger).

Finanzierungsplan
DB Netz AG

Anlage 12.01

☐ **zur Vorplanung**
☐ **zum Teilentwurf**
☑ **zum Gesamtentwurf**
vom 30.10.2020

Projekt: Erneuerung EÜ Markenweg, Strecke 2992 **Projekt-Nr.:** G.016129714

Lfd. Nr.	Zuwendungsfähige Kosten[1)] [Mio. € - Preisstand: ______]			Summe [Mio. €]		2019	2020	2021	2022	2023	2024	2025 ff
						[Mio. €]						
1	**Baukosten**		**∑ 2 bis 4**	**1,85**		**0,00**	**0,00**	**0,00**	**0,00**	**1,83**	**0,00**	**0,02**
2	davon	zinsloses Darlehen BSchwAG		1,85						1,83		0,02
3		BKZ BSchwAG		0,00								
4		investive Altlasten (BKZ BSchwAG)		0,00								
5	**Planungskostenpauschale**		**∑ 6 bis 8**	**0,47**		**0,07**	**0,07**	**0,07**	**0,07**	**0,12**	**0,05**	**0,02**
6	davon	zinsloses Darlehen BSchwAG		0,47		0,07	0,07	0,07	0,07	0,12	0,05	0,02
7		BKZ BSchwAG		0,00								
8		investive Altlasten (BKZ BSchwAG)		0,00								
9	**Summe**		**∑ 1 + 5**	**2,32**		**0,07**	**0,07**	**0,07**	**0,07**	**1,95**	**0,05**	**0,04**
10	davon	zinsloses Darlehen BSchwAG		2,32		0,07	0,07	0,07	0,07	1,95	0,05	0,04
11		BKZ BSchwAG		0,00		0,00	0,00	0,00	0,00	0,00	0,00	0,00
12		investive Altlasten (BKZ BSchwAG)		0,00		0,00	0,00	0,00	0,00	0,00	0,00	0,00

1) Baukosten müssen mit Bauzeitplan übereinstimmen!

809.0201V07 Finanzierungsplan Seite 1 von 1

Abb. 13.11 Finanzierungsplan (Quelle: Emch+Berger).

Projekt 21.060 EÜ Hafenbahn

Bewertungsmatrix zur Variantenuntersuchung (Leistungsphase 2 Vorplanung), Stand 13.05.2022

Emch+Berger | DB NETZE

Variante	Kurzbeschreibung	Vorteile	Nachteile	Kostenschätzung	Bewertung
Variante EÜ 3: Stahlbeton-Halbrahmen, Querverschub 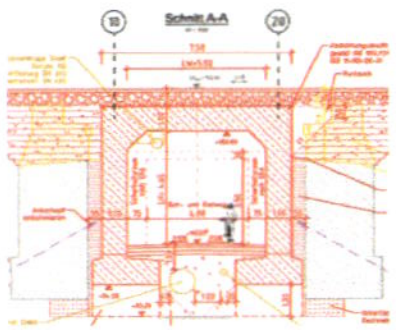	- Stahlbetonbauwerk - unten geöffneter Halbrahmen - Vorfertigung neben DB-Strecke - Querverschub	- Relativ geringer Sperrpausenbedarf (Totalsperrung ca. 14 Tage) - Daher geringer Eingriff in den Bahnbetrieb	- zweimalige Umverlegung der Gasleitungen erforderlich - Daher erhöhte Kosten für Leitungsarbeiten - Kosten für Querverschub - Abgrabung bis in große Tiefe erforderlich - Daher Unterfangung der Bestandswiderlager erforderlich - Erhöhter Grundwassereingriff - Kosten für Unterfangung und Wasserhaltung - Kabelhilfsbrücken erforderlich - Erhöhte Kosten	- Herstellkosten: ca. 3,06 Mio. Euro (netto) - Instandhaltungskosten: Sehr gering	- Aufgrund der überwiegenden Nachteile nicht zur Ausführung empfohlen
Variante EÜ 4: Stahlbeton-Vollrahmen 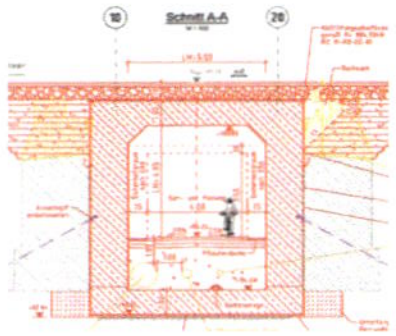	- Stahlbetonbauwerk - unten geschlossener Vollrahmen - Herstellung in Endlage	- Geringe Bodenpressungen unter der Bodenplatte	- Erhöhter Sperrpausenbedarf (Totalsperrung ca. 4 Monate) - Erhöhter Eingriff in den Bahnbetrieb - Prüfung der bahnbetrieblichen Machbarkeit erforderlich - Hohe Kosten für Schienenersatzverkehr - Zweimalige Umverlegung der Gasleitungen erforderlich - Daher erhöhte Kosten für Leitungsarbeiten - Abgrabung bis in große Tiefe - Daher Unterfangung der Bestandswiderlager erforderlich - Erhöhter Grundwassereingriff - Teuerste Lösungsvariante	- Herstellkosten: ca. 3,24 Mio. Euro (netto) - Instandhaltungskosten: Sehr gering	- Aufgrund der überwiegenden Nachteile nicht zur Ausführung empfohlen

Abb. 13.12 Bewertungsmatrix (Quelle: Emch+Berger).

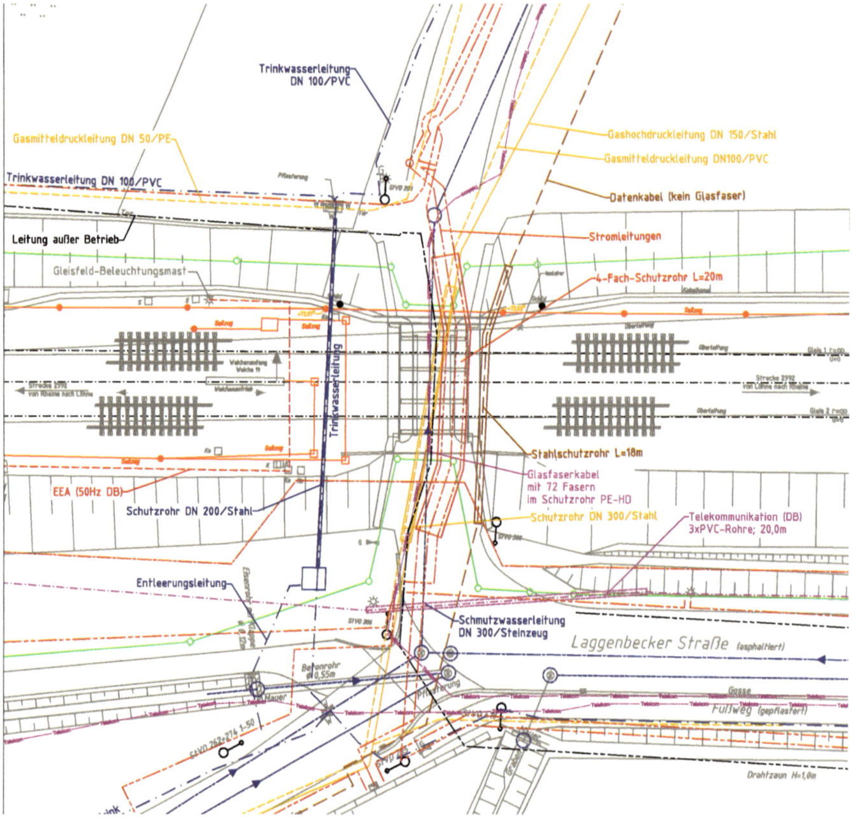

Abb. 13.13 Ausschnitt aus Leitungsbestandsplan (Quelle: Emch+Berger).

sichergestellt werden, dass das Bauwerk und das Bauverfahren machbar sind und dass in der Bauausführung keine Leitungen beschädigt werden.

Die Erstellung eines Leitungsbestandsplans ist eine besondere Leistung nach HOAI. Der Planer muss also prüfen, ob diese besondere Leistung ein Vertragsbestandteil ist, oder ob er Mehrkosten anzeigen muss. Abbildung 13.13 zeigt ein Beispiel für einen Leitungsbestandsplan.

In Leitungsauskünften der DB und Dritter gibt es oft Unklarheiten oder Widersprüche. Diese sind bei der Erstellung eines koordinierten Leitungsbestandsplans möglichst auszuräumen. Außerdem sind Angaben zu Durchmessern, Material und Schutzrohren relevant und daher auf dem Plan anzugeben. Für die einzelnen Sparten können verschiedene Farben gewählt und in einer Legende erklärt werden.

Die Verlegetiefe von Leitungen Dritter ist oft unbekannt. Sie kann vor Ort erkundet oder anhand von DIN 1998 und Abb. 13.14 angenommen werden.

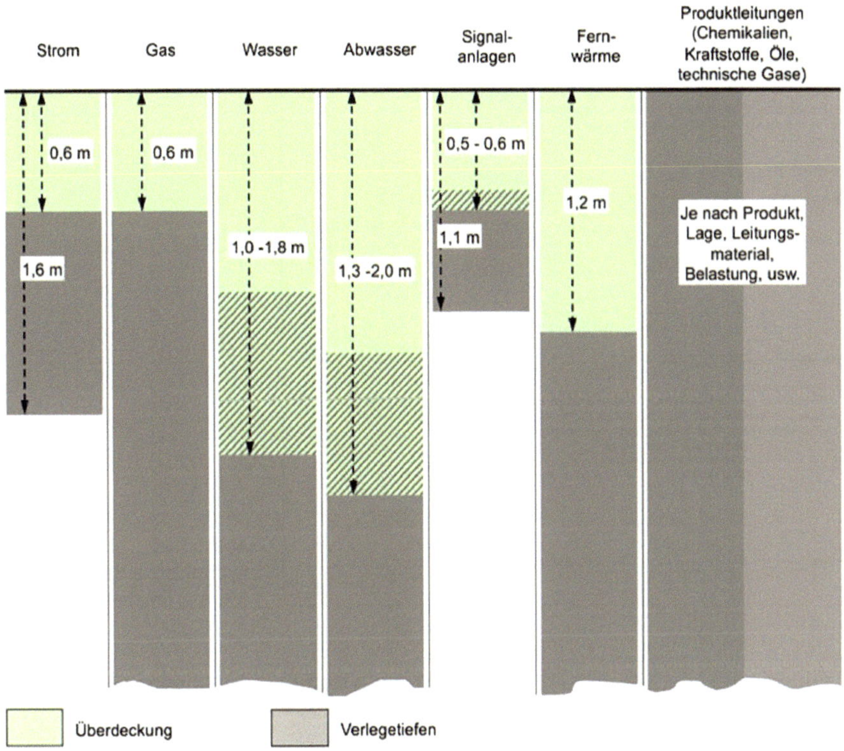

Abb. 13.14 Verlegetiefe von Versorgungsleitungen (Quelle: DGUV Information 203-017).

13.11 Hydraulische Berechnungen

Wenn hydraulische Berechnungen gemäß Ril 804.1101 Entwurfsgrundlagen für Eisenbahnbrücken und sonstige Ingenieurbauwerke, Abschnitt 3 (3), erforderlich werden, dann müssen geprüft werden, ob diese Vertragsbestandteil sind und ob der Planer diese Berechnungen leisten kann. Ggf. muss ein entsprechend qualifiziertes Ingenieurbüro mit der hydraulischen Berechnung beauftragt werden.

Die Wassermenge, welche bei Starkregen von einem Überbau abzuführen ist, kann überschlägig nach DIN 1986-100 Entwässerungsanlagen für Gebäude und Grundstücke bzw. nach KOSTRA-DWD (Koordinierte Starkniederschlagsregionalisierung und -auswertung des Deutschen Wetterdienstes) berechnet werden, siehe Abb. 13.15.

Die Tabelle zur Regenspende r findet man im Internet. Der Wert ist von der entsprechenden Stadt bzw. der geografischen Lage des Bauwerks abhängig.

Der Abflussbeiwert c = 1,0 liegt auf der sicheren Seite und bedeutet, dass der gesamte Niederschlag ohne Verzögerung und ohne Versickerung abläuft. Die zu erwartende Abflussmenge muss mit der Leistungsfähigkeit der gewählten Leitung (z. B. DN 150) abgeglichen werden.

Projekt 23.024 EÜ Bad Münder

Hydraulische Berechnung für den Überbau (Lph 3 Entwurfsplanung)

Emch+Berger

Gemäß Ril 804.1101, Abschnitt 3 (3), ist eine hyraulische Bemessung durchzuführen.
Die Berechnung erfolgt nach der o.g. Ril, DWA-A118 und KOSTRA-DWD-2020.
Die Eintrittshäufigkeit wird in der o.g. Ril mit T = 2 Jahren festgelegt.
Die Regendauer wird mit 15 Minuten gewählt.

Eingangswerte:

Regenspende: Rasterfeld 113136 Bad Münder, Zeile 113, Spalte 136.
Dauerstufe 15 Minuten, Wiederkehrzeit 2 Jahre.
r (15,2) = 138,9 l / (s*ha) Gemäß KOSTRA-DWD-2020.

Dauerstufe D		1 a		2 a	
min	Std	mm	l / (s ha)	mm	l / (s ha)
5		6,7	223,3	8,3	276,7
10		8,8	146,7	10,9	181,7
15		10,1	112,2	12,5	138,9

Abflussbeiwert psi = 1,00 [-] Stahlüberbau, sicheren Seite.

Zu entwässernde Überbaufläche:
Der Überbau folgt dem Längsgefälle der DB-Strecke, entwässert aber zu beiden Widerlagern hin.
Maßgebend ist der Bereich vom letzten Einlauf auf der Nordseite
bis zum Widerlager auf der Südseite (Vgl. Entwässerungsplan):

Maßgebende Überbaulänge =	L =	33,5 m	
Breite einschl. Fachwerkträger =	B =	11,5 m	
Überbaufläche	A =	385 m²	
		0,039 ha	1 m² = 0,0001 ha

Berechnung:

Abfluss
q = r * psi * A
= 138,9 l / (s*ha) * 1,0 [-] * 0,039 ha
= 5,4 l / s

Abb. 13.15 Überschlägige hydraulische Berechnung (Quelle: Emch+Berger).

Für größere oder komplexere Entwässerungssysteme sind genauere hydraulische Berechnungen erforderlich.

13.12 Inspektionskonzept

Ingenieurbauwerke müssen regelmäßig geprüft werden. Vorgaben dazu treffen Ril 804.8001 Inspektion von Ingenieurbauwerken und Ril 804.1101 Entwurfsgrundlagen für Eisenbahnbrücken und sonstige Ingenieurbauwerke, Abschnitt 2 (12).

In einem Inspektionskonzept werden unter anderem folgende Punkte festgelegt:

- Wie muss eine Inspektion vorbereitet werden?
- Wann und wo sind die Arbeiten anzumelden?
- Sind Gleissperrungen oder OLA-Abschaltungen erforderlich?
- Welche Geräte werden benötigt (z. B. Leiter, Hubsteiger)?
- Wie ist die Zugänglichkeit (z. B. in Bahnhofsgebäuden)?
- Müssen Bauteile demontiert werden (z. B. Abdeckbleche)?
- Welche Sicherheitseinrichtungen sind vorhanden (z. B. Rückhaltesystem)?
- Welche Bauteile sind zu prüfen (z. B. Bauwerk und Entwässerungsanlagen)?
- Auf welche Schäden ist zu prüfen (z. B. Rost, Betonabplatzungen, Feuchtigkeit)?
- Wie sind Schäden zu dokumentieren (z. B. durch Fotos)?
- Wem sind Schäden zu melden (z. B. dem ALV)?

Ein Inspektionskonzept kann entweder schon in Leistungsphase 3 Entwurfsplanung oder erst für die Inbetriebnahme erstellt werden. Das Erstellen eines

Inspektionskonzepts ist keine Grundleistung nach HOAI. Wenn der Bauherr ein Inspektionskonzept fordert, dann ist zu prüfen, ob diese Leistung ein Vertragsbestandteil ist.

13.13 Projektbezogener Schriftverkehr

Alle Stellungnahmen, Dokumente oder relevante Emails sind dem Vorplanungsheft bzw. dem Entwurfsheft beizulegen, z. B.:

- Schriftverkehr zum Brückenbefund
- Abstimmungen mit den Anlagenverantwortlichen (ALVs)
- Anschreiben Dritter, z. B. Leitungsbetreiber und Denkmalschutzbehörde
- Klärung von Widersprüchen in IVL-Plänen/Flimas-Auszug
- Ergänzende Angaben des Baugrundgutachters
- Stellungnahmen, Gutachten etc.

14

Trassierung und Oberbau

Zu Schienenbezeichnung und Oberbauart siehe Kapitel 6 „Planungsgrundlagen“.

Zum Regeloberbau auf Bauwerken, Mindestbettungsdicke und Überschotterung siehe Abschnitt 8.4 „Regeloberbau auf Brücken“.

14.1 Trassierungsentwurf/Gleisgeometrisches Projekt (GGP)

Ein Trassierungsentwurf bzw. ein Gleisgeometrisches Projekt (GGP) ist ein wesentlicher Bestandteil der Entwurfsplanung. Die Gleise auf einem neuen Überbau können auf der Baustelle nur dann hergestellt werden, wenn Soll-Lage und Soll-Höhe durch einen Trassierungsentwurf festgelegt werden.

Der KIB-Planer entnimmt dem Trassierungsentwurf einige wesentliche Parameter und berücksichtigt diese als Zwangspunkte in seiner Planung z. B.:

- Lage der Gleise
- SO Soll (die SO Soll wird im Querschnitt und im Längsschnitt angegeben)
- Überhöhung (die Überhöhung wird im Querschnitt angegeben)
- Steigung/Längsgefälle (die Steigung wird im Längsschnitt angegeben)
- Radius (der Radius wird in der Draufsicht angegeben)

Ein Trassierungsentwurf bzw. GGP wird zuerst in der jeweiligen Region gleisgeometrisch geprüft (Prüfzeit ca. 1 Monat) und danach zentral in Berlin fahrdynamisch geprüft (Prüfzeit ca. 3 Monate). Diese relativ langen Prüfzeiträume müssen bei der Terminplanung berücksichtigt werden.

14.2 Bettungsquerschnitt

Aus Abb. 14.1 gehen einige geometrische Definitionen hervor. Weitere Grafiken für ein- und zweigleisige Strecken mit und ohne Überhöhung sind in der entsprechenden Ril enthalten.

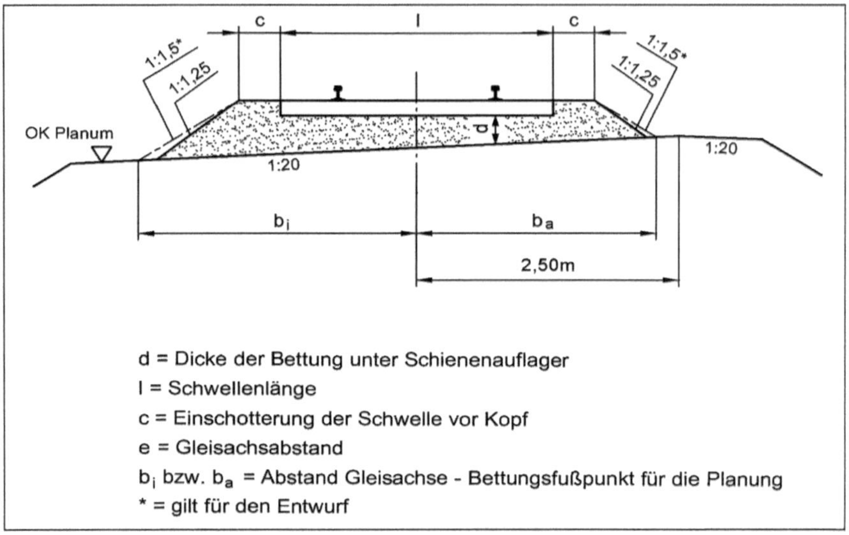

Abb. 14.1 Bettungsquerschnitt (Quelle: Ril 820.2010 A07, Bild 1).

14.3 Spurweite

Die Spurweite ist der kleinste Abstand der Innenflächen der Schienenköpfe im Bereich von 0 bis 14 mm unter Schienenoberkante, siehe Abb. 14.2.

Die Spurweite ist in der Eisenbahnbau- und Betriebsordnung (EBO), § 5 Spurweite, definiert.

Das Grundmaß der Spurweite bei der DB InfraGO AG beträgt 1435 mm. Obwohl dies ein sehr wichtiges Maß ist, erscheint es im Konstruktiven Ingenieurbau selten. KIB-Planer beziehen sich in der Regel auf die Gleisachse, nicht auf die Schienenachse oder die Spurweite.

14.4 Gleisabstand

Bei einer zweigleisigen Strecke beträgt der übliche Abstand der beiden Gleisachsen auf freier Strecke 4,00 m. Der Gleisabstand ist in Ril 800.0130A02, Abschnitt 1 geregelt:

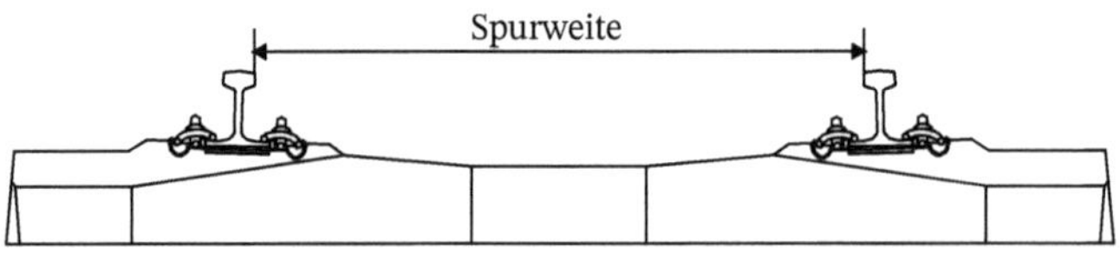

Abb. 14.2 Spurweite (Quelle: Emch+Berger).

Gleisabstände in Ril 800.0130A02, Abschnitt 1
Auf der freien Strecke sind in der Geraden und in Bogen mit $r \geq 250$ m folgende Regelgleisabstände herzustellen:

- für Ausbaustrecken mit $v_e \leq 200$ km/h: 4,00 m,
- für Ausbaustrecken mit $v_e \leq 300$ km/h: 4,50 m,
- für S-Bahn-Strecken mit $v_e \leq 120$ km/h: 3,80 m.

Aus der Eisenbahn-Bau- und Betriebsordnung (EBO), Anlage 4 (zu § 10), Gleisabstand geht hervor, dass ein minimaler Gleisabstand von 3,50 m möglich ist. Im Bestand sind jedoch auch viele andere Gleisabstände vorhanden. Der Gleisabstand ist daher projektbezogen zu prüfen.

14.5 Richtungsgleis und Gegenrichtungsgleis

Gemäß Ril 883.1000 Eisenbahnstrecken kilometrieren, Abschnitt 2 (4) sind Richtungsgleis und Gegenrichtungsgleis wie folgt definiert:

Ril 883.1000 Abschnitt 2 (4)
Bei zweigleisigen Strecken ist das Richtungsgleis das vom Streckenanfang in Richtung auf das Streckenende rechts gelegene Gleis.
Das Gegenrichtungsgleis ist das in diesem Sinne links gelegene Gleis.

14.6 Streckenachse/Kilometrierungslinie

Die Streckenachse bzw. Kilometrierungslinie vorhandener DB-Strecke liegt häufig 2 m links der Gleisachse des kilometrierungsführenden Gleises (Richtungsgleises). Die Streckenachse liegt also nicht unbedingt mittig zwischen den Gleisen. Dies ist projektbezogen zu prüfen.

Gemäß Ril 883.1000 Eisenbahnstrecken kilometrieren, Abschnitt 3 gilt:

Ril 883.1000, Abschnitt 3
(1) Die Kilometrierungslinie folgt dem Verlauf der Strecke. Sie muss
  - bei eingleisigen Strecken im maximalen seitlichen Abstand von 2 m zur Gleisachse, und
  - bei zweigleisigen Strecken zwischen Richtungs- und Gegenrichtungsgleis

verlaufen.
(2) bei der Trassierung neuer Strecken (z. B. ABS, NBS) soll die Kilometrierungslinie
  - bei eingleisigen Strecken in der Gleisachse, und
  - bei zweigleisigen Strecken im halben Regelgleisabstand zum Richtungsgleis

liegen.

14.7 Kilometrierungssprung

Bei der Streckenkilometrierung gibt es gelegentlich Kilometrierungssprünge. Auf diese muss ausdrücklich hingewiesen werden, um Planungsfehler zu vermeiden. Kilometrierungssprünge können durch Ungenauigkeiten, Umtrassierung, Koordinatentransformation oder aus praktischen Gründen entstehen, z. B. damit ein Bauwerk den Namen „EÜ km 1,567" behält. Dies geht auch aus Ril 883.1000 Eisenbahnstrecken kilometrieren, Abschnitt 2 (5) hervor:

Ril 883.1000, Abschnitt 2 (5)
Markante Punkte entlang der Strecke sollen in ihrem Kilometrierungswert unverändert bleiben. Hierzu gehören insbesondere

- Mitte Empfangsgebäude (MEG)
- Mitte Verwaltungsgebäude bei Güter-, Umschlag- oder Rangierbahnhöfen
- Schnittpunkte von Bauwerksachsen mit der Kilometrierungslinie bei Brücken und (Personen-) Tunneln
- Mittelpunkt der Bahnsteigmitten bei Haltepunkten ohne Empfangsgebäude
- Grenzpunkte zu Nachbarbahnen, nichtbundeseigenen Bahnen, Gleisanschlüsse

Gemäß Ril 883.1000 Eisenbahnstrecken kilometrieren, Abschnitt 3 (5) gilt:

Ril 883.1000, Abschnitt 3 (5)
In folgenden Fällen ist eine vorherige Abstimmung mit der Infrastrukturplanung der PD bzw. der Regionalnetze erforderlich:

- Festlegung größerer Kilometrierungssprünge, die Einfluss auf die örtliche Anordnung der Kilometer- und Hektometertafeln nach Ril 800.0104 haben.
- Änderungen der bestehenden Kilometrierungsangaben um mehr als 1,0 m.

Für Kilometrierungssprünge ist außerdem Ril 883.1000, Abschnitt 4 zu beachten.

14.8 Spurplan

Der Spurplan bzw. die Spurplanskizze gibt einen Überblick über die Gleisanlagen im betroffenen Planungsbereich, siehe Abb. 14.3.

Die Darstellung erfolgt stark abstrahiert. Jedes Gleis ist als durchgezogene Linie abgebildet. Außerdem sind Angaben wie z. B. Weichenverbindungen und

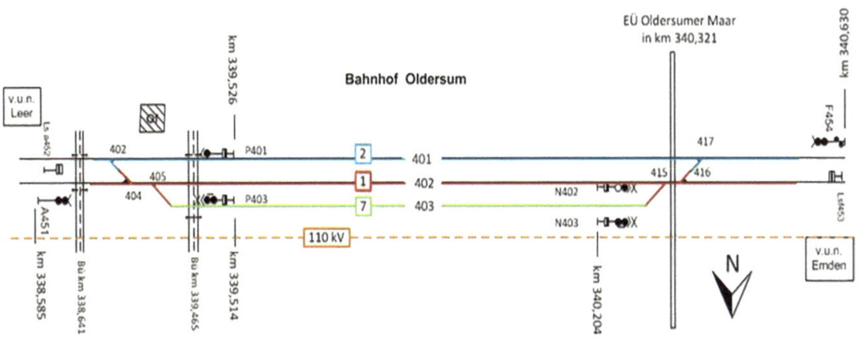

Abb. 14.3 Spurplan (Quelle: DB InfraGO AG).

Weichennummern, Signalstandorte und Signalbezeichnungen, Lage von Bahnsteigen usw. in einer Spurplanskizze enthalten.

Im Fall von Trassierungsänderungen können die verschiedene Trassierungsvarianten in Spurplänen anschaulich dargestellt werden. Auch für die Anmeldung von Sperrpausen oder die Erstellung von Sicherungsplänen sind Spurpläne in der Regel erforderlich.

In Stellwerken sind die Spurpläne in der Regel auf dem Stelltisch bzw. auf den Monitoren am Bedienplatz abgebildet, um den Eisenbahnbetrieb zu steuern.

14.9 Gleisverformung (Gleislagefehler)

Die Inspektion des Oberbaus erfolgt nach Ril 821 Oberbau inspizieren. Diese Richtlinie liegt also weniger im Verantwortungsbereich des Konstruktiven Ingenieurbaus und eher im Verantwortungsbereich des ALV Oberbau. Trotzdem können dieser Richtlinie einige hilfreiche Informationen entnommen werden.

Die Beurteilungsmaßstäbe SR (Störgröße/Reaktion) werden in Ril 821.1000 definiert. SR100 ist beispielsweise der Wert, der den technischen/wirtschaftlichen Abnutzungsvorrat beinhaltet. Bei dessen Überschreitung ist eine Instandsetzung bis zur nächsten Regelinspektion erforderlich.

Grenzwerte für Gleisverformungen (Gleislagefehler) werden nach Ril 821.2001, Tabelle 2 in Abhängigkeit von der Streckengeschwindigkeit festgelegt. Dabei muss die Messtoleranz projektbezogen abgestimmt und berücksichtigt werden. Für eine Geschwindigkeit von 140 km/h und eine Messtoleranz von 3 mm ergibt sich z. B.:

Schienenoberkante (SO): SR100 = 11 mm – 3 mm = 8 mm
Gegenseitige Höhenlage: SR100 = 9 mm – 3 mm = 6 mm

14.10 Gleisabschluss

Gleisabschluss ist der Oberbegriff für verschiedene Einrichtungen, welche verhindern, dass ein Schienenfahrzeug bei einem Stumpfgleis über das Gleisende hinausrollen kann. Häufig wird ein Gleisabschluss mit einem Prellbock hergestellt, siehe Abb. 14.4.

In einem Lageplan wird ein Prellbock gemäß Ril 885.1101A02 Legende des IVL-Plans, Abschnitt 10 Informationsobjekt Technische Anlagen, mit Symbolen gemäß Abb. 14.5 dargestellt.

Abb. 14.4 Prellbock als Gleisabschluss (Quelle: Emch+Berger).

10 Informationsobjekt Technische Anlagen

O-Schl.	Schriften, Symbole	Beschreibung	PP / Ausr.	Beispiel der Darstellung
11.5470.00	]	Festprellbock	MM / PO	
11.5471.00	[	Bremsprellbock	MM / PO	
11.5472.00	⟩	abklappbarer Prellbock	MM / PO	

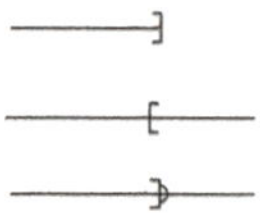

Abb. 14.5 Symbole für Gleisabschluss (Quelle: Ril 885.1101A02).

14.11 Überleitstelle

An einer Überleitstelle können Züge vom einen auf das andere Streckengleis geleitet werden. Dazu sind zwei Weichen erforderlich. Eine Überleitstelle hat eine große räumlich Ausdehnung, was in Abb. 14.6 erkennbar ist.

14.12 Korngemisch 1 (KG 1)

Korngemisch 1 (KG 1) ist ein Oberbaumaterial, aus welchem ein nahezu wasserundurchlässiger Unterbau für Gleiskörper hergestellt werden kann, z. B. die Planumsschutzschicht (PSS). Das KG 1 hat hierbei den Zweck, anfallendes Sickerwasser durch das Oberflächengefälle schnell zur Seite abzuleiten, ohne selbst viel Wasser aufzunehmen.

Sieblinie, Herstellung und Überwachung von KG 1 erfolgen nach DB-Standard 918062.

Ein möglicher Einbau von KG 1 und KG 2 ist im folgenden Abschnitt dargestellt.

Abb. 14.6 Überleitstelle (Foto: Erdmenger).

14.13 Korngemisch 2 (KG 2)

Korngemisch 2 (KG 2) ist ein Oberbaumaterial, welches das Sickerwasser schnell aufnimmt und an die nächstuntere Schicht abgibt. KG 2 eignet sich daher für Planumsschutzschichten und Randwege.

Sieblinie, Herstellung und Überwachung von KG 2 erfolgen nach DB-Standard 918062. Ein möglicher Einbau von KG 1 und KG 2 ist in Abb. 14.7 dargestellt.

14.14 Schwellen

Die Standardschwelle der DB InfraGO AG ist die Spannbetonschwelle B 70. Die Länge (quer zum Gleis) beträgt 2,60 m, die Breite (in Gleisrichtung) 30 cm und die Dicke 21 cm. Eine Schwelle wiegt ca. 300 kg.

Der übliche Schwellenabstand beträgt 60 cm. Daraus ergib sich, dass auf 1 Kilometer Gleis ca. 1667 Schwellen vorhanden sind (1000 m/(0,6 m/Stück) = 1667 Stück). Bei einem auf 65 cm vergrößerten Schwellenabstand ergeben sich 1538 Schwellen pro km. Der Bereich zwischen den Schwellen ist in Gleisrichtung ca. 30 cm breit und wird Schwellenfach genannt.

Im Bestand sind häufig auch Holzschwellen oder Stahlschwellen vorhanden, siehe Abb. 14.8.

Holzschwellen sind oft mit Gefahrenstoffen wie z. B. krebserregenden Teerölen kontaminiert und deshalb nach ihrem Ausbau mit entsprechendem Aufwand zu entsorgen.

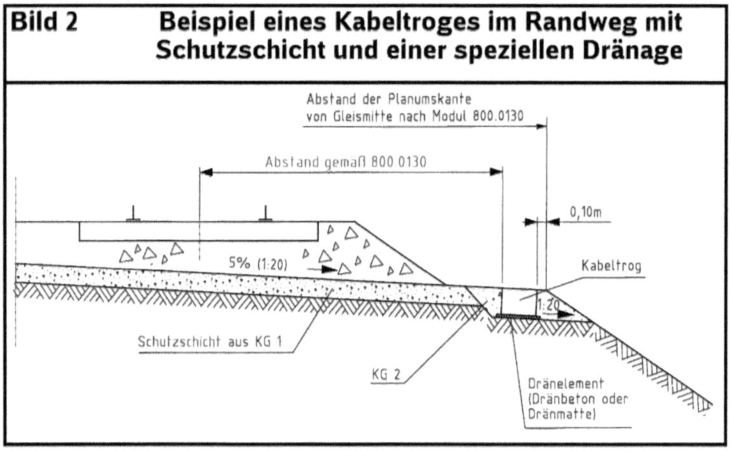

Abb. 14.7 Einbau von KG 1 und KG 2 (Quelle: Ril 836.4101, Bild 2).

Abb. 14.8 Betonschwellen und Holzschwellen vor EÜ (Quelle: Emch+Berger).

14.15 Besohlte Schwellen

Die elastische Besohlung von Betonschwellen ist eine Maßnahme zur Ertüchtigung des klassischen Schottergleises. Durch Einarbeitung einer elastischen Sohle in den Frischbeton wird ein direkter Verbund zwischen Sohle und Schwelle erreicht.

Durch besohlte Schwellen wird der Gleisschotter geschont, so dass die Unterhaltskosten verringert werden. Außerdem wird eine bessere Gleiselastizität erzielt, so dass die Gleislage verbessert wird. Gleichzeitig sollen die Körperschallausbreitung reduziert und die gleisnahe Bebauung vor Erschütterungen geschützt werden.

Die Oberbauhöhe ist zu prüfen, da für die Schwellensohle zusätzlich ca. 6 mm bis 16 mm Höhe erforderlich sind. Für besohlte Schwellen gilt der DB-Standard DBS 918-145 Technische Lieferbedingungen Spannbetonschwellen mit elastischer Sohle.

14.16 Schwellen aus Fiber Reinforced Urethane (FFU-Kunststoffschwellen)

Bei geringer vorhandener Bettungsdicke können FFU-Kunstholzschwellen eingebaut werden. Diese sind nur 10 bis 16 cm hoch statt ca. 20 cm wie Betonschwellen B70. Dies kann z. B. in Bahnhöfen oder bei anderen Zwangspunkten im Bestand hilfreich sein, um die Mindestbettungsdicke nach Ril 820.2010 von 20 cm herzustellen.

FFU steht für Fiber Reinforced Urethane. Es handelt sich um einen Glasfaserverstärkten Kunststoff, welcher in den 1980er Jahren in Japan entwickelt wurde. Der Werkstoff enthält zwar kein Holz, wird aber in der Regel holzfarben hergestellt, was auf Abb. 14.9 zu erkennen ist.

Abb. 14.9 Gleisjoch mit FFU-Kunststoffschwellen (Quelle: Sekisui Chemical GmbH).

Ein großer Anbieter von FFU-Kunstholzschwellen mit EBA-Zulassung ist die Sekisui Chemical GmbH in Düsseldorf.

Die Unterseite der FFU-Kunstholzschwelle verhält sich im Schotterbett gemäß Herstellerangabe analog zur Holzschwelle.

Der Einbau von FFU-Kunstholzschwellen muss mit dem Trassierungs-/Oberbauplaner, der DB-Projektleitung, dem ALV Fahrbahn und dem ALV KIB abgesprochen werden.

14.17 Flachschwellen

Bei geringer vorhandener Bettungsdicke können evtl. Stahlbeton-Flachschwellen eingebaut werden. Diese sind nur 16,2 cm hoch statt ca. 20 cm wie Betonschwellen B70. Dies kann z. B. in Bahnhöfen oder bei anderen Zwangspunkten im Bestand hilfreich sein, um die Mindestbettungsdicke nach Ril 820.2010 von 20 cm herzustellen. Der Unterschied zu herkömmlichen Schwellen ist in Abb. 14.10 zu erkennen.

Anbieter der Flachschwelle FS 150 ist die Leonhard Moll Betonwerke GmbH. Die Schwellen sind besohlt und unbesohlt lieferbar. Eine EBA-Zulassung liegt vor. Nach derzeitigem Stand befindet sich die FS 150 im Testbetrieb. Der Einbau von Stahlbeton-Flachschwellen muss mit dem Trassierungs-/Oberbauplaner, der DB-Projektleitung, dem ALV Fahrbahn und dem ALV KIB abgesprochen werden.

Abb. 14.10 Vorne herkömmliche Betonschwelle B70, hinten Beton-Flachschwellen FS 150 (Quelle: Leonhard Moll Betonwerke GmbH).

14.18 Hohlschwellen

Für die Herstellung von Kabelquerungen ohne aufwändige Oberbauarbeiten ist ggf. der Einbau von Hohlschwellen möglich.

Hohlschwellen werden im Schwellenfach zwischen den vorhandenen Schwellen eingebaut. Es gibt Ausführungen mit Leerrohren und ohne Leerrohre. Ein Anbieter von Hohlschwellen mit EBA-Zulassung ist die FEW Blankenburg GmbH. Das Stopfen ist weiterhin möglich, evtl. mittels Handstopfen.

Projektbezogen ist zu klären, ob die betroffenen Kabel durch die Hohlschwelle geführt werden können bzw. dürfen. TK-Kabel bzw. LWL sind evtl. zu empfindlich für den Einsatz von Hohlschwellen, z. B. wegen des Biegeradius.

14.19 Entgleisungsschutz

Wenn im Bereich einer Eisenbahnüberführung oder Straßenüberführung ein Zug entgleist, dann darf dieser nicht von der Brücke herunterstützen oder gegen ein Widerlager prallen. Zu diesem Zwecke dient ein Entgleisungsschutz aus Führungen und Fangvorrichtungen gemäß Ril 804.1101, Abschnitt 4 (7), Ril 804.5301 und Ril 820.2040A05, siehe Abb. 14.11.

Die Führungsschiene dient dazu, einen entgleisten Zug ungefähr in der Spur zu halten, so dass er nicht herabstürzen kann. Die Fangvorrichtung dient zum Fangen eines sich annähernden Zugs.

Bild 2: Detailansicht der beidseitigen Führung mit Fangvorrichtungen im Gleis

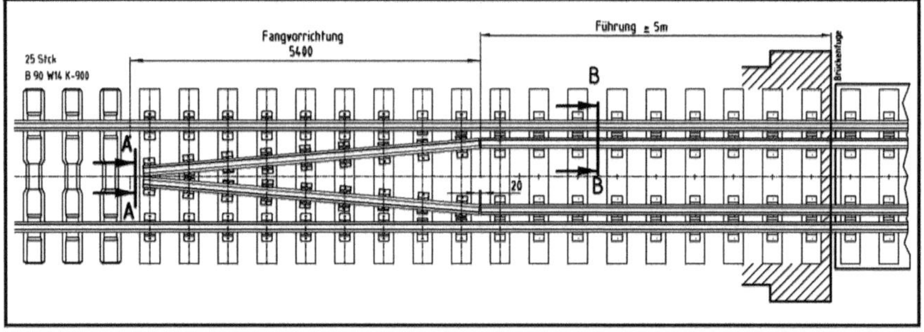

Abb. 14.11 Entgleisungsschutz: Führungen und Fangvorrichtung (Quelle: Ril 820.2040 A05).

Für einen Entgleisungsschutz sind besondere Schwellen erforderlich, welche für die Befestigung der zusätzlichen Schienen geeignet sind. Deshalb kann ein Entgleisungsschutz nicht einfach nachgerüstet werden.

Das Stopfen im Bereich eines Entgleisungsschutzes kann nicht mit normalen Stopfmaschinen erfolgen, sondern nur z. B. mit einer Weichenstopfmaschine. Das führt zu Mehraufwand und Mehrkosten in der Instandhaltung.

Im Zuge der Entwurfsplanung müssen die Regelungen der Ril 804.5301 geprüft werden. Ggf. muss mit dem ALV Fahrbahn abgesprochen werden, ob ein Entgleisungsschutz erforderlich ist. Auf dem Plan wird dieser nicht zeichnerisch dargestellt, sondern lediglich als Textbox:

> Entgleisungsschutz (Führungen und Fangvorrichtungen) nach Ril 804.5301 und Ril 820.2040 A05.

Führungen und Fangvorrichtungen sind auch einseitig möglich. Abbildung 14.12 zeigt beispielsweise, wie der Entgleisungsschutz vor einem möglichen Anprall gegen die Widerlager schützt.

14.20 Kabeltröge/Kabelkanäle

In den Geländebereichen sind häufig Kabeltröge vorhanden oder er müssen Kabeltröge geplant werden. Es gibt Stahlbeton-Kabeltröge mit aufgelegten Deckeln oder mit innenliegenden Deckeln. Die Bezeichnung „i.F.“ bedeutet innenliegender Falz, also mit innenliegenden Deckeln.

Abb. 14.12 Entgleisungsschutz, einseitig (Foto: Erdmenger).

In Rand- und Zwischenwegen sind gemäß Ril 800.0130, Abschnitt 6 (2) Kabeltröge mit innenliegenden Deckeln zu verwenden. Hier werden auch Gleisabstände erläutert:

aus Ril 800.0130, Abschnitt 6 (2)
Kabeltröge in Rand- und Zwischenwegen
Bei kabeltrögen in Rand- und Zwischenwegen sollen folgende Abstände von Gleismitte eingehalten werden:

- in Randwegen 3,25 m,
- in Zwischenwegen an Gleisen mit abgeböschtem Schotterbett wie in Randwegen,
- in Zwischenwegen an Gleisen mit durchgehendem Schotterbett mindestens 2,20 m.

Es gibt verschiedene Größen von Stahlbeton-Kabeltrögen, welche in den BZA-Zeichnungen S 4201.01.5 und S 4201.03.3 geregelt sind (BZA – Bundesbahn-Zentralamt), siehe Abb. 14.13 und 14.14. Es gibt im Bestand auch Kunststoff-Kabelkanäle, z. B. aus glasfaserverstärktem Kunststoff (GfK), und aufgeständerte Kabelkanäle, siehe Abb. 14.15.

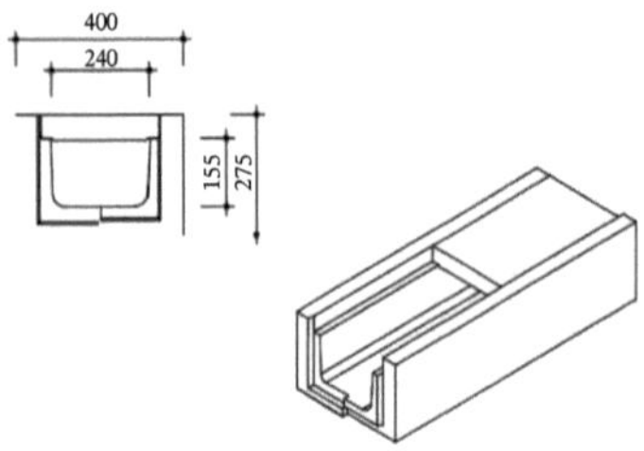

Größe II i.F.			164 kg
1x	Trog 100 cm ohne Trennstegnut 24 cm oben / 23 cm unten	h=15,5 cm	124 kg
2x	Deckel 28,5 / 50 cm	h=6 cm	je20kg

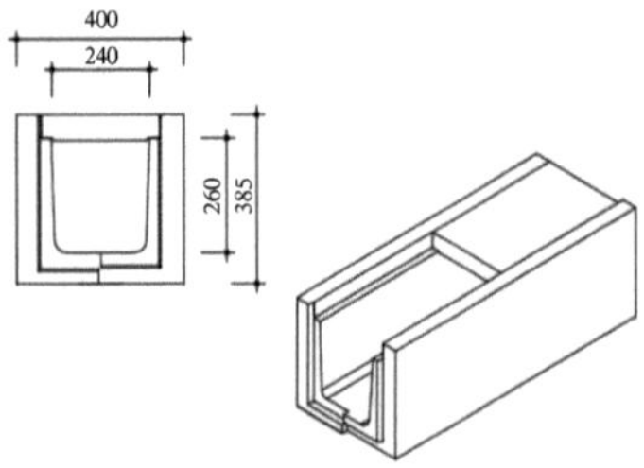

Größe III i.F.			216 kg
1x	Trog 100 cm ohne Trennstegnut 24 cm oben / 22 cm unten	h=26 cm	176 kg
2x	Deckel 28,5 / 50 cm	h=6 cm	je20kg

Abb. 14.13 Kabeltröge mit innenliegendem Falz (Quelle: Klaus Köhler Beton- und Fertigteilwerk GmbH).

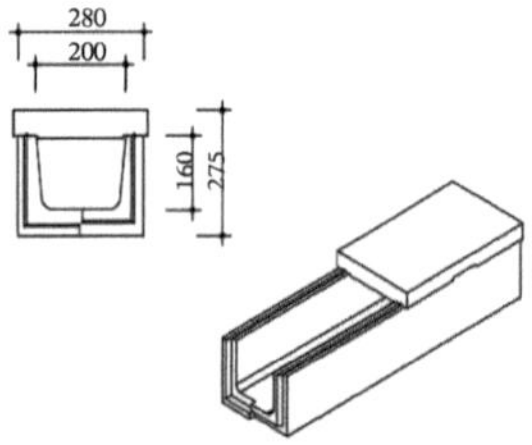

Größe I			112 kg
1x	Trog 100 cm ohne Trennstegnut 20 cm oben / 17 cm unten	h=15,5 cm	72 kg
2x	Deckel 30 / 50 cm Dichtungsstrick imprägniert	h=6 cm	je20kg

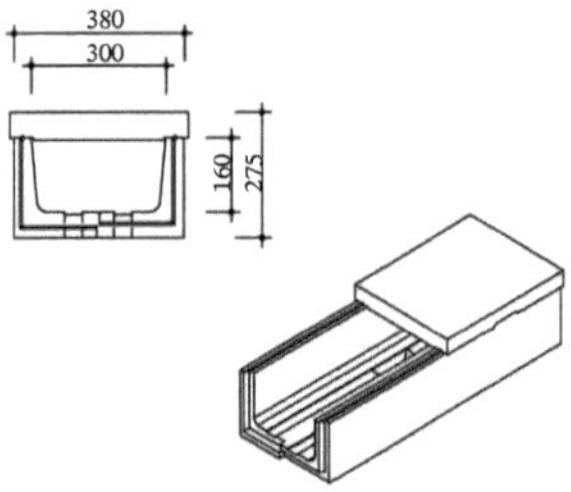

Größe II			139 kg
1x	Trog 100 cm ohne Trennstegnut 30 cm oben / 27 cm unten	h=26 cm	85 kg
2x	Deckel 40 / 50 cm Dichtungsstrick imprägniert	h=6 cm	je27kg

Abb. 14.14 Kabeltröge mit aufliegenden Deckeln (Quelle: Klaus Köhler Beton- und Fertigteilwerk GmbH).

Abb. 14.15 Aufgeständerter GfK-Kabelkanal (Quelle: Emch+Berger).

14.21 Durcharbeiten des Gleisbetts (DUA)

Etwa 10 Wochen nach Inbetriebnahme einer EÜ wird das Gleisbett mit einer Stopfmaschine durchgearbeitet. Dies wird auch DUA oder Belastungsstopfgang genannt. Wenn einige Lasttonnen über das Gleis gefahren sind, dann setzt sich das Gleis. Mit einer DUA wird die Soll-Trassierung wiederhergestellt. Dafür sind Sperrpausen erforderlich, z. B. nachts 6 Stunden pro Gleis. Wenn die Strecke wenig befahren ist, dann erfolgt das Durcharbeiten nicht nach 10 Wochen, sondern erst später.

14.22 Digitale Weichenskizze (DWS)

Bei der DWS (digitale Weichenskizze) handelt es sich um eine Software der IVE Ingenieurgesellschaft für Verkehrs- und Eisenbahnwesen mbH, Hannover. Der Trassierungsplaner erstellt in der Regel den ersten Teil der DWS und das Herstellwerk erstellt den zweiten Teil. Für die Bedienung dieser Software sind in der Regel eine Schulung und ein Schulungsnachweis erforderlich.

Die Anwendung der digitalen Weichenskizze ist gemäß der technischen Mitteilung TM 2008-006 I.NVT 4(F) seit dem Jahr 2008 von der DB InfraGO AG für den Bestellprozess von Weichen vorgeschrieben. Falls eine DWS erforderlich ist, dann muss projektbezogen geklärt werden, ob dies Vertragsbestandteil ist, wer die Bearbeitung übernimmt, ob ein Schulungsnachweis gefordert wird und ob dieser vorliegt.

14.23 Schotterpflug

Ein Schotterpflug bzw. eine Schotterplaniermaschine ist ein Großgerät im Gleisbau, welches den erforderlichen Regelbettungsquerschnitt in Gleisen und Weichen herstellt, siehe Abb. 14.16.

14.24 Schotterflug

Als Schotterflug wird das Hochwirbeln einzelner Schotterkörner aus dem Gleisbett bezeichnet. Schotterflug ist gefährlich, weil Schienenfahrzeuge beim Anprall der aufgewirbelten Schottersteine beschädigt werden können. Schotterflug tritt nur bei Geschwindigkeiten über 200 km/h auf. Er wird durch hohe Schotterschüttungen und geringe Korngrößen begünstigt. Schotterflug kann z. B. durch niedrigere Geschwindigkeiten oder durch Feste Fahrbahn verhindert werden.

14.25 Feste Fahrbahn

Eine Feste Fahrbahn bzw. ein schotterloser Oberbau ist ein Oberbau, bei dem der Schotter durch ein anderes System ersetzt wird. Dafür gibt es verschiedene zugelassene Bauarten.

Zu den Vorteilen der Festen Fahrbahn zählt unter anderem, dass Schotterflug verhindert wird. Außerdem kann der Instandhaltungsaufwand insbesondere bei

Abb. 14.16 Schotterpflug (Quelle: Deutsche Gleisbau Union GmbH).

Hochgeschwindigkeitsstrecken durch Feste Fahrbahn verringert werden. Das ist besonders in Tunnelbauwerken vorteilhaft.

Ein Nachteil der Festen Fahrbahn ist unter anderem, dass die Herstellung teurer ist als beim Schotteroberbau. Außerdem ist eine Anpassung der Gleislage bei Fester Fahrbahn nur in geringem Umfang möglich.

Im Schienennetz der DB InfraGO AG sind ca. 4 % Oberbau als Feste Fahrbahn ausgeführt.

Bei der Planung von Fester Fahrbahn sind unter anderem die folgenden DB-Richtlinien zu beachten:

- Ril 820.2020 Ausrüstungsstandard Feste Fahrbahn für Gleise und Weichen
- Ril 804.5401 konstruktive Anforderungen für die Feste Fahrbahn
- Ril 804.5402 Bemessungsgrundlagen für die Feste Fahrbahn
- Ril 804.9020, Kapitel 17 Planungsgrundsätze für Feste Fahrbahn auf Brücken und im Übergangsbereich vom Kunstbauwerk zum Erdbauwerk

15

Oberleitungsanlagen (OLA) und Erdung

15.1 Allgemeines zu Oberleitungsanlagen (OLA)

Oberleitungsanlagen (OLA) sind eine Anlage der technischen Streckenausrüstung (TStrA) bzw. ein Ausrüstungsgewerk. Die OLA versorgt elektrische Lokomotiven oder Triebwagen mit Strom. Die Spannung der OLA beträgt 15 kV (also 15 000 V), die Frequenz 16,7 Hz (also Wechselstrom). Der erforderliche Mindestabstand zur OLA beträgt in der Regel 1,5 m.

15.2 Bauteile einer Oberleitung

Die Oberleitungsanlagen (OLA) bestehen im Wesentlichen aus den folgenden Bauteilen:

Mast

Es gibt Stahlgittermaste und Schleuderbetonmaste. Die Maste sind geerdet. Die Maste können flach (Einzelfundament) oder tief (Bohrpfahl, Stahl-Rammrohr) gegründet sein. Der Abstand der Maste in Gleisrichtung beträgt ca. 60 m bis 80 m, in engen Gleisbögen nur ca. 40 m. Die Nummerierung der Maste besteht aus dem Streckenkilometer und einer fortlaufenden Nummer, in der Regel bahnlinks ungerade und bahnrechts gerade Nummern, siehe Abb. 15.1. Die Mastnummer ist in der Regel auf einem Schild an jedem Masten angebracht, so dass man sich vor Ort orientieren kann, siehe Abb. 15.2.

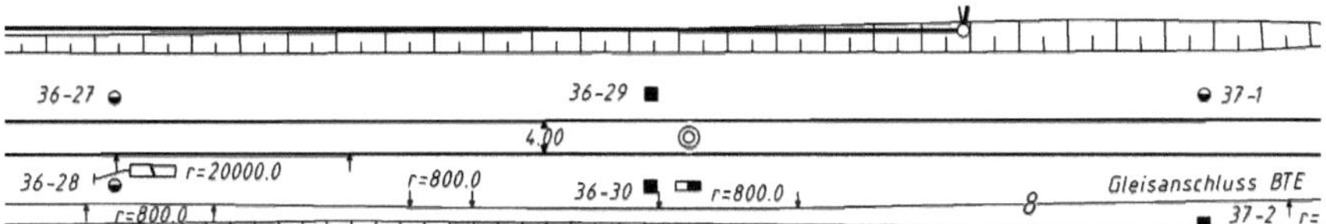

Abb. 15.1 Ausschnitt aus IVL-Plan: OLA-Maste in 36-27 bis 36-30 sowie 37-1 und 37-2.

Abb. 15.2 OLA: Schleuderbetonmast, Mastnummer 36-1, Gleisvermarkungspunkt gelb markiert, Erdung (Quelle: Emch+Berger).

Isolator

Alle Teile von Fahrdraht bis zum Isolator stehen unter Spannung.

Ausleger

Der Ausleger überbrückt die Entfernung zwischen Fahrdraht und Mast. Bei Bauarbeiten kann der Ausleger evtl. umgeklappt/angelegt werden, um Baufreiheit über dem Gleis zu schaffen.

Tragseil

Das Tragseil dient zum Tragen des Fahrdrahts.

Hänger

Der Hänger hängt am Tragseil und der Fahrdraht hängt am Hänger.

Rillenfahrdraht

Ein Rillenfahrdraht hat prinzipiell einen kreisförmigen Querschnitt, aus dem jedoch in der oberen Hälfte zwei V-förmige Rillen so ausgespart sind, dass dort Halteklemmen eingreifen können. Durch diese Konstruktion wird eine Berührung der Aufhängungselemente durch die Stromabnehmer vermieden, siehe Abb. 15.3.

Radspanner

An den Abspannmasten wird die Oberleitung mechanisch auf Spannung gebracht. Dazu dienen Radspanner, an deren Enden Betongewichte hängen. So können Unterschiede in der Zugspannung (z. B. auf Temperatur und Wind) auf wartungs arme Weise ausgeglichen werden. Oft sind zwei Radspanner pro Mast vorhanden, weil das Tragseil und der Fahrdraht einzeln gespannt werden, siehe Abb. 15.4.

Kettenwerk

Tragseil, Hänger und Fahrdraht ergeben zusammen das Kettenwerk. Ein „abgehendes Kettenwerk" bezeichnet keinen Defekt, sondern ein Kettenwerk, welches von Gleismitte zu einem Abspannmast führt.

Die Hauptbauteile einer Oberleitung sind sehr anschaulich in Abb. 15.5 dargestellt, welche einem hervorragenden Fachbuch entnommen ist.

Die Regelhöhe des Fahrdrahts liegt bei ca. 5,5 m. Die Mindestfahrdrahthöhe über SO beträgt 4,95 m gemäß EBO Anlage 3 (zu § 9). Ein LKW kann also in der Regel

Abb. 15.3 Fahrdrahtklemme am Rillenfahrdraht (Foto: FLOEP/ Wikipedia, CC BY-SA 4.0).

Abb. 15.4 Radspanner (Foto: Erdmenger).

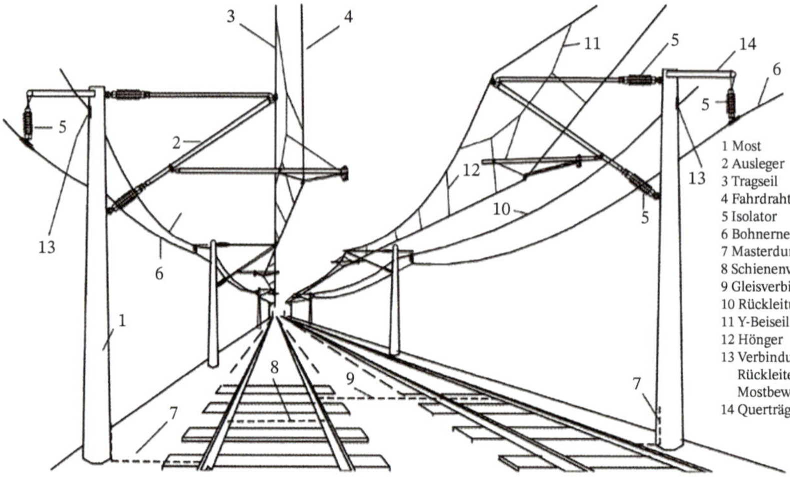

Abb. 15.5 Hauptbauteile einer Oberleitung (Quelle: Freystein, H. et al., Handbuch Entwerfen von Bahnanlagen).

unter der OLA hindurchfahren, was an Bahnübergängen ja auch ständig erfolgt. Weitere Angaben finden sich in der TSI ENE, Tabelle 4.2.9.1 Fahrdrahthöhe.

Bei einer zweigleisigen Strecke stehen Maste normalerweise links und rechts der Strecke. Bei drei Gleisen kommt evtl. ein Mehrgleisausleger zum Einsatz, an dessen Ausleger zwei Fahrdrähte befestigt sind. Bei mehreren Streckengleisen (z. B. in einem Bahnhof) sind häufig Querfelder vorhanden. Wenn diese Bauweise

Abb. 15.6 OLA-Querfeld über mehrere Gleise (Quelle: Emch+Berger).

auf Einzelmaste umgebaut werden soll, dann ist das eine Querfeldauflösung. In Abb. 15.6 ist ein Querfeld zu sehen.

Für Oberleitungen gibt es verschiedene Regelbauweisen, z. B. RE 100 und RE 200. Die Zahl gibt dabei die zulässige Höchstgeschwindigkeit an.

15.3 Unterwerk

Ein Unterwerk (UW) oder Bahnstromwerk ist ein Umspannwerk, in welchem Bahnstrom von 110 kV auf 15 kV umgespannt wird. In Abb. 15.7 sind rechts ein Unterwerk und links eine Bahnstrecke in Dammlage zu erkennen.

Abb. 15.7 Unterwerk (Quelle: Emch+Berger).

15.4 Bahnstromleitung

Eine Bahnstromleitung versorgt ein Unterwerk mit Strom. Eine Bahnstromleitung hat eine Spannung von 110 kV und eine Frequenz von 16,7 Hz. Der Sicherheitsabstand beträgt in der Regel 3,0 m, das ist jedoch projektbezogen zu überprüfen. Die Isolatoren sind ca. 1,2 m lang. Eine Bahnstromleitung hat meistens 2 oder 4 Leiter (immer eine gerade Anzahl).

Die Regelung erfolgt nach Ril 955.

Eine Bahnstromleitung kann wie eine Freileitung (Überlandleitung) geführt werden oder rückseitig an OLA-Masten befestigt sein, siehe Abb. 15.8.

15.5 Speiseleitung/Bahnenergieleitung

Eine Speiseleitung dient zur Einspeisung von Strom vom Unterwerk in die Oberleitung. Eine Speiseleitung hat eine Spannung von 15 kV und eine Frequenz von 16,7 Hz, also beides wie eine Oberleitung. Der Sicherheitsabstand beträgt in der Regel 1,5 m, das ist jedoch projektbezogen zu überprüfen. Die Isolatoren sind ca. 40 cm lang.

Abb. 15.8 110 kV-Bahnstromleitung an OLA-Mast (Quelle: Emch+Berger).

Abb. 15.9 15 kV-Speiseleitung an OLA-Mast (Quelle: Emch+Berger).

Eine Bahnstromleitung kann zwischen 1 und 5 Leitern haben (gerade oder ungerade Anzahl). Gemäß Ril 997 gilt folgende Begrifflichkeit:

aus Ril 997 (6)
Bahnenergieleitung
Bahnenergieleitung ist der Oberbegriff für alle Leitungen, die der Speisung von 15 kV-Bahnstromversorgungsanlagen dienen. Dies sind z. B. Speiseleitungen (Speisekabel), Verbindungsleitungen, Umgehungsleitungen oder Verstärkungsleitungen.

Eine Speiseleitung wird in der Regel rückseitig an den OLA-Masten befestigt, wie es in Abb. 15.9 zu erkennen ist.

15.6 Ortssteuereinrichtung (OSE)

Eine Ortssteuereinrichtung (OSE) für die Oberleitung ist ein ferngesteuerter Schalter an einem Oberleitungsmast. Dieser Schalter kann verschiedene Funktionen haben, z. B. die Oberleitung im Bereich eines Streckentrenners zwischen Bahnhof und freier Strecke zu verbinden bzw. zu trennen.

Eine OSE wird über ein Steuerkabel ferngesteuert. Die Steuerung erfolgt aus dem örtlichen Stellwerk oder aus einer der Zentralschaltstellen (Zes), z. B. Leipzig, Lehrte, Köln etc.

15.7 Erdung

Die Bahnerdung ist in Ril 804.9030 Bahnerdung, Ril 804.5501 Lärmschutzanlagen, Ril 804.9060 A05 Lärmschutzanlagen und Ril 997 Oberleitungsanlagen geregelt.

Wenn die Strecke nicht elektrifiziert ist, dann ist in der Regel keine Erdung erforderlich. Auf dem Plan wird dann vermerkt:

Die Strecke ist nicht elektrifiziert. Es sind keine Maßnahmen zur Erdung erforderlich.

Wenn die Strecke elektrifiziert ist, dann erhält der Entwurfsplan folgende Angabe:

Erdung nach Ril 804.9030 und Ril 997. Kurzschlussstrom ≤ . . . kV

Der Kurzschlussstrom hat eine Stärke von ≤ 15 kA, ≤ 25 kA oder ≤ 40 kA. Der Wert ist projektbezogen zu klären. An einer Nebenstrecke ist der Kurzschlussstrom wahrscheinlich eher ≤ 15 kA, an einer Hauptstrecke wahrscheinlich eher ≤ 40 kA.

In der Entwurfsplanung ist mit dem Bauherrn zu besprechen, wie das Bauwerk geerdet werden soll, z. B. wie viele Gleisanschlüsse hergestellt werden sollen. Diese Angaben werden in den Erläuterungsbericht aufgenommen.

Im Konstruktiven Ingenieurbau wird in der Regel eine Schutzerdung zum Schutz von Mensch und Tier vorgenommen. Die Schutzerdung für Oberleitungsanlagen hat folgende Funktionsweise: Wenn es einen Kurzschluss gibt, dann wird der Strom nach 100 Millisekunden (= 0,1 Sekunden) durch den Streckenschalter im Unterwerk abgeschaltet. Eine Person erfährt also ggf. einen 15 kV-Stromschlag, aber nur so kurz wie möglich.

Im Regelfall müssen alle Bauteile bis zu einem Gleisabstand von 4,0 m bahngeerdet werden. Der Oberleitungs- und Stromabnehmerbereich („Rissdreieck“) ist in Ril 997.0204, Bild 1, und auch in DIN EN 50122-2 dargestellt, siehe Abb. 15.10.

Kurze Bauteile müssen evtl. nicht geerdet werden, siehe dazu Ril 997.0204, Abschnitt 1 (2) und Tab. 15.1.

aus Ril 997.0204, Abschnitt 1 (2)
Ausnahmen
Für leitfähige Bauteile mit geringer Abmessung brauchen keinerlei Schutzmaßnahmen getroffen zu werden, sofern die folgenden Bedingungen und die Bedingungen nach Tabelle 1 [hier Tab. 15-1] erfüllt werden:

- Das Bauteil trägt oder beinhaltet keine elektrische Ausrüstung.
- Eine Person kann aus einer beliebigen Richtung erkennen, ob ein aktiver Leiter das Objekt berührt.

Verweis: siehe auch EN 50122-1.

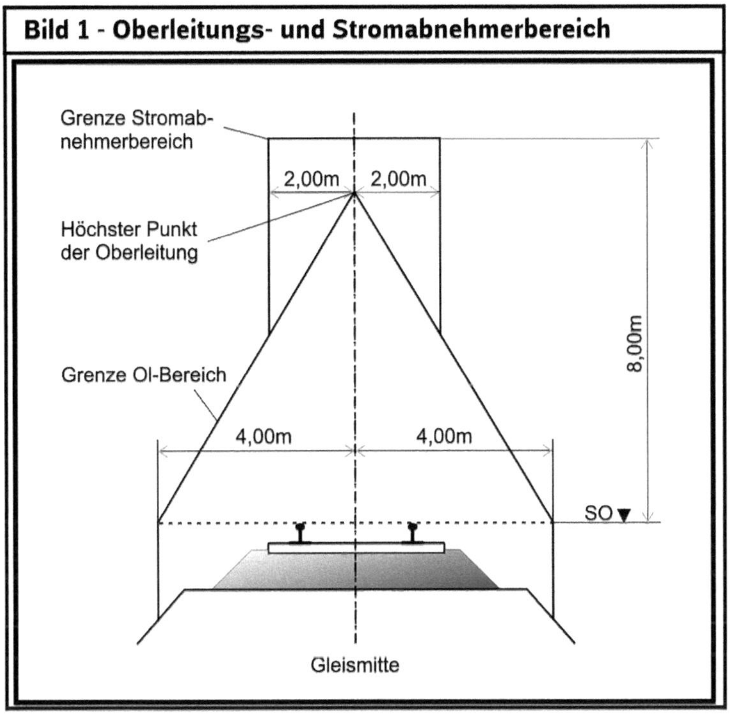

Abb. 15.10 Ausschnitt aus Ril 997.0204.

Tab. 15.1 Zulässige Längen für Bauteile kleiner Abmessungen nach Ril 997.0204, Abschnitt 1 (2), Tabelle 1.

Arten von leitfähigen Bauteilen	parallel zum Gleis	horizontal, senkrecht zum Gleis
vollständig leitfähig	3 m	2 m
teilweise leitfähig	15 m	2 m

Hinweis: Kleine leitfähige Teile sind z. B.:

- *Kanalschachtdeckel,*
- *Signalmaste,*
- *Schrankenaufschlagpfosten,*
- *Einzelmaste,*
- *Warnschilder,*
- *Abfallkörbe,*
- *Zäune,*
- *Gitterbauwerke und Metallkonstruktionen mit einer maximalen Länge nach Tabelle 1 [hier Tab. 15-1].*

Eine Bahnerdung der Radlenker in Weichen auf Betonschwellen mit Schienenbefestigung W ist nicht erforderlich.

An einer Erdungsschraube dürfen höchstens zwei Erdungsleitungen befestigt werden, siehe dazu Ril 997.0205 (4).

Ein Prellleiter darf im Beton eingebaut werden, wenn die Betondeckung max. 100 mm (= 10 cm) beträgt, siehe dazu Ril 997.0223. Bei einem Kurzschluss durchschlägt der Strom (15 kV aus der Oberleitungsanlage) maximal 10 cm Beton.

Das Material für Erdungsverbinder wird nicht vom KIB-Planer, sondern von einem Fachplaner für elektrotechnische Anlagen festgelegt. Möglich sind Erdungsverbinder aus Kupfer, Stahl oder CuStAl (also: Kupfer, Stahl und Aluminium, oder „Kuhstall"). Erdungsverbinder aus Kupfer sind aufgrund des Materialwerts ein begehrtes Diebesgut.

Für Bahnsteige gilt gemäß Ril 813.0206A01, Abschnitt 2 (1):

Ril 813.0206A01, Abschnitt 2 (1)

Die zu erdenden Bauteile sind im Rahmen der Entwurfsplanung in das Erdungskonzept zu integrieren. Dieses Konzept ist durch den Planer Elektrische Energieanlagen für das unmittelbare Bauumfeld zu erstellen. Die Schnittstellen sind mit den jeweiligen Fachbereichen (z. B. der Oberleitungsanlagen oder der Gleichstrom-S-Bahnen) gemäß Ril 954.0102 nachweislich abzustimmen.

Im Rahmen der Ausführungsplanung wird das Erdungskonzept zu einem Erdungsplan fortgeschrieben. Darin sind die Anschlüsse der Bahnerde an die Gleisanlage zu dokumentieren.

15.8 Berührungsschutz

Ein Berührungsschutz wird auf einem obenliegenden Bauwerk montiert, wenn weiter unten eine Oberleitung vorhanden ist. Damit wird vermieden, dass Personen, Tiere oder Gegenstände von oben in die Oberleitung geraten und einen elektrischen Schlag erhalten.

Ein Berührungsschutz an DB-Bauwerken wird nach Ril 804.9060A03 Ausrüstungselemente für Ingenieurbauwerke, Anhang A03, Berührungsschutz (Hindernis), geplant. Gemäß Richtzeichnung A-BRS 1 ist ein horizontaler und gemäß Richtzeichnung A-BRS 2 ist ein vertikaler Berührungsschutz möglich.

Ein Berührungsschutz an Straßenbauwerken über DB-Anlagen wird nach RiZ-ING Elt 2 geplant. Hier ist ein vertikaler Berührungsschutz vorgesehen. Abbildung 15.11 zeigt einen Berührungsschutz an einer Straßenbrücke in der Örtlichkeit.

Abb. 15.11 Berührungsschutz an einer Straßenbrücke über DB-Gleisen (Foto: Erdmenger).

15.9 Stromschiene

Manche elektrischen Bahnen, z. B. die Hamburger S-Bahn und die Berliner S-Bahn, nutzen keine Oberleitung, sondern eine Stromschiene. Dies ist eine dritte Schiene, welche bodennah neben den Gleisen verläuft, siehe Abb. 15.12.

Abb. 15.12 Stromschiene an der Hamburger S-Bahn (Quelle: Erdmenger).

Die Stromschiene ist von oben abgedeckt und wird von einem Stromabnehmer bestrichen. Beim Betreten des Gleisbereichs in der Nähe von stromführenden Stromschienen ist äußerste Vorsicht geboten, weil ein Berühren der Stromschiene tödlich sein kann.

Vorteile von Stromschienen sind z. B.:

- kleineres Lichtraumprofil, daher bei Tunnelstrecken geringere Herstellkosten
- Herstellung und Instandhaltung sind einfacher und preiswerter als bei einer OLA
- keine Absturzgefahr für die Monteure

Nachteile von Stromschienen sind z. B.:

- zusätzliche Gefahr für Menschen und Tiere im Gleisbereich
- aufwändige Konstruktion in Weichenbereichen
- aufgrund der starren Stromschiene nur bis ca. 120 km/h machbar

16

Leit- und Sicherungstechnik (LST)

16.1 Allgemeines zur Leit- und Sicherungstechnik (LST)

LST ist die Abkürzung für Leit- und Sicherungstechnik. Dabei handelt es sich um Anlagen der technischen Streckenausrüstung (TStrA) bzw. ein Ausrüstungsgewerk. Die LST umfasst z. B. Signale, Vorsignalbaken, Zugbeeinflussungssysteme (PZB, LZB), Achszähler, Bahnübergänge und Schranken sowie die zugehörigen Kabelanlagen.

Bahnbetriebliche Herstellvarianten, wie z. B. Gleichwechselbetrieb (GWB), sind mit der LST abzustimmen.

16.2 Vorsignalbake

Eine schwarz-weiße Vorsignalbake gibt dem Lokführer den Abstand zu einem Vorsignal an. Es handelt sich dabei um eine LST-Anlage. Abbildung 16.1 zeigt Vorsignalbaken mit jeweils zwei schwarzen Balken.

Abb. 16.1 Vorsignalbaken (Quelle: Emch+Berger).

16.3 Drahtzugleitung

Drahtzugleitungen bzw. Drahtzüge sind alte LST-Anlagen, mit welchen Signale oder Weichen bedient wurden. In Abb. 16.2 sind Drahtzugleitungen, Umlenkanlagen, Querungen im Schwellenfach und eine Überleitstelle zu erkennen.

16.4 Heißläuferortungsanlage (HOA)

HOA steht für Heißläuferortungsanlage. Dies ist eine LST-Anlage (Sicherungstechnik). Sie misst die Temperatur von Rädern bzw. Achsen und gibt eine Meldung, falls ein Rad heißläuft. Eine HOA verfügt daher auch über Kabelanlagen, nämlich in der Regel ein TK-Kabel (z. B. das Streckenfernmeldekabel) und ein Stromkabel (EEA 50 Hz).

16.5 Planteil 1 (PT1)/Planteil 2 (PT2)

Die Abkürzung PT1 steht für Planteil 1, die Abkürzung PT2 für Planteil 2. Es handelt sich dabei um Planungen der Leit- und Sicherungstechnik (LST).

Planteil 1 ist die Ausführungsplanung des Fachplaners für Leit- und Sicherungstechnik. Diese ist in der Regel nicht herstellerabhängig und umfasst die Außenanlage, also Kabelanlagen, Querungen etc.

Planteil 2 ist die Planung (Arbeitsvorbereitung) des Herstellers, z. B. Siemens oder Pintsch, auf Grundlage von Planteil 1. Diese umfasst die Innenanlage im Stellwerk,

Abb. 16.2 Drahtzugleitungen (Quelle: Emch+Berger).

also Verkabelungen im Stellwerksgebäude, Bedienpult für den Fahrdienstleiter, Kontrollmonitore, Software etc.

16.6 Beeinflussungsberechnung (BePro-Berechnung)

Der Fahrstrom mit einer Spannung von 15 000 V (15 kV) kann Anlagen der Leit- und Sicherungstechnik (LST) beeinflussen. Dadurch können elektrische Anlagen im Stellwerk überlastet und beschädigt werden oder Personen einen tödlichen Stromschlag erleiden.

Um die Beeinflussungen zu ermitteln und Unfälle zu vermeiden, kann eine umfangreiche Berechnung im DB-internen Berechnungsprogramm BePro durchgeführt werden. Dabei werden zahlreiche Parameter berücksichtigt, z. B. Anordnung und Abstände der Kabel, Leitfähigkeit des Bodens etc. Das Berechnungsergebnis zeigt, ob weitere Maßnahmen erforderlich sind oder nicht. Als Maßnahmen kommen z. B. der Einbau besser abgeschirmter Kabel oder das Versanden des Kabelkanals infrage.

Die Beeinflussungsberechnung liegt im Aufgabenbereich der LST und wird in der Regel in der Entwurfs- oder Ausführungsplanung durchgeführt.

16.7 Induktive Sicherung anfahrender Züge (INA)

Die induktive Sicherung anfahrender Züge (INA) ist eine Maßnahme der Leit- und Sicherungstechnik (LST) in Bahnhöfen. Dadurch wird sichergestellt, dass Züge bei einer unzulässigen Vorbeifahrt am Haltesignal in jedem Fall vor dem ermittelten Gefahrpunkt zum Stehen kommen.

Im Rahmen der Planung kann es erforderlich sein, dass ein LST-Fachplaner eine INA-Berechnung bzw. eine INA-Planung durchführt.

17

Telekommunikationsanlagen (TK)

17.1 Allgemeines zu Telekommunikationsanlagen

TK ist die Abkürzung für Telekommunikationsanlagen. Dabei handelt es sich um Anlagen der technischen Streckenausrüstung (TStrA) bzw. ein Ausrüstungsgewerk. Zur TK zählen beispielsweise:

- GSM-R (Global System for Mobile Communications - Rail), der digitale Mobilfunkstandard der DB
- Fernmeldekabel (Lichtwellenleiter oder Kupferkabel)
- Beschallungsanlagen für Lautsprecherdurchsagen
- Videoüberwachungsanlagen in Bahnhöfen und Zügen
- Fahrgastinformationsanlagen (FIA), z. B. dynamische Schriftanzeiger (DSA)

In Abb. 17.1 sind unter anderem ein Fahrgastinformationssystem (FAI) und Lautsprecher zu erkennen.

Die zuständige bahninterne Abteilung für Telekommunikationsanlagen heißt DB-Kommunikationstechnik (DB-KT). Seit dem Jahr 2025 ist die DB-KT keine eigenständige GmbH mehr, sondern ein Teil der DB InfraGO AG.

Abb. 17.1 Fahrgastinformationssystem und Lautsprecher (Quelle: Emch+Berger).

Teilweise betreibt auch die Vodafone GmbH eigene TK-Kabel an DB-Strecken. In diesem Fall ist zu klären, wer die Kabelplanung durchführt (z. B. Vodafone, DB-KT, externes Büro).

17.2 Lichtwellenleiter

Ein Lichtwellenleiter (LWL) ist ein Glasfaserkabel zur Datenübertragung (Telekommunikation). Es gibt gleisparallele LWL der DB-Kommunikationstechnik, aber auch querende LWL von privaten Betreibern (z. B. Telekom).

LWL sind besonders empfindlich und müssen besonders geschützt werden. Das ist bei der Planung mit dem Betreiber abzusprechen. Ein beschädigter LWL kann in der Regel nicht repariert werden, sondern muss von Muffe bis Muffe auf einer Länge von mehreren hundert Metern ausgetauscht werden. Im Schadenfall entstehen also hohe Kosten.

18

Elektrische Energieanlagen 50 Hertz (EEA 50 Hz)

18.1 Allgemeines zu elektrischen Energieanlagen (EEA 50 Hz)

EEA 50 Hz ist die Abkürzung für Elektrische Energieanlagen 50 Hertz. Das sind also Anlagen mit Wechselstrom und einer Frequenz von 50 Hertz, aber keine OLA-Anlagen (welche mit 16,7 Hz betrieben werden). Dabei handelt es sich um Anlagen der technischen Streckenausrüstung (TStrA) bzw. ein Ausrüstungsgewerk. Typische 50 Hz-Anlagen sind elektrische Weichenheizungen (EWHZ), Bahnsteigbeleuchtung, Gleisfeldbeleuchtung etc.

18.2 Elektrische Weichenheizungen (EWHZ)

Elektrische Weichenheizungen (EWHZ) sollen im Winter bewirken, dass Weichen funktionsfähig bleiben und nicht durch Schnee und Eis blockiert werden. Sie müssen in der Regel von 01. Oktober bis 30. März betriebsbereit sein. Außerhalb dieses Zeitraums können EWHZ in der Regel abgeklemmt und demontiert werden, wenn dies für Bauarbeiten erforderlich ist.

18.3 Gleisfeldbeleuchtung

Eine Gleisfeldbeleuchtung ist eine 50 Hz-Anlage und kann z. B. so aussehen wie in Abb. 18.1 dargestellt. Wenn eine Gleisfeldbeleuchtung vorhanden ist, dann sind folgende Aspekte zu klären:

- Ist die Gleisfeldbeleuchtung in Betrieb?
- Soll die Gleisfeldbeleuchtung erhalten bleiben?
- Sollen die Maste zurückgebaut werden?
- Von wo aus wird der Strom eingespeist?
- Wo verlaufen die Kabel?
- Ist eine 50 Hz-Planung erforderlich?

Abb. 18.1 Zwei Maste einer Gleisfeldbeleuchtung (Quelle: Erdmenger).

18.4 Elektrant

Ein Elektrant ist eine 50 Hz-Anlage. Abbildung 18.2 zeigt einen Elektranten und einen abgestellten Zug, welcher an den Elektranten angeschlossen ist.

Abb. 18.2 Elektrant und Anschluss eines abgestellten Zuges (Quelle: Emch+Berger).

Elektranten benötigt man aus unterschiedlichen Gründen, wenn in oder an abgestellten Eisenbahnfahrzeugen Strom benötigt wird, z. B.:

- Stromversorgung von abgestellten Kühlwagen
- Nachladen von Batterien in Personenwagen oder Triebfahrzeugen
- Strom für die Durchführung von Reinigungsarbeiten an oder in Fahrzeugen
- Strom für das Vorheizen von abgestellten Personenwagen im Winter

Wenn Elektranten vorhanden sind, dann sind folgende Aspekte zu klären:

- Sind die Elektranten in Betrieb?
- Sollen die Elektranten erhalten bleiben?
- Sollen die Elektranten zurückgebaut werden?
- Von wo aus wird der Strom eingespeist?
- Wo verlaufen die Kabel?
- Ist eine 50 Hz-Planung erforderlich?

19

Sicherung bei Arbeiten im Gleisbereich

19.1 Betriebs- und Bauanweisung (Betra)

Betra ist die Abkürzung für „Betriebs- und Bauanweisung“. Für alle Arbeiten am Gleis, auch z. B. Vermessung, ist eine Betra erforderlich. Die Bearbeitungszeit beim Betra-Bearbeiter der DB beträgt ca. 8 Wochen. In der Betra werden zahlreiche Angaben getroffen, darunter:

- betroffener Streckenabschnitt von km x bis km y
- Zeitraum
- geplante Arbeiten
- Angaben zum Bahnbetrieb (z. B. Gleissperrungen)
- Angaben zur OLA (z. B. Abschaltung)
- der Fahrdienstleiter (Fdl)
- in Abschnitt 4.2 der Technische Berechtigte (der Vier-Zweier)
- Angaben zur Sicherung

Arbeiten mit begrenztem Umfang sind nach Absprache eventuell mit einer Betrieblichen Anordnung (BA) statt einer Betra möglich.

19.2 Sicherungsplan-Workflow (SiPla-Workflow)

SiPla-Workflow ist die Abkürzung für Sicherungsplan-Workflow. Wenn die Betra vorliegt, kann der ausführende Unternehmer (z. B. der Vermesser oder der Bauleiter) die Seite 1 des Sicherungsplans ausfüllen. Dies erfolgt im DB-eigenen Programm SiPla-Workflow, für welches die Unternehmer in der Regel einen eigenen Zugang haben.

Im SiPla-Workflow beschreibt der Unternehmer (z. B. der Vermesser) die geplanten Arbeiten, die Anzahl der eingesetzten Mitarbeiter, die Räumzeit (wie schnell die Mitarbeiter den Gleisbereich räumen können), die lärmerzeugenden Maschinen etc.

Auf dieser Grundlage wird dann ein Sicherungsplan erstellt. Dieser enthält unter anderem Angaben zum Sicherungsunternehmen und zum Sicherungsüberwacher.

19.3 Sicherungsposten (Sipo)/Sicherungsaufsichtskraft (Sakra)

Sipo ist die Abkürzung für Sicherungsposten, Sakra ist die Abkürzung für Sicherungsaufsichtskraft. Die Personen, welche unter Bahnbetrieb am Gleis arbeiten, werden in der Regel durch Sipos und einen Sakra gesichert. Der Sakra ist vor Ort der Chef des Sicherungspersonals und daher auch erster Ansprechpartner für Absprachen.

Die DB-Projektleitung bestellt das Sicherungspersonal. Das ist nur möglich, wenn ein gültiger Sicherungsplan vorliegt.

Das Sicherungspersonal muss gelbe Warnkleidung tragen, die ausführenden Mitarbeiter müssen orange Warnkleidung tragen. Dadurch erkennen z. B. Lokführer sofort, dass eine Baustelle durch Sicherungspersonal gesichert ist.

Die Sicherung kann z. B. durch Absperrposten, Typhon (Betrieb mit Pressluftflasche), ATWS (Automatic Track Warning System = Rottenwarnanlage) usw. erfolgen.

19.4 Feste Absperrung

Alternativ zur Sicherung mit Sipo und Sakra kann auch eine Feste Absperrung genutzt werden, welche in Abb. 19.1 zu sehen ist.

Abb. 19.1 Feste Absperrung, hier während einer Totalsperrung (Foto: Erdmenger).

Eine Feste Absperrung wird an dem Gleis montiert, welches in Betrieb ist. Mitarbeiter werden dann mechanisch daran gehindert, unbeabsichtigt in das Lichtraumprofil zu treten.

Montage und Demontage einer Festen Absperrung erzeugen Kosten. Bei einem längeren Einsatz kann dies jedoch günstiger sein als Sicherungspersonal.

Für die Entscheidung, ob die Feste Absperrung sicherheitstechnisch gerechtfertigt ist, ist der Umfang des zusätzlichen Aufenthalts im Gleisbereich für Montage und Demontage der Festen Absperrung mit dem Umfang der Arbeiten zu vergleichen, die im Schutz der Festen Absperrung ausgeführt werden sollen. Nach Ril 132.0118A01 sind ca. 2 bis 4 Arbeitsstunden je 100 m Feste Absperrung anzusetzen.

Im Regelfall wird die Feste Absperrung an der Grenze des Gefahrenbereichs des Nachbargleises montiert. Gemäß GUV-R 2150 darf bei der DB der Gleisbereich bei Einsatz einer Festen Absperrung um 20 cm reduziert werden. Bei der DB freigegebene Feste Absperrungen werden abhängig von der Geschwindigkeit im Nachbargleis in Abständen von 1,9 m bis 2,3 m (Rastermaß: 0,1 m) von der Gleisachse des Nachbargleises entfernt angebracht. Der geringste zulässige Abstand muss sicherstellen, dass die Beschäftigten nicht näher als 1,90 m an die Gleisachse des Nachbargleises herantreten können, siehe auch Ril 132.0118A06.

Die FA wird im Bereich A des Regellichtraumprofils montiert. Die Feste Absperrung darf nicht in den Bereich B des Regellichtraumprofils einragen. Am Schienenfuß montierte FA erreichen eine maximale Höhe von 76 cm über Schienenoberkante des Nachbargleises. Schienenfahrzeuge dürfen dann im Bereich bis 76 cm über SO die große Grenzlinie gemäß EBO § 9 Anlage 1 beanspruchen.

Beim üblichen Gleisabstand von 4 m auf der freien Strecke kann die Feste Absperrung im Mittelkern mit 2 m Abstand zur Achse des Betriebsgleises aufgebaut werden.

19.5 Risikominimierung (RIMINI)

Rimini ist eine Stadt in Italien. Bei der DB steht RIMINI jedoch für Risikominimierung nach Ril 132. Die genaue Bezeichnung gemäß Abkürzungsverzeichnis lautet „formalisiertes Verfahren zur risikominimalen Sicherung von Arbeitsstellen“. In Ril132.0118, Abschnitt 4 ist geregelt:

aus Ril132.0118 Arbeiten im Gleisbereich, 4 Durchführung der Sicherungsmaßnahmen

Anzeigen der Arbeiten

(1) Der ausführende Unternehmer muss die Arbeiten grundsätzlich mindestens 10 Arbeitstage vor Baubeginn der BzS anzeigen, dass diese die erforderlichen Sicherungsmaßnahmen zur Abwendung von Gefahren aus dem Bahnbetrieb anordnen oder durchführen kann. Er verwendet hierfür Abschnitt 1 des jeweiligen Sicherungsplanes.

Durchführung der Sicherungsmaßnahmen

(2) Sicherungsmaßnahmen gemäß § 5 Absatz 1 DGUV Vorschrift 78 können durchgeführt werden von:

- den BzS,
- weiteren, vom Bahnbetreiber dazu bestimmten Organisationseinheiten seines Verantwortungsbereiches, und
- präqualifizierten Sicherungsunternehmen (gemäß Modul 202.0401).

Die BzS muss in jedem Einzelfall bestimmen, wer die Sicherungsmaßnahme durchführt.

Statt Abschnitt 1 oder Seite 1 des Sicherungsplans wird inzwischen der SiPla-Workflow durchgeführt (siehe oben).

In Ril 132.0118 ist ein Vordruck für einen Sicherungsplan enthalten.

20

Weitere bahnspezifische Informationen

20.1 DB InfraGO AG

Die DB InfraGO AG ist eine 100%ige Tochtergesellschaft der Deutschen Bahn AG (DB AG). Die DB InfraGO ist die Infrastruktursparte und daher für Bau, Betrieb und Instandhaltung von Gleisanlagen, Ingenieurbauwerken, Bahnhöfen und für die zugehörige technische Ausrüstung verantwortlich. Das „GO" steht für „gemeinwohlorientiert". Damit soll ausgedrückt werden, dass die InfraGO dem Wohle der Gemeinschaft verpflichtet ist und nicht gewinnorientiert agieren soll. Die InfraGO ist in zwei Geschäftsbereiche aufgeteilt:

Geschäftsbereich Fahrweg

Zuständig für Gleisanlagen, Ingenieurbauwerke etc. Die Bezeichnung bis Ende 2023 lautete DB Netz AG.

Geschäftsbereich Personenbahnhöfe

Zuständig für Bahnhöfe, Verkehrsstationen etc. Die Bezeichnung bis Ende 2023 lautete DB Station & Service AG.

20.2 DB Engineering & Consulting GmbH

Die DB Engineering & Consulting GmbH (DB E&C) ist ein Tochterunternehmen der DB E.C.O. Group. Die E&C ist das interne Ingenieurbüro der Deutschen Bahn. Hier werden die Bereiche Objekt- und Tragwerksplanung, Umweltplanung, Bauüberwachung, Consulting, Projektmanagement etc. abgedeckt. Vorgängerunternehmen der DB E&C waren DB ProjektBau, DB International und DE-Consult.

20.3 DB Energie GmbH

Die DB Energie GmbH ist ein Tochterunternehmen der DB AG. Die DB Energie ist für die Energieversorgung von Zügen, Bahnanlagen und Immobilien verantwortlich. Sie bewirtschaftet das Bahnstromnetz und die Unterwerke und stellt außerdem Diesel, Erdgas und Fernwärme zur Verfügung.

20.4 DB Immobilien

Die DB Immobilien ist, wie der Name sagt, für die Immobilien der DB verantwortlich (z. B. Empfangsgebäude, DB-Grundstücke etc.). Oft erstellt DB Immobilien auch das Bodenverwertungs- und Entsorgungskonzept (BoVEK).

20.5 Definition Ingenieurbauwerk

Eine Definition, bei welchen Eisenbahnbauwerken es sich um Ingenieurbauwerke handelt, ist in der Eisenbahn-Inbetriebnahmegenehmigungsverordnung (EIGV), Anlage 2 zu § 6 Absatz 2 zu finden.

Weitere Definitionen sind in der Objektliste der HOAI und in der DIN 1076 „Ingenieurbauwerke im Zuge von Straßen und Wegen, Überwachung und Prüfung" zu finden. Außerdem ist in den Eisenbahnspezifischen Technischen Baubestimmungen (EiTB), Anlage Ei A 1.2.10.2/1 der folgende Hinweis zum Eurocode 1, Teil 2 „Verkehrslasten auf Brücken" enthalten:

> *Zu DIN EN 1991-2 und DIN EN 1991-2/NA*
> *Anwendungsbereich:*
> *1. Die Norm ist neben Brückenbauwerken auch auf Ingenieurbauwerke oder andere Bauten anzuwenden, soweit Einwirkungen aus Eisenbahnverkehr zu berücksichtigen sind. Insoweit ist die Norm u. a. auch für Stützwände, für Tunnel, für Durchlässe, für Rohr- und Leitungsquerungen und für Verbauten (Baugruben) im Einflussbereich von Eisenbahneinwirkungen anzuwenden.*

In den Eisenbahnspezifischen Technischen Baubestimmungen (EiTB), Anlage Ei A 2.2.1/2 ist ergänzend der folgende Hinweis enthalten:

> *Zu den Ingenieurbauwerken im Sinne der Richtlinie zählen in erster Linie Brücken, Tunnel bis 500 m Länge und Trogbauwerke.*

Die Ril 804 enthält keine Definition zu Ingenieurbauwerken. Die ZTV-Ing enthält ebenfalls keine solche Definition, sondern verweist auf die DIN 1076.

Bei konkreten Fragestellungen sollten die genannten Vorschriften geprüft werden.

Tab. 20.1 Klassifizierung der Nutzungsdauer nach DIN EN 1990 (Eurocode 0) Abschnitt 2.3, Tabelle 2.1.

Klasse der Nutzungsdauer	Planungsgröße der Nutzungsdauer (in Jahren)	Beispiele
1	10	Tragwerke mit befristeter Standzeit[a)]
2	10–25	austauschbare Tragwerksteile, z. B. Kranbahnträger, Lager
3	15–30	landwirtschaftlich genutzte und ähnliche Tragwerke
4	50	Gebäude und andere gewöhnliche Tragwerke
5	100	monumentale Gebäude, Brücken und andere Ingenieurbauwerke

a) Anmerkung Tragwerke oder Teile eines Tragwerkes, die mit der Absicht der Wiederverwendung demontiert werden können, sollten nicht als Tragwerke mit befristeter Standzeit betrachtet werden.

20.6 Nutzungsdauer von Eisenbahnbauwerken

Brücken und Ingenieurbauwerke werden gemäß Eurocode 0, Abschnitt 2.3, Tabelle 2.1 für eine Nutzungsdauer von 100 Jahren geplant, siehe Tab. 20.1. Tatsächlich haben Eisenbahnbrücken eine durchschnittliche Lebensdauer von 122 Jahren (Quelle: Faktenblatt Eisenbahnbrücken, DB AG 2019).

20.7 Abnahme von Planungsleistungen

Nach Abschluss einer Leistungsphase kann der Planer die schriftliche Abnahme beantragen. Die Abnahme von Planungsleistungen ist in Ril 208.1402 „Einkauf Architekten- und Ingenieurleistungen: Vertragsabwicklung betreuen" geregelt. In Abschnitt 04 Abnahme ist unter Anderem festgehalten:

aus Ril 208.1402, Abschnitt 4
Abnahme
(1) Bei jeder Architekten-/Ingenieurleistung ist eine Abnahme durchzuführen.
(2) Zur Sicherstellung einer vertragsgerechten Qualität von Architekten-/Ingenieurleistungen ist in der Regel eine förmliche Abnahme durchzuführen; eine „stillschweigende" Abnahme kommt grundsätzlich nicht in Betracht.
(5) Für die Abnahme/Teilabnahme ist die RRil 208.1402V10 „Abnahmeniederschrift Arch./Ing." zu verwenden.

Der Abnahme/ Teilabnahme hat eine Qualitätsprüfung durch den Projektverantwortlichen oder den von ihm damit beauftragten Mitarbeiter vorauszugehen. Wurden Mängel festgestellt, so sind diese in einer Anlage zur Abnahmeniederschrift schriftlich festzuhalten. Ferner ist eine Frist zur Mängelbeseitigung aufzunehmen. Bei wesentlichen Mängeln ist die Abnahme zu verweigern.

(6) Bei Auftragswerten bis 50 TEUR kann von einer förmlichen Abnahme abgesehen werden.

Die DB-Projektleitung füllt zur Abnahme also den Vordruck nach Ril 208.1402 V10 Abnahmeniederschrift aus. Alternativ kann der Planer den Vordruck vorausfüllen, so dass die DB-Projektleitung nur unterschreiben muss. Dies kann den Abnahmeprozess beschleunigen. Abbildung 20.1 zeigt ein Beispiel.

20.8 Richtlinie 805 Tragsicherheit bestehender Eisenbahnbrücken

Die statische Nachrechnung von Bestandsbauwerken erfolgt nach Ril 805 Tragsicherheit bestehender Eisenbahnbrücken. Die Ril 805 gilt für den Nachweis der Tragsicherheit bestehender Eisenbahnbrücken aller Bauart und Stützweiten der DB InfraGO AG, die mindestens 6 Jahre alt sind.

Wenn ein Bauwerk mindestens 5 Jahre schadensfrei in Betrieb gewesen ist, dann hat sich eine ausreichende Robustheit gegen Eisenbahnverkehr, Temperatur, Setzung etc. gezeigt. Außerdem entfallen Risiken z. B. aus Fehlern bei Planung und Herstellung. Aus diesen Gründen ist das Sicherheitsniveau der Ril 805 niedriger als bei Neubauten.

Abnahmeniederschrift

1) Bezeichnung der Arch./Ing.-Leistung:

Objekt- und Tragwerksplanung fünf Bauwerke auf der Strecke 1570 Esens-Schortens-Heidmühle

Ing.-Vertrag Nr.: 0016 / 1CZ / 92242665 vom 05.07.2016

Projekt-Nr.: G.016125953 Bestell-Nr.: 0016 / I5B / 41460133

2) Auftragnehmer:

Emch+Berger Projekt GmbH

3) Die Leistungen wurden begonnen am 01.08.2016 beendet am 17.12.2021

4) Die Abnahme ist beantragt für:

☐ die Gesamtleistung

☒ folgende, in sich abgeschlossene Teile der Planungsleistung

Abb. 20.1 Auszug aus einer Abnahmeniederschrift (Quelle: Emch+Berger).

Im Zuge einer Nachrechnung nach Ril 805 ist der aktuelle Prüfbericht der Bauwerksprüfung (Bauwerksbefund) durchzusehen und zu klären, in welcher Zustandskategorie sich das Bauwerk befindet.

Die Nachrechnung erfolgt in Stufen, welche jedoch anders definiert sind als in der Nachrechnungsrichtlinie für Straßenbrücken. In Bewertungsstufe 4 wird die Tragsicherheit durch eine messwertgestützte Berechnung festgestellt. Durch die Messung der Eisenbahnbrücke unter Verkehrslast (Probebelastung) wird das tatsächliche Tragverhalten ermittelt und die Berechnung anhand der Messdaten kalibriert.

20.9 Richtlinie 813 Personenbahnhöfe

Die Ril 813 Personenbahnhöfe liegt nicht im Kernbereich des Konstruktiven Ingenieurbaus, aber es gibt eine Schnittmenge. In der Ril 813 Bahnsteige und ihre Zugänge planen und bauen werden auch konstruktive Planungsbestandteile behandelt.

Übliche Bahnsteighöhen gemäß Ril 813.0201A06, Abschnitt 1 (3) und TSI INF sind 55 cm oder 76 cm über SO. Für S-Bahnen ist eine Bahnsteighöhe von 96 cm über SO zulässig. Im Bestand sind auch andere Bahnsteighöhen vorhanden, z. B. 38 cm über SO, welche aber für einen Neubau nicht mehr regelwerkskonform sind.

Zur Ril 813 sind Baustandards im Internet verfügbar (Informationsplattform Anlagentechnik, Bautechnik und ITK). Personenbahnhöfe sollen nach diesen Baustandards geplant und ausgeführt werden. Dazu zählen auch Bahnsteigdächer (siehe Abschnitt 9.32 Bahnsteigdächer).

Die Ril 813.0209 Ausführung der Stahltragwerke von Hoch- und Ingenieurbauwerken in Personenbahnhöfen gilt nur, wenn keine Eisenbahnradlasten direkt einwirken.

20.10 DB Standard 918 002-02 (DBS)

Der DB Standard (DBS) 918 002-02 regelt die technischen Lieferbedingungen für den Eisenbahnbrückenbau bzw. für den konstruktiven Ingenieurbau gemäß dem Geltungsbereich der Ril 804, wenn Eisenbahnlasten wirken. Daraus geht z. B. hervor, dass die Gütegruppe JR nicht mehr eingesetzt werden darf.

Die ZTV-Ing, Teil 4 Stahlbau und Stahlverbundbau, Abschnitt 1 Stahlbau, Kapitel 2 Werkstoffe, Absatz (6), verweist ebenfalls auf den DBS 918:

Für tragende Bauteile von Brücken gelten die technischen Lieferbedingungen der Deutschen Bahn, Deutsche Bahn Standard (DBS) 918 002-02 unter Beachtung der nachfolgenden Regeln (7) bis (9).

Wenn in einem Bauvertrag die ZTV-Ing vereinbart ist, dann gilt also der DBS 918. Wenn die ZTV-Ing nicht vereinbart ist – z. B. bei Ausschreibungen des Geschäftsbereich Personenbahnhöfe – dann ist zu klären, ob der DBS 918 vereinbart ist.

20.11 Execution Class (EXC)

Im Stahlbau gibt es verschiedene Ausführungsklassen, welche auf Englisch als Execution Class (EXC) bezeichnet werden. Die Ausführungsklassen EXC 1 bis EXC 4 sind in DIN EN 1090-2 Ausführung von Stahltragwerken definiert. Außerdem gibt es die bahnspezifische Ausführungsklasse EXC 3 DB.

Weitere Angaben zu Ausführungsklassen sind im DB-Standard DBS 918-005 Technische Lieferbedingungen für die Ausführung von Eisenbahnbrücken zu finden.

20.12 Liefernormen Walzprofile

Bei der DB InfraGO AG sind Stahlbau-Walzprofile nach den folgenden Liefernormen zu verwenden:

DIN EN 10365	Warmgewalzter U-Profilstahl, I- und H-Träger
DIN EN 10025	Warmgewalzte Erzeugnisse aus Baustählen
DIN EN 10210	Warmgewalzte Stahlbau-Hohlprofile
DIN EN 10248	Warmgewalzte Spundbohlen
DIN EN 10058	Warmgewalzte Flachstäbe aus Stahl und Breitflachstahl
DIN EN 10029	Warmgewalztes Stahlblech von 3 mm Dicke an
DIN EN 10060	Warmgewalzte Rundstäbe aus Stahl

Falsche Angaben zu den Liefernormen können zu Nachträgen von Baufirmen gegenüber dem Bauherrn führen. Der Einbau falscher Stahlsorten führt zu erheblichen Schwierigkeiten bei Abnahme, Inbetriebnahme und Instandhaltung.

20.13 Werkstoffnummern

Die genaue Definition einer Stahlsorte erfolgt über die Werkstoffnummer. Diese ist nach DIN EN 10027-2 Bezeichnungssysteme für Stähle, Teil 2: Nummernsystem, aufgebaut.

Ein Edelstahl A4 für Befestigungsmaterial trägt beispielsweise die Werkstoff-Nr. 1.4401. Dies ist ein Chrom-Nickel-Molybdän Stahl, welcher sich durch eine hohe Korrosionsbeständigkeit auszeichnet.

20.14 Keilsicherungsscheiben

Keilsicherungsscheibenpaare können eingesetzt werden, um Muttern gegen das Lösen durch Vibrationen oder dynamische Belastungen zu sichern. Ein Anwendungsbeispiel sind Lärmschutzwände, siehe Abb. 20.2.

Das Material wird auch „Nordlockscheiben" genannt, weil die Nord-Lock GmbH und die HEICO Befestigungstechnik GmbH zwei bekannte Hersteller sind. Die Nord-Lock GmbH beschreibt das Prinzip der Nordlockscheiben wie folgt sehr treffend:

Keilsicherungsscheiben sichern Schrauben mit Spannung statt mit Reibung. Die Verbindung kann sich nicht unbeabsichtigt lösen, da die Scheibe unter dem Schraubenkopf oder der Schraubenmutter einen Keileffekt erzeugt. Das System besteht aus einem Paar Keilsicherungsscheiben mit Nocken an einer Seite und radialen Zähnen an der gegenüberliegenden Seite. Die Wirkung beruht auf dem Unterschied bei den Winkeln. Da der Winkel „α" größer ist als die Gewindesteigung „β", dehnt sich das Paar Keilsicherungsscheiben mehr als die entsprechende Steigung des Gewindes aus und erzeugt einen Keileffekt, der jeglichen Versuch der Schraube/Mutter blockiert, sich frei zu drehen. Wenn die Schraube angezogen wird, greifen die Zähne und halten die Kontaktflächen fest. Die Nord-Lock Scheiben werden arretiert, so dass sie sich nur über die Stirnfläche der Nocken bewegen können. Jeder Versuch der Schraube/Mutter, sich frei zu drehen, wird durch die Keilwirkung der Nocken blockiert.

(Quelle: Nord-Lock GmbH)

Abbildung 20.3 illustriert das Prinzip zusätzlich.

Wichtig ist beim Einsatz von Keilsicherungsscheibenpaaren bei der DB:

- Verwendbarkeitsnachweis muss vorliegen
- paarweise einbauen, keine einzelnen Scheiben

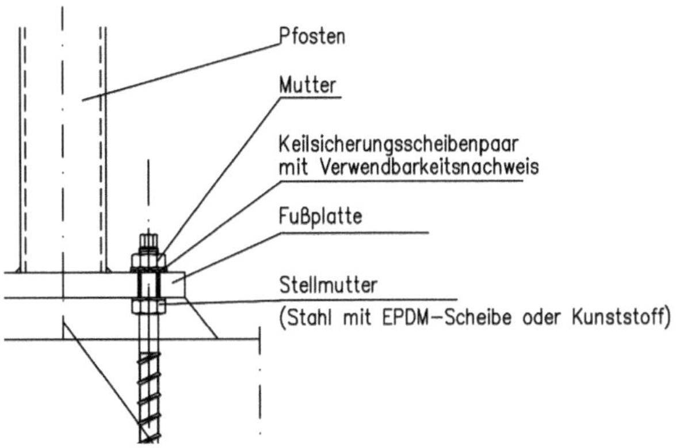

Abb. 20.2 Ausschnitt aus Ril 804.9060, A-LSW 6.

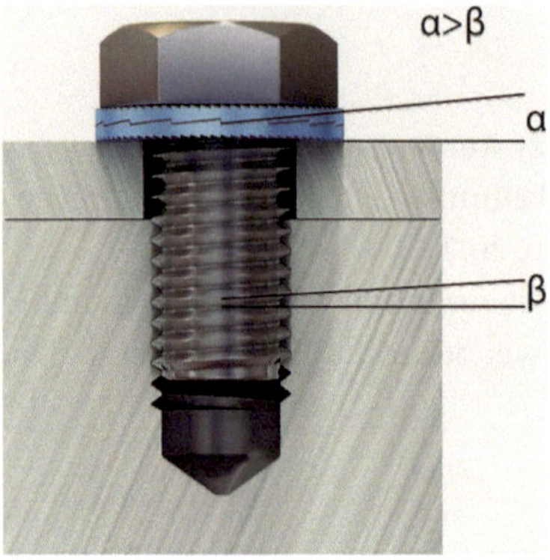

Abb. 20.3 Skizze: Keilsicherungsscheibenpaar (Quelle: Nord-Lock GmbH).

- keine Unterlegscheiben verwenden. Unterlegscheiben sind glatt, können sich drehen und machen den Effekt von Keilsicherungsscheibenpaaren zunichte.
- keine Kontermutter erforderlich

20.15 Vermeidung von Kontaktkorrosion

Kontaktkorrosion bzw. galvanische Korrosion ist eine elektrochemische Korrosionsform, bei der zwei unterschiedliche Metalle in feuchter Umgebung in direktem Kontakt stehen. In diesem Fall bildet sich ein galvanisches Element. Der erzeugte Strom führt zu einem beschleunigten elektrochemischen Abbau und damit zur Auflösung des unedleren Metalls (Anode).

Auf dem Foto in Abb. 20.4 sind eine (sehr professionell abgetrennte) Ankerstange und eine Sechskantmutter aus Edelstahl zu sehen, welche mit einer verzinkten Unterlegscheibe in direktem Kontakt stehen; der verzinkte Stahl korrodiert.

Um Kontaktkorrosion zu vermeiden, sollten Befestigungsmittel aus demselben Werkstoff verwendet werden, z. B. Edelstahl/Edelstahl. Alternativ können elektroisolierende Polyamid-Isolierhülsen eingesetzt werden. Diese verhindern den Kontakt zwischen Edelstahl-Befestigungsmitteln und verzinktem Stahl, siehe Abb. 20.5.

Abb. 20.4 Kontaktkorrosion (Foto: Erdmenger).

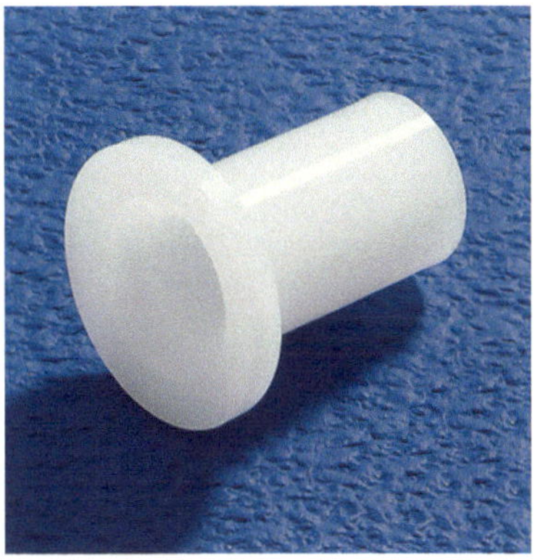

Abb. 20.5 elektroisolierende Polyamid-Isolierhülse (Quelle: www.rct-online.de).

20.16 Projektsteuerung

In einigen Projekten beauftragt die DB InfraGO AG ein Ingenieurbüro mit der Projektsteuerung. Die Projektsteuerung steht auf der Seite des Bauherrn und unterstützt diesen, damit Zeit-, Kosten- und Qualitätsvorgaben im Projekt eingehalten werden. Eine Projektsteuerung übernimmt oft z. B. die Protokollierung der Planungsbesprechungen, die Vereinbarung von Ortsterminen oder Erstellung eines Rahmenterminplans.Die Aufgaben der Projektsteuerung können schon vor Leistungsphase 1 beginnen, z. B. bei der Ausschreibung der Planungsleistungen. Üblicherweise begleitet die Projektsteuerung die gesamte Planung und Bauausführung bis zur Inbetriebnahme.

Die Projektsteuerung ist keine HOAI-Leistung. Stattdessen können Leistungsumfang und Honorar gemäß AHO-Heft Nr. 9 „Projektmanagement in der Bau- und Immobilienwirtschaft - Standards für Leistungen und Vergütung“ ermittelt werden.

Für das Projekt kann es vorteilhaft sein, wenn eine Projektsteuerung tätig ist, weil dann eine weitere Person die Bearbeitung voranbringt. Für Planer kann eine Projektsteuerung unangenehm sein, weil sie häufig nach Lieferterminen, getroffenen Absprachen etc. fragt. Auf jeden Fall nimmt eine Projektsteuerung dem Planer jedoch auch Arbeit ab, üblicherweise z. B. die Protokollierung der Planungsbesprechungen, die Vereinbarung von Ortsterminen, evtl. Absprachen mit DB-Mitarbeitern etc.

20.17 Hektometertafel

Eine Hektometertafel gibt den Streckenkilometer an und hilft bei der Orientierung in der Örtlichkeit. Hektometertafeln sind in der Regel alle 100 m an einem OLA-Mast montiert, wie auf Abb. 20.6 zu erkennen ist.

Die obere Zahl gibt den Kilometer, die untere den ungefähren Hektometer an (ein Hektometer sind 100 m). Die kleine Zahl gibt den genauen Standort an. Die oben dargestellte Hektometertafel gibt also den Streckenkilometer 41,6 an und steht in km 41,603.

Abb. 20.6 Hektometertafel (Quelle: Emch+Berger).

20.18 Stillgelegtes Gleis

Wenn ein ungenutztes Gleis vorhanden ist, dann muss geklärt werden, ob das Gleis temporär nicht genutzt oder gemäß §11 AEG stillgelegt ist. Wenn es temporär nicht genutzt ist, darf es nicht zurückgebaut werden und es darf keine Einragungen in das Lichtraumprofil geben. Wenn das Gleis gemäß §11 AEG stillgelegt ist, darf es zurückgebaut werden. Abbildung 20.7 veranschaulicht, wie ein stillgelegtes Gleis in der Örtlichkeit aussehen kann.

Abb. 20.7 Stillgelegtes Gleis (Quelle: Emch+Berger).

20.19 Bauzeitliche Gleisüberfahrt

Zur Erreichbarkeit der BE-Flächen ist evtl. die Herstellung von bauzeitlichen Gleisüberfahrten erforderlich. Diese dürfen nicht „Baustellen-Bahnübergang" oder „Bau-BÜ" genannt werden, weil die Planung von Bahnübergängen große Auswirkungen auf die LST-Planung hat.

Abbildung 20.8 zeigt eine bauzeitliche Gleisüberfahrt mit Profiltor, hochgeklappter Schranke und Sicherungsposten.
Der Bereich zwischen den Gleisen wird in der Regel mit Systemplatten ausgelegt (Strail-Platten oder Bodan-Platten), damit Fahrzeuge über die Schienen fahren können. Links und rechts der Bahn können Anschlüsse mit Asphalt hergestellt werden.

Eine Schranke verhindert, dass der Gleisbereich durch Unbefugte befahren wird. Die Schranke muss in der Grundstellung verschlossen sein, z. B. durch ein Vorhängeschloss. Ein Bahnsicherungsunternehmen stellt einen Schrankenwärter. Wenn ein LKW passieren möchte, dann ruft der Schrankenwärter den Fahrdienstleiter (Fdl) an. Wenn die Strecke frei ist und der Fdl sein Einverständnis erteilt, dann öffnet der Schrankenwärter die Schranke und der LKW quert das Gleis. Danach verschließt der Schrankenwärter die Schranke wieder. Bei hoher Streckenauslastung kann dies zu langen LKW-Wartezeiten führen, was sich z. B. bei Frischbetonlieferungen ungünstig auswirkt.

Bei elektrifizierten Strecken ist die Herstellung eines Profiltors sinnvoll, um Unfälle mit der Oberleitung zu vermeiden, z. B. Personenunfälle durch Stromschlag oder Herunterreißen des Fahrdrahts. Ein Profiltor kann mit festem Querbalken

Abb. 20.8 Bauzeitliche Gleisüberfahrt (Quelle: Emch+Berger).

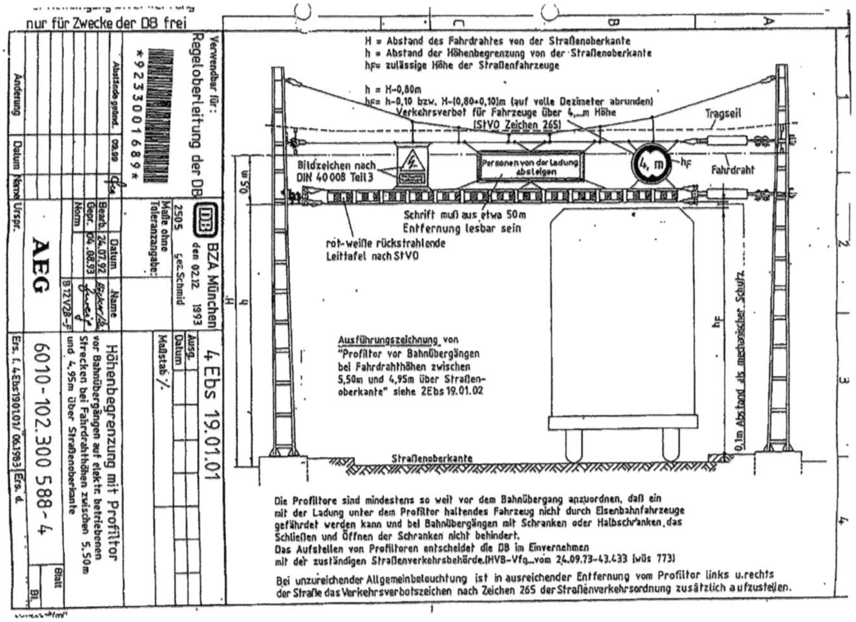

Abb. 20.9 Profiltor gemäß 4 Ebs 19.01.01 (Quelle: DB).

(siehe Abb. 20.9) oder mit einer Kette konstruiert werden. Es gibt dazu auch die Richtzeichnung 4 Ebs 19.01.01, siehe Abb. 20.9.

Je nach Höhe des Bahndamms sind evtl. Rampen erforderlich, damit LKW vom Geländeniveau auf den Bahndamm fahren können. Diese Rampen können aus Blähton hergestellt werden, um Setzungen im Bahndamm auf ein verträgliches Maß zu verringern. Dies ist mit dem ALV Oberbau und dem Baugrundgutachter abzustimmen.

Bauzeitliche Gleisüberfahrten können vorab ohne zusätzliche Sperrpausen hergestellt werden, wenn nächtliche Zugpausen von mehreren Stunden vorhanden sind.

Mit der DB-Projektleitung oder mit dem Baubetriebskoordinator (BBK) sind folgende Aspekte zu besprechen:

- Profiltor nur auf einer Gleisseite oder auf beiden Gleisseiten?
- Schranke nur auf einer Gleisseite oder auf beiden Gleisseiten?
- Sind die Wartezeiten bei der gegebenen Streckenauslastung akzeptabel?
- Anprallschutz gegen LKW-Anprall an den Stielen erforderlich?
- Gleisabstand des Profiltors?
- Erdung erforderlich?
- Welche Beschilderung erforderlich?
- Wird die Strecke mit Zugleitbetrieb betrieben?

Zugleitbetrieb eignet sich für Nebenbahnen mit einfachen betrieblichen Verhältnissen. Bei Zugleitbetrieb ist es evtl. nicht möglich, bauzeitliche Gleisüberfahrten zu nutzen. Dies ist so früh wie möglich mit dem Baubetriebskoordinator (BBK) abzusprechen.

Weitere Hinweise enthält das DB-Hilfsmittel „Zusammenstellung von Informationen und Regelungen für technisch gesicherte Bahnübergänge“. Diese Schrift steht als PDF zur Verfügung, sie bezieht sich jedoch vornehmlich auf dauerhafte und öffentliche Bahnübergänge.

20.20 Tiefenentwässerung (TE)

Eine Tiefenentwässerung (TE) dient der Gleisentwässerung, vor allem bei mehr als zwei parallelen Gleisen. Dazu wird im Randwegbereich eine gleisparallele Drainageleitung im Baugrund verlegt. In der Örtlichkeit erkennt man die Tiefenentwässerung an den Schachtdeckeln, siehe Abb. 20.10.

Für eine Tiefenentwässerung gilt die Ril 836.4602 Entwässerungsanlagen Streckenentwässerung, Abschnitt 3.

Bei der Grundlagenermittlung ist unbedingt zu klären, ob eine Tiefenentwässerung vorhanden ist. OLA-Maste bzw. eine LSW dürfen nie in der Achse der Tiefenentwässerung geplant werden, damit die TE nicht beschädigt wird.

Abb. 20.10 Schachtdeckel einer Tiefenentwässerung (Foto: Erdmenger).

20.21 Zweiwegebagger

Das Leistungsgerät im Gleisbau, zur Herstellung von Lärmschutzwänden, für leichte Verbauarbeiten im Gleisbereich etc. ist der Zweiwegebagger. Zweiwegetechnik bedeutet, dass der Bagger auf Schienenwegen und auf Straßenwegen fahren kann. Dazu können die Schienenfahrwerke nach oben und unten geklappt werden. Die inneren Räder der Zwillingsbereifung übernehmen den Fahrantrieb auf der Schiene. Typische Geräte sind der Atlas 1604 oder der Liebherr A 922, siehe Abb. 20.11.

Ein solcher ZW-Bagger wiegt ca. 20 bis 22 t. Mit der üblichen Auslage kann er Lasten bis ca. 2,5 t heben (also ca. 5 t mit zwei ZW-Baggern). Die maximale Auslage ab Gleisachse beträgt ca. 7 bis 7,5 m. Bei maximaler Auslage kann der Bagger je nach Kontergewicht noch ca. 1,5 t heben. Genauere Angaben können in Datenblättern recherchiert oder projektbezogen bei den Geräteherstellern angefragt werden.

20.22 Eingleisstelle

Ein Zweiwegebagger benötigt eine Eingleisstellen. Diese muss so beschaffen sein, dass der Bagger über die Schienen fahren kann. Daher eignen sich vorhandene Bahnübergänge gut als Eingleisstellen. Dies muss jedoch mit den Projektbeteiligten abgesprochen werden. Eine Eingleisstelle kann auch durch Baggermatten hergestellt werden. Die Baggermatten können zu Beginn einer Sperrpause in das

Abb. 20.11 Drei Zweiwegebagger im gesperrten Gleis (Foto: Erdmenger).

Abb. 20.12 Eingleisstelle mit Baggermatten (Foto: Erdmenger).

Gleis gelegt und vor Ende der Sperrpause wieder entfernt werden. Der Aufwand dafür beträgt jeweils ca. 10 Minuten. Abbildung 20.12 zeigt eine Eingleisstelle mit Baggermatten und Mineralgemisch auf weißem Trennvlies.

20.23 Gleisdrehkran

Wenn große Lasten gehoben werden müssen, dann kann ein Gleisdrehkran eingesetzt werden. Weltmarktführer ist die Firma Techne Kirow:

Techne Kirow GmbH
Niemeyerstraße 2-5
04179 Leipzig

Der mittelgroße Kirow-Gleisdrehkran KRC 800 hat beispielsweise die in Abb. 20.13 beschriebenen Eigenschaften.

Die Einsatzmöglichkeiten von Gleisdrehkränen sind projektbezogen mit dem Hersteller oder mit erfahrenen Bauleitern zu besprechen. In der Regel können zwei Gleisdrehkräne im Tandemeinsatz genutzt werden, um sehr schwere Lasten zu heben.

Bei der Einhubplanung sind Teilsicherheits- und Hublastbeiwerte zu berücksichtigen.

20.24 Drehbohranlage

Eine Drehbohranlage wird umgangssprachlich auch Bohrgerät genannt und dient zum Herstellen von Bohrpfählen, z. B. Durchmesser 60 cm, 90 cm oder 1,20 m. Abbildung 20.14 zeigt eine abgestellte Drehbohranlage und Abb. 20.15 zeigt eine Drehbohranlage, welche einen Bohrpfahl D = 1,20 m herstellt.

KRC 800

Technische Merkmale	max. Tragfähigkeit 100 bis 150 t max. Lastmoment 800 bis 950 mt 6 oder 8 Radsätze minimaler rückwärtiger Radius 2,0 bis 7,0 m teleskopierbares oder starres Gegengewicht einfacher oder doppelter Drehkranz
Haupteinsatz-gebiete	Verlegung von Gleisjochen bis 30 m Länge Umbau von Betonweichen bis 1200 m Radius Brückenbau: z.B. Länge 20 m, Gewicht 40 t Bergung von Waggons Bergung von Lokomotiven (Tandemverfahren)

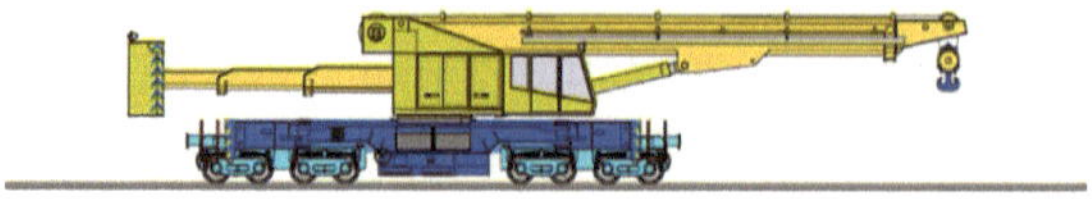

teleskopierbares Gegengewicht

Abb. 20.13 Daten zum Gleisdrehkran KRC 800 (Quelle: Techne Kirow GmbH).

Abb. 20.14 Drehbohranlage (Quelle: Emch+Berger).

Abb. 20.15 Drehbohranlage im Einsatz (Quelle: Emch+Berger).

Zwei bekannte Hersteller von Drehbohranlagen sind ABI Delmag und Bauer. Die Hersteller können einen KIB-Planer qualifiziert zu den Einsatzmöglichkeiten beraten.

Drehbohranlagen verfügen über einen Mäkler, auf dem Foto in Abb. 20.15 rot beschichtet. Dies ist eine Führungseinrichtung, mit deren Hilfe die Bohrungen richtungsgenau hergestellt werden können. Damit sind auch geneigte Pfähle herstellbar, z. B. 1 : 8. Der Mäkler kann zum Transport umgeklappt werden.

Eine Drehbohranlage kann ca. 80 t wiegen und benötigt zum Arbeiten und Schwenken viel Platz. Dies ist bei der Planung der Zuwegungen, Bohrebenen etc. zu berücksichtigen. Es kann erforderlich sein, einen Standsicherheitsnachweis (Grundbruchnachweis) für die Drehbohranlage zu führen.

Die größten Bodenpressungen entstehen beim Ziehen der Bohrrohre. Beim Ziehen der Bohrrohre kann der Mäklerzylinder optional auf den Boden aufgesetzt werden, falls sich das Bohrgerät merklich nach vorne neigt. Wenn der Mäklerzylinder auf den Boden gesetzt wird, verringern sich die maximalen Bodenpressungen unter den Ketten, siehe Abb. 20.16.

20.25 Brandwachen

In Bahnhofsgebäuden gibt es unter Umständen eine Brandmeldeanlage. Eine Brandmeldeanlage dient der Sicherheit und darf nicht ersatzlos abgeschaltet werden. Wenn Kabelarbeiten erforderlich sind oder der Strom abgeschaltet werden muss, dann kann die Brandmeldeanlage evtl. durch Brandwachen ersetzt werden.

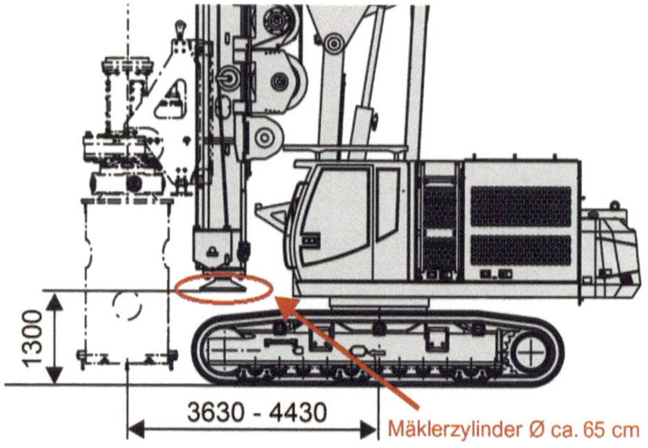

Abb. 20.16 Mäklerzylinder (Quelle: Delmag GmbH & Co. KG).

Das sind entsprechend geschulte Mitarbeiter, welche bei einer Abschaltung der Brandmeldeanlage das Gebäude abgehen und einen möglicherweise entstandenen Brand melden.

Der Einsatz von Brandwachen ist im Voraus mit dem Bahnhofsmanagement abzustimmen. In der Kostenermittlung sind entsprechende Kosten durch Stundensatz und Zeitaufwand zu berücksichtigen.

20.26 Monitoring (Messprogramm)

Bei der Erneuerung einer EÜ und insbesondere bei Eingriffen in Bestandsbauwerke – z. B. Teilabbruch, durchbohren, Herstellung von Verbauten etc. – ist in der Regel eine messtechnische Überwachung erforderlich, also ein Monitoring bzw. ein Messprogramm. Dazu gibt es auch LV-Positionen im DB-Musterleistungsverzeichnis.

20.27 Toleranzen

In der Bauausführung entstehen Abweichungen von den Soll-Abmessungen. Dies ist kein Problem, solange die Abweichungen innerhalb der zulässigen Toleranzen liegen.

Für Herstellung und Einbau von Lärmschutzwänden gelten Toleranzen nach Ril 804.5501A01.

Für Bohrpfähle gelten Toleranzen nach DIN EN 1536, Abschnitt 7.2 Geometrische Herstellungstoleranzen. Demnach ist eine Lageabweichung von 10 cm pro Pfahl unkritisch, wenn diese Abweichung nicht systematisch auftritt. Gemäß ZTV-Ing, Teil 2 Grundbau, Abschnitt 2 Gründungen, Nr. 3.1.3 Bohrpfähle gilt jedoch:

ZTV-Ing, Teil 2 Grundbau, Abschnitt 2 Gründungen, Nr. 3.1.3
Bohrpfähle
(1) Abweichend von DIN EN 1536 sind für die Herstellung von Bohrpfählen maximal eine Exzentrizität von 0,5 · D (D = Pfahldurchmesser) und eine Neigungsabweichung von 0,015 m je Meter Pfahllänge gegenüber dem Sollwert zulässig.

Für Verpressanker gelten Toleranzen nach DIN EN 1537, Abschnitt 8.1.2 Toleranzen. In der Regel darf der Winkel für einen Verpressanker um 2° vom Soll abweichen.

20.28 Dateinamengenerator nach Ril 813

Bei Projekten nach Ril 813, also in der Regel für den Geschäftsbereich Personenbahnhöfe, können die Plannummern gemäß Dateinamengenerator aus der Ril 813.0104 Dokumentationsvorgaben vergeben werden, siehe Screenshot in Abb. 20.17. Diese Dateinamen sind jedoch recht lang und unverständlich. Mit der DB-Projektleitung ist zu besprechen, wie die Benennung der PDFs erfolgen soll.

20.29 Gutachten zu Baulärm und baubedingten Erschütterungen

Ein Gutachten zu Baulärm und baubedingten Erschütterungen wird in der Regel in Leistungsphase 4 Genehmigungsplanung von einem entsprechenden Gutachter

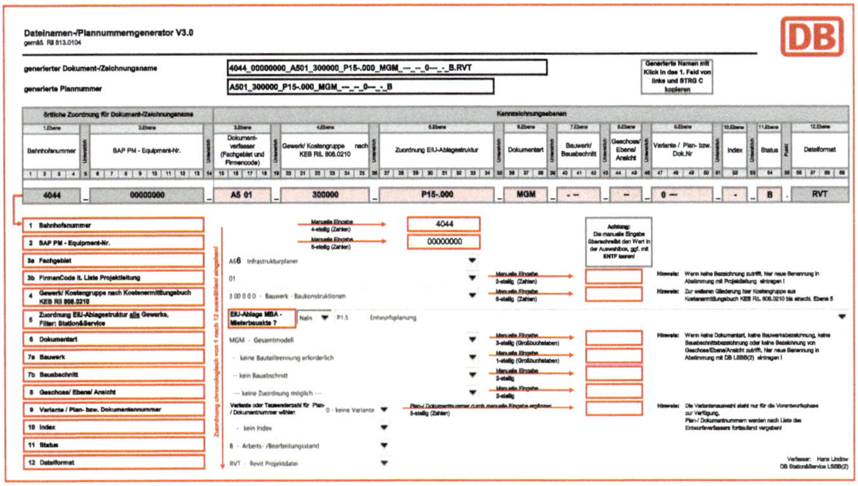

Abb. 20.17 Dateinamengenerator nach Ril 813.0104 (Quelle: DB).

erstellt. Dieser benötigt vom KIB-Planer die Schallleistungspegel diverser Baugeräte, Einsatzzeiten auf der Baustelle etc. Eine gute Arbeitshilfe dafür liefert das Hessische Landesamt für Umwelt und Geologie mit dem „Technischen Bericht zur Untersuchung der Geräuschemissionen von Baumaschinen", Heft 2, 2004. Dieses Dokument ist im Internet als PDF verfügbar.

Der Gutachter für Baulärm und baubedingte Erschütterungen muss unter anderem die folgenden Vorschriften berücksichtigen:

- DIN 4150 Erschütterungen im Bauwesen
- Allgemeine Verwaltungsvorschrift zum Schutz gegen Baulärm (AVV Baulärm)
- Gesetz zum Schutz vor schädlichen Umwelteinwirkungen durch Luftverunreinigungen, Geräusche, Erschütterungen und ähnliche Vorgänge (Bundesimmissionsschutzgesetz).

20.30 Vier-Nächte-Regel

Die Vier-Nächte-Regel bezieht sich auf Baulärm, betrifft also im Wesentlichen die Lph 4 Genehmigungsplanung.

Gemäß einer Verfügung des EBA (Geschäftszeichen 51.30-51pv/001-0230#079) gilt die Vier-Nächte-Regel wie folgt:

Überschreitung der Immissionsrichtwerte für die Nachtzeit (20 bis 07 Uhr)

Unter der Voraussetzung einer vollständigen Erfüllung des Vermeidungs- und Minimierungsgebots (vgl. § 22 Abs. 1 BImSchG) ergibt sich allein aus einer absehbaren, verbleibenden Überschreitung der für die Nachtzeit (20 bis 07 Uhr) geltenden Immissionsrichtwerte gem. Nummer 3 der AVV Baulärm (Beurteilungspegel und Spitzenpegel) weder eine erhebliche nachteilige Umweltauswirkung i. S. d. § 7 bzw. des § 9 Abs. 1 oder 3 UVPG noch eine mehr als unwesentliche Beeinträchtigung der Rechte anderer i. S. d. § 18 AEG i. V. m. § 74 Abs. 6 Nr. 1 VwVfG, wenn

1. *innerhalb eines Zeitraums von 30 Tagen die vorgenannten Immissionsrichtwerte zur Nachtzeit in mindestens 18 Nächten eingehalten werden*
2. *die vorgenannten Immissionsrichtwerte nicht mehr als vier Nächte in Folge überschritten werden*
3. *auf jede Phase der Überschreitung der vorgenannten Immissionsrichtwerte zur Nachtzeit eine Erholungsphase folgt, in der die vorgenannten Immissionsrichtwerte für jeweils mindestens vier Nächte eingehalten werden und*
4. *die gesamte Dauer der Baumaßnahme 90 Tage nicht überschreitet.*

Unter diesen Bedingungen macht also allein die Überschreitung der vorgenannten Immissionsrichtwerte nicht die Durchführung einer Umweltverträglichkeitsprüfung erforderlich; sie steht der Erteilung einer Plangenehmigung nicht entgegen.

Die Vier-Nächte-Regel besagt, dass eine generelle Richtwertüberschreitung in maximal vier aufeinanderfolgenden Nächten erfolgen darf. Im Anschluss ist eine Ruhephase von mindestens vier weiteren Nächten einzuhalten, bevor der Richtwert in den darauffolgenden nächsten maximal vier Nächten wieder überschritten werden darf.

Das Ganze darf insgesamt nicht länger als 90 Tage andauern.

Die Vier-Nächte-Regel kann also nicht eingehalten werden, wenn z. B. jede Woche von Montagabend bis Freitagmorgen in vier Nächten gearbeitet wird. Wenn die DB jedoch solche Sperrpausen zur Verfügung stellt, dann ist evtl. ein zeitaufwändiges Planfeststellungsverfahren erforderlich. Dies sollte zwischen Bauherrn und Planer thematisiert und in der Terminplanung berücksichtigt werden.

20.31 Quality Gate

Quality Gates (deutsch Qualitätsprüfpunkte) sind ein Werkzeug des Projektmanagements. Quality Gates werden durch die DB-Projektleitung durchgeführt, in der Regel am Ende jeder Leistungsphase. Dabei wird anhand von vordefinierten Qualitätskriterien über den Bearbeitungsbeginn der folgenden Leistungsphase entschieden. Im Wesentlichen wird überprüft, ob alle Dokumente in der erforderlichen Qualität vorliegen.

Das Quality Gate wird anhand einer DB-internen Checkliste durchgeführt. Ein Ausschnitt daraus ist in Tab. 20.2 wiedergegeben.

Das Quality Gate kann vom DB-Projektleiter vorausgefüllt und vom Planer unterschrieben werden, was natürlich eine unkomplizierte Lösung ist. Bei größeren Projekten kann das Quality Gate alternativ in einer Videokonferenz oder einer Präsenzbesprechung erfolgen.

20.32 Artikelverzeichnis

In unregelmäßigen Abständen erstellt die DB ein Artikelverzeichnis. Hier geht es nicht um Beiträge in Fachzeitschriften oder Gesetzesartikel, sondern um das Sortiment derjenigen DB-Vorschriften, welche man kaufen kann. In einer Exceltabelle sind alle verfügbaren DB-Regelwerke aufgelistet. Im zugehörigen Anschreiben wird auf Neuerungen im Regelwerk hingewiesen. Die Kontaktdaten lauten:

DB InfraGO AG
Griesbachstraße 7
76185 Karlsruhe
Tel.: 0721 938 2267
Email: dzd-bestellservice@deutschebahn.com

Tab. 20.2 Checkliste für ein Quality Gate (Qualitätsprüfpunkte) der DB, nach Quality Gate 1 Leistungsbeginn, Auftragnehmer Ingenieurleistungen (Ausschnitt).

2.2	Liegen alle für den Leistungsbeginn erforderlichen, vertraglich geschuldeten Dokumente vor?	– bei BÜW auch Sondervorschläge AN Bau/Ausrüstung – bei BIM-Projekten DB S&S: u. a. Projektauftrag, bestand gem. StarterPaket	K	ja	
2.3	Ist eine Einweisung des AN in die Örtlichkeit erfolgt?		K	ja	
2.4	Wird die Vollständigkeit der Planungs- / Arbeitsgrundlagen bestätigt?		K	ja	
2.5	Gibt es abgestimmte Terminvorgaben zur Beistellung ausstehender Dokumente?	bei BIM-Projekten: im BAP beschrieben, siehe Nr. 1.9	K	entfällt	
2.6	Sind erforderliche und realistische Prüfzeiträume und Vorlaufzeiten (z. B. BVB, Planprüfer, Betra-Anträge) festgelegt und im Projektterminplan berücksichtigt?	VV Bau/VV Bau STE/VV IBG betrifft neben Planung auch z. B. Nachtragsprüfung, Rechnungsprüfung, Protokolle	K	ja	
2.7	Wurde ein Planlaufkonzept erstellt?		K	entfällt	noch nicht relevant
2.8	Wenn Ziffer 2.7 „ja“: Ist der Umgang mit dem Planlaufkonzept einheitlich abgestimmt und bekannt?		K	entfällt	noch nicht relevant
2.9	Ist die Entsorgung und Rückführung von Restbaustoffen geregelt bzw. sind die notwendigen Unterlagen übergeben?	nur BÜW	K	entfällt	noch nicht relevant
für BIM-Projekte					
2.10	Sind die projektspezifischen Lieferobjekte definiert und vereinbart?	DB S&S: Abgabeplanung in der PKP inkl. Abgabetermine	P	entfällt	kein BIM-Projekt
2.11	Sind im BAP Schnittstellen, Datenformate, Programmversionen festgelegt?		P	entfällt	kein BIM-Projekt

20.33 Self-propelled modular transport systems (SPMT)

SPMT ist die Abkürzung für „self-propelled modular transport system“, also selbstfahrende Schwerlastmodule. SPMTs können für den Transport von Schwerstlasten eingesetzt werden. Ein großer Vorteil ist, dass diese Module einzeln lenkbar sind und das Rangieren großer Lasten auf engem Raum ermöglichen.

SPMTs haben eine Höchstgeschwindigkeit von ca. 8 km/h.

20.34 Schwertransporte und Sondertransporte

Je nach Bauwerk und Herstellvariante müssen ggf. große oder schwere Bauteile transportiert werden, z. B. ein Stahl-Überbau. In der Entwurfsplanung muss sichergestellt werden, dass diese Transporte möglich sind.

Ein Transport über das Wasser bzw. über das in Deutschland vorhandene Kanalnetz bis zu einem nahegelegenen Hafen hat große Vorteile. In diesem Fall ist jedoch der Transport zum Wasser und vom Wasser zur Baustelle zu planen.

Auf den Autobahnen sind viele Brücken aufgrund ihres schlechten Zustands herabgestuft, so dass der Transport per Rad schwierig ist. Ein schwerer Überbau würde daher eher abseits von Autobahnen transportiert werden, um vorhandene Brücken mit großen Stützweiten zu umfahren.

Bei einem Transport mit Zugmaschine, gezogenem Auflieger und Nachläufer sind ca. 10 t Nutzlast pro Achse möglich. Dazu kommt das Eigengewicht von ca. 5 t pro Achse und ca. 15 t für die Zugmaschine. Daraus ergibt sich eine zu bewegende Masse, welche viel größer ist als das Eigengewicht des Bauteils.

Alternativ ist der Transport auf SPMTs denkbar. Diese Geräte fahren jedoch nur ca. 8 km/h, so dass die Nutzung von Autobahnen fraglich ist.

Die Ril 804.9040 Rahmenbauwerke, Anhang A03 Betonfertigteile, trifft Angaben zu maximalen Transportabmessungen und Gewichten, siehe Abb. 20.18 und 20.19.

Mögliche Transportrouten können ggf. durch eine Spedition als Machbarkeitsstudie und in einer Anfrage bei der Autobahn GmbH untersucht werden. Der Zustand der Brücken im Jahr der Bauausführung ist jedoch nicht vorhersehbar, so dass eine Machbarkeitsstudie keine vollständige Sicherheit bietet.

Eine unverbindliche telefonische Beratung zu Schwertransporten stellt ggf. die Firma Max Wild GmbH zur Verfügung, welche auch das Fluidts-Verschubsystem nutzt.

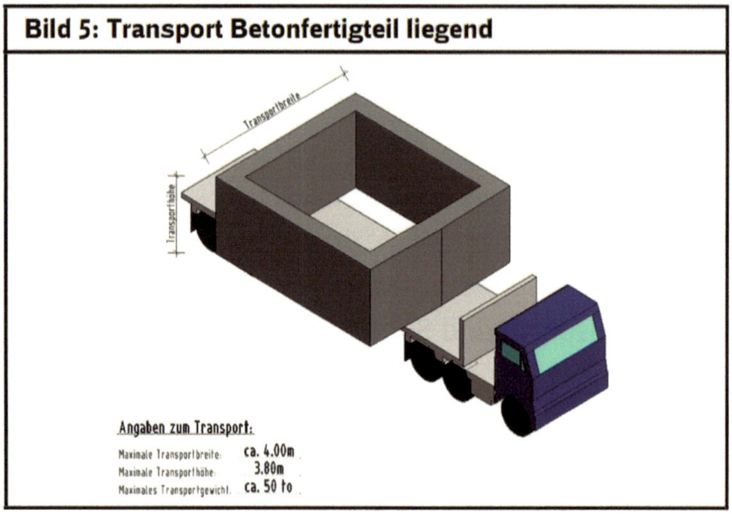

Abb. 20.18 Ril 804.9040, Anhang A03, Bild 5: Transportabmessungen.

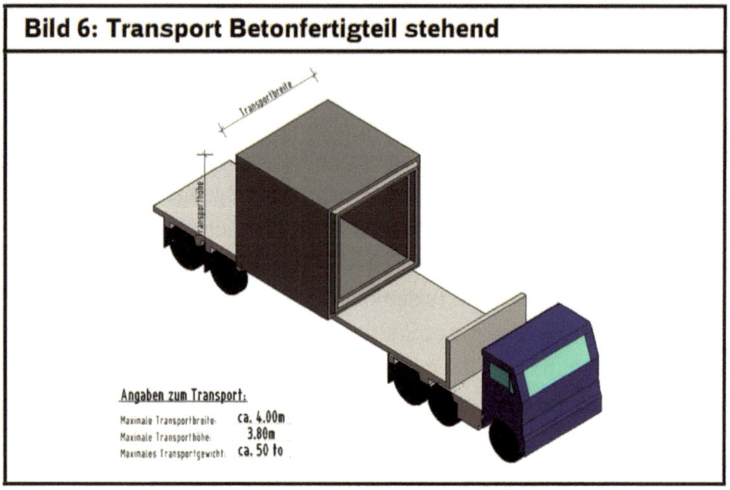

Abb. 20.19 Ril 804.9040, Anhang A03, Bild 6: Transportabmessungen.

20.35 Sicherheits- und Gesundheitsschutzplan (SiGe-Plan)

SiGe-Plan ist die Abkürzung für „Sicherheits- und Gesundheitsschutzplan". Dieser wird von einem SiGeKo erstellt (Sicherheits- und Gesundheitsschutzkoordinator).

Bei Entwurfsplanungen für die DB InfraGO AG ist manchmal ein SiGe-Plan gefordert. Dies ist keine Grundleistung nach HOAI, kann aber als besondere Leistung im Vertrag vereinbart sein. Der Planer muss also den Vertrag prüfen, ob ein SiGe-Plan zu liefern ist.

Für einen SiGe-Plan gilt die Verordnung über Sicherheit und Gesundheitsschutz auf Baustellen (Baustellenverordnung), § 2 Planung der Ausführung des Bauvorhabens. Eine mögliche Darstellungsweise für einen SiGe-Plan ist in Abb. 20.20 zu sehen.

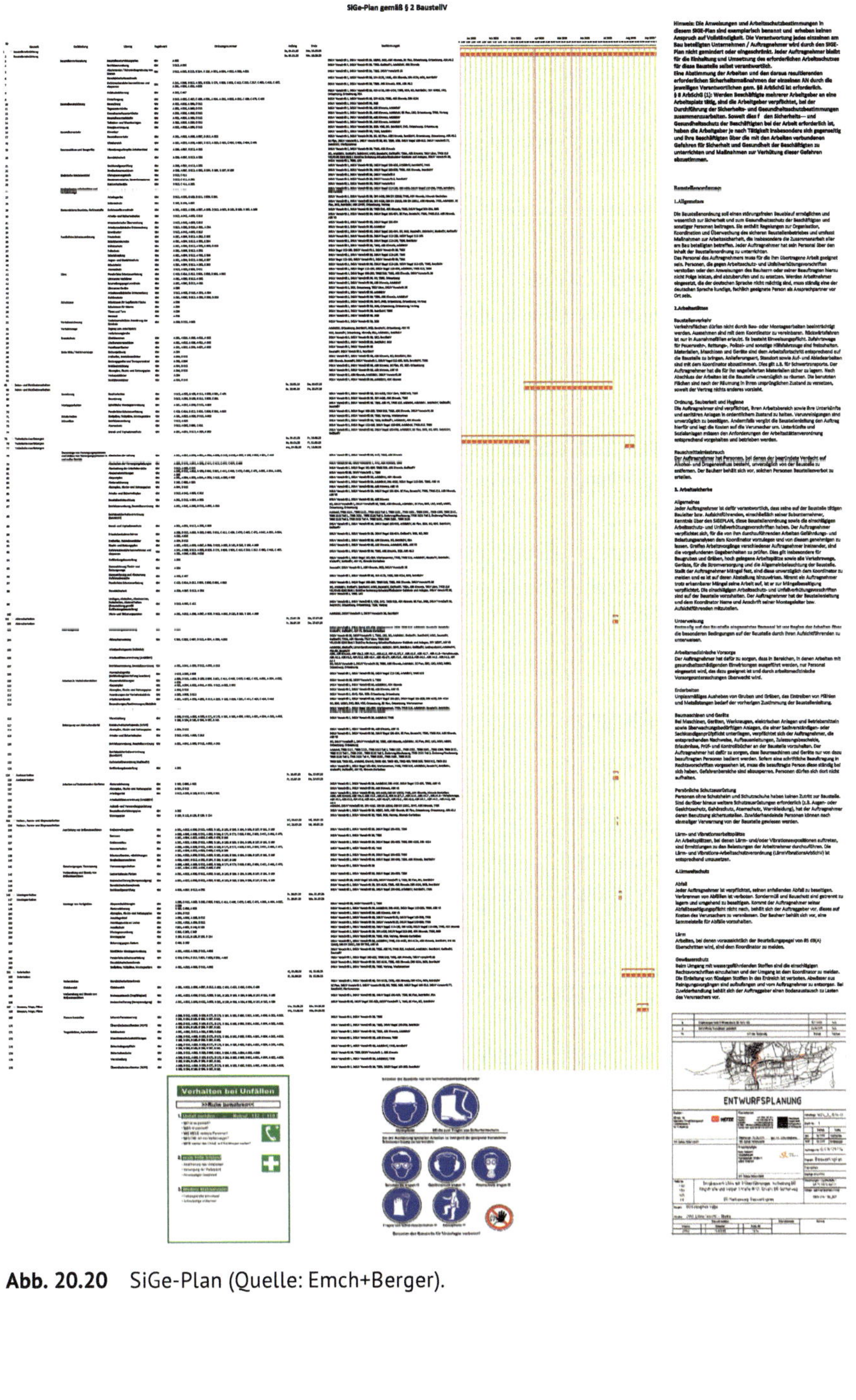

Abb. 20.20 SiGe-Plan (Quelle: Emch+Berger).

20.36 Ökopunkte

Im Rahmen der Umweltplanung werden gelegentlich Ökopunkte thematisiert, um einen Eingriff in die Umwelt auszugleichen.

Ein Ökopunktekonto wird bei der Naturschutzbehörde geführt. Wenn eine Aufwertungsmaßnahme durchgeführt wird (z. B. Bäume pflanzen), dann können für diese Aufwertungsmaßnahme einige Ökopunkte in das Konto eingebucht werden. Die Naturschutzbehörde bewertet dazu die Maßnahme und bestimmt die Anzahl an Ökopunkten. Für andere Maßnahmen mit Eingriff in die Umwelt können Punkte danach erworben und abgebucht werden. In NRW kostet ein Ökopunkt mit Stand 2023 ca. 2,40 €.

Es gibt auch eine private Handelsplattform für Ökopunkte, nämlich ökopunktemarkt.de.

Die folgende Internetseite des Landesamts für Natur, Umwelt und Verbraucherschutz Nordrhein-Westfalen stellt weitere Erläuterungen zu Ökopunkten bereit: https://www.lanuv.nrw.de

20.37 Fachinformationssystem Naturschutz und Kompensation (FINK)

FINK ist die Abkürzung für „Fachinformationssystem Naturschutz und Kompensation". Im Zuge der Umweltplanung erstellt der Umweltplaner ggf. die sogenannten FINK-Blätter.

20.38 Brückenkarte

Die DB betreibt diese öffentlich verfügbare Internetseite: https://bruecken.deutschebahn.com/brückenkarte

Hier sind alle vorhandenen Eisenbahnüberführungen mit Angaben zu Bauweise, Brückenfläche und Zustand enthalten.

20.39 Informationsportal Infrastrukturdaten (IPID)

Im Informationsportal Infrastrukturdaten (IPID) der DB InfraGO AG können externe Planer bestimmte Infrastrukturdaten wie z. B. IVL-Pläne (PDFs, TIFs, DWGs), IVMG-Pläne und Trassendaten (auch als TRA- und GRA-Dateien) bestellen. Die Internat-Adresse lautet: https://ipid.dbinfrago.com

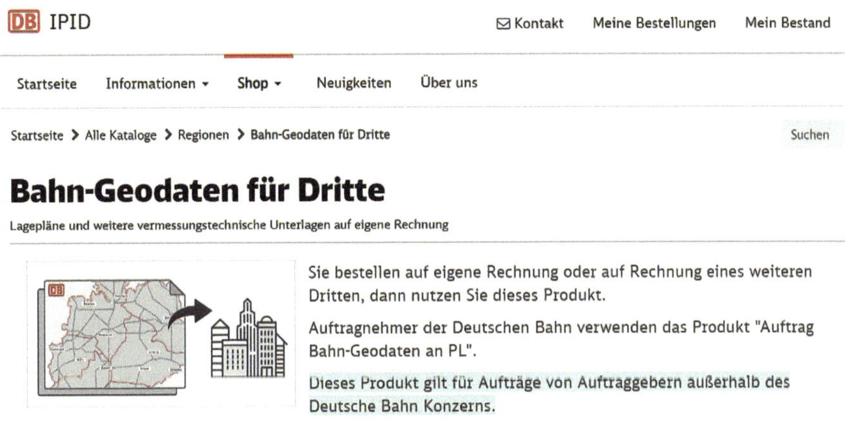

Abb. 20.21 Informationsportal Infrastrukturdaten (IPID) (Quelle: DB).

Das Einrichten eines Logins ist für jedes Planungsbüro möglich, dauert allerdings mehrere Tage. Vor der erstmaligen Einwahl muss das Planungsbüro nämlich in der Regel eine Bestätigung unterschreiben, welche zuerst von der DB InfraGO AG geprüft wird, bevor das Login freigeschaltet wird. Abbildung 20.21 zeigt ein Screenshot der Internetseite.

Das Login ist kostenlos, jede einzelne Datenbestellung ist jedoch kostenpflichtig. Vor der Lieferung erhält man einen Kostenvoranschlag, der bestätigt werden muss. Die Bezahlung erfolgt auf Rechnung. Mit dem DB-Projektleiter ist abzusprechen, wie die Kosten an den Bauherrn durchgereicht werden können.

20.40 Leistungs- und Finanzierungsvereinbarung (LuFV)

LuFV ist die Abkürzung für Leistungs- und Finanzierungsvereinbarung. Das ist ein Vertrag zwischen der Bundesrepublik Deutschland und der DB. Darin wird vereinbart, dass die DB InfraGO AG viele Milliarden Euro vom Bund erhält, um die Schieneninfrastruktur instandzuhalten bzw. zu modernisieren. Die meisten EÜs werden über LuFV finanziert. Es handelt sich dabei um Steuergelder.

20.41 Träger öffentlicher Belange (TÖBs)

Träger öffentlicher Belange (TÖBs) sind im Wesentlichen die zuständigen Behörden (z. B. Untere Naturschutzbehörde), betroffene private Leitungsbetreiber (z. B. Strom- und Gasversorger), Feuerwehr etc. In der Leistungsphase 4 Genehmigungsplanung ist dem EBA eine TÖB-Liste zu übergeben.

20.42 Für den Bahnbetrieb zuständige Stelle (BzS)

Die BzS ist die für den Bahnbetrieb zuständige Stelle. Diese ist z. B. bei der Erstellung von Sicherungsplänen einzubeziehen.

20.43 Modernisierungsoffensive (MOF)

Die Modernisierungsoffensive Nordrhein-Westfalen (MOF) ist das bundesweit größte Bahnhofsmodernisierungsprogramm. Im Rahmen der Modernisierung werden unter anderem:

- Bahnsteige erhöht, um einen stufenfreien Einstieg in den Zug zu schaffen
- Bahnsteigdächer modernisiert oder neu gebaut
- Beleuchtungen erneuert
- Neue Informationstechnik installiert
- Verkehrsstationen mit einem taktilen Leitsystem ausgestattet

Nach den Programmen MOF 1 und MOF 2 läuft inzwischen das Programm MOF 3.

20.44 Zukunftsbahnhof (ZKB)

Im Programm Zukunftsbahnhof (ZKB) stellt die DB InfraGO AG, Geschäftsbereich Personenbahnhöfe, zusätzliche finanzielle Mittel zur Verfügung, um Bahnhöfe zu modernisieren. Im Programm ZKB werden zum Beispiel moderne Ausstattungselemente montiert, Fassaden ansprechend umgestaltet und die Barrierefreiheit verbessert.

20.45 Integriertes Managementsystem (IMS)

Ein Integriertes Managementsystem (IMS) umfasst Qualitätsmanagement nach ISO 9001, Arbeitsschutz nach ISO 45001 und Umweltmanagement nach ISO 14001. Diese einzelnen Teilbereiche sind bei einem IMS in einem System integriert.

Die DB fordert von ihren Lieferanten, also auch von Ingenieurbüros, die Umsetzung eines IMS. Das ist eine Konsequenz aus der Umsetzung des Gesetzes über die unternehmerischen Sorgfaltspflichten zur Vermeidung von Menschenrechtsverletzungen in Lieferketten (Lieferkettensorgfaltspflichtengesetz, LkSG).

Im DB-Verhaltenskodex für Geschäftspartner ist dazu unter anderem festgehalten:

Der DB-Konzern bekennt sich zur Nachhaltigkeit und erfüllt seine Pflichten nach dem deutschen Lieferkettensorgfaltspflichtengesetz (LkSG).

Unsere Geschäftspartner ergreifen geeignete Maßnahmen, um die in diesem DB-Verhaltenskodex für Geschäftspartner aufgeführten Prinzipien einzuhalten, sowohl intern als auch innerhalb ihrer Lieferketten.

Der vollständige DB-Verhaltenskodex für Geschäftspartner ist im Internet frei verfügbar.

20.46 Eisenbahnbundesamt (EBA)

Die Abkürzung EBA steht für das Eisenbahnbundesamt. Das EBA ist keine DB-interne Abteilung, sondern eine deutsche Bundesbehörde, die dem Bundesministerium für Digitales und Verkehr unterstellt ist.

Das EBA ist in Deutschland die zuständige Eisenbahnaufsichtsbehörde bzw. Aufsichts- und Genehmigungsbehörde für Eisenbahninfrastrukturunternehmen. Die DB InfraGO AG schickt beispielsweise die Lph 4 Genehmigungsplanung an das EBA, welches dann Planrecht erteilt. Das EBA erteilt auch Zustimmungen im Einzelfall (ZiE), wenn dies erforderlich ist.

Die Aufgaben des EBA sind im Bundeseisenbahnverkehrsverwaltungsgesetz (BEVVG) festgelegt.

Außer der Zentrale in Bonn gibt es zahlreiche EBA-Außenstellen.

20.47 Eisenbahnagentur der Europäischen Union (ERA)

Die ERA ist die „Eisenbahnagentur der Europäischen Union“, auf Englisch „European Union Agency for Railways“. Bis zum Jahr 2016 hieß sie „Europäische Eisenbahnagentur“, auf Englisch „European Railway Agency“ (ERA). Diese Abkürzung hat sich erhalten.

Die ERA soll die Sicherheit und Interoperabilität des Schienenverkehrs in der Europäischen Union stärken. Bisher ist die Entwicklung eines integrierten Bahnsystems in der EU durch unterschiedliche Technik und regionale Sicherheitsvorschriften behindert.

20.48 Technische Spezifikationen für Interoperabilität (TSI)

TSI ist die Abkürzung für „Technische Spezifikationen für Interoperabilität“. TSIen werden von der ERA veröffentlicht, um den europäischen Bahnverkehr zu vereinheitlichen. TSIen sind Europäische Verordnungen und gelten direkt in allen EU-Mitgliedsstaaten. Die TSIen sind im Internet abrufbar.

Im Prinzip müssen die Planer sicherstellen, dass alle Vorgaben der TSIen in ihrer Planung eingehalten sind. Die TSIen sind jedoch nicht unbedingt vollumfänglich in den Ril der DB InfraGO AG berücksichtigt. Hier bestehen also Diskrepanzen zwischen Theorie und Praxis.

Es gibt folgende TSIen:

Abkürzung	Bezeichnung englisch	Bezeichnung deutsch
INF	Infrastructure	Infrastruktur
ENE	Energy	Energie
LOC&PAS	Locomotives	Fahrzeuge, Loks und Personenwagen
WAG	Waggons	Fahrzeuge – Güterwagen
NOI	Noise	Lärm
OPE	Operation	Verkehrsbetrieb und Verkehrssteuerung
SRT	Safety in Railway Tunnels	Sicherheit in Eisenbahntunneln
TAF	Telematics Applications for Freight Service	Telematik – Güterverkehr
TAP	Telematics Applications for Passengers	Telematik – Personenverkehr
CCS	Control Command and Signalling	Zugsteuerung, Zugsicherung und Signalgebung
PRM	Persons with reduced Mobility	Zugänglichkeit für Menschen mit Behinderung und Menschen mit eingeschränkter Mobilität. Dazu zählen z. B. auch Reisende mit schwerem Koffer oder mit Kinderwagen.

20.49 Technische Bau- und Qualitätsbeauftragte (TBQ)

TBQ ist die Abkürzung von Technische Bau- und Qualitätsbeauftragte. Es handelt sich dabei um DB-interne Fachexperten mit großer Vorschriftenkenntnis. Bei Projekten des Geschäftsbereichs Personenbahnhöfe wird die Planung im Zuge der Mitzeichnung in der Regel vom TBQ geprüft.

Im Geschäftsbereich Fahrweg gibt es keine TBQs.

20.50 Fachverantwortlicher für Brückenbelastbarkeit (FvBel)

Die Fachverantwortlichen für Brückenbelastbarkeit der DB InfraGO AG legen unter anderem den Lastklassenbeiwert α fest und stehen externen Planern für

Rückfragen zu Lastansätzen, Nachrechnung von Bestandsbauwerken etc. zur Verfügung. Schriftverkehr mit den Fachverantwortlichen für Brückenbelastbarkeit ist dem Planungsheft als Stellungnahme beizulegen.

20.51 Anlageverantwortlicher (ALV)

Die Anlagenverantwortlichen (ALVs) der DB InfraGO AG sind erfahrene Ingenieure und häufig Pragmatiker, welche für die Anlagen vor Ort verantwortlich sind. Sie sind für das Anlagen- und Instandhaltungsmanagement, die Überwachung der jeweiligen Anlagen und die Beseitigung von Störungen verantwortlich. Die Bezeichnung Bezirksleiter ist synonym zu ALV. Für folgende Gewerke gibt es jeweils einen eigenen ALVs:

- Konstruktiver Ingenieurbau (KIB)
- Fahrbahn (Oberbau)
- Oberleitungsanlagen (OLA)
- Leit- und Sicherungstechnik (LST)
- Telekommunikationsanlagen (TK)
- Elektrische Energieanlagen 50 Hz (EEA 50 Hz)

ALVs haben viele Aufgaben und verantworten lange Streckenabschnitte. Oft müssen sie sich mit dringenden Themen wie z. B. Baumaßnahmen oder Behebung von Störungen befassen. Daher ist es nicht immer leicht, von einem ALV eine Antwort zu einer Planung zu erhalten, welche erst Jahre später umgesetzt werden soll. Gegebenenfalls müssen die Planer mehrfach per E-Mail nachfassen oder den DB-Projektleiter bitten, die Rückinfo vom ALV einzuholen.

20.52 Baubetriebskoordinator (BBK)

Die Baubetriebskoordinatoren (BBKs) der DB InfraGO AG sind für die Koordination der Baustellen und des bauzeitlichen Bahnbetriebs zuständig. Baubetriebskoordinatoren werden häufig bereits in der Entwurfsplanung involviert, um die Sperrpausenplanung mit dem Planer abzustimmen, die Bauzeit zu optimieren und die Betriebssicherheit in der Bauausführung zu gewährleisten.

20.53 Inbetriebnahmeverantwortlicher (IBV)

Der Inbetriebnahmeverantwortliche (IBV) ist ein DB-Fachexperte, welcher im Regelfall erst in Leistungsphase 5 Ausführungsplanung in Erscheinung tritt.

Die Aufgaben des IBV sind in der Verwaltungsvorschrift Bau (VV Bau), § 10 „Aufgaben der Inbetriebnahmeverantwortlichen“ und Anhang 8 „Pflichten der Inbetriebnahmeverantwortlichen“ des EBA beschrieben.

20.54 Bauvorlageberechtigter (BVB)

Der BVB hat bei der DB InfraGO AG nichts mit Fußball zu tun, sondern ist der oder die Bauvorlageberechtigte. Der BVB tritt im Regelfall erst in Leistungsphase 5 Ausführungsplanung in Erscheinung.

Die Aufgaben des BVB IOH (Ingenieurbau, Oberbau, Hochbau) sind in der Verwaltungsvorschrift Bau (VV Bau), § 7 „Aufgaben des/der Bauvorlageberechtigten" und Anhang 6 „Pflichten der Bauvorlageberechtigten" beschrieben. Außerdem sind die Aufgaben des BVB-STE (Signal-, Telekommunikations- und elektrotechnische Anlagen) in der Verwaltungsvorschrift für die Bauaufsicht über Signal-, Telekommunikations- und Elektrotechnische Anlagen (VV Bau STE) beschrieben. Beide Verwaltungsvorschriften sind im Internet frei verfügbar.

Die Hauptaufgaben des BVB sind:

- Kommunikation zwischen Projekt und EBA sicherstellen
- Erstellen der EIGV-Anzeige und Übermittlung an das EBA
- Bei Bedarf: Erstellen der Bauanzeige und Übermittlung an das EBA
- Prüfung der Ausführungspläne
- Weiterleitung der Ausführungspläne an die zuständigen Prüfsachverständigen (PSV), z. B. Massivbau, Geotechnik, Erdung
- Erstellung der BVB-Freigaben nach Prüfung durch die PSV
- Weiterleitung der BVB-freigegebenen Ausführungspläne an den Bauherrn

Ein DB-Mitarbeiter kann dauerhaft zum BVB *ernannt* werden. Ein externer Bauingenieur kann dauerhaft zum BVB *bevollmächtigt* werden. Zusätzlich muss ein BVB projektbezogen zum BVB *benannt* werden. Für BVB gilt Weisungsfreiheit, siehe Ril 809.1000, Abschnitt D.1.3:

> *Ein BVB darf keine Weisungen entgegennehmen, die das Ergebnis seiner Tätigkeit als BVB beeinträchtigen oder verfälschen können.*

20.55 Anlagen- und Instandhaltungsmanagement (AIM)

Das Anlagen- und Instandhaltungsmanagement (AIM) ist in Ril 809.100, Abschnitt A.7.2, wie folgt beschrieben:

> *Innerhalb der Aufbauorganisation des Geschäftsfeldes (GF) DB Netze Fahrweg obliegt dem Anlagen- und Instandhaltungsmanagement (AIM) die Verantwortung für die Vorhaltung und die Instandhaltung unter Berücksichtigung von Kundenanforderungen, strategischen Vorgaben und zentraler Planungen. Die Anlagen werden dem jeweiligen AIM Netz zugewiesen.*

20.56 Eisenbahninfrastrukturunternehmen (EIU)

Der Begriff Eisenbahninfrastrukturunternehmen (EIU) ist im Allgemeinen Eisenbahngesetz (AEG), § 2 (1), wie folgt definiert:

Eisenbahnen sind öffentliche Einrichtungen oder privatrechtlich organisierte Unternehmen, die Eisenbahnverkehrsdienste erbringen (Eisenbahnverkehrsunternehmen) oder eine Eisenbahninfrastruktur betreiben (Eisenbahninfrastrukturunternehmen).

Die DB InfraGO AG ist ein bundeseigenes Eisenbahninfrastrukturunternehmen. In Deutschland existieren jedoch auch zahlreiche nichtbundeseigene Eisenbahninfrastrukturunternehmen, z. B. die Deutsche Regionaleisenbahn GmbH und die AKN Eisenbahn GmbH.

20.57 Eisenbahn-Inbetriebnahmegenehmigungsverordnung (EIGV)

EIGV ist die Abkürzung für Eisenbahn-Inbetriebnahmegenehmigungsverordnung, und das ist kein Scherz. Die EIGV ist in erster Linie für den BVB relevant, aber weniger für den Entwurfsplaner. Die EIGV regelt das Zusammenspiel von Planung bzw. Bauausführung durch die DB und Bauaufsicht durch das EBA.

20.58 EG-Prüfung

Eine EG-Prüfung ist „Europäische Gemeinschaft"-Prüfung, also eine Prüfung, ob das europäische Recht eingehalten ist. EG-Prüfung wird durch eine Benannte Stelle (NoBo) durchgeführt (siehe Abschnitt 20.59).

Eine EG-Prüfung ist eher Sache der DB-Projektleitung bzw. des BVBs.

20.59 Notified Body (NoBo), Designated Body (DeBo), Assessment Body (AsBo)

Bei einem Inbetriebnahmegenehmigungsverfahren gibt es folgende Prüfinstanzen:

NoBo, Notified Body, Benannte Stelle

Zur Konformitätsbewertung der Europäischen Anforderungen EG/TSI. NoBos prüfen also im Wesentlichen, ob die Forderungen der TSIen eingehalten sind. Das Ergebnis ist eine EG-Prüfbescheinigung.

DeBo, Designated Body, Bestimmte Stelle

Zur Begutachtung nationaler Anforderungen. DeBos prüfen, ob die Forderungen der nationalen technischen Vorschriften eingehalten sind. Das Ergebnis ist eine DeBo-Prüfbescheinigung.

AsBo Assessment Body, Unabhängige Bewertungsstelle

Zur Bewertung des Risikomanagementverfahrens nach CSM. Das Ergebnis ist ein Sicherheitsbewertungsbericht.

Es gibt entsprechend zugelassene Prüf- bzw. Zertifizierungsstellen, z. B. TÜV, Ricardo Certification, AEbt Certifyer und die Railway Approvals Germany GmbH mit Standort in Hannover.

Dieses Thema ist Sache der DB-Projektleitung bzw. der Bauvorlageberechtigten.

21

Building Information Modeling (BIM)

Bei der Ausschreibung von Planungsleistungen fordert die DB InfraGO AG seit einigen Jahren, dass der Planer die Arbeitsweise des Building Information Modeling (BIM) anwendet. Das BIM ist unter anderem in DIN EN ISO 19650 und DIN EN 17412 geregelt.

Das BIM ist eine Arbeitsweise, bei welcher die Örtlichkeit und das Bauwerk im dreidimensionalen Raum modelliert werden. Alle Bauteile können zusätzlich mit Bauphasen verknüpft und mit weiteren Attributen – also Eigenschaften – wie z. B. Baukosten belegt werden. Deshalb wird BIM auch als 5D-Planung bezeichnet. Bauteilabmessungen können parametrisiert werden, so dass geometrische Änderungen schnell umsetzbar sind.

Die Planung erfolgt in einzelnen Fachmodellen, z. B. Baugrund, konstruktiver Ingenieurbau, Oberbau. Alle Fachmodelle werden in einem Koordinationsmodell zusammengeführt, in welchem beispielsweise eine Kollisionsprüfung durchgeführt werden kann. In Abb. 21.1 ist ein Ausschnitt aus einem Koordinationsmodell dargestellt.

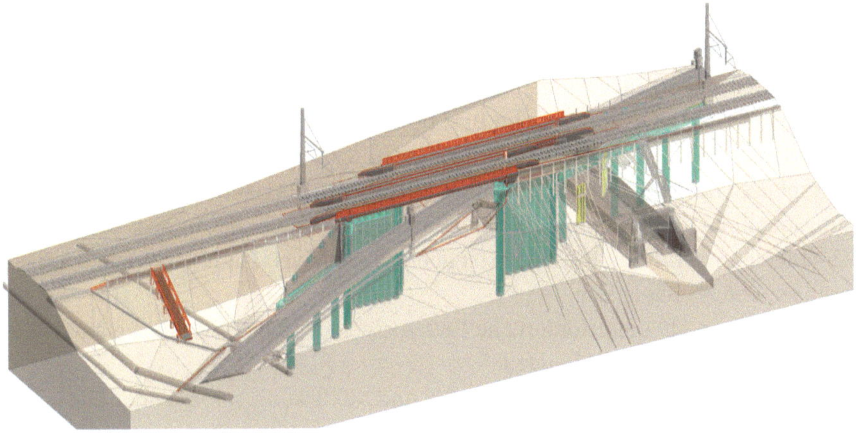

Abb. 21.1 BIM-Koordinationsmodell (Quelle: Emch+Berger).

In einem BIM-Modell können auch 2D-DWGs koordinatenecht hinterlegt werden, z. B. IVL-Pläne oder Katasterdaten.

Das BIM-Modell, in welchem der Bestand vor Beginn der Bauarbeiten dargestellt wird, ist das Grundlagenmodell. Das BIM-Modell, welches nach Abschluss der Bauausführung erstellt wird, ist das As-Built-Modell („wie-gebaut-Modell"). Das As-Built-Modell soll später bei Bauwerksprüfung und Instandhaltung als digitaler Zwilling des Bauwerks weitergenutzt werden.

Aus dem BIM-Modell können Pläne als PDFs automatisiert abgeleitet werden. Außerdem können Mengenermittlungen und Kostenermittlungen aus dem BIM-Modell generiert werden. Nach aktuellem Stand der Technik ist nach der automatisierten Planableitung jedoch noch viel Nacharbeit erforderlich, bis die Pläne den Qualitätsanforderungen an Bauzeichnungen gerecht werden (z. B. Darstellung, Vermaßung, Textboxen etc.).

Teilweise ist es möglich das BIM-Modell mit den Standard-Leistungsverzeichnissen (LVs) der DB InfraGO AG zu verknüpfen und LVs für Bauleistungen automatisiert zu erstellen. Diese LVs sind in der Regel jedoch unvollständig und müssen mit Ingenieurverstand geprüft und ergänzt werden (z. B. Planungsleistungen, Geräteeinsatz, Wasserhaltung etc.).

Die Modellierung bzw. Konstruktion im BIM und die Planableitung erfolgen durch die Modellautoren. Für jeden Fachbereich ist ein BIM-Koordinator zuständig, welcher die Arbeit der unterschiedlichen Modellautoren innerhalb eines Fachbereichs koordiniert. Außerdem ist auf Seiten des Planers ein BIM-Gesamtkoordinator tätig, welcher z. B. die Arbeit der einzelnen Fachgewerke koordiniert, indem er die einzelnen Fachmodelle zu einem Koordinationsmodell zusammenfügt.

Auf Seiten der DB InfraGO AG ist der BIM-Manager aktiv. Dieser prüft die Arbeit des Planers und stimmt den Umfang des BIM-Modells mit dem BIM-Gesamtkoordinator ab.

Die Anwendung von BIM im konstruktiven Ingenieurbau ist sehr softwareintensiv. Es gibt kein Programm, mit welchem alle Aufgabenstellungen gelöst werden können. Stattdessen sind unterschiedliche Softwareprogramme für die unterschiedlichen Aufgaben erforderlich. Daher müssen die Daten häufig von einem Programm in ein anderes übergeben werden.

Gegenüber der HOAI entsteht im BIM besonders in den frühen Leistungsphasen ein erhöhter Bearbeitungsaufwand. Der Koordinationsaufwand ist über alle Leistungsphasen hoch. Der erhöhte Planungsaufwand im BIM soll zu einer höheren Planungsqualität, einer reibungslosen Bauausführung und daher insgesamt zu einer Kostenersparnis führen. Diese Idee ist überzeugend, weil Planungskosten deutlich geringer sind als Baukosten.

BIM ersetzt nicht das erforderliche Fachwissen oder die notwendige planerische Erfahrung bei den Mitarbeitenden.

Im BIM werden zahlreiche Anglizismen und Abkürzungen verwendet. Die wichtigsten werden in den folgenden Abschnitten erläutert.

21.1 Auftraggeber-Informationsanforderungen (AIA)

In den Auftraggeber-Informationsanforderungen (AIA) trifft der Bauherr einige grundsätzliche Festlegungen für das BIM-Projekt, im Wesentlichen BIM-Anwendungsfälle, Rollenverteilung, Modellerstellung, Software, Modellanforderungen und Datenaustausch. Der Bauherr stellt die AIA als Bestandteil der Ausschreibungsunterlagen zur Verfügung. Im Auftragsfall werden die AIA zum Vertragsbestandteil. Das Dokument ist daher auch für die Feststellung und Begründung von Mehrleistungen relevant. Dabei ist auch immer das Leistungsbild zu berücksichtigen (z. B. Leistungsbild Objektplanung Ingenieurbauwerke).

21.2 BIM-Abwicklungsplan (BAP)

Im BIM-Abwicklungsplan (BAP) beschreibt der Planer, wie er die Forderungen aus den AIA unternehmens- und projektspezifisch umsetzen möchte. Der BAP wird zwischen dem BIM-Gesamtkoordinator des Planers und dem BIM-Manager der DB abgestimmt. Häufig ist der BAP schon in der Angebotsphase vom Planer zu erstellen bzw. zu ergänzen und im Auftragsfall kontinuierlich fortzuschreiben. Die DB stellt entsprechende Word-Vorlagen zur Verfügung. Im Auftragsfall wird der BAP zum Vertragsbestandteil. Das Dokument ist daher auch für die Feststellung und Begründung von Mehrleistungen relevant. Dabei ist auch immer das Leistungsbild zu berücksichtigen (z. B. Leistungsbild Objektplanung Ingenieurbauwerke).

21.3 Anwendungsfälle

Jedes Planungsergebnis, welches BIM-basiert zu erarbeiten ist, wird in einem Anwendungsfall beschrieben. Die Anwendungsfälle werden von der DB InfraGO AG in den AIA festgelegt. Typische Anwendungsfälle sind z. B. Bestandsmodell, Bauwerksdatenmodell (BIM-Modell), Visualisierung, Planungskoordination (z. B. Kollisionsprüfung), Termin- und Bauphasenplanung, As-Built-Modell.

21.4 Attribuierung

Alle Bauteile können mit Attributen belegt werden, also mit zusätzlichen Eigenschaften. Typische Attribute sind z. B. Material, Zustand, Gewerk, Bauphase, Baukosten etc. Der Umfang der Attribute wird zwischen dem BIM-Gesamtkoordinator des Planers und dem BIM-Manager der DB abgestimmt und im BAP festgelegt.

21.5 Level of Detail/Level of Development (LOD)

Das Level of Detail bzw. synonym Level of Development (LOD) gibt den Detaillierungsgrad eines BIM-Modells an, ähnlich den Leistungsphasen der HOAI. Das LOD wird in den AIA definiert und kann je nach Projekt, Leistungsphase, Gewerk und Objekt unterschiedlich sein. Bei einer Vorplanung im LOD 100 kann beispielsweise eine LSW als durchgehende Wand modelliert werden. Bei einer Ausführungsplanung im LOD 400 für eine LSW ist allerdings jeder Pfosten mit Anbauteilen und Bohrungen zu modellieren.

Das Level of Geometry (LOG) bezieht sich ausschließlich auf die Geometrie. Das Level of Information (LOI) bezieht sich auf die Attribuierung bzw. Informationstiefe. LOG und LOI ergeben zusammen LOD.

Das Level of Information Need (LOIN) spezifiziert, welche Informationen zu welchem Zeitpunkt und zu welchem Zweck benötigt werden. Das LOIN ist also etwas flexibler als das LOD.

21.6 Industry Foundation Classes (IFC)

Das Dateiformat Industry Foundation Classes (IFC) soll den Austausch von BIM-Modellen zwischen unterschiedlichen Nutzern bzw. Softwareprogrammen ermöglichen. Es ist ein offenes Dateiformat und entspricht einem PDF bei 2D-Zeichnungen. Eine IFC-Datei dient im Wesentlichen der Darstellung eines BIM-Modells in einem anderen Programm. Eine IFC enthält jedoch nicht alle Informationen und kann kaum weiterbearbeitet werden.

21.7 BIM Collaboration Format (BCF)

Das Dateiformat BIM Collaboration Format (BCF) soll den Austausch von Zusatzinformationen zwischen unterschiedlichen Nutzern bzw. Softwareprogrammen ermöglichen. Das können z. B. Kommentare, Ansichten, Issues oder Ähnliches sein.

21.8 LandXML

LandXML ist ein offenes Dateiformat zum Austausch georeferenzierter Objekte. Es kann beispielsweise für die Übergabe einer Vermessung oder eines digitalen Geländemodells (DGM) verwendet werden.

21.9 Semantisches Objektmodell (SOM)

Das Semantische Objektmodell (SOM) ist kein BIM-Modell, sondern eine Datenbank der DB InfraGO AG. Hier werden alle Attribute projektspezifisch verwaltet. Im SOM wird festgelegt, welche Informationen zu welchen Objekten der jeweiligen Fachgewerke in welcher Leistungsphase erforderlich sind. Wenn z. B. in den AIA der Anwendungsfall „Kostenplanung" nicht gefordert ist, dann entfällt das Attribut „Kostenplan" im SOM und im BIM-Modell.

21.10 Single Source of Truth (SSOT)

Single Source of Truth (SSOT) heißt auf Deutsch „einzige Quelle der Wahrheit". Das bedeutet, dass im BIM möglichst alle Planungsbestandteile in einem einzigen Koordinationsmodell zusammengefasst werden sollen. Es gibt dann nur eine einzige Datenquelle, nämlich das BIM-Modell, welche alle Informationen enthält.

21.11 Common Data Environment (CDE)

Bei Common Data Environment (CDE) (deutsch: gemeinsame Datenumgebung) handelt es sich um eine cloudbasierte Plattform für die Speicherung und den Austausch von Projektinformationen. Mit einer CDE wird auch die Idee der Single Source of Truth unterstützt. Es gibt verschiedene kommerzielle Anbieter von CDEs (z. B. Squirrel, Eplass). In den AIA und im BAP wird bereits festgelegt, welche CDE genutzt werden soll.

21.12 Virtual Design Review (VDR)

Virtual Design Review (VDR) kann auf Deutsch als „virtuelle Entwurfs-Überprüfung" übersetzt werden. Damit ist eine Planungsbesprechung gemeint, in welcher man gemeinsam das BIM-Modell anschaut und ggf. Issues erstellt.

21.13 Issues

Issue heißt auf Deutsch „Angelegenheit" oder „Problem". Damit sind z. B. Rückfragen oder Kollisionen gemeint, welche im BIM-Modell eingetragen bzw. markiert wurden. Die Nachverfolgung von Issues erfolgt im Rahmen des Issue-Managements. Dabei können auch Listen mit Issues automatisiert aus dem Modell erzeugt werden. Das Dateiformat von Issues ist BCF.

21.14 BIMQ

BIMQ ist ein Informationsmanagementsystem eines kommerziellen Softwareanbieters. Im BIMQ wird das SOM projektspezifisch verwaltet und zwischen AN und AG abgestimmt.

21.15 BIMcollab

BIMcollab ist die Software eines kommerziellen Softwareanbieters. Mit BIMcollab können VDRs durchgeführt, Issues erstellt und nachverfolgt sowie Protokolle automatisiert erstellt werden. Dabei können auch Verantwortlichkeiten festgelegt werden, so dass der zuständige Projektbeteiligte per E-Mail automatisch über Änderungen informiert wird.

22

Bestandsdokumentation

Wenn ein Projekt abgeschlossen ist, dann werden Bestandspläne sowie weitere Dokumente zur Bestandsdokumentation erzeugt und bei der DB InfraGO AG archiviert.

Dieses Thema betrifft zwar nicht direkt die Entwurfsplanung, gehört aber auch zum üblichen Leistungsspektrum von Ingenieurbüros.

22.1 Richtlinie 886 Bestand in Plänen dokumentieren

Für die Bestandsdokumentation gilt die Ril 886 Bestand in Plänen dokumentieren. Vorgaben für das Schriftfeld (Stempelfeld) sind in Ril 886.0102 zu finden. Gemäß Ril 886.0102, Abschnitt 2 (1), gilt:

Die Darstellung in Bestandsplänen erfolgt in schwarzer Schrift und schwarzen Linien auf weißem Hintergrund.

22.2 Informationszentrum Plan (IZ-Plan)

Die Abkürzung IZ-Plan steht für Informationszentrum Plan. Hier werden Bestandspläne archiviert, verwaltet und zur Verfügung gestellt. Es gibt in Deutschland mehrere regionale Standorte von IZ-Plan.

Die Regelung erfolgt über Ril 885.1001 „Bestand in Plan und Zeichnung dokumentieren: Ziel, Zweck, Organisation und Zugriffsrechte des IZ-Plan“. Hier wird unter Anderem erläutert, dass die Abkürzung DVS-IZ-Plan für „Dokumentenverwaltungs-System-Informationszentrum Plan“ steht.

22.3 Technischer Platz (TP)

Der Technische Platz (TP) ist ein feststehender Begriff zur Archivierung von Bestandsunterlagen bei der DB InfraGO AG. Im SAP-Kontext handelt es sich um ein sogenanntes Business-Objekt zur Strukturierung des Datenbestands.

Der Technische Platz wird von IZ-Plan angelegt. Bestandsdokumente können erst nach IZ-Plan zurückgeführt werden, wenn der technische Platz angelegt wurde. Gemäß Ril 809.1000, Abschnitt 5.1.4, wird der Technische Platz erst im Rahmen der Ausführungsplanung angelegt.

22.4 Barcodes

DB-Barcodes sind 10-stellige Strichcodes, wie man sie aus dem Supermarkt kennt. Abb. 22.1 und 22.2 zeigen zwei Möglichkeiten, die Barcodes auf Bestandsplänen darzustellen.

Wenn ein Planer Bestandspläne erzeugt, dann fragt er zuerst bei IZ-Plan nach Barcodes bzw. Barcodenummern. In jedem Bestandsplan wird dann im CAD ein Barcode eingefügt. Mit IZ-Plan ist unbedingt abzusprechen, ob der Barcode als Strichcode oder als Zahl auf dem Plan erscheinen soll (siehe Abb. 22.1 und 22.2). Der Strichcode ist im AutoCAD eine Schriftart, also ein Font.

Erläuterungen zum Aufbau von Barcodenummern finden sich in Ril 886.0102, Abschnitt 3 (10) und folgende Abschnitte.

22.5 Portable Document Format Archiving (PDF/A)

Das Dateiformat Portable Document Format Archiving (PDF/A) dient der Langzeitarchivierung von Daten. Dieses PDF benötigt keine externen Daten oder Schriftarten,

Abb. 22.1 Barcode auf einem Bestandsplan (Quelle: Erdmenger).

Abb. 22.2 Barcode auf einem Bestandsplan (Quelle: Emch+Berger).

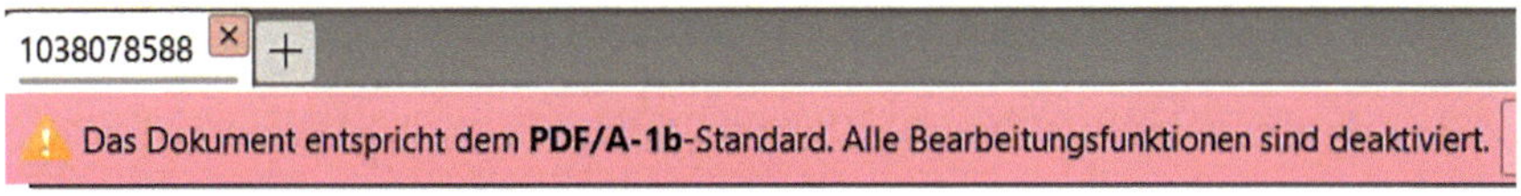

Abb. 22.3 Hinweis auf PDF/A-1b (Quelle: Emch+Berger).

weil alle erforderlichen Informationen in der Datei enthalten sind. Es ist abzusprechen, welches genaue Datenformat die DB fordert, in der Regel PDF/A-1b (Level B) gemäß ISO 19005-1 (vgl. Ril 886.0103A01, Abschnitt 3).

Man erkennt ein PDF/A am entsprechenden Hinweis im Betrachtungsprogramm, siehe Abb. 22.3.

22.6 CAD-Container

Ein CAD-Container ist eine ZIP-Datei, in welcher die DWG, die verwendeten Schriftarten, die Plotstiltabelle, mögliche Referenzen, Logos als JPGs sowie das PDF/A enthalten sind. Für jeden Plan wird ein CAD-Container erstellt. Dieser wird nach der Barcodenummer benannt. Weitere Angaben zu CAD-Containern sind in Ril 886.0103A01, Abschnitt 3 (3) zu finden.

22.7 Metadatenliste

Die Angaben über die Bestandspläne werden in einer Metadatenliste zusammengestellt. Wenn die Pläne bei späteren Bauvorhaben als Bestandspläne angefordert werden, dann erleichtert die Metadatenliste die Planverwaltung. Die Meta datenliste ist in Ril 885.1010 „Bestand in Plan und Zeichnung dokumentieren; Metadaten für das IZ-Plan erfassen“ und Ril 885.1010A01 „Verzeichnis der Planzeichen“ geregelt.

Das Ausfüllen der „Megadatenliste“ kann sehr zeitintensiv sein und mehrere Abstimmungsrunden mit IZ-Plan erfordern. Zur Veranschaulichung dient der Ausschnitt aus einer Metadatenliste in Abb. 22.4.

Eine vorausgefüllte Metadatenliste als Exceltabelle erhält der Planer von IZ-Plan. Anschließend muss geprüft werden, ob man die Datei öffnen und bearbeiten kann und welche Tabellenblätter sich automatisch befüllen. Mit IZ-Plan ist abzusprechen, welche Tabellenblätter die Planer ausfüllen müssen, z. B. die Blätter „Metadaten Plan“, „Metadaten CAD-Container“, „Streckendaten der Pläne“ und „Objektverknüpfungen“.

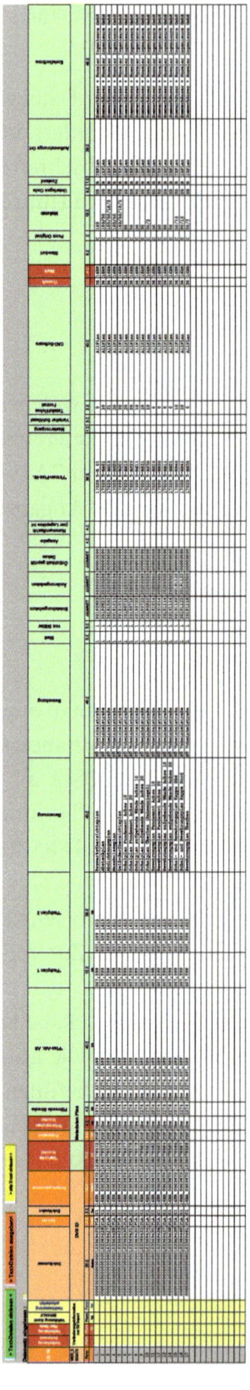

Abb. 22.4 Ausschnitt aus einer Metadatenliste (Quelle: Emch+Berger).

Zu den Inhalten helfen die oben genannte Ril und diese Erläuterung:

- Dok-Nummer: diese Nummer wird von IZ-Plan vergeben
- Dok-Art: „PLA“ für Plan
- Dok-Version: in der Regel 01
- Änderungsnummer: Änderungsstammnummer, welche von IZ-Plan vergeben wird
- Barcode: von IZ-Plan vorgegebene 10-stellige Barcodenummer
- Planzeichen: siehe Ril 885.1010A01 „Verzeichnis der Planzeichen“. Für den Konstruktiven Ingenieurbau:
  Brücken- und Konstruktiver Ingenieurbau . . . lb
  Beton- und Stahlbetonbrücken . . . lbb
  Eisen- und Stahlbrücken . . . lbe
  Holzbrücken . . . lbh
  Rohrkanäle, Durchlässe . . . lbk
  Mauerwerksbrücken . . . lbm
  Notbrücken (Behelfs- und Hilfsbrücken) . . . lbn
  Oberbau auf Brücken . . . lbo
  Spannbetonbrücken . . . lbs
  Steinbrücken . . . lbt
  Lärm- und Sichtschutzwände . . . lbw
- Plan-Adr. Alt: setzt sich zusammen aus Planzeichen, Streckennummer und km (siehe auch Ril 885.1010)
- Fachplan 1: evtl. Kreuzungs-km oder vierstellige Bauwerkskennziffer nach Ril 804.0101A04, Abschnitt 3. Mit IZ-Plan absprechen
- Fachplan 2: evtl. Kreuzungs-km oder vierstellige Bauwerkskennziffer nach Ril 804.0101A04, Abschnitt 3. Mit IZ-Plan absprechen
- Benennung: Planname in Worten (aus dem Stempelfeld)
- Bemerkung: Projektname, z. B. EÜ Schwarzer Weg
- Blatt, von Blätter: in der Regel Blatt „1“ von „1“ Blätter eintragen
- Entstehungsdatum: erstmalige Erstellung des Plans (aus dem Stempelfeld)
- Änderungsdatum: neuestes Datum des Plans, z. B. Indexerhöhung
- Örtlichkeit geprüft: Datum der Bestätigung „Übereinstimmung mit der Örtlichkeit“ oder ggf. „00000000“ eintragen

- Tatsächl. Format: ein- oder zweistellige Angabe zum Blattformat des Bestandsplans eintragen. Die erste Stelle beschreibt die Blatthöhe (z. B. „2“ für Blatthöhe DIN-A2), die zweite Stelle beschreibt die Blattlänge (z. B. „1“ für Blattlänge DIN-A1), zusammen also „21“. Der Eintrag „0“ bedeutet DIN-A0.
- Firmen-Plan-Nr.: Plannummer (aus dem Stempelfeld)
- Dok-ID: dasselbe wie Dok-Nummer
- Extension: Dateiendung, z. B. PDF oder ZIP
- Erstelldatum: Datum des Bestandsplans (aus dem Stempelfeld)
- Erstellerfirma: Firma, welche den Bestandsplan erstellt hat
- Software: CAD-Programm, z. B. AutoCAD
- Gewerk: die 3. und 4. Stelle des Barcodes, z. B. „38“
- Werk: Die ersten vier Stellen der Änderungsnummer, z. B. „16ER“.
- Aufbewahrungsort: „IZ-Plan“
- Standort: Standort von IZ-Plan als Abkürzung, z. B. „Lpz“ für Leipzig. Diese kann der Planer von IZ-Plan abfragen.
- Form Original: „C“ für CAD-Container
- Maßstab: Maßstäbe aus Zeichnung eintragen, z. B. „100“ oder „50/10/2“
- Unterlagen Code: „US“ für Übersichtszeichnung, „ZG“ für Zeichnung
- Zustand: „B“ für Bestandsplan
- Strecke: betroffene DB-Strecke
- Führende Strecke: betroffene DB-Strecke
- Abschnitt Anfang: Anfangskilometer mit *einer* Nachkommastelle
- MA: Meteranfang, also die 2. und 3. Nachkommastelle des Anfangskilometers
- Abschnitt Ende: Endkilometer mit *einer* Nachkommastelle
- ME: Meterende, also 2. und 3. Nachkommastelle des Endkilometers
- Name: Projektname, z. B. EÜ Schwarzer Weg

22.8 Datenbestands- und Änderungsbeleg (D-Ä-Beleg)

Ein D-Ä-Beleg ist ein Datenbestands- und Änderungsbeleg. Dieser ist für die Anlagenbuchhaltung, das Controlling und den DB-Datenbestand im SAP relevant. Abbildung 22.5 zeigt ein Beispiel für einen D-Ä-Beleg.

22.9 Bauwerksheft, Bauwerksbuch

Bauwerkshefte und Bauwerksbücher werden nach der Bauausführung gemäß Ril 804.8001 Inspektion von Ingenieurbauwerken erstellt:

29.12.2022 Datenbestands- und Änderungsbeleg

TechnPlatz 2974044SW0000200 2974+047,670+SW01 | Schwergewichts
SWerk/StOrt 16HH AIM Netz Hannover / HH6 Kreiensen Netzbezirk

	aktueller Wert	
TP-Schlüssel	2974044SW0000200	
TP Bezeichnung	2974+047,670+SW01 | Schwergewichtsm. "L"	
Typ Eigentum	M	_
Bauform		________
Betriebsbereich		________
ABC-Kennzeichen	A	_
Anlage	12025967 / 0	________/____
Kostenstelle	4067246900	__________
Bautyp		__________________
IH-Planergruppe	030	___
Verantw. ArbPl	K61 / 16HH	________/____
In Betrieb ab	01.07.1901	__.__.____
Partner NZ 50013911	112 RGN Weserbergland	__________

Garantiedaten

neue Garantien

Gewährleistungs-Beginn/-Ende	__.__.____ / __.__.____
Kein Auftrag generieren	_
Freitext	______________________________
Bestellscheinnr.	______________________________
Materialnr.	______________________________

Abb. 22.5 Auszug aus einem Datenbestands- und Änderungsbeleg (Quelle: Emch+Berger).

Ril 804.8001, Abschnitt 3 Bauwerksbücher und Bauwerkshefte
Bauwerkszuordnung
(1) Für jedes Ingenieurbauwerk ist für die Inspektion der Bauwerke je nach Eingruppierung als buch- oder Heftbauwerk ein Bauwerksbuch nach Vordruck 804.8001V01 oder ein Bauwerksheft nach Vordruck 804.8001V02 anzulegen.

Es handelt sich dabei um Word-Dokumente, in welchen zahlreiche Daten zusammengestellt werden. Im Gegensatz zu Straßenbrücken, deren Bauwerksbücher in der Regel im Programm SIB-Bauwerke erstellt werden, sind bei Bahnbrücken also keine speziellen Softwarekenntnisse zur Erstellung der Bauwerksbücher erforderlich.

Gemäß Ril 804.8001, Abschnitt 3 liegt die Einstufung der Bauwerke als Buch- oder Heftbauwerk in der Verantwortung der anlagenverantwortlichen Stelle und ist in der Regel in Abstimmung mit dem Fachbeauftragten durchzuführen. Bauwerkshefte sind in der Regel für sonstige Ingenieurbauwerke einfacher statischer Verhältnisse anzulegen. Diese sind z. B. Überdachungen, Rampen, Lärmschutzwände etc.

23

Nachtragsmanagement

Die DB InfraGO AG hat hohe Ansprüche an Umfang und Qualität der Planungsunterlagen. DB-interne Prozesse, wie z. B. auch Prüfung und Beauftragung von Nachträgen, können sich sehr lange hinziehen. Planerhonorare sind deshalb hart verdientes Geld. Nach Kenntnis des Autors ist es ein Vorteil der DB, dass alle berechtigten Honorarforderungen stets bezahlt werden.

23.1 Vorschriften für das Nachtragsmanagement

Nachträge können auf folgenden Grundlagen aufgestellt werden:

- bestehender Ingenieurvertrag
- Ril 208.1402
- Honorarordnung für Architekten und Ingenieure (HOAI)
- Siemon-Tabellen
- AHO-Hefte
- Bürgerliches Gesetzbuch (BGB)

Diese Grundlagen werden im Folgenden kurz erläutert.

Die Vergabe- und Vertragsordnung für Bauleistungen (VOB) ist im Bereich von Planungsleistungen in der Regel irrelevant, weil sie sich ausschließlich auf Bauleistungen bezieht.

Die Ril 208.1402 „Einkauf Architekten- und Ingenieurleistungen: Vertragsabwicklung betreuen“ regelt die DB-internen Prozesse für Vertragsabwicklung und Nachtragsmanagement. In Abschnitt 02 (5) ist festgehalten:

> *Soll der AN eine Nachtragsleistung erbringen, muss dies vor Ausführung mit einer genauen Leistungsbeschreibung und einer Aufwandsermittlung beim AG, in Form eines Nachtragsangebots, schriftlich angemeldet sein. Die frühe Kenntnis des AG ist von elementarer Bedeutung für die Steuerung der Leistung und des Budgets (der Kosten) beim AG.*

Erforderliche Nachtragsleistungen müssen schriftlich von dem im Hauptvertrag genannten Vertreter des AG [Anmerkung: also vom DB-Projektleiter] vor Leistungserbringung zur Ausführung freigegeben werden.

In Abschnitt 02 (6) 1. ist festgehalten:

Der AN ist nach den Regelungen des Hauptvertrages verpflichtet, die aus seiner Sicht erforderlichen Nachtragsleistungen mit der Rahmen-Ril 208.1402V04 und den dort geforderten Angaben beim AG einzureichen. Der Vertreter des AG prüft zunächst die Vollständigkeit der Angaben. Er muss insbesondere auf eine konkrete Beschreibung der Nachtragsleistung, Kalkulation bzw. einer Ermittlung als Berechnungshonorar des AN bestehen.

In Abschnitt 02 (6) 3. ist festgehalten:

Honoraranpassung aufgrund geänderter anrechenbarer Kosten
Wenn die anrechenbaren Kosten der vertraglich vereinbarten Objekte angepasst werden müssen, ist dies alleine eine Frage der Honorarabrechnung durch den Bedarfsträger und kein Nachtrag. Ist dafür eine Anpassung des Wertkontraktes notwendig, sind die Änderungsanforderungen des Bedarfsträgers im SAP zu dokumentieren.

Dies wird in der Praxis oft gegenteilig gehandhabt. Wenn die anrechenbaren Kosten steigen, dann bittet der Bauherr häufig um einen Nachtrag. Dies ist projektbezogen abzusprechen.

Die HOAI ist im Internet frei verfügbar. Die Bewertungstabellen nach Siemon stellen eine kalkulatorische Bewertung der jeweiligen Grundleistungen nach HOAI dar. Damit kann bei der Bearbeitung einzelner Grundleistungen eine Bewertung vorgenommen werden, siehe Tab. 23.1. Diese Siemon-Tabellen sind im Rahmen eines Forschungsprojektes von der Siemon Sachverständige+Ingenieure GmbH entwickelt worden und haben sich in der Rechtsprechung durchgesetzt. Die Siemon-Tabellen sind im Internet frei verfügbar.

Der AHO-Ausschuss der Verbände und Kammern der Ingenieure und Architekten für die Honorarordnung e. V. ist der Zusammenschluss von 44 Ingenieur- und Architektenorganisationen zur Vertretung und Koordination der Honorar- und Wettbewerbsinteressen von Ingenieuren und Architekten. Der AHO steht also auf der Seite der Planer.

Die AHO-Hefte können Ingenieurbüros bei der Begründung ihrer Ansprüche und Nachforderungen helfen, insbesondere:

- Heft 1 HOAI-Planen und Bauen im Bestand, Arbeitshilfen zur Bestimmung der anrechenbaren Kosten aus mitzuverarbeitender Bausubstanz und des Zuschlags für Umbauten und Modernisierungen
- Heft 2 Örtliche Bauüberwachung bei Ingenieurbauwerken und Verkehrsanlagen

Tab. 23.1 Bewertungstabelle für Objektplanung Ingenieurbauwerke, Leistungsphase 3, nach den Siemon-Tabellen im Auftrag des Bundesministeriums für Bauwesen, Raumordnung und Städtebau, siehe auch www.architektenhonorar.de.

Leistungsphase 3	**Bewertung**
a) Erarbeiten des Entwurfs auf Grundlage der Vorplanung durch zeichnerische Darstellung im erforderlichen Umfang und Detaillierungsgrad unter Berücksichtigung aller fachspezifischen Anforderungen. Bereitstellen der Arbeitsergebnisse als Grundlage für die anderen an der Planung fachlich Beteiligten, sowie Integration und Koordination der Fachplanungen.	18,85 %
b) Erläuterungsbericht unter Verwendung der Beiträge anderer an der Planung fachlich Beteiligter.	1,00 %
c) fachspezifische Berechnungen, ausgenommen Berechnungen aus anderen Leistungsbildern	1,25 %
d) Ermitteln und Begründen der zuwendungsfähigen Kosten, Mitwirken beim Aufstellen des Finanzierungsplans sowie Vorbereiten der Anträge auf Finanzierung	0,50 %
e) Mitwirken beim Erläutern des vorläufigen Entwurfs gegenüber Dritten an bis zu 3 Terminen, Überarbeiten des vorläufigen Entwurfs auf Grund von Bedenken und Anregungen	0,50 %
f) Vorabstimmen der Genehmigungsfähigkeit mit Behörden und anderen an der Planung fachlich Beteiligten	0,50 %
g) Kostenberechnung einschl. zugehöriger Mengenermittlung, Vergleich der Kostenberechnung mit der Kostenschätzung	1,50 %
h) Ermitteln der wesentlichen Bauphasen unter Berücksichtigung der Verkehrslenkung und der Aufrechterhaltung des Betriebes während der Bauzeit	0,25 %
i) Bauzeiten- und Kostenplan	0,25 %
j) Zusammenfassen, erläutern und Dokumentieren der Ergebnisse	0,40 %
Gesamt	**25 %**

- Heft 3 Besondere Leistungen bei der Tragwerksplanung und Erläuterungen zu den Grundleistungen
- Heft 5 Verkehrsplanerische Leistungen, Leistungsbeschreibung mit Honorarvorschlag
- Heft 7 Besondere Leistungen bei der Planung von Ingenieurbauwerken nach Teil 3 Abschnitt 3, § 41 Nr. 6 konstruktive Ingenieurbauwerke für Verkehrsanlagen
- Heft 11 Leistungen Building Information Modeling – Die BIM-Methode im Planungsprozess der HOAI
- Heft 18 Planungsbereich „Baufeldfreimachung/Rückbau"

Auf der Internetseite des AHO gibt es unter anderem einen Stundensatzrechner, welcher bei der Ermittlung oder der Begründung von Stundensätzen helfen kann.

Das Bürgerliche Gesetzbuch (BGB) ist im Internet frei verfügbar.

Im BGB ist insbesondere § 650 für Planungsbüros relevant. Hier geht es zwar vorrangig um Bauverträge; gemäß BGB, § 650 q (1), gelten die Regelungen jedoch auch für Ingenieurverträge:

> *Für Architekten- und Ingenieurverträge gelten die Vorschriften des Kapitels 1 des Untertitels 1 sowie die §§ 650 b, 650 e bis 650 h entsprechend, soweit sich aus diesem Untertitel nichts anderes ergibt.*

Gemäß BGB, § 650 q (2), sind Nachträge auf Grundlage der HOAI zu kalkulieren, oder gemäß § 650 c nach dem Prinzip der Selbstkostenerstattung:

> *Für die Vergütungsanpassung im Fall von Anordnungen nach § 650 b Absatz 2 gelten die Entgeltberechnungsregeln der HOAI in der jeweils geltenden Fassung, soweit infolge der Anordnung zu erbringende oder entfallende Leistungen vom Anwendungsbereich der Honorarordnung erfasst werden. Im Übrigen gilt § 650 c entsprechend.*

Gemäß BGB, § 650 c dürfen Wagnis und Gewinn bei Nachträgen ausdrücklich kalkuliert werden:

> *Die Höhe des Vergütungsanspruchs für den infolge einer Anordnung des Bestellers nach § 650 b Absatz 2 vermehrten oder verminderten Aufwand ist nach den tatsächlich erforderlichen Kosten mit angemessenen Zuschlägen für allgemeine Geschäftskosten, Wagnis und Gewinn zu ermitteln.*

Bevor ein Ingenieur mit dem BGB argumentiert, sollte er jedoch den Wortlaut des gesamten § 650 BGB projektbezogen überprüfen.

23.2 Vorbereitung auf das Nachtragsmanagement

Um Mehraufwand bzw. Nachtragsleistungen zu erkennen, muss der Planer zuerst den bestehenden Ingenieurvertrag kennen. Deshalb ist zu Beginn der Projektbearbeitung der Ingenieurvertrag in folgender Hinsicht zu prüfen:

- Projektbeschreibung des AG, Betriebliche Aufgabenstellung (BAst) und verkehrliche Aufgabenstellung (VAst) lesen
- Leistungsbilder für alle beauftragten Gewerke durchsehen, z. B.:
  - Objektplanung Ingenieurbauwerke
  - Objektplanung Verkehrsanlage
  - Tragwerksplanung

- HOAI-Kalkulation nachvollziehen
- Welche Grundleistungen sind vertraglich vereinbart, welche nicht?
- Welche besonderen Leistungen sind vertraglich vereinbart?
- Gibt es Widersprüche zwischen den Vertragsbestandteilen?
- Sind Leistungen erforderlich, welche nicht beauftragt sind, z. B. Rückbauplanung?
- Sind die Honorarzonen (HZ) plausibel?
  - Vom Bauherrn vorgegebene und zu niedrige HZ stellen für den Planer ein Nachtragspotential nach Erstellung der Kostenberechnung in Lph 3 dar.
  - Vom Bauherrn vorgegebene und zu hohe HZ stellen für den Planer ein Risiko dar, weil das endgültige Honorar evtl. niedriger ausfällt. Hier besteht kein Nachtragspotential.
- Sind die anrechenbaren Kosten (AK) plausibel?
  - Vom Bauherrn vorgegebene und zu niedrige AK stellen für den Planer ein Nachtragspotential nach Erstellung der Kostenberechnung in Lph 3 dar.
  - Vom Bauherrn vorgegebene und zu hohe AK stellen für den Planer ein Risiko dar, weil das endgültige Honorar evtl. niedriger ausfällt. Hier besteht kein Nachtragspotential. Stattdessen sollte die Projektbearbeitung in diesem Fall besonders effizient erfolgen.

23.3 Erkennen von Nachtragsleistungen

Wenn ein Planer meint, eine Nachtragsleistung erkannt zu haben, dann muss er den Vertrag, die HOAI und die AHO-Hefte noch einmal konkret prüfen. Damit vermeidet er sowohl unnötige Diskussionen mit dem Bauherrn als auch unnötige interne Kosten.

Typische Nachtragsleistungen sind z. B.:

- Der Bauherr fordert eine zusätzliche Leistung, welche nicht Vertragsbestandteil ist und welche der Planer selbst erbringen kann, z. B. einen Leitungsbestandsplan.
- Der Bauherr fordert eine zusätzliche Leistung, welche nicht Vertragsbestandteil ist und welche er nicht selbst erbringen kann, z. B. eine OLA-Planung.
- Nach Vertragsabschluss wird eine neue Vorschrift eingeführt, z. B. „neues Ordnungssystem für Bahnsteige".
- Nach Abgabe der Planung ergeben sich neue Erkenntnisse, z. B. eine DB-interne Änderung des Sperrpausenkonzepts, so dass die Planung geändert werden muss.
- Während der Bearbeitung ändern sich Planungsgrundlagen.
- Die Menge oder der geometrische Umfang ändern sich, z. B. Vergrößerung des zu trassierenden Gleisbereichs.
- Vom Bauherrn zur Verfügung gestellte Grundlagen müssen vom Planer ergänzt werden, z. B. BIM-Grundlagenmodell.
- Erhöhung der anrechenbaren Kosten oder Änderung der Honorarzone
- Ermittlung der Z-Güten im Stahlbau
- Ermittlung der Belastbarkeitswerte β_{71}

23.4 Mehrkostenanzeige

Der Planer sollte eine Mehrkostenanzeige schreiben, sobald er die Mehrleistung erkannt hat. Die Höhe der Mehrkosten muss für die Mehrkostenanzeige noch nicht bekannt sein. Die Mehrkosten werden erstmal dem Grunde nach angezeigt.

Der Planer sollte dem Bauherrn ankündigen, dass er eine Mehrkostenanzeige einreicht. Damit können mögliche Konflikte zwischen Planer und AG entschärft werden. Das geht z. B. in einer Planungsbesprechung („Wir werden prüfen, ob sich daraus Mehrkosten ergeben“) oder per Telefon. Dabei kann auch abgesprochen werden, ob die Mehrkostenanzeige dem Grund nach ausreicht oder ob eine Höhe abgeschätzt werden soll (siehe unten).

Es gibt kein DB-Formular für Mehrkostenanzeigen. In der Regel reicht eine E-Mail mit folgendem Inhalt:

- E-Mail-Betreff: „Mehrkostenanzeige“ und aussagekräftige Bezeichnung. Eine Nummer ist nicht erforderlich, sondern führt eher zu Irritationen, wenn die Nummer einer Mehrkostenanzeige nicht zur Nummer des Nachtrags passt.
- Zuerst das Soll gemäß bestehendem Ingenieurvertrag erläutern.
- Anschließend das Ist gemäß Anordnung des Bauherrn und Datum erläutern.
- Gute Begründung liefern, warum es sich um eine Mehrleistung handelt und warum Mehrkosten in der Planung entstehen. Bei dieser Begründung muss der Planer sich Mühe geben, weil sie das Kernstück von Mehrkostenanzeige und Nachtrag ist.
- Zur Höhe der Mehrkosten:
  - Am besten ist für einen Planer der Hinweis, dass die Höhe der Mehrkosten nach Abschluss der Bearbeitung ermittelt bzw. im Rahmen des Nachtragsangebots benannt wird. Dadurch schließt der Planer nämlich aus, dass er einen zu geringen Betrag nennt.
  - Es ist jedoch möglich, dass der Bauherr diese Mehrkostenanzeige vorerst nicht bestätigt, sondern nach der Höhe der Mehrkosten fragt. Dies kann der Planer ggf. im Voraus telefonisch mit dem DB-Projektleiter absprechen. In diesem Fall kann der Planer den Aufwand grob abschätzen, z. B. bei Stundenaufwand. Dabei besteht jedoch das Risiko, dass der tatsächliche Aufwand deutlich höher ausfällt und der Planer sich in der Nachtragsverhandlung gegenüber dem Bauherrn rechtfertigen muss. Der Planer sollte also im eigenen Interesse eine hohe Abschätzung liefern.
- Bitte um Rückbestätigung der Mehrkostenanzeige dem Grunde nach.
- Ggf. Arbeitsstände (PDFs) als Leistungsnachweis übergeben. Dies ist von sehr großer Bedeutung, wenn sich die Planungsgrundlagen während der laufenden Bearbeitung ändern. Dann kann der Planer anhand der übergebenen Leistungsnachweise glaubhaft machen, welchen Bearbeitungsstand er bereits erreicht hatte.

In der Mehrkostenanzeige sollte der Planer den DB-Projektleiter schützen, damit sich dieser wegen des Nachtrags nicht DB-intern rechtfertigen muss. Schuldzuweisungen sind auf jeden Fall zu vermeiden. Eine schlechte Formulierung wäre in einem fiktiven Beispiel:

Obwohl IZ-Plan die Planungsgrundlagen rechtzeitig bereitgestellt hatte, wurden diese erst zu spät von der DB-Projektleitung an den Planer übergeben.

Eine bessere Formulierung wäre in diesem fiktiven Beispiel:

Die Planungsgrundlagen konnten erst nach Planungsbeginn an den Planer übergeben werden, siehe Anlage Nr. ...

Bei einem Nachtrag wegen der Erhöhung der anrechenbaren Kosten oder der Änderung der Honorarzone ist üblicherweise keine Mehrkostenanzeige erforderlich. Dies ist projektbezogen mit der DB-Projektleitung abzusprechen.

23.5 Anordnung des Bauherrn

Um einen Nachtrag durchzusetzen, benötigt der Planer eine Anordnung des Bauherrn. Die Anordnung des Bauherrn muss eindeutig sein. Auch die Mehrkosten müssen ausdrücklich bestätigt werden. Sonst kann das Missverständnis entstehen, dass der Planer die Leistung zwar ausführen soll (Anordnung liegt vor), der Bauherr dies aber nicht als Mehrleistung ansicht (Mehrkosten wurden nicht bestätigt) und der Planer seinen Mehraufwand später nicht bezahlt bekommt.

Die Anordnung kann auf verschiedene Weisen erfolgen, z. B. als E-Mail des Bauherrn, als Bestätigung der Mehrkostenanzeige, oder im Rahmen einer Planungsbesprechung bzw. im Besprechungsprotokoll.

Wenn es möglich ist, sollte die Bearbeitung der Nachtragsleistung erst nach Bestätigung der Mehrkostenanzeige durch den Bauherrn beginnen. In der Praxis ist das oft schwer umzusetzen, deshalb muss der Projektleiter in enger Abstimmung mit dem Bauherrn bleiben.

23.6 Nachtragskalkulation

Die Nachtragskalkulation erfolgt auf Grundlage des Ingenieurvertrags und der Urkalkulation. Die Nachtragskalkulation kann jedoch auf unterschiedliche Weise erfolgen, zum Beispiel:

- Stundenaufwand
- HOAI-Kalkulation
- Nachunternehmerleistung mit Koordinationszuschlag

Es gibt dabei nicht den einen richtigen Weg. Stattdessen kann der Planer prüfen, welcher Ansatz für ihn das höhere Honorar liefert und beim Bauherrn am besten durchsetzbar ist. Dabei sind unter anderem folgende Aspekte zu beachten:

- Eine HOAI-Kalkulation mit hohen anrechenbaren Kosten ergibt oft ein hohes Honorar und ist in der Regel beim DB-Einkauf gut durchsetzbar. Für den Planer ist eine HOAI-Kalkulation oft eine gute Lösung.
- Bei geringen anrechenbaren Kosten ergibt eine HOAI-Kalkulation in der Regel ein zu geringes Honorar und ist für einen Planer daher ungünstig.
- Das Erstellen von Stundenlisten erzeugt zusätzlichen Zeitaufwand und daher Kosten für das Ingenieurbüro. Außerdem können Stunden versehentlich falsch geschrieben werden und dadurch verloren gehen.
- Stundenlisten können vor Übergabe an den Bauherrn manipuliert werden und sind daher nur bedingt glaubhaft.
- Stundenlisten werden vom Bauherrn eher angezweifelt als eine HOAI-Kalkulation.
- Die Nachtragskalkulation kann nach vorläufigem Stundenaufwand erfolgen, die Abrechnung erfolgt aber nach tatsächlichem Stundenaufwand. Das reduziert für den Planer das Risiko, evtl. aber auch den Gewinn.
- Alternativ kann die Nachtragskalkulation nach Stundenaufwand erfolgen, die Angebotssumme wird jedoch um ca. 2 bis 3 % abgerundet und pauschaliert. Dadurch sind keine Stundennachweise erforderlich, was dem Planer viel Aufwand erspart. Das Abrunden schafft einen Anreiz für den Bauherrn. Dieser Ansatz ist gut geeignet, wenn der Planer sich sicher ist, dass der tatsächliche Stundenaufwand geringer ausfällt.

Vor Aufstellen des Nachtrags sollte der Planer seinen Lösungsweg mit dem DB-Projektleiter absprechen, damit der Nachtrag einvernehmlich aufgestellt wird.

Bei einer HOAI-Kalkulation können Teilleistungen nach Siemon-Tabellen angesetzt werden. Außerdem ist bei Eisenbahnbauwerken besonders zu beachten, dass die Kosten für Technische Anlagen für Objekt- und Tragwerksplanung anrechenbar sein können.

Wenn Nebenkosten im Hauptvertrag vereinbart sind, dann können diese auch bei der Nachtragskalkulation angesetzt werden. Bei der Nachtragskalkulation nach Stundenaufwand ist jedoch zu prüfen, ob gemäß Ingenieurvertrag die Nebenkosten in den Stundensätzen enthalten sind.

Bei Nachunternehmerleistungen ist der Koordinationszuschlag gemäß Hauptvertrag nachzuweisen und anzusetzen.

Die interne Qualitätsprüfung kann gesondert kalkuliert werden, mit einem angemessenen Aufwand und dem Stundensatz für den Qualitätsprüfer.

Beim Aufstellen des Nachtrags müssen alle Leistungspositionen bedacht werden. Den Nachtrag später zu erhöhen, weil eine Position vergessen wurde, ist in der Regel nicht möglich.

Der Nachtrag wird netto kalkuliert. Bei der Summe muss „netto" dazugeschrieben werden, damit es keine Missverständnisse gibt. Am Ende kann die Mehrwertsteuer berechnet und die Brutto-Summe angegeben werden, das ist aber nicht erforderlich.

23.7 Nachtrag zusammenstellen

Die Nachtragskalkulation ist nicht alles. Es müssen auch die zugehörigen Unterlagen übersichtlich zusammengestellt werden. Die Bezeichnungen „Nachtrag“, „Nachtragsangebot“ oder „Angebot für Nachtragsleistungen“ sind Synonyme.

Für den Nachtrag gibt es das DB-Formular nach Ril 208.1402 V04 (also Vordruck 04) „Angebot für Nachtragsleistungen“, welches üblicherweise auch Bestandteil der Ausschreibungsunterlagen ist. Die Formatierung dieser Word-Vorlage ist allerdings eine Katastrophe. In Abb. 23.1 ist die erste Seite des Formulars zu sehen.

An (Vertragsabwickelnde Stelle des AG): Eingang (Stempel des AG):

Angebot für Nachtragsleistungen Arch./Ing.

Nr.: 24FEI77764	Nr.:	Nr.:
Vertrag-/Vergabenummer	Kontraktnummer Hauptvertrages	lfd. Nr. des AN

1.	**Beschreibung der Nachtragsleistung: ***
a)	Leistungsinhalt:
b)	Arbeitsergebnis:
c)	Vorleistungen Dritter/des AG erforderlich: ☐ Ja, Beteiligter: Beschreibung: ☐ Nein
d)	Bearbeitungsdauer: Arbeitsergebnis erforderlich bis:

2.	**Beschreibung der Veranlassung für die Nachtragsleistung: ***
a)	Veranlasser und Zeitpunkt der Veranlassung: (Darstellung „Wann, an Wen, Wie, Wer“ wurde/hat angeordnet)
b)	Veranlassendes Ereignis:

3.	**Bewertung der Auswirkungen der Nachtragsleistung auf den Arch./Ing. Vertrag: ***
a)	Terminauswirkungen:
b)	Entfallende Leistungen (Minderaufwand in €):
c)	Sonstige Beeinflussungen in der Leistungserbringung:
4.	**Begründung des Anspruchs, inwieweit der unter 1. beschriebene Leistungsinhalt nicht im vertraglich vereinbarten Leistungsumfang enthalten ist: ***
	(Darstellung Leistungsbeschreibung-Soll (HV) zu Leistungsbeschreibung–IST (NT), z. B. an Hand des Termin- oder Bauablaufplans)

208.1402V04 Angebot für Nachtragsleistungen Seite 1

Fachautor: FE.EI-SO | Dr. Thomas Schriek | Tel.: 0341 2342-390 Gültig ab: 30.04.2024

Abb. 23.1 Formular „Angebot für Nachtragsleistungen“ (Quelle: DB).

In dem Formular fügt der Planer im Punkt 4 den Soll-Ist-Vergleich und die Begründung aus der Mehrkostenanzeige ein und legt alle erforderlichen Anlagen bei (z. B. Mehrkostenanzeige, Bestätigung des Bauherrn, Besprechungsprotokoll etc.).

Wenn die Nachtragskalkulation zu lang für Punkt 5 im DB-Formular ist, dann wird die Nachtragskalkulation auf einer eigenen Seite in Word oder Excel erstellt. Im Punkt 5 wird dann auf die gesonderte Seite verwiesen.

Wenn die Begründung zu lang für das DB-Formular ist, dann kann der Planer zusätzlich zum DB-Formular auch ein Anschreiben erstellen. Im DB-Formular verweist er dann auf das gesonderte Anschreiben.

Beim Zusammenstellen des Nachtrags sollte der Planer sich Mühe geben. Der Nachtrag muss für Außenstehende sofort nachvollziehbar und überzeugend sein. Ein DB-Einkäufer kennt das Projekt nicht und hat aufgrund seiner hohen Arbeitsbelastung evtl. nur wenig Zeit, um den Vorgang zu bearbeiten. Wenn er den Vorgang aber gut nachvollziehen kann und alle erforderlichen Nachweise zur Verfügung gestellt bekommt, dann wird der Nachtrag voraussichtlich schneller beauftragt.

23.8 Nachtragsverhandlung

Der DB-Projektleiter prüft den Nachtrag zuerst dem Grunde nach. Bei positivem Ergebnis leitet er ihn anschließend an den DB-Einkauf weiter.

Der Einkauf beauftragt den Nachtrag entweder in voller Höhe oder lädt zu einer Nachtragsverhandlung ein. Diese kann telefonisch, per Teams oder in Präsenz erfolgen, manchmal auch per E-Mail.

Die Nachtragsverhandlung muss gut vorbereiten sein, also:

- Projekthistorie nachvollziehen
- Begründung des Nachtrags nachvollziehen
- Nachtrag und Anlagen bereithalten
- ggf. ergänzende Dokumente bereithalten
- intern absprechen, was nicht erwähnt werden soll
- intern das Minimalziel festlegen

In der Regel erstellt der DB-Einkauf ein Protokoll der Nachtragsverhandlung, verteilt dies per E-Mail und bittet um Unterschrift.

Zwischen Einreichen des Nachtrags und Verhandlung bzw. Beauftragung können viele Monate vergehen. Es ist wichtig, mit dem DB-Projektleiter in Kontakt zu bleiben und immer wieder freundlich nach dem Bearbeitungsstand zu fragen.

23.9 Bestellung und Abrechnung

Nach einer erfolgreichen Nachtragsverhandlung erhält das Planungsbüro eine Bestellung mit einer eigenen Bestellnummer, siehe Abb. 23.2.

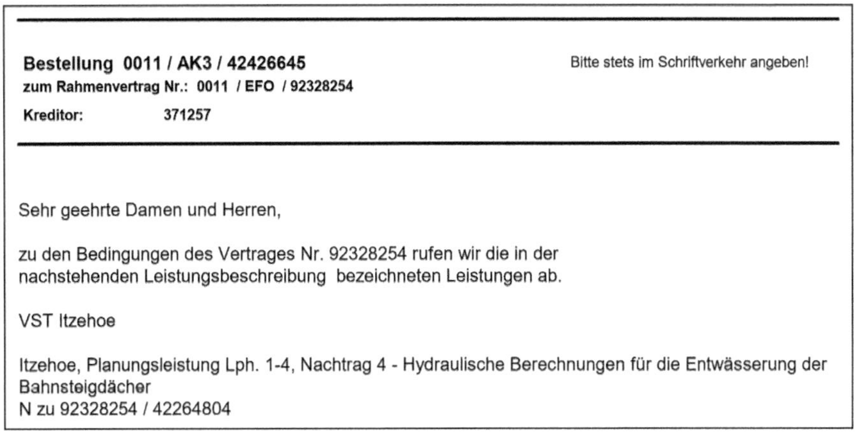

Bestellung 0011 / AK3 / 42426645 Bitte stets im Schriftverkehr angeben!
zum Rahmenvertrag Nr.: 0011 / EFO / 92328254
Kreditor: 371257

Sehr geehrte Damen und Herren,

zu den Bedingungen des Vertrages Nr. 92328254 rufen wir die in der nachstehenden Leistungsbeschreibung bezeichneten Leistungen ab.

VST Itzehoe

Itzehoe, Planungsleistung Lph. 1-4, Nachtrag 4 - Hydraulische Berechnungen für die Entwässerung der Bahnsteigdächer
N zu 92328254 / 42264804

Abb. 23.2 Bestellung zu einem Nachtragsangebot (Quelle: DB).

Nach Erhalt der Bestellung muss der Planer prüfen, ob die Höhe der Bestellung zum Verhandlungsergebnis passt.

Oft passen die in der Bestellung aufgeführten Leistungspositionen und Teilsummen nicht zur Nachtragskalkulation, was aber kein Problem darstellt. Die DB gleicht eine Rechnung in der Regel nicht mit dem Nachtragsangebot ab, sondern nur mit der Bestellung.

Auf Grundlage der Bestellung kann der Nachtrag je nach Leistungsstand abgerechnet werden.

Quellenverzeichnis

Für dieses Buch hat der Autor umfangreiches Quellen- und Bildmaterial recherchiert und nach bestem Wissen und Gewissen die Genehmigungen zum Abdruck dieser Abbildungen eingeholt. Sollte es hierbei trotzdem zu Irrtümern gekommen sein, sind Autor und Verlag dankbar für entsprechende Hinweise.
Im folgenden Verzeichnis sind die Quellen aufgeführt. Dieses Quellenverzeichnis enthält nähere Angaben zu den Regelwerken und Publikationen sowie zu den Bildquellen, auf welche im Buch hingewiesen wird.

AHO Ausschuss der Verbände und Kammern der Ingenieure und Architekten für die Honorarordnung e. V., Tauentzienstraße 18, 10789 Berlin.

AHO (Hrsg.) (2018). Heft Nr. 1 *HOAI-Planen und Bauen im Bestand, Arbeitshilfen zur Bestimmung der anrechenbaren Kosten aus mitzuverarbeitender Bausubstanz und des Zuschlags für Umbauten und Modernisierungen*, Schriftenreihe des AHO. Köln: Bundesanzeiger-Verlag.

AHO (Hrsg.) (2014). Heft Nr. 2 *Örtliche Bauüberwachung bei Ingenieurbauwerken und Verkehrsanlagen*, Schriftenreihe des AHO. Köln: Bundesanzeiger-Verlag.

AHO (Hrsg.) (2021). Heft Nr. 3 *Besondere Leistungen bei der Tragwerksplanung und Erläuterungen zu den Grundleistungen*, Schriftenreihe des AHO. Köln: Bundesanzeiger-Verlag.

AHO (Hrsg.) (2018). Heft Nr. 5 *Verkehrsplanerische Leistungen, Leistungsbeschreibung mit Honorarvorschlag*, Schriftenreihe des AHO. Köln: Bundesanzeiger-Verlag.

AHO (Hrsg.) (2015). Heft Nr. 7 *Besondere Leistungen bei der Planung von Ingenieurbauwerken*, 2. Auflage, Schriftenreihe des AHO. Köln: Bundesanzeiger-Verlag.

AHO (Hrsg.) (2019). Heft Nr. 11 *Leistungen Building Information Modeling – Die BIM-Methode im Planungsprozess der HOAI*, Schriftenreihe des AHO. Köln: Bundesanzeiger-Verlag.

AHO (Hrsg.) (2014). Heft Nr. 18 *Planungsbereich „Baufeldfreimachung/Rückbau“*, Schriftenreihe des AHO. Köln: Bundesanzeiger-Verlag.

Allgemeine Verwaltungsvorschrift zum Schutz gegen Baulärm – Geräuschimmissionen (AVV Baulärm), www.verwaltungsvorschriften-im-internet.de.

ArcelorMittal Germany Holding GmbH, Dradenaustraße 33, 21129 Hamburg.

BImschG Gesetz zum Schutz vor schädlichen Umwelteinwirkungen durch Luftverunreinigungen, Geräusche, Erschütterungen und ähnliche Vorgänge (Bundesimmissionsschutzgesetz). www.gesetze-im-internet.de.

BMDV (Hrsg.) (2024). *D-Brücke mit Flachfahrbahn - Beschreibung und Bauanweisung*, Ausgabe 2024. Bonn: Bundesministerium für Digitales und Verkehr, Abteilung Bundesfernstraßen, Referat Ingenieurbauwerke.

DB InfraGO (2024). *Leitfaden Bau- und Sperrzeitenkatalog 2.0.*

DB-Planungshilfe zur *Planung von Durchlässen – PlahiDL* (Stand 17.07.2020).

DB AG (Hrsg.) (2019). *Faktenblatt Eisenbahnbrücken.* Deutsche Bahn AG, Kommunikation und Marketing, Potsdamer Platz 2, 10785 Berlin.

DBV-Merkblatt Unterwasserbeton 10/2014. Deutscher Beton- und Bautechnik-Verein E. V., Kurfürstenstraße 129, 10785 Berlin.

Delmag, DELMAG GmbH & Co. KG, Boschstraße 8, 63843 Niedernberg.

Deutsche Gesellschaft für Geotechnik e. V. (Hrsg.) (2012). *Empfehlungen des Arbeitskreises „Pfähle" (EA-Pfähle)*, 2. Auflage. Berlin: Ernst & Sohn.

Deutsche Gesellschaft für Geotechnik e. V. (Hrsg.) (2021). *Empfehlungen des Arbeitskreises „Baugruben" (EAB)*, 6. Auflage. Berlin: Ernst & Sohn.

Deutsche Gleisbau Union GmbH & Co. KG, Waterkamp 7, 59075 Hamm.

DGUV Information 203-017, Deutsche Gesetzliche Unfallversicherung e. V. (DGUV), Glinkastraße 40, 10117 Berlin.

DIN Deutsches Institut für Normung e. V., Burggrafenstraße 6, 10787 Berlin.

DIN 276:2018-2 *Kosten im Bauwesen.* Berlin: DIN Media.

DIN 488-2:2009-08 *Betonstahl – Betonstabstahl.* Berlin: DIN Media.

DIN 1076:2026-01 *Ingenieurbauwerke im Zuge von Straßen und Wegen - Prüfung und Überwachung.* Berlin: DIN Media.

DIN EN 1998-1:2010-12 *Eurocode 8: Auslegung von Bauwerken gegen Erdbeben - Teil 1: Grundlagen, Erdbebeneinwirkungen und Regeln für Hochbauten.* Berlin: DIN Media.

DIN EN 1998-1/A1:2013-05 *Eurocode 8: Auslegung von Bauwerken gegen Erdbeben - Teil 1: Grundlagen, Erdbebeneinwirkungen und Regeln für Hochbauten.* Berlin: DIN Media.

DIN EN 1998-1/NA:2023-11 *Nationaler Anhang - National festgelegte Parameter - Eurocode 8: Auslegung von Bauwerken gegen Erdbeben - Teil 1: Grundlagen, Erdbebeneinwirkungen und Regeln für Hochbauten.* Berlin: DIN Media.

DIN EN 1998-2:2011-12 *Eurocode 8: Auslegung von Bauwerken gegen Erdbeben - Teil 2: Brücken.* Berlin: DIN Media.

DIN EN 1998-2:2022-12 *Entwurf - Eurocode 8 - Auslegung von Bauwerken gegen Erdbeben - Teil 2: Brücken.* Berlin: DIN Media.

DIN EN 1998-2/NA:2022-12 *Nationaler Anhang - National festgelegte Parameter - Eurocode 8: Auslegung von Bauwerken gegen Erdbeben - Teil 2: Brücken.* Berlin: DIN Media.

DIN 4150-1:2022-12 *Erschütterungen im Bauwesen - Teil 1: Vorermittlung von Schwingungsgrößen.* Berlin: DIN Media.

DIN 4150-2:2025-08 *Erschütterungen im Bauwesen - Teil 2: Einwirkungen auf Menschen in Gebäuden.* Berlin: DIN Media.

DIN 4150-3:2016-12 *Erschütterungen im Bauwesen - Teil 3: Einwirkungen auf bauliche Anlagen.* Berlin: DIN Media.

EBA Eisenbahn-Bundesamt, Heinemannstraße 6, 53175 Bonn, www.eba.bund.de.

EBA Eisenbahn-Bundesamt (Hrsg.) (2019). *Verwaltungsvorschrift Bau (VV Bau) – Verwaltungsvorschrift für die Überwachung der Erstellung im Ingenieurbau, Oberbau und Hochbau.* Bonn: Eisenbahn-Bundesamt.

EBA Eisenbahn-Bundesamt (Hrsg.) (2020). *Verwaltungsvorschrift für die Überwachung der Erstellung von Signal-, Telekommunikations- und Elektrotechnischen Anlagen (VV BAU-STE).* Bonn: Eisenbahn-Bundesamt.

EiTB Eisenbahnspezifische Technische Baubestimmungen, Ausgabe 2025/1, Eisenbahn-Bundesamt, siehe www.eba.bund.de.

Elementbau Manfred Glogger GmbH, Pfaffenhofener Str. 4, 86167 Augsburg.

Emch+Berger Projekt GmbH, An der Börse 3, 30159 Hannover.

FGSV (Hrsg.) (2014). *M Gab – Merkblatt über Stütz- und Lärmschutzkonstruktionen aus Betonelementen, Blockschichtungen oder Gabionen.* Köln: FGSV-Verlag.

Forster GmbH, Gewerbepark 1, 4782 St. Florian am Inn, Österreich.

Freystein, H., Muncke, M. und Schollmeier P. (2025). *Handbuch Entwerfen von Bahnanlagen – Regelwerke, Planfeststellung, Bau, Betrieb, Instandhaltung.* 4. Auflage. Hamburg: Trackomedia.

Hessisches Landesamt für Umwelt und Geologie (Hrsg.) (2004). *Technischer Bericht zur Untersuchung der Geräuschemissionen von Baumaschinen*, Lärmschutz in Hessen, Heft 2. Wiesbaden: Hessisches Landesamt für Umwelt und Geologie.

Klaus Köhler Beton- und Fertigteilwerk GmbH, Am Bahnhof 2, 06773 Gräfenhainichen.

Kuhlmann, U., Breunig, S. und Zinke, T. (2018). Moderne Eisenbahnbrücken als Dickblech-Trogbrücken – Optimierung der Auslegung für Ermüdung und Lebenszyklusbetrachtung. *Stahlbau* 87 (6), 571–582.

Leonhard Moll Betonwerke GmbH, Lindwurmstraße 129, 80337 München.

Liebherr, Liebherr-International Deutschland GmbH, Hans-Liebherr-Straße 45, 88400 Biberach an der Riß.

Nord-Lock GmbH, Hauptstraße 74, 73466 Lauchheim.

Philipp GmbH, Hauptstraße 204, 63814 Mainaschaff.

RCT Reichelt Chemietechnik GmbH & Co. KG, Siemensstraße 2, 76185 Karlsruhe.

RE-ING Richtlinien für den Entwurf, die konstruktive Ausbildung und Ausstattung von Ingenieurbauten, Bundesministerium für Verkehr, siehe www.bast.de.

Retro Bridge GmbH, Kirschgartener Straße 30, 35325 Mücke.

Ril Technische Richtlinien für Planung und Bau, siehe siehe www.eba.bund.de und www.dbinfrago.com.

RiZ-ING Richtzeichnungen für Ingenieurbauten, Bundesministerium für Digitales und Verkehr, siehe www.bast.de.

Schrey & Veit GmbH, Graf-von-Sponheim-Str. 2, 55576 Sprendlingen.

Sekisui Chemical GmbH, Rossstraße 92, 40476 Düsseldorf.

Siemon-Tabellen im Auftrag des Bundesministeriums für Bauwesen, Raumordnung und Städtebau, Siemon Ingenieur + Sachverständige GmbH, Friedrichstraße 95, 10117 Berlin; www.architektenhonorar.de.

Techne Kirow GmbH, Niemeyerstraße 2-5, 04179 Leipzig.

VDEI Verband Deutscher Eisenbahn-Ingenieure e. V., www.vdei.de.

VDEI (Hrsg.) (2022). *Dickblechbrücken (Trogbrücken mit dickem Fahrbahnblech) – Hinweise zu Planung und Ausführung – Eisenbahntrogbrücken mit dickem Fahrbahnblech.* VDEI-INFO Konstruktiver Ingenieurbau (kib-info) Nr. 15a. Frankfurt a. M.: VDEI Verband Deutscher Eisenbahn-Ingenieure e. V.

Wikipedia, Wikimedia Deutschland Gesellschaft zur Förderung Freien Wissens e. V., Tempelhofer Ufer 23-24, 10963 Berlin.

Stichwortverzeichnis

G

H

I

K

L

Inserentenverzeichnis

	Seite
Amiblu Germany GmbH, 17039 Trollenhagen	188 a
Forster Metallbau Gesellschaft m.b.H., 3340 Waidhofen a.d. Ybbs (Austria)	196 a
IB&T Software GmbH, 22848 Norderstedt	34 a
Kleihues Betonbauteile GmbH & Co. KG, 48488 Emsbüren	VIII b
KRAIBURG STRAIL GmbH & Co. KG, 84529 Tittmoning	194 a
Maurer SE, 80807 München	248 a
RelineEurope GmbH, 76865 Rohrbach	190 a
Silikal GmbH, 63533 Mainhausen	150 b
Spannbetonverbund GmbH, 65529 Waldems	2. Umschlagseite
Swietelsky-Faber GmbH, 55483 Schlierschied	190 a